城市中小学校设计

主　编：张一莉
副主编：章海峰　于天赤　牟中辉　陈康华
冯　鸣　唐志华　谢水双　万　力

中国建筑工业出版社

图书在版编目（CIP）数据

城市中小学校设计 / 张一莉主编；章海峰等副主编
. —北京：中国建筑工业出版社，2022.2
ISBN 978-7-112-27103-0

Ⅰ.①城… Ⅱ.①张… ②章… Ⅲ.①中小学－教育建筑－建筑设计－建筑规范－中国 Ⅳ.① TU244.2

中国版本图书馆 CIP 数据核字（2022）第 025930 号

责任编辑：费海玲 张幼平
责任校对：李美娜

城市中小学校设计

主　编：张一莉
副主编：章海峰　于天赤　牟中辉　陈康华
冯　鸣　唐志华　谢水双　万　力

*

中国建筑工业出版社出版、发行（北京海淀三里河路 9 号）
各地新华书店、建筑书店经销
北京建筑工业印刷厂制版
北京富诚彩色印刷有限公司印刷

*

开本：880 毫米 ×1230 毫米 1/16 印张：$18\frac{1}{2}$ 字数：532 千字
2022 年 3 月第一版 2022 年 3 月第一次印刷
定价：**200.00** 元
ISBN 978-7-112-27103-0
（38982）

《城市中小学校设计》编委会

支持单位：深圳市科学技术协会

编 委 会 主 任：艾志刚
编委会副主任：陈邦贤　张一莉

主　编：张一莉
副主编：章海峰　于天赤　牟中辉　陈康华　冯　鸣　唐志华　谢水双　万　力

主　审：陈邦贤
审核组成员：陈邦贤　张一莉　李晓光　马自强　钟　乔

主编单位：深圳市注册建筑师协会

副主编单位：
深圳市建筑设计研究总院有限公司
深圳市华汇设计有限公司
深圳市清华苑建筑与规划设计研究有限公司
深圳大学建筑设计研究院有限公司
深圳市华阳国际工程设计股份有限公司
深圳市鹏之艺建筑设计有限公司
奥意建筑工程设计有限公司
建学建筑与工程设计所有限公司深圳分公司

参编单位：
深圳市同济人建筑设计有限公司
深圳市欧博工程设计顾问有限公司
深圳市天华建筑设计有限公司

编委：（按笔画排序）
于天赤　万　力　王　军　王岚兮　毛　冬　卢伟杰　冯　鸣　朱鸿晶
伍颖梅　许兰启　孙丽萍　牟中辉　陈康华　要瑾华　顾　锋　郭恒达
郭翰平　唐志华　章海峰　曾小娜　谢水双　廉大鹏　蔡瑞定

《城市中小学校设计》编写分工

章节	内容	编委	编撰单位
1	城市中小学校设计要点	孙丽萍	深圳大学建筑设计研究院有限公司
2	绿色中小学校设计措施	于天赤	建学建筑与工程设计所有限公司深圳分公司
3	城市中小学校安全设计要点	冯　鸣	深圳大学建筑设计研究院有限公司
4	城市中小学校总体设计	陈康华　郭恒达　卢伟杰	深圳市清华苑建筑与规划设计研究有限公司
5	高密度城市中小学校设计策略	牟中辉	深圳市华汇设计有限公司
6	高容高密中小学校运动场布局策略探析	蔡瑞定	深圳大学建筑设计研究院有限公司
7	中小学校与城市交通	谢水双　许兰启	深圳市鹏之艺建筑设计有限公司
8	非正式教学空间设计	毛　冬	深圳市欧博工程设计顾问有限公司
9	学校教学空间造型设计	伍颖梅　郭翰平　要瑾华	深圳市天华建筑设计有限公司
10	中小学室内管线综合设计解析	曾小娜	深圳大学建筑设计研究院有限公司
11	环境设计——垂直绿化	顾　锋	深圳市同济人建筑设计有限公司
12	绿色校园实践	于天赤　王　军	建学建筑与工程设计所有限公司深圳分公司
13	轻型腾挪校舍设计	章海峰　廉大鹏	深圳市建筑设计研究总院有限公司
14	建筑师负责制下的 EPC 学校建设	唐志华　朱鸿晶	深圳市华阳国际工程设计股份有限公司
15	城市中小学校园空间环境后评估	万　力　王岚兮	奥意建筑工程设计有限公司

目　　录

1　城市中小学校设计要点

深圳大学建筑设计研究院有限公司　孙丽萍

我国实行九年义务教育制：小学六年＋初中三年。城市各类中小学校，除高中三年外，其余均属义务教育。城市中小学校的类别如下。

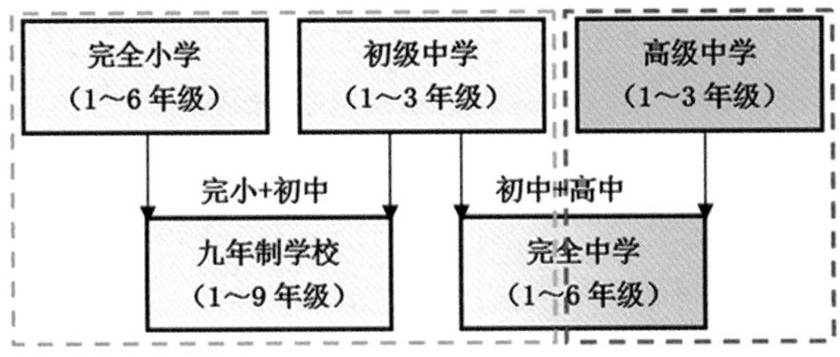

注：（1）完全中学 1～3 年级初中属义务教育，4～6 年级高中属非义务教育。

1.1　规划设计要点

1.1.1　学校规模与班额人数（表 1.1-1）

学校规模与班额人数　　表 1.1-1

类别	学制	学校规模	班额人数
完全小学	1～6 年级	国标：12 班、18 班、24 班、30 班 深标：18 班、24 班、30 班、36 班	45 人 / 班
初级中学	1～3 年级	国标：12 班、18 班、24 班、30 班 深标：18 班、24 班、36 班、48 班	50 人 / 班
高级中学	1～3 年级	国标：18 班、24 班、30 班、36 班 深标：18 班、24 班、30 班、36 班	50 人 / 班
九年制学校	1～9 年级	国标：18 班、27 班、36 班、45 班 深标：27 班、36 班、45 班、54 班、72 班	完小 45 人 / 班 初中 50 人 / 班
完全中学	1～6 年级	国标：18 班、24 班、30 班、36 班	50 人 / 班

注：（1）国标规定的各类中小学校规模取自《中小学校设计规范》GB 50099—2011 条文说明第 5.14.2 条表 3。

（2）深标规定的各类中小学校规模取自《深圳市城市规划标准与准则》（2018 年版）表 5.4.1。

1.1.2　学校规模与面积指标（表 1.1-2）

学校规模与面积指标　　表 1.1-2

类别	学校规模	用地面积	建筑面积
完全小学	18 班	深标：6500～10000m²	深标：10208m²（12.60m²/ 人）
	24 班	深标：8700～13000m²	深标：13316m²（12.33m²/ 人）
	30 班	深标：10800～16500m²	深标：15924m²（11.80m²/ 人）
	36 班	深标：13000～20000m²	深标：18641m²（11.51m²/ 人）
初级中学	18 班	深标：9000～14400m²	深标：13841m²（15.38m²/ 人）
	24 班	深标：12000～19200m²	深标：17450m²（14.54m²/ 人）
	36 班	深标：18000～28800m²	深标：24985m²（13.88m²/ 人）
	48 班	深标：24000～38400m²	深标：31611m²（13.17m²/ 人）
高级中学	18 班	深标：16200～18900m²	深标：14569m²（16.19m²/ 人）
	24 班	深标：21600～25200m²	深标：18429m²（15.36m²/ 人）
	30 班	深标：27000～31500m²	深标：—
	36 班	深标：32400～37800m²	深标：26732m²（14.85m²/ 人）
	48 班	深标：—	深标：34627m²（14.43m²/ 人）
九年制学校	27 班	深标：12200～19500m²	深标：—
	36 班	深标：16300～25700m²	深标：21160m²（12.60m²/ 人）
	45 班	深标：20400～32000m²	深标：25965m²（12.36m²/ 人）
	54 班	深标：24400～38500m²	深标：30577m²（12.13m²/ 人）
	72 班	深标：32400～51000m²	深标：39084m²（11.63m²/ 人）

注：（1）深标规定的学校用地面积指标取自《深圳市城市规划标准与准则》（2018 年版）表 5.4.1。

（2）深标规定的学校建筑面积指标取自《深圳市普通中小学校建设标准指引》（2016 年版）第十八条表 11。

（3）《城市居住区规划设计标准》GB 50180—2018 对中小学校的用地面积和建筑面积，均无控制指标（参见标准附录 C 表 C.0.1）。

1.1.3　校址规划与场地要求

（1）校址规划：学校应按服务范围均衡分布。

服务半径以完小 500m、初中 1000m、九年制学校 500～1000m 为宜，步行时间以小学生约 10min、中学生 15～20min 为控，并以小学生避免穿越城市干道、中学生尽量不穿越城市主干道为适。

（2）场地选址：学校应建设在阳光充足、空气流动、场地干燥、排水畅通、地势较高的安全地段。

（3）市政交通：学校周边应有良好的交通条件。与学校毗邻的城市主干道应设置相应的安全设施，以保障学生安全通过。

（4）防噪间距：学校主要教学用房的设窗外墙与铁路路轨的距离应大于等于 300m，与高速路、地上轨道交通线、城市主干道的距离应大于等于 80m。当距离不足时，应采取有效的隔声措施。环境噪声控制值应符合《民用建筑隔声设计规范》GB 50118—2010 的相关规定。

（5）防火间距：学校建筑之间及与其他民用建筑之间，与单独建造的变电站、终端变电站及燃油、燃气或燃煤锅炉房，与燃气调压站、液化石油气气化站或混气站、城市液化石油气供应站瓶库等，防火间距应符合《建筑设计防火规范》GB 50016—2014（2018 年版）的相关规定。

（6）防灾防污：学校严禁建设在地震、地质坍塌、暗河、洪涝等自然灾害及人为风险高的地段和污染超标的地段。学校与污染源的防护距离应符合环保部门的相关规定。

（7）防险防爆：学校严禁建设在高压电线、长输天然气管道、输油管道穿越或跨越的地段。学校与周界外危险管线的防护距离及安全措施应符合国家现行的相关规定。

（8）防病毒源：学校应远离殡仪馆、医院太平间、传染病院等各类病毒、病源集中的建筑。

（9）防燃爆场：学校应远离甲、乙类厂房和仓库及甲、乙、丙类液体储罐（区），可燃、助燃气体储罐（区），可燃材料堆场等各类易燃、易爆的场所。

（10）防控疫情：学校所在地区疫情风险等级发生变化时，应按当地疫情防控要求执行相关防控措施。具体措施详见国卫办疾控函〔2020〕668 号《中小学校秋冬季新冠肺炎疫情防控技术方案（更新版）》“应急处置”第（一）条。

1.2 总平面设计要点

1.2.1 用地组成（图 1.2-1）

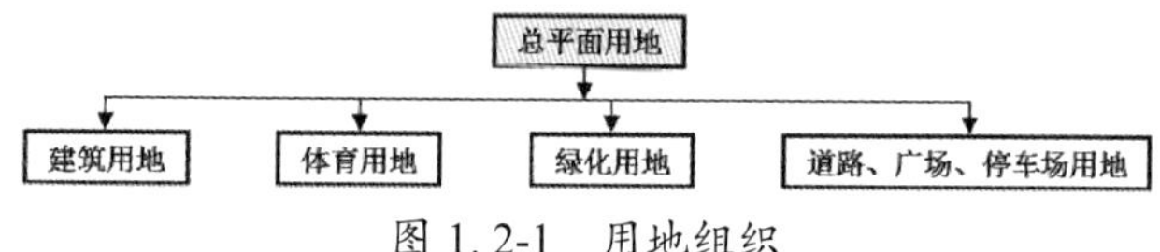

图 1.2-1 用地组织

注：有条件时宜预留发展用地。

1.2.2 设计内容（图 1.2-2，图 1.2-3）

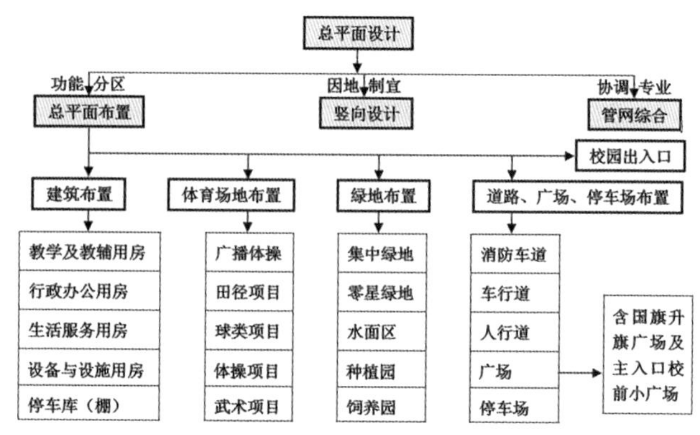

图 1.2-2 设计内容

注：（1）设备用房主要包括：变配电室、应急发电机房、水泵房、锅炉房等；设施用房主要包括：水处理设施、垃圾收集点等。

（2）停车库（棚）：校内机动车库、自行车棚。

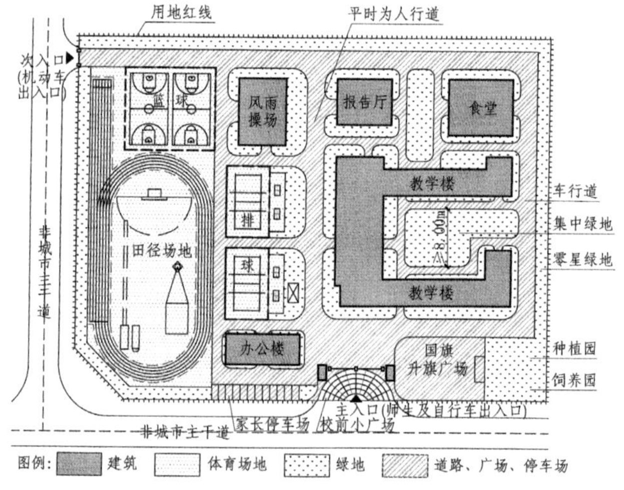

图 1.2-3 校园总平面及出入口布置示意图

1.2.3 建筑布置

（1）功能分区：各建筑、各用地应功能分区明确，动静分区、洁污分区合理，既联系方便，又互不干扰。

（2）地上楼层：小学的主要教学用房不应设在四层／五层（深试点小学）以上，中学的主要教学用房不应设在五层／六层（深试点中学）以上；中小学的教学辅助用房、行政办公用房可酌情增设在小学四层／五层（深试点小学）、中学五层／六层（深试点中学）以上，但建筑高度宜小于等于 50m。

注：深试点中小学校具体规定详见深建设〔2021〕7 号《深圳市中小学校建设试点项目关键技术指引》“1 总则”及“4 功能布局”第 4.0.3 条。

（3）地下空间：教学用房、学生宿舍不得设在地下室或半地下室，但停车库、设备用房及厨房、洗衣房等生活服务用房不受此限。

（4）建筑间距：影响学校建筑间距的因素很多，起主导作用的是日照和防噪，择其最大间距。

日照间距：普通教室冬至日底层满窗日照应大于等于 2h。小学应有不少于 1 间科学教室、中学应有不少于 1 间生物实验室，其室内能在冬季获得直射阳光。

防噪间距：各类教室的外窗与相对的教学用房外窗的距离应大于等于 25m/18m（深试点中小学）；各类教室的外窗与相对的室外运动场地边缘的距离应大于等于 25m/ 宜大于等于 21m（深试点中小学）。

注：深试点中小学校具体规定详见深建设〔2021〕7 号《深圳市中小学校建设试点项目关键技术指引》“3 场地布置”第 3.0.2、3.0.3 条。

（5）建筑朝向：决定学校建筑朝向的因素很多，起主导作用的是日照和通风，择其最优朝向。

日照朝向：教学用房以朝南向和东南向为主，以获得冬季良好的日照环境（图 1.2-4）。

通风朝向：建筑主立面应避开冬季主导风向，有效阻挡寒风，冬季趋日避寒；建筑主立面应迎向夏季主导风向，有效组织气流，夏季趋风散热（图 1.2-5）。

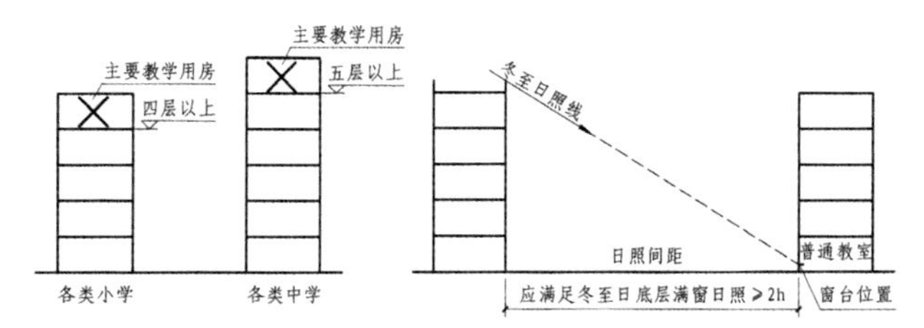

图 1.2-4　地上楼层与日照间距示意图

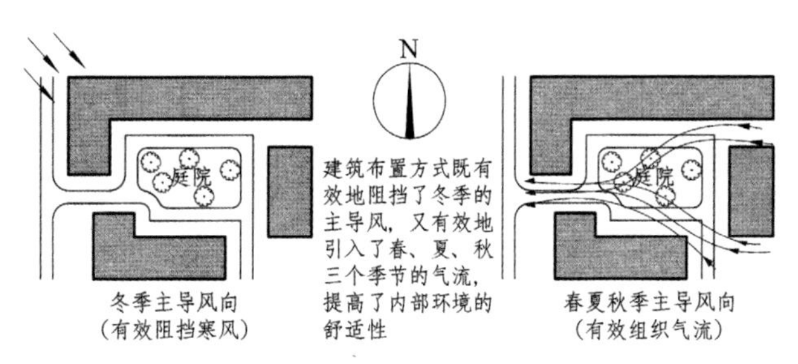

图 1.2-5　通风朝向示意图

1.2.4　体育场地布置

（1）用地指标，具体见表 1.2-1。

中小学校主要体育项目的用地指标　　**表 1.2-1**

项目	最小场地 /m	最小用地 /m²	备注
广播体操	—	小学 2.88/ 生	按全校学生数计算，可与球场共用
	—	中学 3.88/ 生	
60m 直跑道	92.00×6.88	632.96	4 道
100m 直跑道	132.00×6.88	908.16	4 道
	132.00×9.32	1230.24	6 道
200m 环道	99.00×44.20（60m 直道）	4375.80	4 道环形跑道；含 6 道直跑道
	132.00×44.20（100m 直道）	5834.40	
300m 环道	143.32×67.10	9616.77	6 道环形跑道；含 8 道 100m 直跑道
400m 环道	176.00×91.10	16033.60	6 道环形跑道；含 8 道、6 道 100m 直跑道
足球	94.00×48.00	4512.00	—
篮球	32.00×19.00	608.00	—
排球	24.00×15.00	360.00	—
跳高	坑 5.10×3.00	706.76	最小助跑半径 15.00m
跳远	坑 2.76×9.00	248.76	最小助跑长度 40.00m
立定跳远	坑 2.76×9.00	59.03	起跳板后 1.20m
铁饼	半径 85.50 的 40° 扇面	2642.55	落地半径 80.00m
铅球	半径 29.40 的 40° 扇面	360.38	落地半径 25.00m
武术、体操	14.00 宽	32.00	包括器械等用地

注：（1）本表取自《中小学校设计规范》GB 50099—2011 条文说明第 4.2.5 条表 1。
（2）体育用地范围计量界定于各种项目的安全保护区（含投掷类项目的落地区）的外缘。

（2）田径场地：小学设 200m 标准环道（4 条环形跑道＋ 6 条 60m 直跑道）＋大于等于 100m^2 器械场地；中学设 200～400m 标准环道（4～6 条环形跑道＋ 6～8 条 100m 直跑道）＋大于等于 150m^2（九年制大于等于 200m^2）器械场地。

（3）球类场地：小学设不少于 2 个篮球场＋ 2 个排球场（兼羽毛球场）；中学设不少于 2 个篮球场（九年制≥ 3 个）＋不少于 2 个排球场（兼羽毛球场）。

（4）偏斜角度：室外田径场地及足、篮、排等各球类场地的长轴按南北向布置；南北长轴偏西宜小于 10°、偏东宜小于 20°，避免东西向投射、接球造成的眩光、冲撞（图 1.2-6）。

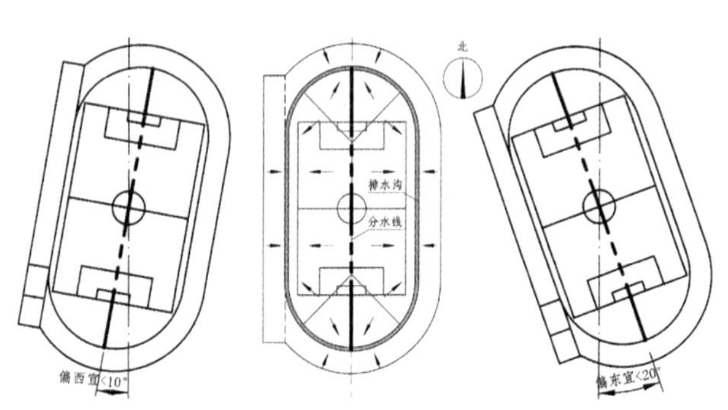

图 1. 2-6　田径场地偏斜角度示意图

1. 2. 5　绿地布置

（1）用地指标：绿化用地按小学宜大于等于 0.5m^2/ 生、中学宜大于等于 1.0m^2/ 生。

（2）集中绿地：宽度应大于等于 8m，且应满足大于等于 1/3 的绿地面积处在标准的建筑日照阴影线范围之外。

（3）动植物园：种植园、小动物饲养园应设于校园下风向的位置。

1. 2. 6　道路、广场、停车场布置

（1）校园道路：应与校园主出入口、各建筑出入口、各活动场地出入口衔接，应与校园次出入口连通；消防车道、灭火救援场地可利用校园道路、广场，但应满足消防车通行、转弯、停靠和登高操作的要求。

（2）道路宽度：车行道的宽度按双车道大于等于 7m，单车道大于等于 4m，人行道的宽度按通行人数的每 100 人 0.7m 计算且宜大于等于 3m；消防车道的净宽度和净空高度均应大于等于 4m。

（3）道路高差：校园内人流集中的道路不宜设台阶，宜采用坡道等无障碍设施处理道路高差；道路高差变化处如设台阶时，踏步级数应大于等于 3 级且不得采用扇形踏步。

（4）道路安全：校园内停车场及地下停车库的出入口，不应直接通向师生人流集中的道路。

（5）内院道路：当有短边长度大于 24m 的封闭内院式建筑围合时，宜设置进入建筑内院的消防车道（图 1.2-7）。

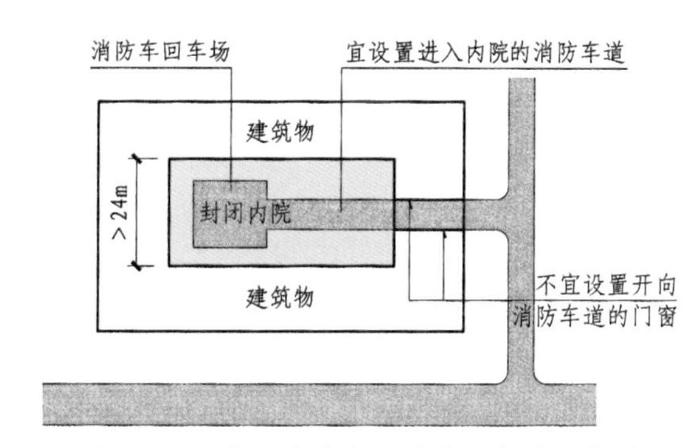

图 1. 2-7　进入建筑内院的消防车道示意图

（6）升旗广场：应在校园的显要位置设置国旗升旗广场。

（7）架空停车：当受场地限制时，教师专用停车位可部分设置在风雨操场下的架空层内。

1. 2. 7　校园出入口

（1）接口方式：校园出入口应与市政道路衔接，但不应直接与城市主干道连通。

（2）分口出入：校园分位置、分主次应设不少于 2 个出入口，且应人、车分流，并宜人、车专用；消防出入口可利用校园出入口，但应满足消防车至少有两处分别进入校园、实施灭火救援的要求。

（3）安全距离：校园出入口与周边相邻基地机动车出入口的间隔距离应大于等于 20m（图 1.2-8）。

（4）缓冲场地：主入口、正门外应设校前小广

场，起缓冲场地的作用。学生接送专用区域设置面积宜大于等于 300m²（深试点中小学）。

注：深试点中小学校具体规定详见深建设〔2021〕7 号《深圳市中小学校建设试点项目关键技术指引》“5 其他规定”第 5.0.6 条。

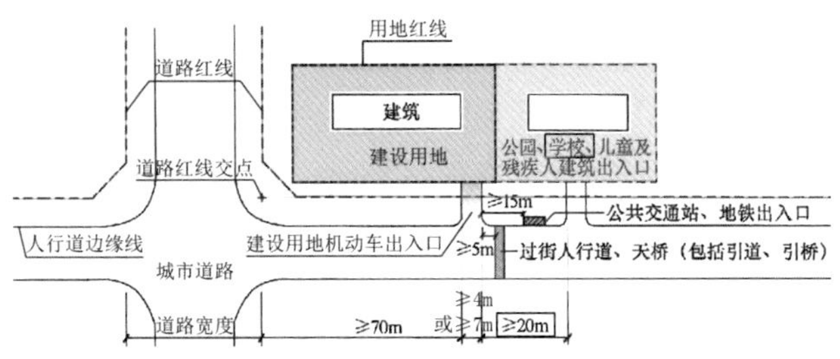

图 1.2-8　校园出入口与周边相邻基地机动车出入口的间隔距离示意图

（5）临时停车：主入口、正门外附近需设自行车及机动车停车场，供家长临时停车，以免堵塞校门。

1.2.8　总平面基本模式与设计实例（图 1.2-9，图 1.2-10）

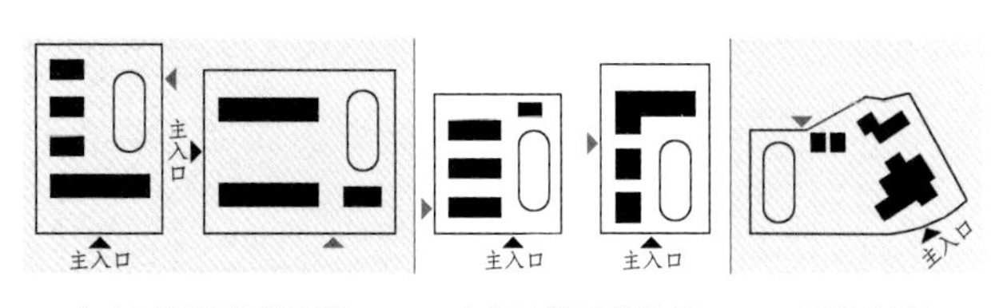

图 1.2-9　总平面基本模式

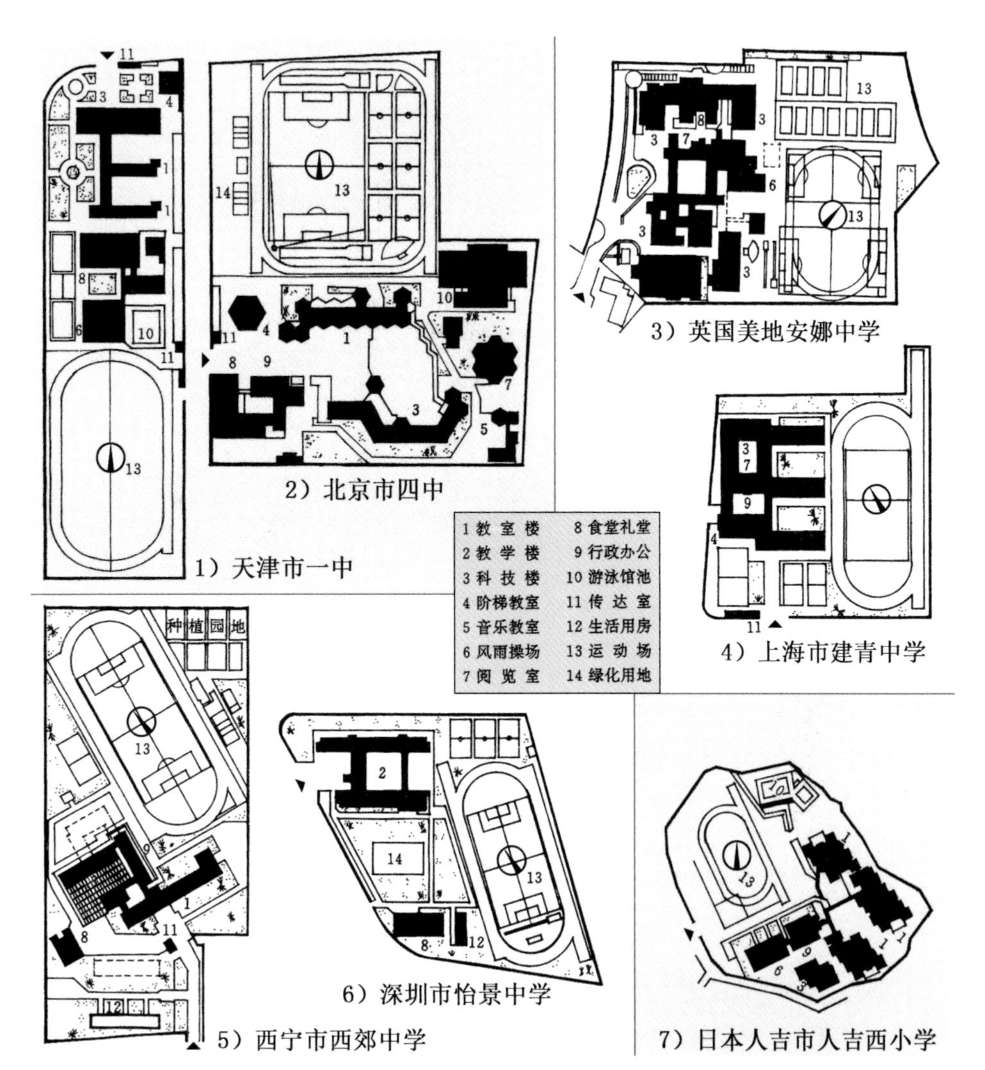

例 1）、例 2）：教学区与体育场地前后布置。适合于南北长、东西短的学校用地。

例 3）、例 4）：教学区与体育场地左右布置。适合于东西宽、南北短的学校用地。

例 5）、例 6）：教学区与体育场地对角布置。适合于狭而窄、不规则的学校用地。

例 7）：复杂场地应因地制宜。适合于利用地形地貌、减少土石方量的学校用地。

图 1.2-10　总平面设计实例

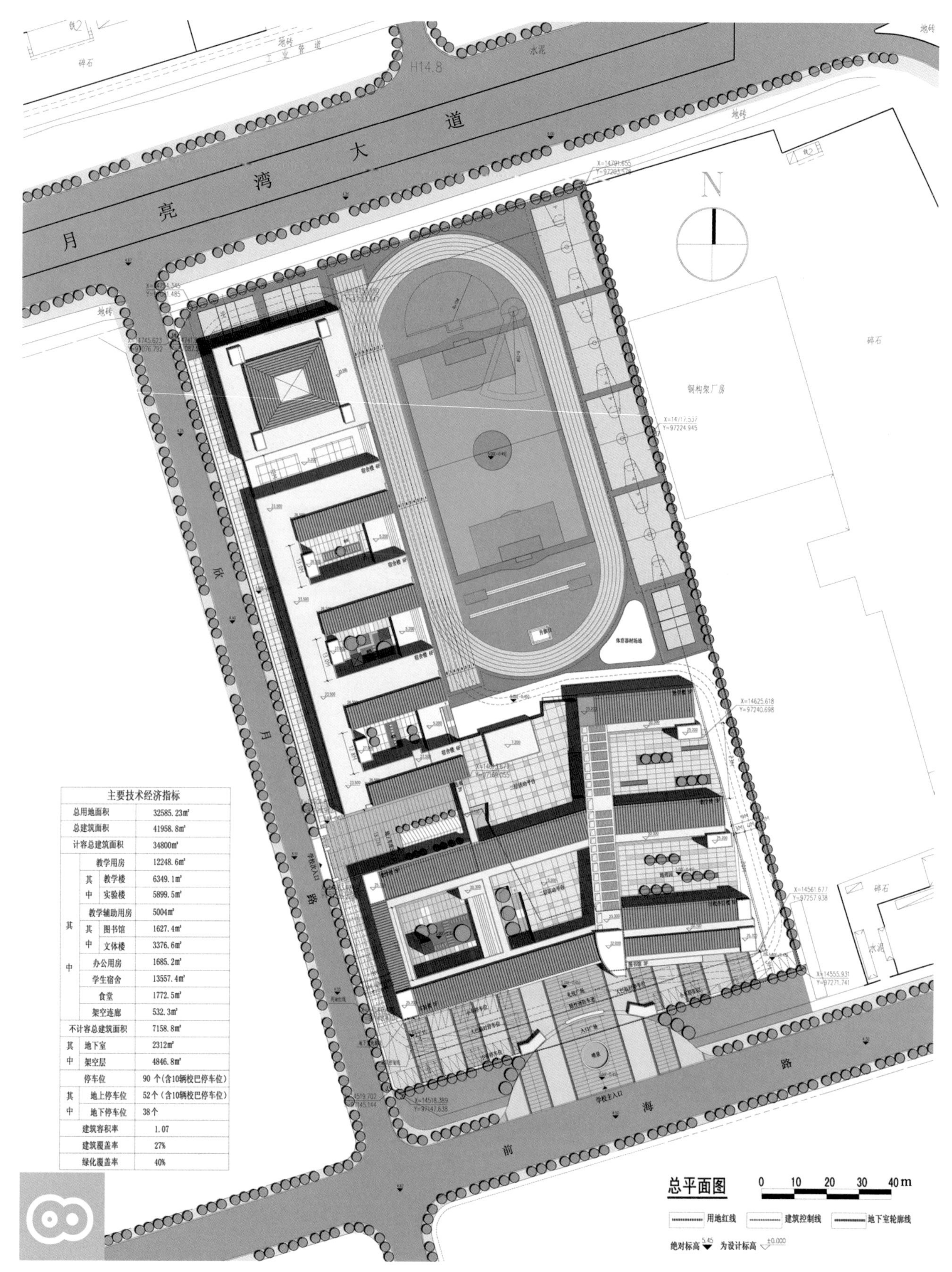

主要技术经济指标			
总用地面积			32585.23m²
总建筑面积			41958.8m²
计容总建筑面积			34800m²
其中	教学用房		12248.6m²
	其中	教学楼	6349.1m²
		实验楼	5899.5m²
	教学辅助用房		5004m²
	其中	图书馆	1627.4m²
		文体楼	3376.6m²
	办公用房		1685.2m²
	学生宿舍		13557.4m²
	食堂		1772.5m²
	架空连廊		532.3m²
不计容总建筑面积			7158.8m²
其中	地下室		2312m²
	架空层		4846.8m²
停车位			90 个（含10辆校巴停车位）
其中	地上停车位		52个（含10辆校巴停车位）
	地下停车位		38个
建筑容积率			1.07
建筑覆盖率			27%
绿化覆盖率			40%

图 1.2-11　总平面设计实例——深大附中高中部总平面

图 1.2-12　总平面设计实例——深大附中高中部鸟瞰图

深大附中高中部建成于 2015 年，总用地面积 32585m^2，总建筑面积 45558m^2，规模为 36 班的寄宿制高中。学校用地南北长、东西短，呈规则长条形，主入口设于教学区前，与前海路之间形成退 20m 的校前广场。教学区与体育场地前后布置，宿舍区与体育场地左右布置（图 1.2-11，图 1.2-12）。

华润小径湾国际学校设计于2017年，总用地面积68744m²，总建筑面积43356m²，是规模为1200学位的私立国际学校。校园坐落于广东惠州市大亚湾霞涌镇的一处山坡地上，用地东西宽、南北短，呈不规则长条形，地势南高北低、高差约60m。主入口设于教学区与体育馆之间，沿北线路南侧形成大进深、台阶式的草坡广场，为整个校园的主轴线。主要建筑包括：教学楼、办公楼、体育馆、图书馆、小剧场、餐厅、学生公寓、教师公寓。建筑、绿地因地制宜、顺势而为，操场位于用地西端，车行口设在用地东侧（图1.2-13，图1.2-14）。

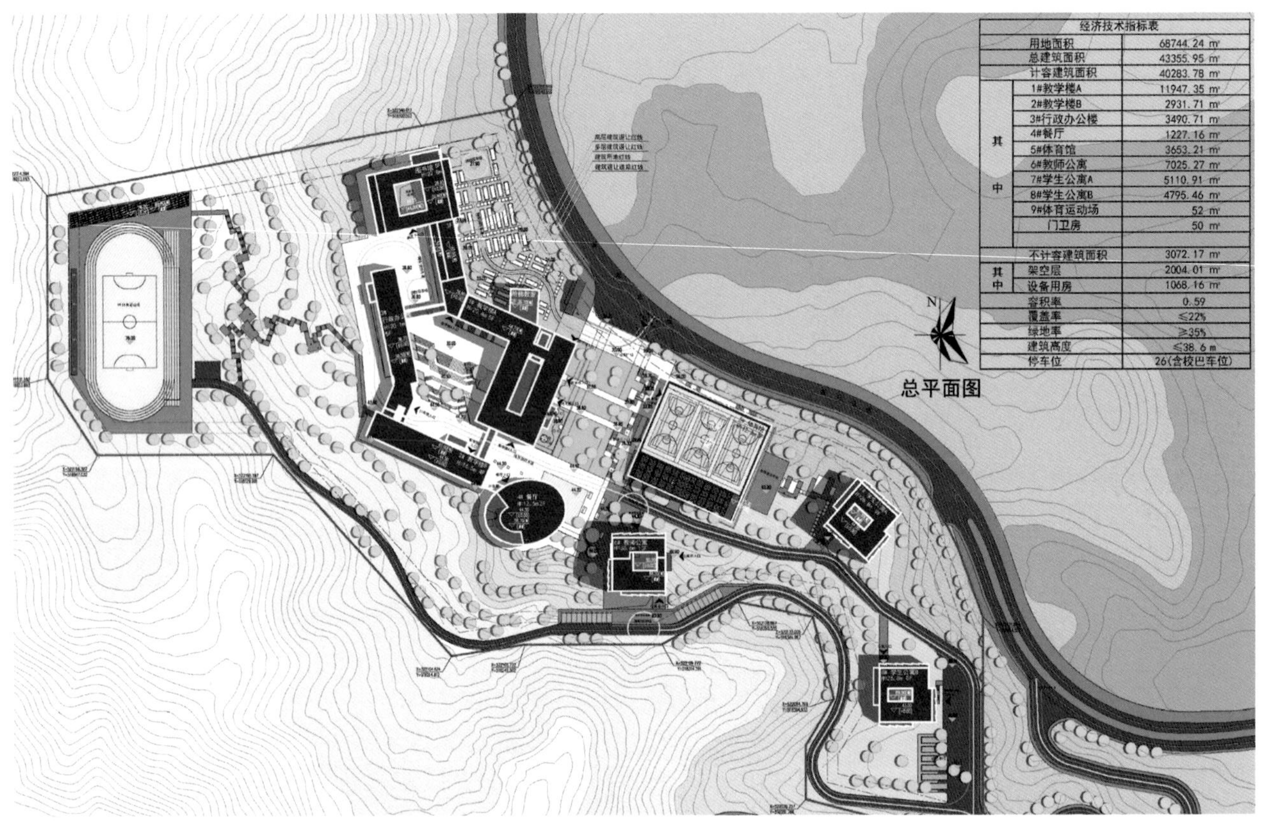

经济技术指标表		
用地面积		68744.24 m²
总建筑面积		43355.95 m²
计容建筑面积		40283.78 m²
其中	1#教学楼A	11947.35 m²
	2#教学楼B	2931.71 m²
	3#行政办公楼	3490.71 m²
	4#餐厅	1227.16 m²
	5#体育馆	3653.21 m²
	6#教师公寓	7025.27 m²
	7#学生公寓A	5110.91 m²
	8#学生公寓B	4795.46 m²
	9#体育运动场	52 m²
	门卫房	50 m²
不计容建筑面积		3072.17 m²
其中	架空层	2004.01 m²
	设备用房	1068.16 m²
容积率		0.59
覆盖率		≤22%
绿地率		≥35%
建筑高度		≤38.6 m
停车位		26(含校巴车位)

图1.2-13　总平面设计实例——华润小径湾国际学校总平面

图1.2-14　总平面设计实例——华润小径湾国际学校鸟瞰图

广东梅县外国语学校建成于 2015 年，总用地面积 266632m^2，总建筑面积 101755m^2。作为完整教育体系“一校四部”的综合性学校，囊括了 22 班幼儿园、36 班小学部、30 班初中部、30 班高中部、南北综合楼及学生宿舍、教师公寓等配套设施。校园坐落于钟灵毓秀的青山幽谷，东西两侧为郁郁葱葱的绿色丘陵，南北主入口均通过校前广场与城市道路衔接。

明确的中轴线贯穿整个校园，北端为北综合楼及校前广场，构成幼儿园、小学部的主入口，南端为南综合楼及校前广场，构成初中部、高中部的主入口。体育场地沿着中轴线布置，建筑、绿地环绕着中轴线布置，交通采用人、车分口出入的分流体系。

设计将自然山水渗入校园环境，将客家元素融入建筑风格，旨在创建集室内外互动学习空间、客家文化聚落空间、绿色生态休闲空间于一体的“绿谷校园”。（图 1.2-15，图 1.2-16）

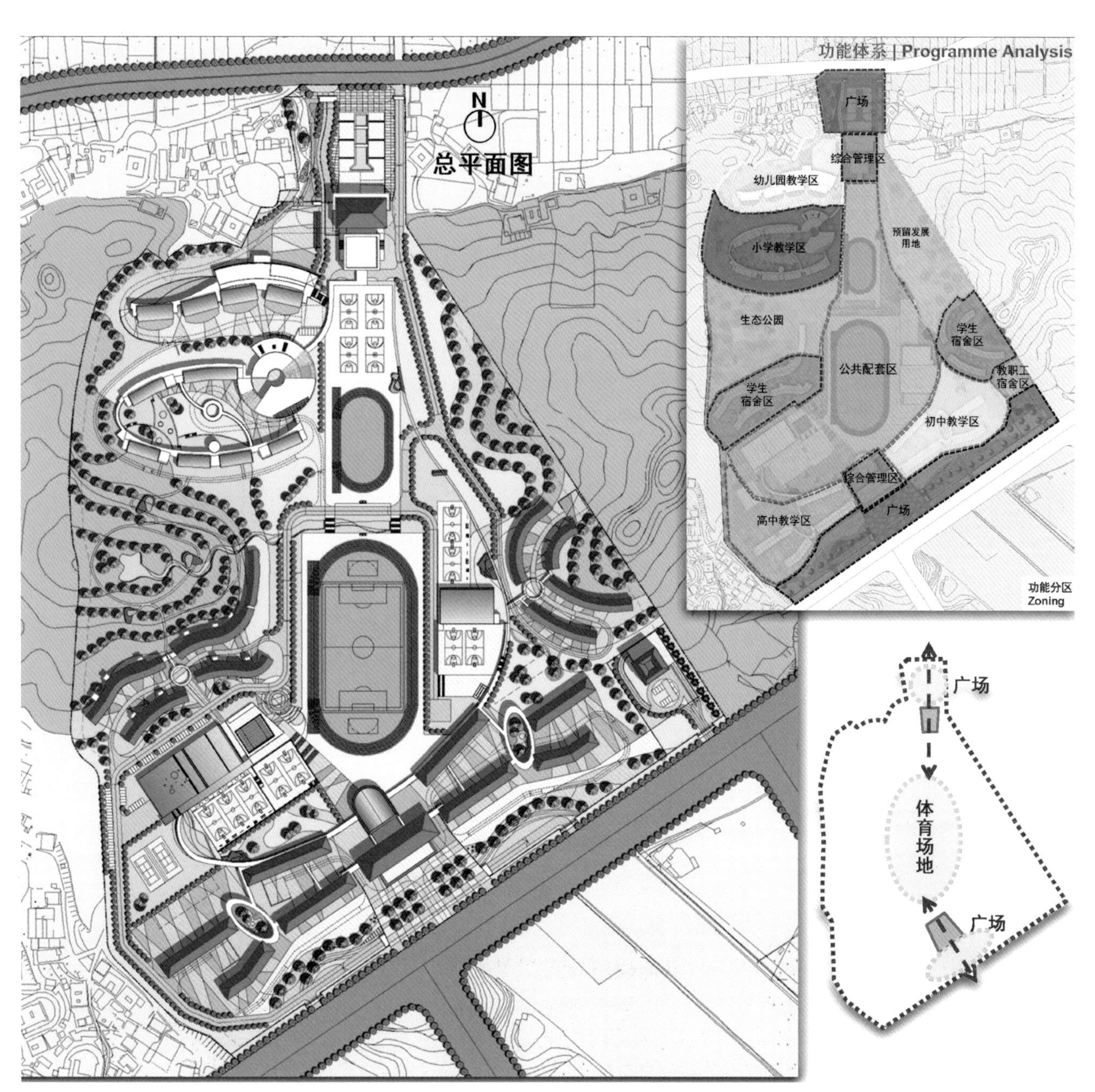

图 1. 2-15　总平面设计实例——广东梅县外国语学校总平面

图 1. 2-16　总平面设计实例——广东梅县外国语学校鸟瞰图

1.3　建筑设计要点

1.3.1　建筑组成（图 1.3-1）

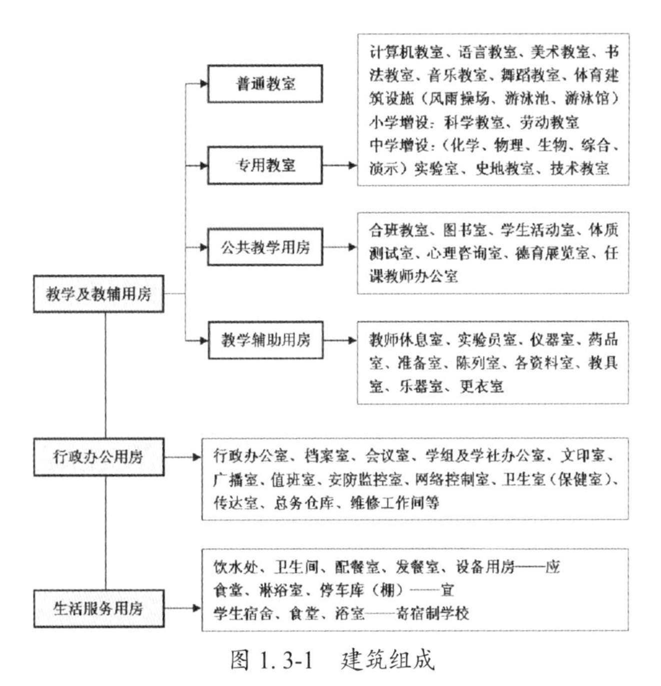

图 1. 3-1　建筑组成

1.3.2　设计内容（图 1.3-2）

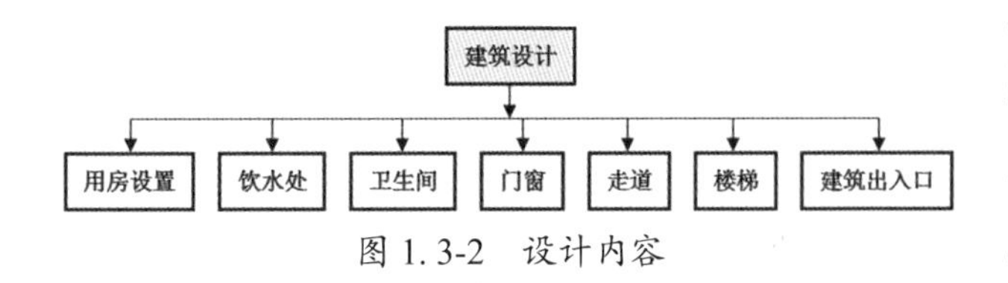

图 1. 3-2　设计内容

1.3.3　教学及教辅用房设置

（1）功能分区：各用房、各部位应功能分区明确，动静分区、洁污分区合理，既联系方便，又互不干扰。

（2）交通组织：教学用房宜采用外廊或外走道，尽量避免内廊或内走道。教学建筑宜采用半围合或敞开庭院式围合，不宜采用封闭内院式围合。

（3）日照朝向：教学用房以朝南向和东南向为主，以获得冬季良好的日照环境。

（4）采光朝向：教学用房宜避免东西向暴晒眩光，以获得室内良好的采光环境。普通教室、大部分专用教室及合班教室、图书室，宜双向采光。当单向采光时，光线应自学生座位左侧射入；当南向为外廊时，应以北向窗为主采光面。

（5）噪声控制：音乐教室、舞蹈教室应设在不干扰其他教学用房的位置。风雨操场应设在远离教学用房、靠近体育场地的位置。

（6）面积指标（表 1.3-1，表 1.3-2）。

主要教学用房的使用面积指标 /（m^2/ 座）

表 1. 3-1

房间名称	小学	中学
普通教室	1.36	1.39
科学教室	1.78	—

续表

房间名称	小学	中学
实验室	—	1.92
综合实验室	—	2.88
演示实验室	—	1.44
史地教室	—	1.92
计算机教室	2.00	19.2
语言教室	2.00	1.92
美术教室	2.00	1.92
书法教室	2.00	1.92
音乐教室	1.70	1.64
舞蹈教室	2.14	3.15
合班教室	0.89	0.90
学生阅览室	1.80	1.90
教师阅览室	2.30	2.30
视听阅览室	1.80	2.00
报刊阅览室	1.80	2.30

主要教学辅助用房的使用面积指标 /（m^2/ 间）
表 1. 3-2

房间名称	小学	中学
普通教室教师休息室	（3.50）	（3.50）
实验员室	12.00	12.00
仪器室	18.00	24.00
药品室	18.00	24.00
准备室	18.00	24.00
标本陈列室	42.00	42.00
历史资料室	12.00	12.00
地理资料室	12.00	12.00
计算机教室资料室	24.00	24.00
语言教室资料室	24.00	24.00
美术教室教具室	24.00	24.00
乐器室	24.00	24.00
舞蹈教室更衣室	12.00	12.00

注：（1）两表取自《中小学校设计规范》GB 50099—2011 第 7.1.1 条表 7.1.1 及第 7.1.5 条表 7.1.5。（ ）为每位教师使用面积。

（2）任课教师办公室应按每位教师使用面积≥ $5m^2$ 计算。

（3）心理咨询室宜分设为相连通的 2 间，其中 1 间平面尺寸宜≥ 4m×3.4m，以便容纳沙盘测试。心理咨询室可附设能容纳 1 个班的心理活动室。

（4）劳动教室和技术教室的使用面积应按课程内容的工艺要求等因素确定。

（5）体育建筑设施的使用面积应按选定的运动项目确定。

（7）最小净高（表 1.3-3，表 1.3-4）。

主要教学用房的最小净高 /m　　表 1. 3-3

教室	小学	初中	高中
普通教室、史地、美术、音乐教室	3.00	3.05	3.10
舞蹈教室	4.50		
科学教室、实验室、计算机教室、劳动教室、技术教室、合班教室	3.10		
阶梯教室	最后一排（楼地面最高处）距顶棚或上方突出物最小距离为 2.20m		

注：本表取自《中小学校设计规范》GB 50099—2011 第 7.2.1 条表 7.2.1。

风雨操场的最小净高取决于所设运动项目的场地最小净高 /m　　表 1. 3-4

运动项目	田径	篮球	排球	羽毛球	乒乓球	体操
最小净高	9	7	7	9	4	6

注：本表取自《中小学校设计规范》GB 50099—2011 第 7.2.2 条表 7.2.2。

（8）采光标准（表 1.3-5）。

教学用房工作面上或地面上的采光系数标准和窗地面积比　　表 1. 3-5

房间名称	规定采光系数的平面	采光系数最低值 /%	窗地面积比
普通教室、史地教室、美术教室、书法教室、语言教室、音乐教室、合班教室、阅览室	课桌面	2.0	1∶5.0
科学教室、实验室	实验桌面	2.0	1∶5.0
计算机教室	机台面	2.0	1∶5.0
舞蹈教室、风雨操场	地面	2.0	1∶5.0
办公室、保健室	地面	2.0	1∶5.0
饮水处、厕所、淋浴	地面	0.5	1∶10.0
走道、楼梯间	地面	1.0	—

注：本表取自《中小学校设计规范》GB 50099—2011 第 9.2.1 条表 9.2.1。

（9）隔声标准（表 1.3-6）。

主要教学用房的隔声标准　　表 1.3-6

房间名称	空气声隔声标准 /dB	顶部楼板撞击声隔声单值评价量 /dB
语言教室、阅览室	≥ 50	≤ 65
普通教室、实验室等与不产生噪声的房间之间	≥ 45	≤ 75
普通教室、实验室等与产生噪声的房间之间	≥ 50	≤ 65
音乐教室等产生噪声的房间之间	≥ 45	≤ 65

注：（1）本表取自《中小学校设计规范》GB 50099—2011 第 9.4.2 条表 9.4.2。

（2）大多数的砌体墙加双面粉刷均能满足空气声隔声要求。

（3）地毯、木地板、隔声砂浆、隔声垫、浮筑楼板等均能满足顶部楼板撞击声隔声要求。

（10）防护设计

窗台净高：室内房间（包括楼电梯间）临空处的窗台净高应大于等于 0.9m，小于 0.9m 时应采取防护措施（加护栏）。

护栏净高：室内回廊及敞开式楼梯、中庭、内院、天井等临空处的护栏净高应大于等于 1.2m；

上人屋面及敞开式外廊、楼梯、平台、阳台等临空处的护栏净高应大于等于 1.2m。

安全措施：室内外的护栏净高均应从“可踏面”算起（若出现时）。

护栏最薄弱处所能承受的水平推力应大于等于 1.5kN/m。

护栏杆件或花饰的镂空净距应小于等于 0.11m，应采用防攀登及防攀滑的构造。

（11）玻璃幕墙

中小学校新建、改建、扩建工程以及立面改造工程，在一层严禁采用全隐框玻璃幕墙，在二层及以上各层不得采用玻璃幕墙。

1.3.4 饮水处、卫生间设置

（1）饮水处：教学建筑内应每层设置，饮水处前应设等候空间，且不得挤占走道的疏散宽度。每处饮水嘴（个）＝每层学生人数 /40～45 人（≈每班 1 个）。

（2）卫生间：教学建筑内应每层设置，分男、女学生及男、女教师卫生间，各前室不得共用。每层学生卫生间洁具数量：

男卫大便器（个）＝每层男生人数 /40 人（或 ×1.2m 长大便槽）（≈每班 0.5 个）

男卫小便斗（个）＝每层男生人数 /20 人（或 ×0.6m 长小便槽）（≈每班 1 个）

女卫大便器（个）＝每层女生人数 /13 人（或 ×1.2m 长大便槽）（≈每班 2 个）

前室洗手盆（个）＝每层学生人数 /40～45 人（或 ×0.6m 长盥洗槽）（≈每班 1 个）

1.3.5 门窗设计

（1）疏散门：各教学用房的疏散门均应向疏散方向开启，开启后不得挤占走道的疏散宽度（图 1.3-3）。

每房间疏散门的数量和宽度应经计算确定且应大于等于 2 个门、每门净宽应大于等于 0.9m，相邻 2 个疏散门间距应大于等于 5m。

位于袋形走道尽端的教室，当教室内任一点至疏散门的直线距离小于等于 15m 时，可设 1 个门且净宽应大于等于 1.5m。

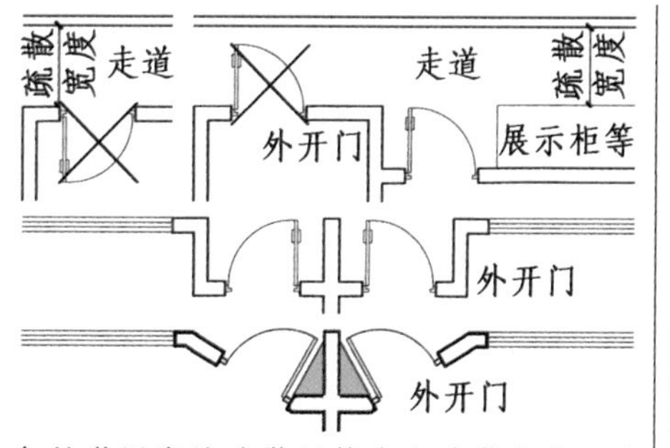

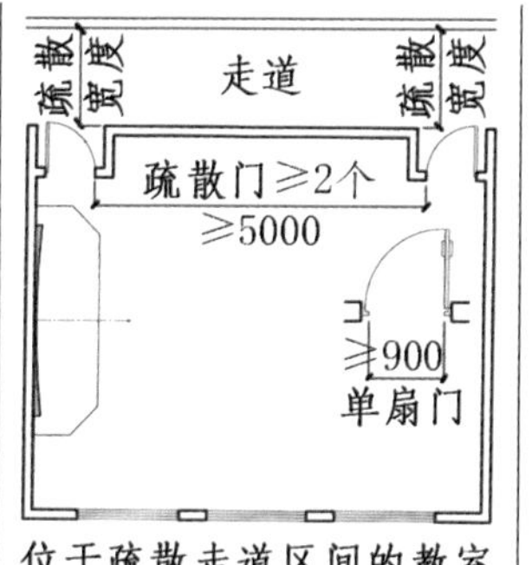

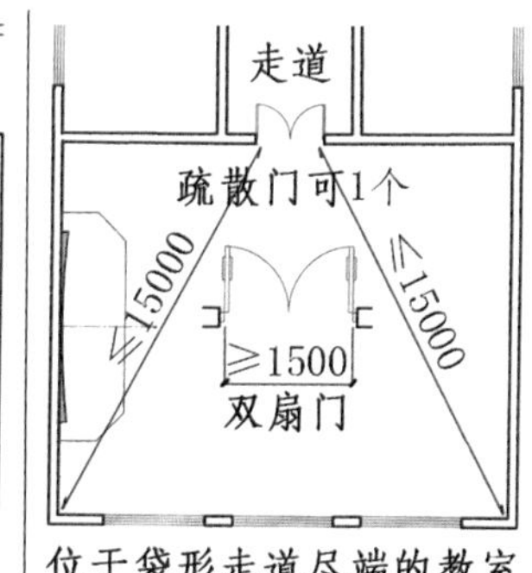

图 1.3-3　各教学用房及各教室疏散门设计要求示意图

（2）内外窗：教学用房隔墙上的内窗，在距地高度小于2m范围内，向走道开启后不得挤占走道的疏散宽度，向室内开启后不得影响教室的使用空间。大于等于2m时不受此限（图1.3-4）。

教学用房临空处的外窗，在二层及以上各层不得向室外开启。装有擦窗安全设施时不受此限。

教学及教辅用房的外窗应满足采光、通风、保温、隔热、散热、遮阳等节能标准和教学要求，且不得采用彩色玻璃。

（3）救援窗：多、高层教学建筑的外墙，均应在每层的适当位置设消防专用的救援窗口（图1.3-5）。

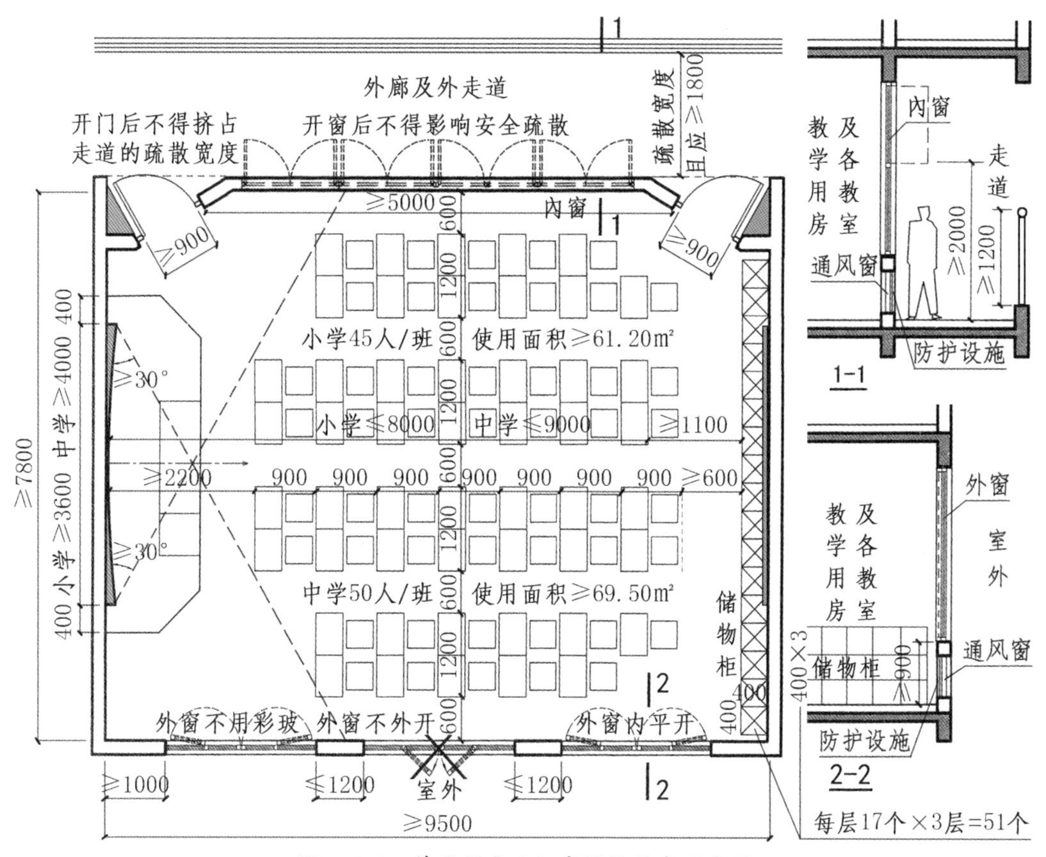

图1.3-4 普通教室及门窗设计要求示意图

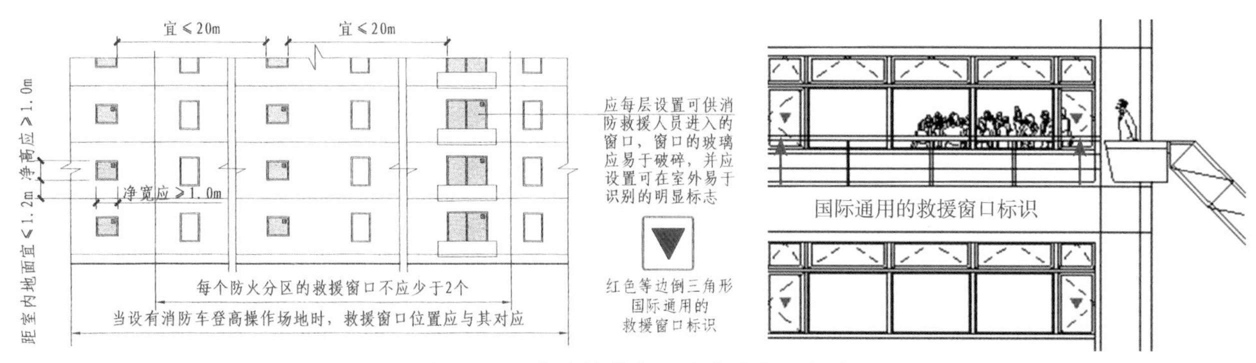

图1.3-5 消防救援窗口设计要求示意图

1.3.6 走道设计

教学建筑的走道应按照满足疏散宽度、符合防火规定的安全设计要求（图1.3-6）。

（1）走道宽度：走道的疏散宽度应经计算确定且应大于等于2股人流，并应按0.6m/股整倍加宽。

（2）教学走道：单面布房的外廊及外走道净宽应大于等于1.8m（≥3股人流）；

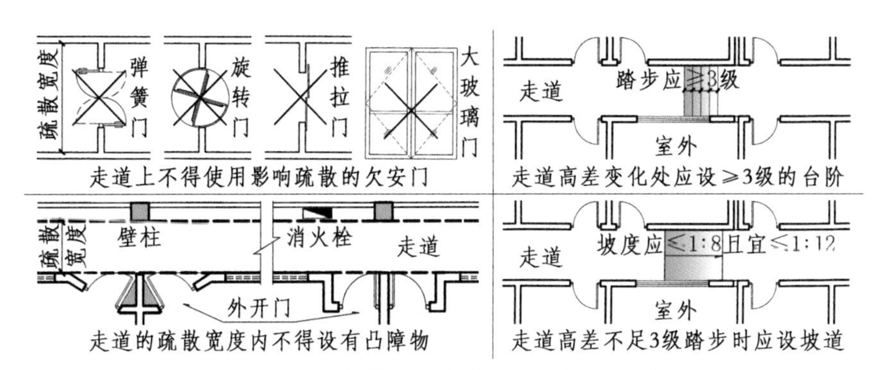

图 1.3-6　教学建筑走道设计要求示意图

双面布房的内廊及内走道净宽应大于等于 2.4m（≥ 4 股人流）。

（3）走道高差：走道高差变化处应设台阶时，踏步级数应大于等于 3 级且不得采用扇形踏步；

走道高差不足 3 级踏步时应设坡道，坡道的坡度应小于等于 1∶8 且宜小于等于 1∶12。

（4）安全措施：疏散走道应采用防滑构造做法。

疏散走道上不得使用弹簧门、旋转门、推拉门、大玻璃门等欠安全门。

走道的疏散宽度内不得设有壁柱、消火栓、开启的门窗扇等凸障物。

1.3.7　楼梯设计

教学建筑的楼梯应按照满足疏散宽度、符合防火规定的安全设计要求（图 1.3-7～图 1.3-9）。

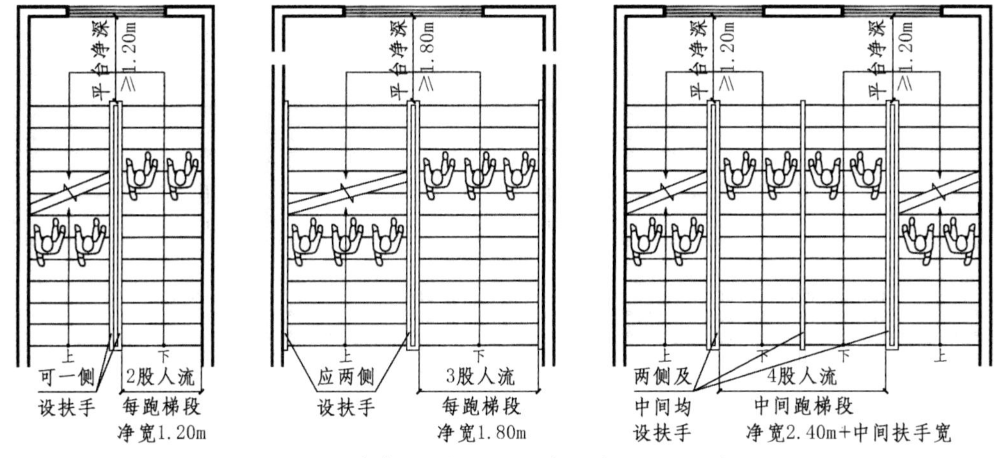

图 1.3-7　教学建筑楼梯设计要求示意图——楼梯平面

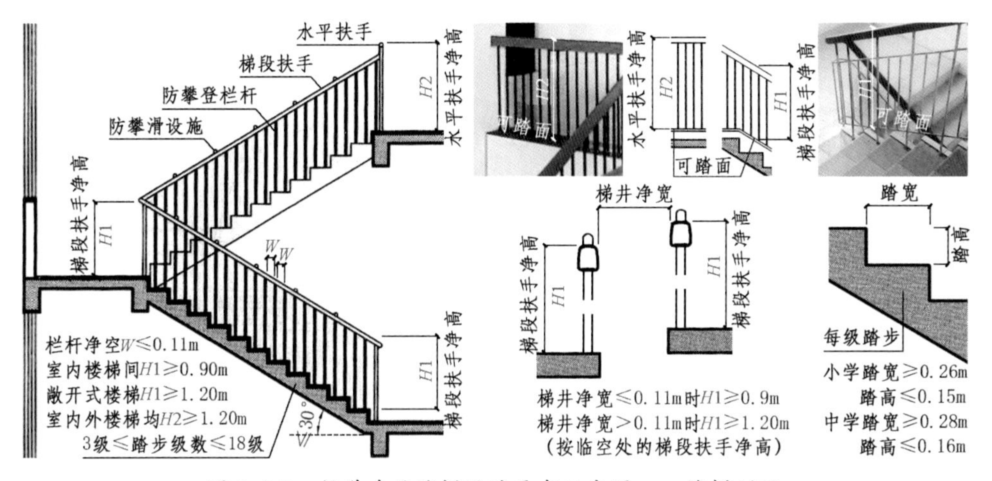

图 1.3-8　教学建筑楼梯设计要求示意图——楼梯剖面

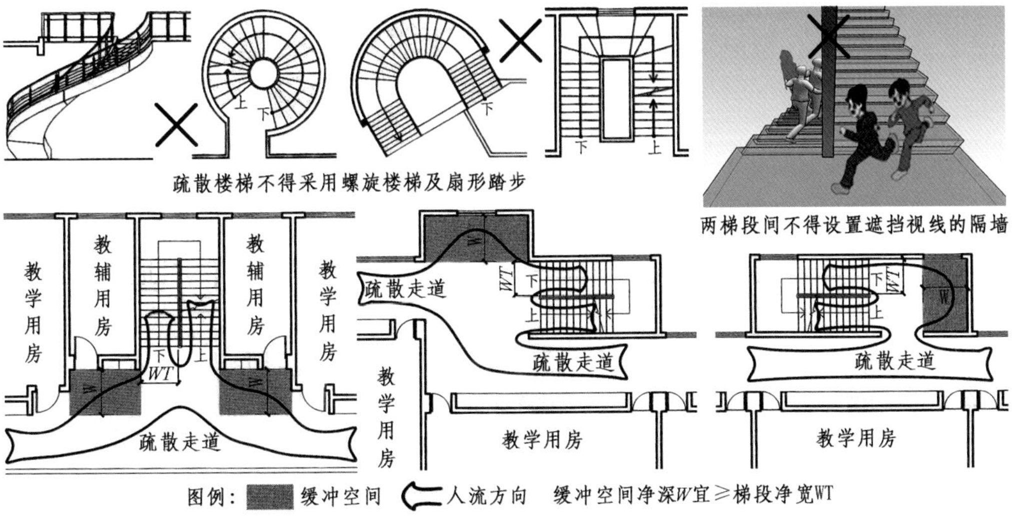

图 1.3-9 教学建筑楼梯设计要求示意图——安全措施

（1）楼梯宽度：楼梯的疏散宽度应经计算确定且应大于等于2股人流，并应按0.6m/股整倍加宽。

（2）楼梯踏步：小学楼梯每级踏步的踏宽应大于等于0.26m、踏高应小于等于0.15m；中学楼梯每级踏步的踏宽应大于等于0.28m、踏高应小于等于0.16m。

（3）楼梯梯段：梯段净宽应大于等于1.2m、坡度应小于等于30°、踏步级数应大于等于3级且应小于等于18级。

（4）楼梯平台：平台净深应大于等于梯段净宽且应大于等于1.2m。

（5）楼梯梯井：梯井净宽应小于等于0.11m，大于0.11m时应采取防护措施（按临空处扶手净高）。

（6）楼梯栏杆：楼梯栏杆或花饰的镂空净距应小于等于0.11m，应采用防攀登及防攀滑的构造。

（7）扶手设置：梯宽1.2m时可一侧设、1.8m时应两侧设、2.4m时应两侧及中间均设。

（8）扶手净高：敞开楼梯间或封闭楼梯间的梯段扶手净高应大于等于0.9m、临空处的梯段扶手净高应大于等于1.2m。

室内外敞开式楼梯的梯段扶手净高均应大于等于1.2m，室内外楼梯的水平扶手净高均应大于等于1.2m。

室内外楼梯的梯段扶手及水平扶手净高均应从“可踏面”算起（若出现时）。

（9）安全措施：疏散楼梯不得采用螺旋楼梯和扇形踏步。

疏散楼梯间应有天然采光和自然通风，两梯段间不得设置遮挡视线的隔墙。

除首层及顶层外，中间各层的楼梯入口处宜设净深大于等于梯段净宽的缓冲空间。

1.3.8 建筑出入口

教学建筑的出入口应满足安全疏散和灭火救援以及防火规定的安全设计要求。

（1）接口方式：各建筑出入口应与校园道路衔接，应满足人员安全疏散、消防灭火救援的要求。

（2）安全出口：每栋首层安全出口的数量和宽度应经计算确定且应大于等于2个，应满足首层出入口疏散外门的总净宽度要求。

（3）分口出入：地下设停车库时，停车库与上部教学建筑的出入口（安全出口和疏散楼梯）应分别独立设置。

（4）分流疏散：每栋建筑分位置、分人流应设大于等于2个出入口，相邻2个出入口间距应大于等于5m。

建筑总层数小于3层、每层建筑面积小于等于200m^2、第二、三层的人数之和小于等于50人的单栋建筑，可设1个出入口（1个安全出口或1部疏散楼梯）。

（5）疏散外门：教学建筑首层出入口外门净宽应大于等于1.4m，门内、外各1.5m范围内均无台阶。

（6）安全措施：教学建筑出入口应设置无障碍设施，并应采取防上部坠物、地面跌滑的措施。无障碍出入口的门、过厅如设两道门，同时开启后两道门扇的间距应大于等于 1.5m。

1.3.9 无障碍设施

（1）设置要求：中小学校建筑无障碍设施的设置应符合《无障碍设计规范》GB 50763—2012 的相关规定。

（2）设置部位：教学建筑应设无障碍出入口、门厅、楼梯、走道、房间门、卫生间，宜设无障碍电梯。

1.3.10 防火设计

中小学校建筑防火设计除应符合《建筑设计防火规范》GB 50016—2014（2018 年版）、《中小学校设计规范》GB 50099—2011 的相关规定，尚应符合国家现行有关标准的相关规定。

（1）建筑分类：使用人数大于 500 人（即≥ 12 班）、较大规模的中小学校按重要公共建筑（包括教学楼、办公楼及宿舍楼）。

仅主要教学用房设在小学四层 / 中学五层及以下，高度小于等于 24m 时教学建筑按多层重要公共建筑。

非主要教学用房增设在小学四层 / 中学五层以上，高度小于等于 24m 时按多层重要公共建筑，高度大于 24m 时直接按一类高层公共建筑。

（2）耐火等级：多层教学建筑的耐火等级不应低于二级，高层教学建筑的耐火等级不应低于一级，建筑地下或半地下室的耐火等级不应低于一级。

（3）防火分区：多层教学建筑每个防火分区建筑面积应小于等于 2500m^2，高层教学建筑每个防火分区建筑面积应小于等于 1500m^2，建筑地下或半地下室每个防火分区建筑面积应小于等于 500m^2，地下或半地下设备用房每个防火分区建筑面积应小于等于 1000m^2。

（4）疏散楼梯：多层教学建筑可以采用敞开楼梯间（有条件时尽量采用封闭楼梯间），高层教学建筑应采用防烟楼梯间。

（5）疏散宽度：每层的房间疏散门、安全出口、疏散走道和疏散楼梯的各自总净宽度，应根据每层的班数及班额人数确定出每层的疏散人数后，按与建筑总层数相对应的每层每 100 人的最小净宽度计算确定（表 1.3-7）。

（6）疏散距离：每层直通疏散走道的各房间疏散门至最近安全出口的直线距离，对于多层教学建筑，非首层的安全出口定为敞开楼梯间的梯口或封闭楼梯间的梯门；对于高层教学建筑，非首层的安全出口定为防烟楼梯间的前室或合用前室的前室门（表 1.3-8，图 1.3-10）。

多层 / 高层教学建筑防火设计疏散宽度计算表 **表 1.3-7**

每层的房间疏散门、安全出口、疏散走道和疏散楼梯的最小净宽度 /（m/100 人）

建筑总层数	耐火等级		
	一、二级	三级	四级
地上四、五层时	地上每层均按≥ 1.05	≥ 1.30	—
地上三层时	地上每层均按≥ 0.80	≥ 1.05	—
地上一、二层时	地上每层均按≥ 0.70	≥ 0.80	≥ 1.05
地下一、二层时	地下每层均按≥ 0.80	—	—

注：（1）本表取自《中小学校设计规范》GB 50099—2011 中第 8.2.3 条表 8.2.3。
（2）当每层疏散人数不等时，疏散楼梯的总净宽度可分层计算：
地上建筑内下层楼梯的总净宽度应按该层及以上疏散人数最多一层的人数计算；
地下建筑内上层楼梯的总净宽度应按该层及以下疏散人数最多一层的人数计算。
（3）首层出入口疏散外门的总净宽度应按该建筑内疏散人数最多一层的人数计算。
（4）非主要教学用房增设在小学四层、中学五层以上的多层、高层教学建筑，增设部分应设置独立的安全出口和疏散楼梯，增设楼层疏散宽度每层均按≥ 1.00m/200 人计算。执行《建筑设计防火规范》GB 50016—2014（2018 年版）第 5.5.21 条表 5.5.21-1。

多层 / 高层教学建筑防火设计疏散距离计算表 **表 1.3-8**

直通疏散走道的房间疏散门至最近安全出口的直线距离 /m

教学建筑		位于两个安全出口之间的疏散门			位于袋形走道两侧 / 尽端的疏散门		
		一、二级	三级	四级	一、二级	三级	四级
单、多层	至最近敞开楼梯间	≤ 30	≤ 25	≤ 20	≤ 20	≤ 18	≤ 8
	至最近封闭楼梯间	≤ 35	≤ 30	≤ 25	≤ 22	≤ 20	≤ 10
高层	至最近防烟楼梯间	≤ 30	—	—	≤ 15	—	—

注：（1）本表取自《建筑设计防火规范》GB 50016—2014（2018 年版）表 5.5.17 中教学建筑 / 单、多层 / 高层及注 2。
（2）当疏散走道采用敞开式外廊时，至最近安全出口的直线距离可按本表增加 5m。
（3）当建筑内全部设置自喷系统时，至最近安全出口的直线距离可按本表增加 25%。

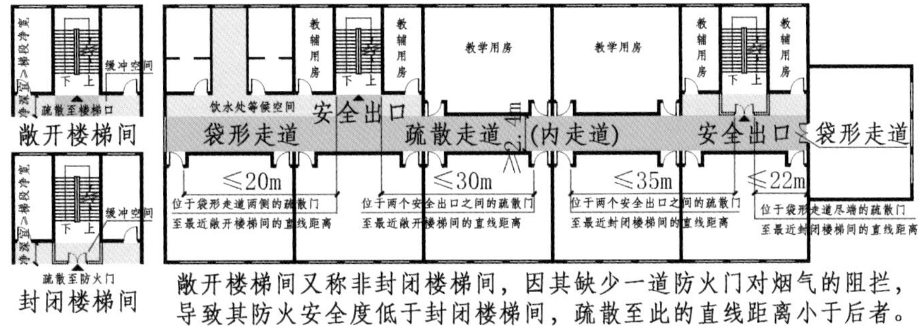

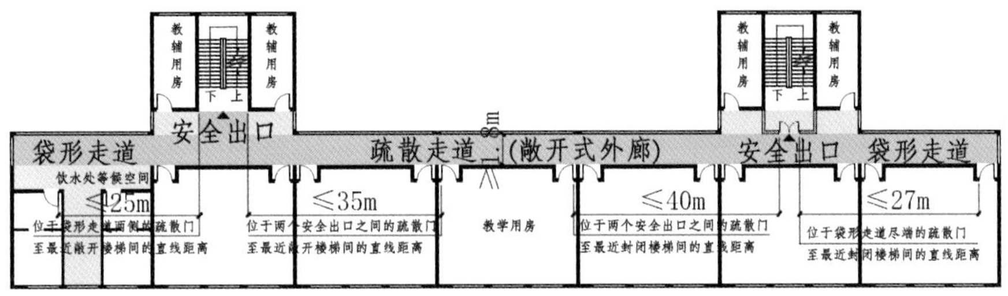

图 1.3-10 多层教学建筑疏散距离示意图

1.3.11 普通教室基本模式与单元组合（图 1.3-11，图 1.3-12）

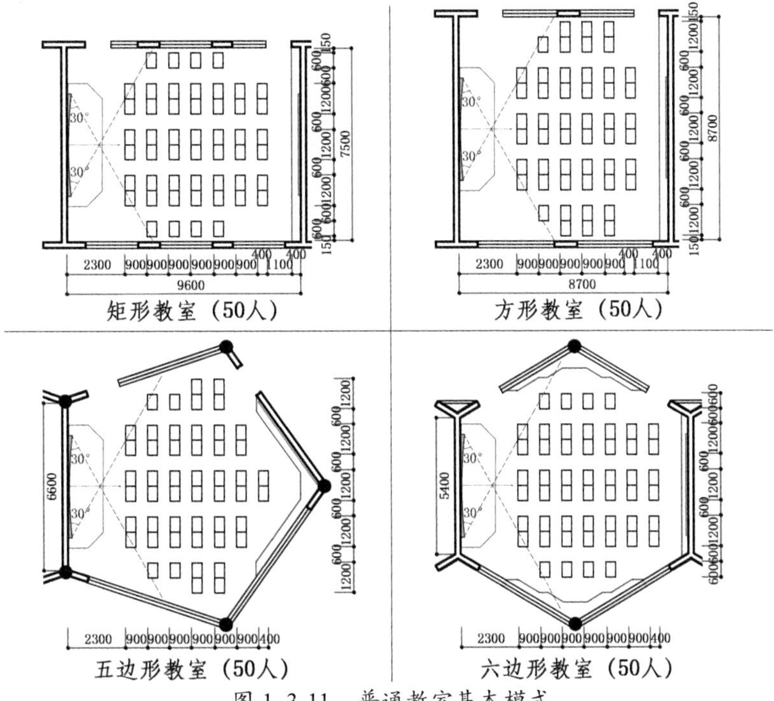

图 1.3-11 普通教室基本模式

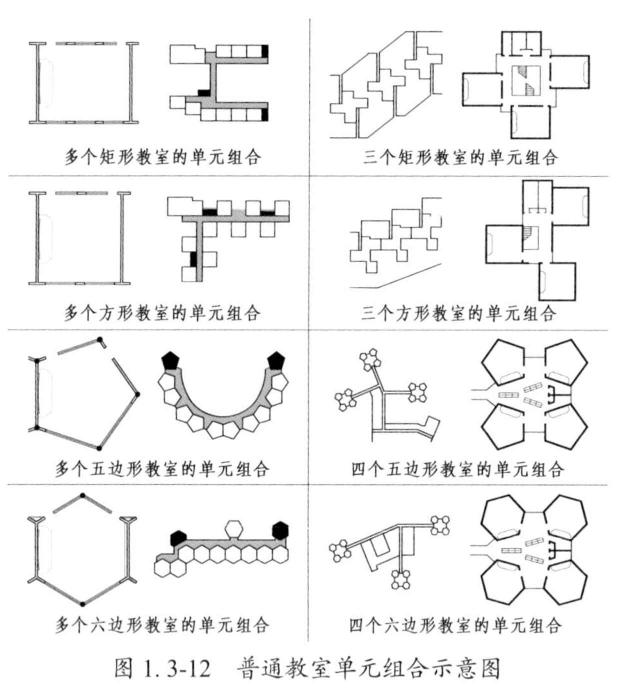

图 1.3-12　普通教室单元组合示意图

1.3.12　建筑平面基本模式与设计实例（图 1.3-13～图 1.3-18）

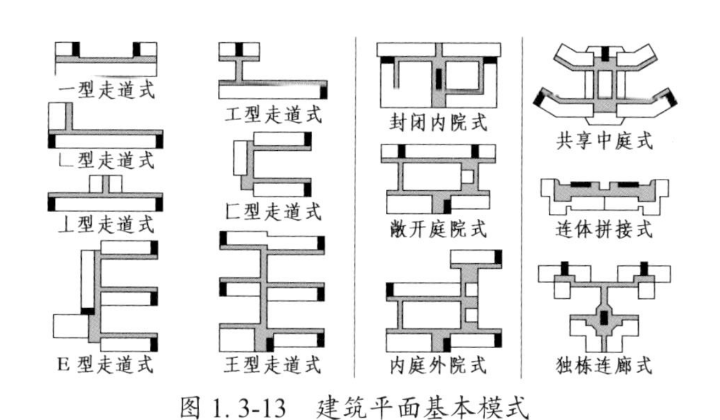

图 1.3-13　建筑平面基本模式

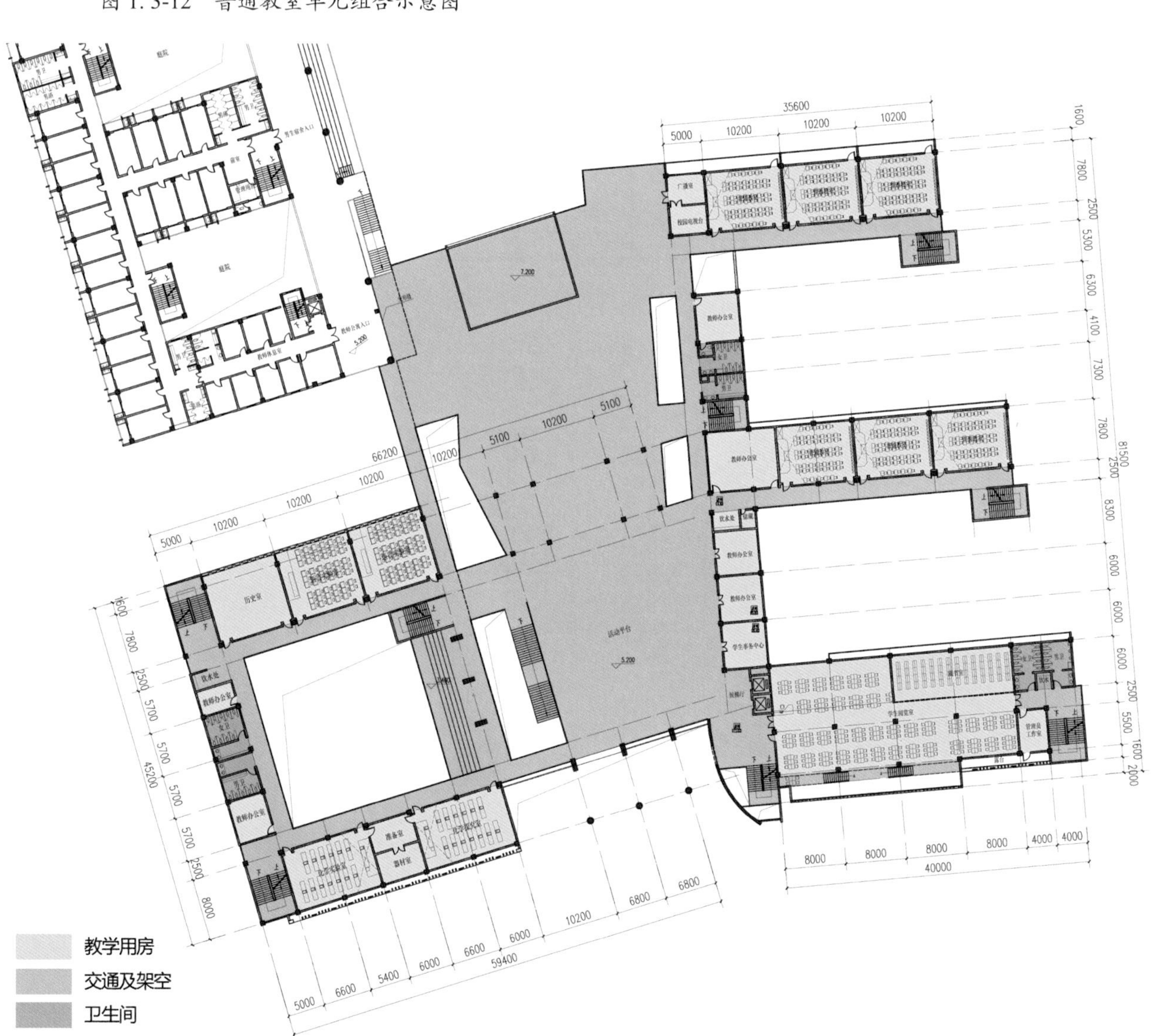

图 1.3-14　建筑平面设计实例——深大附中高中部教学区二层平面

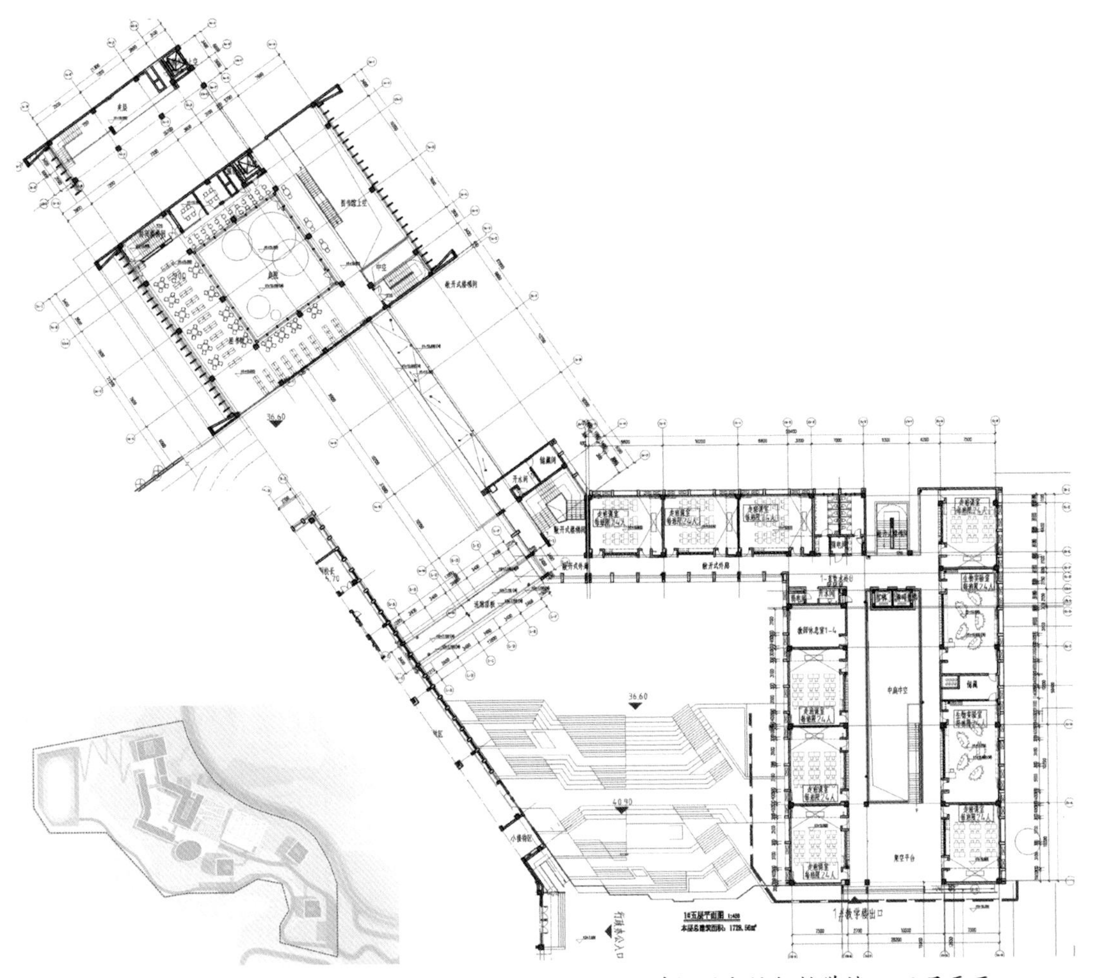

图 1.3-15 建筑平面设计实例——华润小径湾国际学校图书馆与教学楼 A 五层平面

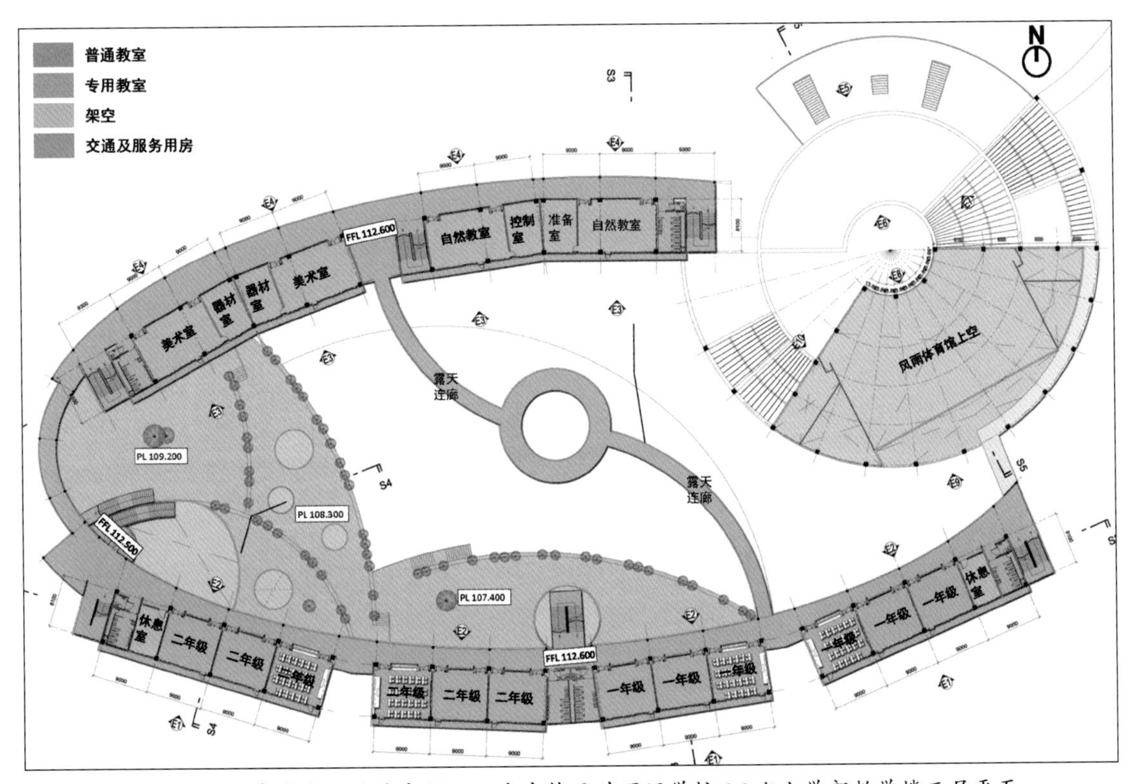

图 1.3-16 建筑平面设计实例——广东梅县外国语学校 36 班小学部教学楼三层平面

图 1.3-17　建筑平面设计实例——广东梅县外国语学校 30 班初中部教学楼三层平面

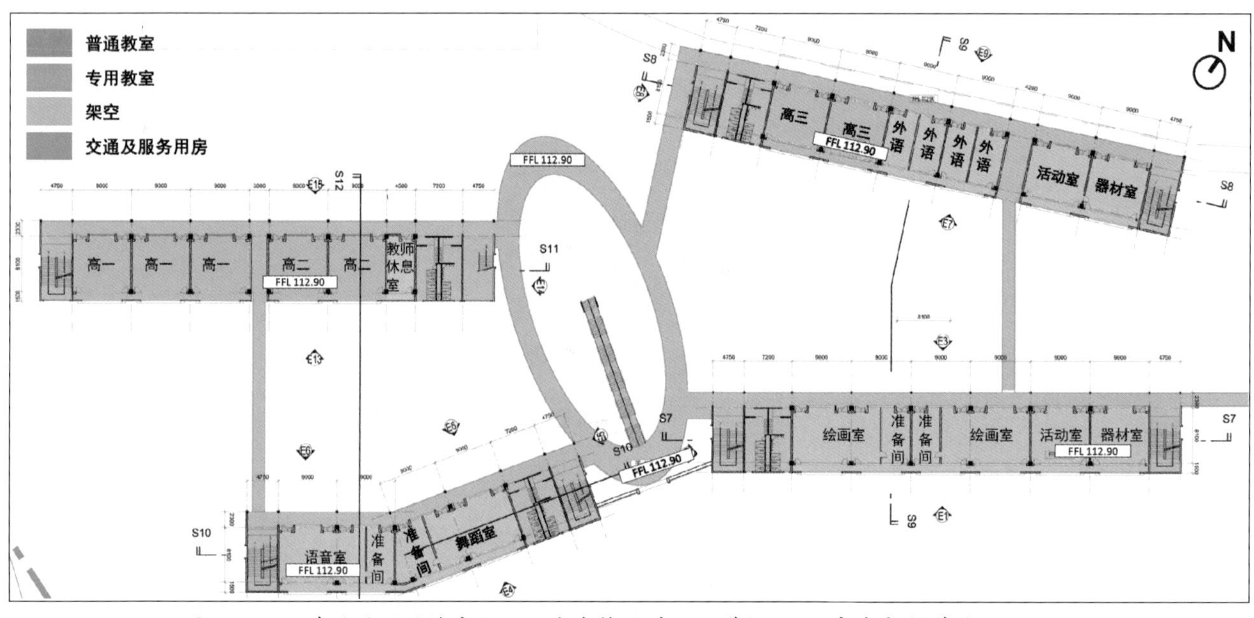

图 1.3-18　建筑平面设计实例——广东梅县外国语学校 30 班高中部教学楼三层平面

2 绿色中小学校设计措施

建学建筑与工程设计所有限公司深圳分公司　于天赤

2.1 设计原则

2019年8月1日，住建部颁布《绿色建筑评价标准》GB/T 50378—2019，这是一种“通则”式的标准。对于中小学校这一特殊类型的建筑，如何做到有针对性，如何让建筑师、设计师易于理解，方便使用？我们提出，以《绿色建筑评价标准》GB/T 50378—2019为基础，结合《中小学校设计规范》GB 50099—2011构成技术措施，在每一项条文中标明涉及的专业、评价内容、检查方法、前提说明，使设计人员在设计之初便了解“规范”与“标准”中的要求，了解绿色建筑全过程的评价方式。这是绿色中小学校建筑专属的设计方法。

2.2 绿色校园决策要素与技术措施（表2.1）

表 2.1

2.1　安全耐久

2.1.1　控制项

条文及专业	技术措施	评价内容	参考标准
场地安全（建筑）	1.条文：4.1.1 中小学校应建设在阳光充足、空气流动、场地干燥、排水通畅、地势较高的宜建地段。校内应有布置运动场地和提供设置基础市政设施的条件。4.1.2 中小学校严禁建设在地震、地质塌裂、暗河、洪涝等自然灾害及人为风险高的地段和污染超标的地段。校园及校内建筑与污染源的距离应符合对各类污染源实施控制的国家现行有关标准的规定。4.1.3 中小学校建设应远离殡仪馆、医院的太平间、传染病院等建筑。与易燃易爆场所间的距离应符合现行国家标准《建筑设计防火规范》GB 50016 的有关规定。4.1.6 学校教学区的声环境质量应符合现行国家标准《民用建筑隔声设计规范》GB 50118 的有关规定。学校主要教学用房设置窗户的外墙与铁路路轨的距离不应小于300m，与高速路、地上轨道交通线或城市主干道的距离不应小于80m。当距离不足时，应采取有效的隔声措施。4.1.7 学校周界外25m范围内已有邻里建筑处的噪声级不应超过现行国家标准《民用建筑隔声设计规范》GB 50118 有关规定的限值。4.1.8 高压电线、长输天然气管道、输油管道严禁穿越或跨越学校校园；当在学校周边敷设时，安全防护距离及防护措施应符合相关规定。6.2.19 食堂不应与教学用房合并设置，宜设在校园的下风向。厨房的噪声及排放的油烟、气味不得影响教学环境。 2.土壤氡浓度检测	预评价：项目区位图、场地地形图、勘察报告、环评报告、相关检测报告或论证报告 评价：项目区位图、场地地形图、勘察报告、环评报告、相关检测报告或论证报告	《中小学校设计规范》GB 50099—2011 《绿色建筑评价标准》GB/T 50378—2019

续表

结构安全，建筑围护结构安全、耐久、防护（建筑、结构）	1. 在建筑使用年限内结构构件保持承载力和外观的能力，并满足建筑使用功能要求。地基不均匀沉降、钢材锈蚀等问题的检查 2. 建筑外墙、屋面、门窗及外保温隔热等围护结构与主体结构连接可靠，防水材料对建筑的影响	预评价：相关设计文件（含设计说明、计算书等） 评价：相关竣工图（含设计说明、计算书等）	《中小学校设计规范》GB 50099—2011 《绿色建筑评价标准》GB/T 50378—2019
外部设施与结构连接安全及检修、维护（建筑、结构）	1. 外遮阳、太阳能设施、空调室外机位、外墙花池等外部设施应与建筑主体结构统一设计、施工 2. 在建筑设计时应考虑后期维护、检修条件，不能同时施工应考虑预埋件的安全、耐久性	预评价：相关设计文件（含设计说明、计算书等） 评价：相关竣工图（含设计说明、计算书等）、检修和维护条件的照片	《中小学校设计规范》GB 50099—2011 《绿色建筑评价标准》GB/T 50378—2019
建筑内部非结构构件、设备、设施的安全（建筑）	1. 条文：5.9.5 本条为保障学生安全。5.10.5 风雨操场内，运动场地的灯具等应设护罩。悬吊物应有可靠的固定措施。有围护墙时，在窗的室内一侧应设护网 2. 教室中的储物柜、电视机、图书馆的书柜等与建筑的安全连接	预评价：相关设计文件（含各连接件、配件、预埋件的力学性能及检测检验报告，计算书，施工图）、产品设计要求 评价：竣工图、材料决算清单、产品说明书、力学及耐久性能测试或试验报告	《中小学校设计规范》GB 50099—2011
建筑外门窗安全（建筑）	1. 条文：8.1.8 教学用房的门窗设置应符合下列规定：二层及二层以上的临空外窗的开启扇不得外开 2. 外门窗的抗风压性能、水密性能	预评价：相关设计文件、门窗产品三性检测报告 评价：相关竣工图、门窗产品三性检测报告和外窗现场三性检测报告、施工工法说明文件	《中小学校设计规范》GB 50099—2011 《建筑外门窗气密、水密、抗风压性能分级及检测方法》GB/T 7106—2008 《建筑门窗工程检测技术规程》JGJ/T 205—2010
卫生间、浴室的防水和防潮（建筑）	增加地面做防水层 增加顶棚做防潮处理	预评价：相关设计文件 评价：相关竣工图、防滑材料有关测试报告	《中小学校设计规范》GB 50099—2011 《建筑地面工程防滑技术规程》JGJ/T 331—2014
通道空间的疏散、应急安全（建筑）	条文：8.1.8 教学用房的门窗设置应符合下列规定：1 疏散通道上的门不得使用弹簧门、旋转门、推拉门、大玻璃门等不利于疏散通畅、安全的门；2 各教学用房的门均应向疏散方向开启，开启的门扇不得挤占走道的疏散通道；3 靠外廊及单内廊一侧教室内隔墙的窗开启后，不得挤占走道的疏散通道，不得影响安全疏散 8.2.3 中小学校建筑的安全出口、疏散走道、疏散楼梯和房间疏散门等处每 100 人的净宽度应按表 8.2.3 计算。同时，教学用房的内走道净宽度不应小于 2.40m，单侧走道及外廊的净宽度不应小于 1.80m 8.6.1 教学用建筑的走道宽度应符合下列规定：1 应根据在该走道上各教学用房疏散的总人数，按照本规范表 8.2.3 的规定计算走道的疏散宽度；2 走道疏散宽度内不得有壁柱、消火栓、教室开启的门窗扇等设施 8.7.2 中小学校教学用房的楼梯梯段宽度应为人流股数的整数倍。梯段宽度不应小于 1.20m，并应按 0.60m 的整数倍增加梯段宽度。每个梯段可增加不超过 0.15m 的摆幅宽度。 8.7.7 除首层及顶层外，教学楼疏散楼梯在中间层的楼层平台与梯段接口处宜设置缓冲空间，缓冲空间的宽度不宜小于梯段宽度	预评价：相关设计文件 评价：相关竣工图、相关管理规定	《中小学校设计规范》GB 50099—2011

续表

安防警示及导视系统（景观）	1. 安全警示标志（容易碰撞、禁止攀爬等） 2. 安全引导标志（紧急出口、楼层标志等）	预评价：标识系统设计与设置说明文件 评价：标识系统设计与设置说明文件、相关影像材料等	《安全标志及其使用导则》GB 2894—2008
2.1.2 评分项			
Ⅰ安全			
抗震安全（10分）（结构）	适当提高建筑抗震性能的指标，比现行标准更高的刚度要求，采用隔震、消能减震设计，满足要求可得10分	预评价：相关设计文件、结构计算文件 评价：相关竣工图、结构计算文件、项目安全分析报告及应对措施结果	《建筑消能减震技术规程》JGJ 297—2013 《TJ防屈曲减震构件应用技术规程》SQBJ/CT105—2017 《绿色建筑评价标准》GB/T 50378—2019
人员安全的防护措施（15分）（建筑、景观）	1. 条文：8.1.5 临空窗台的高度不应低于0.90m。8.1.6 上人屋面、外廊、楼梯、平台、阳台等临空部位必须设防护栏杆，防护栏杆必须牢固、安全，高度不应低于1.10m。防护栏杆最薄弱处承受的最小水平推力应不小于1.5kN/m。以上2个条文满足要求可得5分 2. 条文：8.5.5 教学用建筑物的出入口应设置无障碍设施，并应采取防止上部物体坠落和地面防滑的措施。满足要求可得5分 3. 设缓冲区、隔离带可得5分	预评价：相关设计文件 评价：相关竣工图	《中小学校设计规范》GB 50099—2011 《绿色建筑评价标准》GB/T 50378—2019
安全防护产品、配件（10分）（建筑）	1. 分隔建筑室内外的玻璃门窗、防护栏杆采用安全玻璃，可得5分 2. 人流量大、门窗开合频繁的位置采用闭门器，可得5分	预评价：相关设计文件 评价：相关竣工图、安全玻璃及门窗检测检验报告	《建筑用安全玻璃》GB 15763—2011 《建筑安全玻璃管理规定》（发改运行〔2003〕2116号）
室内外地面或路面防滑措施（10分）（建筑）	1. 条文：8.1.7 以下路面、楼地面应采用防滑构造做法，室内应装设密闭地漏：1 疏散通道；2 教学用房的走道；3 科学教室、化学实验室、热学实验室、生物实验室、美术教室、书法教室、游泳池（馆）等有给水设施的教学用房及教学辅助用房；4 卫生室（保健室）、饮水处、卫生间、盥洗室、浴室等有给水设施的房间 以上全部房间以及电梯门厅、厨房，设置防滑等级不低于B_d、B_w，可得3分。 2. 上述位置达到A_d、A_w级，可得4分 3. 坡道、楼梯踏步达到A_d、A_w级，并采用防滑条构造，可得3分	预评价：相关设计文件 评价：相关竣工图、防滑材料有关测试报告	《中小学校设计规范》GB 50099—2011 《建筑地面工程防滑技术规程》JGJ/T 331—2014
人车分流（8分）（建筑、电气）	条文：8.5.6 停车场地及地下车库的出入口不应直接通向师生人流集中的道路，且步行系统应有充足照明，满足要求可得8分	预评价：照明设计文件、人车分流专项设计文件 评价：相关竣工图	《中小学校设计规范》GB 50099—2011 《绿色建筑评价标准》GB/T 50378—2019
Ⅱ耐久			
建筑适变性（8分）（建筑）	1. 建筑架空层、风雨操场、图书馆采用大空间、多功能可变，满足要求可得7分 2. 主要是针对装配式建筑中的管线与结构主体分体，满足要求可得7分 3. 与第一款相配的设施，满足要求可得4分	预评价：相关设计文件、建筑适变性提升措施的设计说明 评价：相关竣工图、建筑适变性提升措施的设计说明	《绿色建筑评价标准》GB/T 50378—2019

续表

<table>
<tr>
<td>部品的耐久性（10分）（建筑、电气、给排水）</td>
<td>部分常见的耐腐蚀、抗老化、耐久性能好部品部件及要求如下所示，满足全部要求可得10分
<table>
<tr><th>常见类型</th><th>要求</th></tr>
<tr><td rowspan="2">管材、管线、管件</td><td>室内给水系统采用铜管或不锈钢管</td></tr>
<tr><td>电气系统采用低烟低毒阻燃型线缆、矿物绝缘类不燃性电缆、耐火电缆等且导体材料采用铜芯</td></tr>
<tr><td rowspan="4">活动配件</td><td>门窗反复启闭性能达到相应产品标准要求的2倍</td></tr>
<tr><td>遮阳产品机械耐久性达到相应产品标准要求的最高级</td></tr>
<tr><td>水嘴寿命达到相应产品标准要求的1.2倍</td></tr>
<tr><td>阀门寿命达到相应产品标准要求的1.5倍</td></tr>
</table>
</td>
<td>预评价：相关设计文件、产品设计要求
评价：相关竣工图、产品说明书或检测报告</td>
<td>《建筑给水排水设计规范》GB 50015—2019
《绿色建筑评价标准》GB/T 50378—2019</td>
</tr>
<tr>
<td>结构耐久性（10分）（结构）</td>
<td>1. 按100年进行耐久性设计，可得10分。
2. 采用耐久性能好的结构材料，满足下列条件之一，可得10分：
1）对于混凝土构件，提高钢筋保护层厚度或采用高耐久性混凝土；
2）对于钢构件，采用耐候结构钢及耐候型防腐涂料；
3）对于木构件，采用防腐木材、耐久木材或耐久木制品</td>
<td>预评价：相关设计文件
评价：相关竣工图、材料用量计算书、材料决算清单</td>
<td>《普通混凝土长期性能和耐久性能试验方法标准》GB/T 50082—2009
《耐候结构钢》GB/T 4171—2008</td>
</tr>
<tr>
<td>装饰材料耐久性好、易维护（9分）（建筑）</td>
<td>常用耐久性好的装饰装修材料评价内容如下表所示，满足其中一项可得3分，最高得9分
<table>
<tr><th>分类</th><th>评价内容</th></tr>
<tr><td rowspan="3">外饰面材料</td><td>采用水性氟涂料或耐候性相当的涂料</td></tr>
<tr><td>选用耐久性与建筑幕墙设计年限相匹配的饰面材料</td></tr>
<tr><td>合理采用清水混凝土</td></tr>
<tr><td>防水和密封</td><td>选用耐久性符合现行国家标准《绿色产品评价防水与密封材料》GB/T 35609规定的材料</td></tr>
<tr><td rowspan="3">室内装饰装修材料</td><td>选用耐洗刷性≥5000次的内墙涂料</td></tr>
<tr><td>选用耐磨性好的陶瓷地砖（有釉砖耐磨性不低于4级，无釉砖磨坑体积不大于127mm³）</td></tr>
<tr><td>采用免饰面层的做法</td></tr>
</table>
</td>
<td>预评价：相关设计文件
评价：装饰装修竣工图、材料决算清单、材料检测报告及有关耐久性证明材料</td>
<td>《绿色建筑评价标准》GB/T 50378—2019
《绿色产品评价防水与密封材料》GB/T 35609—2017</td>
</tr>
<tr><td colspan="4">2.2 健康舒适</td></tr>
<tr><td colspan="4">2.2.1 控制项</td></tr>
<tr>
<td>室内空气质量及禁烟标志（建筑、景观）</td>
<td>1. 采用绿色环保建材并在使用前进行室内空气质量（氨、甲醛、苯、总挥发性有机物、氡等）进行检测
2. 学校内全面禁烟，在学校围墙8m范围内设禁烟区</td>
<td>预评价：相关设计文件、相关说明文件（装修材料种类、用量，禁止吸烟措施）、预评估分析报告
评价：相关竣工图、相关说明文件（装修材料种类、用量，禁止吸烟措施）、预评估分析报告，投入使用的项目尚应查阅室内空气质量检测报告、禁烟标志</td>
<td>《公共建筑室内空气质量控制设计标准》JGJ/T 461—2019
《绿色建筑评价标准》GB/T 50378—2019</td>
</tr>
</table>

续表

污浊气流排放（建筑、暖通）	1. 条文：6.2.18 食堂与室外公厕、垃圾站等污染源间的距离应大于 25.00m。6.2.13 学生卫生间应具有天然采光、自然通风的条件，并应安置排气管道。10.1.10 化学与生物实验室、药品储藏室、准备室的通风设计应符合下列规定：1 应采用机械排风通风方式。排风量应按本规范表 10.1.8 确定；最小通风效率应为 75%。各教室排风系统及通风柜排风系统均应单独设置。2 补风方式应优先采用自然补风，条件不允许时，可采用机械补风。3 室内气流组织应根据实验室性质确定，化学实验室宜采用下排风。4 强制排风系统的室外排风口宜高于建筑主体，其最低点应高于人员逗留地面 2.50m 以上。5 进、排风口应设防尘及防虫鼠装置，排风口应采用防雨雪进入、抗风向干扰的风口形式 2. 对厨房、餐厅、打印复印室、卫生间、地下车库等设机械排风，避免厨房、卫生间排气倒灌	预评价：相关设计文件、气流组织模拟分析报告 评价：相关竣工图、气流组织模拟分析报告、相关产品性能检测报告或质量合格证书	《中小学校设计规范》GB 50099—2011 《建筑设计防火规范》GB 50016—2014（2018 年版） 《民用建筑设计统一标准》GB 50352—2019
给水排水系统（给排水）	1. 生活水水质满足国家标准 2. 制定清洗计划，半年不少于 1 次 3. 便器自带水封≥ 50mm 4. 非传统水源的管道设备应明确、清晰，可见条文：10.2.12 中小学校应按当地有关规定配套建设中水设施。当采用中水时，应符合现行国家标准《建筑中水设计规范》GB 50336 的有关规定	预评价：市政供水的水质检测报告（可用同一水源邻近项目一年以内的水质检测报告）、相关设计文件（含卫生器具和地漏水封要求的说明、标识设置说明） 评价：相关竣工图、产品说明、各用水部门水质检测报告、管理制度、工作记录	《中小学校设计规范》GB 50099—2011 《生活饮用水卫生标准》GB 5749—2006 《工业管道的基本识别色、识别符号和安全标识》GB 7231—2003
室内噪声和隔声（建筑）	1. 条文：4.3.7 各类教室的外窗与相对的教学用房或室外运动场地边缘间的距离不应小于 25m。5.8.6 音乐教室的门窗应隔声。墙面及顶棚应采取吸声措施 2. 外墙、隔墙、楼板、门窗等构件隔声应满足条文：9.4.2 主要教学用房的隔声标准应符合表 9.4.2 的规定	预评价：相关设计文件、环评报告、噪声分析报告、构件隔声性能的实验室检验报告 评价：相关竣工图、噪声分析报告、构件隔声性能的实验室检验报告	《中小学校设计规范》GB 50099—2011 《民用建筑隔声设计规范》GB 50118—2010
建筑照明（电气）	1. 条文：9.3.1 主要用房桌面或地面的照明设计值不应低于表 9.3.1 的规定，其照度均匀度不应低于 0.7，且不应产生眩光。9.3.2 主要用房的照明功率密度值及对应照度值应符合表 9.3.2 的规定及现行国家标准《建筑照明设计标准》GB 50034 的有关规定 2. 采用无危险类照明产品	预评价：相关设计文件、计算书 评价：相关竣工图、计算书、现场检测报告、产品说明书及产品型式检验报告	《中小学校设计规范》GB 50099—2011 《建筑照明设计标准》GB 50034—2013 《灯和灯系统的光生物安全性》GB/T 20145—2006
室内温湿环境（暖通）	条文：10.1.7 中小学校内各种房间的采暖设计温度不应低于表 10.1.7 的规定。有关夏季空调湿度的相关规定	预评价：相关设计文件 评价：相关竣工图、室内温湿度检测报告	《中小学校设计规范》GB 50099—2011 《民用建筑供暖通风与空气调节设计规范》GB 50736—2012
围护结构热工性能（建筑）	1. 北方不结露，南方不考虑 2. 北方产生冷凝，南方不考虑 3. 屋顶隔热设计	预评价：相关设计文件、隔热性能验算报告 评价：相关竣工图、检测建筑构造与计算报告一致性	《民用建筑热工设计规范》GB 50176—2016
主要功能用房设独立的温控系统（暖通）	1. 条文：10.1.12 计算机教室、视听阅览室及相关辅助用房宜设空调系统。10.1.13 中小学校的网络控制室应单独设置空调设施，其温、湿度应符合现行国家标准《电子信息系统机房设计规范》GB 50174 的有关规定 2. 分区、分层、分房间设置空调系统	预评价：相关设计文件 评价：相关竣工图、产品说明书	《中小学校设计规范》GB 50099—2011
一氧化碳浓度监测（暖通）	1. 条文：10.1.8 应采取有效的通风措施，保证教学、行政办公用房及服务用房的室内空气中 CO_2 的浓度不超过 0.15% 2. 地下室的地下停车场设置一氧化碳浓度检测装置	预评价：相关设计文件 评价：相关竣工图、运行记录	《中小学校设计规范》GB 50099—2011

续表

2.2.2　评分项			
Ⅰ室内空气品质			
控制室内污染物浓度（12分）（建筑、暖通）	1. 条文：9.1.3 当采用换气次数确定室内通风量时，各主要房间的最小换气次数应符合表 9.1.3 的规定。10.1.8 中小学校的通风设计应符合下列规定：1 应采取有效的通风措施，保证教学、行政办公用房及服务用房的室内空气中 CO_2 的浓度不超过 0.15%；2 当采用换气次数确定室内通风量时，其换气次数不应低于本规范表 9.1.3 的规定；3 在各种有效通风设施选择中，应优先采用有组织的自然通风设施；4 采用机械通风时，人员所需新风量不应低于表 10.1.8 的规定 2. 氨、甲醛、苯、总挥发性有机物、氡等污染物浓度低于 10%，得 3 分；低于 20%，得 6 分 3. 室内 $PM_{2.5}$ 年均浓度不高于 25μg/m³，且室内 PM_{10} 年均浓度不高于 50μg/m³，得 6 分	预评价：相关设计文件、建筑材料使用说明（种类、用量）、污染物浓度预评估分析报告 评价：相关竣工图、建筑材料使用说明（种类、用量）、污染物浓度预评估分析报告、投入使用的项目尚应查阅室内空气质量现场检测报告、$PM_{2.5}$ 和 PM_{10} 浓度计算报告（附原始监测数据）	《中小学校设计规范》GB 50099—2011 《公共建筑室内空气质量控制设计标准》JGJ/T 461—2019
绿色装饰材料（8分）（建筑）	选用满足要求的装饰材料，达到 3 类以上，可得 5 分；达到 5 类以上，可得 8 分	预评价：相关设计文件 评价：相关竣工图、工程决算材料清单、产品检验报告	《绿色产品评价 涂料》GB/T 35602—2017 《绿色产品评价 纸和纸制品》GB/T 35613—2017 《绿色产品评价 陶瓷砖（板）》GB/T35610—2017 《绿色产品评价 人造板和木质地板》GB/T 35601—2017 《绿色产品评价 防水与密封材料》GB/T 35609—2017
Ⅱ水质			
各种水质要求（8分）（给排水）	直饮水、集中生活热水、游泳池水、景观水体等水质满足国家标准，如未设置生活饮用水储水设施，可直接得分	预评价：相关设计文件、市政供水的水质检测报告（可用同一水源邻近项目一年以内的水质检测报告） 评价：相关竣工图、设计说明各类用水的水质检测报告	《饮用净水水质标准》CJ 94—2015 《生活饮用水卫生标准》GB 5749—2006 《生活热水水质标准》CJ/T 521—2018 《游泳池水质标准》CJ 244—2016 《城市污水再生利用 景观环境用水》GB/T 18921—2019
储水设施卫生要求（9分）（给排水）	1. 使用国家标准的成品水箱，得 4 分 2. 储水设施分格、水流通畅，设检查口、溢流管等，得 5 分	预评价：相关设计文件（含设计说明、储水设施详图、设备材料表） 评价：相关竣工图（含设计说明、储水设施详图、设备材料表）、设备材料采购清单或进行记录、水质检测报告	《二次供水设施卫生规范》GB 17051—1997 《二次供水工程技术规程》CJJ 140—2010
管道、设备、设施标识（8分）（给排水）	所有的给排水管道、设备、设施设置明确、清晰的永久性标识，得 8 分	预评价：相关设计文件、标识设置说明 评价：相关竣工图、标识设置说明	《工业管道的基本识别色、识别符号和安全标识》GB 7231—2003 《建筑给水排水及采暖工程施工质量验收规范》GB 50242—2002

续表

<table>
<tr><td colspan="4">Ⅲ声环境与光环境</td></tr>
<tr><td>优化主要功能用房声环境，控制噪声影响（8分）（建筑）</td><td>条文：9.4.2 主要教学用房的隔声标准应符合表 9.4.2 的规定
满足低限标准限值和高要求标准限值的平均值，得 4 分；满足高要求标准限值，得 8 分</td><td>预评价：相关设计文件、噪声分析报告
评价：相关竣工图、室内噪声检测报告</td><td>《中小学校设计规范》GB 50099—2011
《民用建筑隔声设计规范》GB 50118—2010</td></tr>
<tr><td>主要功能房间隔声性能良好（10分）（建筑）</td><td>1. 隔声门窗、隔墙与外墙材料和厚度等要求，满足低限标准限值和高要求标准限值的平均值，得 3 分；满足高要求标准限值，得 5 分
2. 采用隔声垫、隔声砂浆、地毡、木地板、吸声吊顶等措施，满足低限标准限值和高要求标准限值的平均值，得 3 分；满足高要求标准限值，得 5 分</td><td>预评价：相关设计文件、构件隔声性能的实验室检验报告
评价：相关竣工图、构件隔声性能的实验室检验报告</td><td>《中小学校设计规范》GB 50099—2011
《民用建筑隔声设计规范》GB 50118—2010</td></tr>
<tr><td>利用天然采光（12分）（建筑）</td><td>1. 条文：9.2.1 教学用房工作面或地面上的采光系数不得低于表 9.2.1 的规定和现行国家标准《建筑采光设计标准》GB/T 50033 的有关规定。在建筑方案设计时，其采光窗洞口面积应按不低于表 9.2.1 窗地面积比的规定估算。9.2.3 除舞蹈教室、体育建筑设施外，其他教学用房室内各表面的反射比值应符合表 9.2.3 的规定，会议室、卫生室（保健室）的室内各表面的反射比值宜符合表 9.2.3 的规定。满足以上条文要求可得 6 分
2. 地下空间设置导光管、下沉广场、采光井等设计，地下空间平均采光系数不小于 0.5% 的面积与地下室首层面积的比例达到 10% 以上，可得 3 分
3. 采用室内遮阳措施，避免炫光，可得 3 分</td><td>预评价：相关设计文件、计算书
评价：相关竣工图、计算书、采光检测报告</td><td>《中小学校设计规范》GB 50099—2011
《建筑采光设计标准》GB 50033—2013</td></tr>
<tr><td colspan="4">Ⅳ室内热湿环境</td></tr>
<tr><td>良好的室内热湿环境（8分）（暖通）</td><td>1. 采用自然通风或复合通风的建筑，主要功能房间室内热湿环境参数在适应性热舒适区域的时间比例，达到 30%，得 2 分；每再增加 10%，得 1 分，最高得 8 分
2. 采用人工冷热源的建筑，主要功能房间达到现行国家标准《民用建筑室内热湿环境评价标准》GB/T 50785 规定的室内人工冷热源热湿环境整体评价Ⅱ级的面积比例，达到 60%，得 5 分；每再增加 10%，得 1 分，最高得 8 分</td><td>预评价：相关设计文件、计算分析报告
评价：相关竣工图、计算分析报告</td><td>《民用建筑室内热湿环境评价标准》GB/T 50785—2012</td></tr>
<tr><td>优化建筑空间和平面布局。改善自然通风的效果。（8分）（建筑、绿色建筑）</td><td>采用中庭、天井、通风塔、导风墙、外廊、可开启外墙或屋顶、地道风等；过渡季主要功能房间（课室）换气次数小于 3.5 次 /h 的面积达到 70%，得 5 分；每再增加 10%，得 1 分，最高得 8 分</td><td>预评价：相关设计文件、计算分析报告
评价：相关竣工图、计算分析报告</td><td>《绿色建筑评价标准》GB/T 50378—2019</td></tr>
<tr><td>设置可调节遮阳措施，改善室内热舒适（9分）（建筑）</td><td>采用可调节遮阳设施，包括活动外遮阳设施（含电致变色玻璃）、中置可调遮阳设施（中空玻璃夹层可调内遮阳）、固定外遮阳（含建筑自遮阳），可调节遮阳设施的面积占外窗透明部分比例 S_z 评分规则，如下表所示：
可调节遮阳设施的面积占外窗透明部分比例 S_z 评分规则
<table>
<tr><th>可调节遮阳设施的面积占外窗透明部分比例 S_z</th><th>得分</th></tr>
<tr><td>$25\% \leqslant S_z < 35\%$</td><td>3</td></tr>
<tr><td>$35\% \leqslant S_z < 45\%$</td><td>5</td></tr>
<tr><td>$45\% \leqslant S_z < 55\%$</td><td>7</td></tr>
<tr><td>$S_z \geqslant 55\%$</td><td>9</td></tr>
</table></td><td>预评价：相关设计文件、产品说明书、计算书
评价：相关竣工图、产品说明书、计算书</td><td>《绿色建筑评价标准》GB/T 50378—2019</td></tr>
</table>

续表

2.3 生活便利			
2.3.1 控制项			
无障碍系统（建筑）	建筑、室外场地、公共绿地、城市道路之间设置连贯的无障碍步行系统	预评价：相关设计文件 评价：相关竣工图	《无障碍设计规范》GB 50763—2012
与公共交通连接（建筑）	学校主要出入口 500m 内应有公交站点或接驳车	预评价：相关设计文件、交通站点标识图 评价：相关竣工图	《绿色建筑评价标准》GB/T 50378—2019
充电桩及无障碍车位（建筑）	1. 充电桩占总停车位的 30% 2. 无障碍车位占总停车位的 1%，且停放地面或地下出入口显著位置	预评价：相关设计文件 评价：相关竣工图	《电动汽车充电基础设施和发展指南（2015-2020）》 《无障碍设计规范》GB 50763—2012
自行车（建筑）	位置、规模合理，并有遮阳防雨设施	预评价：相关设计文件 评价：相关竣工图	《绿色建筑评价标准》GB/T 50378—2019
设备管理（电气、运营）	自动监控管理功能	预评价：相关设计文件（智能化、装修专业） 评价：相关竣工图	《智能建筑设计标准》GB/T 50314—2015 《建筑设备监控系统工程技术规范》JGJ/T 334—2014
信息系统（电气、运营）	1. 条文：10.4.1 中小学校的智能化系统应包括计算机网络控制室、视听教学系统、安全防范监控系统、通信网络系统、卫星接收及有线电视系统、有线广播及扩声系统等。10.4.2 中小学校智能化系统的机房设置应符合下列规定：1 智能化系统的机房不应设在卫生间、浴室或其他经常可能积水场所的正下方，且不宜与上述场所相贴邻；2 应预留智能化系统的设备用房及线路敷设通道 2. 包括物理线缆层、网络交换层、安全及安全管理层、运行维护管理系统五部分	预评价：相关设计文件（智能化、装修专业） 评价：相关竣工图	《智能建筑设计标准》GB/T 50314—2015 《建筑设备监控系统工程技术规范》JGJ/T 334—2014
2.3.2 评分项			
Ⅰ出行与无障碍			
与公交站联系便捷（8 分）（建筑）	1. 学校主要出入口到达公共交通站点或轨道交通站的步行距离不超过 500m、800m，得 2 分，不超过 300m、500m，得 4 分 2. 学校出入口步行距离 800m 范围内设有不少于 2 条线路的公共交通站点，得 4 分	预评价：相关设计文件 评价：相关竣工图	《绿色建筑评价标准》GB/T 50378—2019
公共区域全龄化设计（8 分）（建筑）	1. 均满足无障碍设计，得 3 分 2. 墙、柱等阳角均为圆角，并设安全抓杆，得 3 分 3. 设无障碍坡道，得 2 分	预评价：相关设计文件（建筑专业、景观专业） 评价：相关竣工图	《无障碍设计规范》GB 50763—2012
Ⅱ服务设施			
公共服务（10分）（建筑）	满足 1 项得 5 分，满足 2 项得 10 分： 1. 公共活动空间（运动场、风雨操场、报告厅等）可错峰向公众开放且不小于两项 2. 充电桩不少于 30%	预评价：相关设计文件、位置标识图 评价：相关竣工图、投入使用的项目尚应查阅设施向社会共享的实施方案、工作记录等	《绿色建筑评价标准》GB/T 50378—2019

续表

城市公共空间的可适性（5分）（建筑）	直接得分	预评价：相关设计文件、位置标识图 评价：相关竣工图	《绿色建筑评价标准》GB/T 50378—2019
合理设置健身场地和空间（10分）（建筑）	直接得分	预评价：相关设计文件、场地布置图、产品说明书 评价：相关竣工图、产品说明书	《绿色建筑评价标准》GB/T 50378—2019
Ⅲ智慧运行			
分类、分级用能自动远传计量、监测浓度（8分）（电气、运营）	条文：10.3.2 中小学校的供、配电设计应符合下列规定：1 中小学校内建筑的照明用电和动力用电应设总配电装置和总电能计量装置。总配电装置的位置宜深入或接近负荷中心，且便于进出线。2 中小学校内建筑的电梯、水泵、风机、空调等设备应设电能计量装置并采取节电措施。3 各幢建筑的电源引入处应设置电源总切断装置和可靠的接地装置，各楼层应分别设置电源切断装置。4 中小学校的建筑应预留配电系统的竖向贯通井道及配电设备位置。5 室内线路应采用暗线敷设。6 配电系统支路的划分应符合以下原则：1）教学用房和非教学用房的照明线路应分设不同支路；2）门厅、走道、楼梯照明线路应设置单独支路；3）教室内电源插座与照明用电应分设不同支路；4）空调用电应设专用线路。7 教学用房照明线路支路的控制范围不宜过大，以2～3个教室为宜。8 门厅、走道、楼梯照明线路宜集中控制。9 采用视听教学器材的教学用房，照明灯具宜分组控制。需全部满足以上条文要求可得8分	预评价：相关设计文件（能源系统设计图纸、能源管理系统配置等） 评价：相关竣工图、产品型式检验报告，投入使用的项目尚应查阅管理制度、历史监测数据、运行记录	《中小学校设计规范》GB 50099—2011 《用能单位能源计量器具配备和管理通则》GB 17167—2006
设置空气质量监测系统（5分）（暖通、运营）	PM_{10}、$PM_{2.5}$、CO_2 浓度数据至少储存一年并可实时显示，得5分	预评价：相关设计文件（监测系统设计图纸、点位图等） 评价：相关竣工图、产品型式检验报告，投入使用的项目尚应查阅管理制度、历史监测数据、运行记录	《绿色建筑评价标准》GB/T 50378—2019
用水远传计量水质在线监测系统（7分）（给排水、运营）	1. 用水量远传计量，得3分 2. 利用计量数据检测、分析管网漏损低于5%，得2分 3. 水质在线监测（生活饮用水、直饮水、游泳池水、非传统水源等），得2分	预评价：相关设计文件（含远传计量系统设置说明、分级水表计量示意图、水质监测点位说明、设置示意图等） 评价：相关竣工图（含远传计量系统设置说明、分级水表计量示意图、水质监测点位说明、设置示意图等）、监测与发布系统设计说明，投入使用的项目尚应查阅漏损检测管理制度（或漏损检测、分析及整改情况报告）、水质监测管理制度（或水质监测记录）	《绿色建筑评价标准》GB/T 50378—2019
智能化服务系统（9分）（电气）	1. 条文：10.4.1 中小学校的智能化系统应包括计算机网络控制室、视听教学系统、安全防范监控系统、通信网络系统、卫星接收及有线电视系统、有线广播及扩声系统等。且设置电器控制、照明控制、环境监测等，至少3种服务功能，可得3分 2. 具有远程监控的功能，得3分 3. 具有接入智慧城市（城区、社区），得3分	预评价：相关设计文件（环境设备监控系统设计方案、智能化服务平台方案、相关智能化设计图纸、装修图纸） 评价：相关竣工图、产品型式检验报告、投入使用的项目尚应查阅管理制度、历史监测数据、运行记录	《中小学校设计规范》GB 50099—2011 《智能建筑设计标准》GB/T 50314—2014

续表

Ⅳ物业管理			
制定节能、节水、节材、绿化操作规程、应急预案、管理激励机制，且有效实施（5分）（运营）	1. 操作规程与应急预案，得2分 2. 工作考核（节能、节水绩效），得3分	评价：管理制度、操作规程、运行记录	《民用建筑能耗标准》GB/T 51161—2016 《民用建筑节水设计标准》GB 50555—2010 《绿色建筑评价标准》GB/T 50378—2019
建筑平均日用水量满足国家节水用水定额（5分）（运营）	1. 大于节水用水定额平均值，不大于上限值，得2分 2. 大于节水用水定额下限值，不大于平均值，得3分 3. 不大于节水用水定额下限值，得5分	评价：实测用水量计量报告和建筑平均日用水量计算书	《民用建筑节水设计标准》GB 50555—2010
对运营效果进行评估并优化（12分）（运营）	1. 制定评估方案和计划，得3分 2. 检查、调适公共设施设备，有记录，得3分 3. 节能诊断并优化，得4分 4. 用水水质检测并公示，得2分	评价：管理制度、年度评估报告、历史监测数据、运行记录、检测报告、诊断报告	《公共建筑节能检测标准》JGJ/T 177—2009 《生活饮用水标准检验方法》GB/T 5750.1—2006～5750.13—2006
绿色宣传与实践（8分）（运营）	1. 每年至少2次绿色建筑宣讲，得2分 2. 绿色行为展示、体验、交流并形成准则、成册推广，得3分 3. 每年开展1次绿色性能使用调查，得3分	评价：管理制度、工作记录、活动宣传和推送材料、绿色设施使用手册、影响材料、年度调查报告及整改方案	《绿色建筑评价标准》GB/T 50378—2019
2.4　资源节约			
2.4.1　控制项			
因地制宜、适应气候的设计（建筑）	在考虑当地气候、建设需求、场地特点及地方文化的前提下，强化“空间节能优化”的原则，充分利用自然通风、采光，降低建筑能耗	预评价：相关设计文件（总图、建筑鸟瞰图、单体效果图、人群视点透视图、平立剖图纸、设计说明等）、节能计算书、建筑日照模拟计算报告、优化设计报告 评价：相关竣工图、节能计算书、建筑日照模拟计算报告、优化报告等	《公共建筑节能设计标准》GB 50189—2015 《夏热冬暖地区居住建筑节能设计标准》JGJ 75—2012
采用降低能耗措施（建筑）	1. 根据区域房间的朝向、使用时间、功能细分供暖空调 2. 空调冷源的部分负荷性能系数（*IPLV*），电冷源综合制冷性能系数（*SCOP*）符合国标规定	预评价：相关设计文件［暖通专业施工图及设计说明，要求有控制策略、部分负荷性能系数（*IPLV*）计算说明、电冷源综合制冷性能系数（*SCOP*）计算说明］ 评价：相关竣工图、冷源机组设备说明	《公共建筑节能设计标准》GB 50189—2015
根据房间功能设置分区温度（建筑、暖通）	1. 结合不同的行为特点、功能需求合理设定室内温度标准 2. 在保证舒适的前提下，合理设置少用能、不用能空间，减少用能时间，缩小用能空间 3. 对于门厅、中庭、高大空间中超出人员活动范围的“过渡空间”，适当降低温度标准，“小空间保证，大空间过渡”	预评价：相关设计文件 评价：相关竣工图、计算书	《公共建筑节能设计标准》GB 50189—2015

续表

依据空间需求控制照明（电气）	1. 条文：9.3.1 主要用房桌面或地面的照明设计值不应低于表 9.3.1 的规定，其照度均匀度不应低于 0.7，且不应产生眩光。9.3.2 主要用房的照明功率密度值及对应照度值应符合表 9.3.2 的规定及现行国家标准《建筑照明设计标准》GB 50034 的有关规定 2. 分区控制、定时控制、自动感应开关、照度调节、降低照明能耗	预评价：相关设计文件（包含电气照明系统图、电气照明平面施工图）、设计说明（需包含照明设计需求、照明设计标准、照明控制措施等）、建筑照明功能密度计算分析报告 评价：相关竣工图、设计说明（需包含照明设计要求、照明设计标准、照明控制措施等）、建筑照明功率密度检测报告	《中小学校设计规范》GB 50099—2011 《建筑照明设计标准》GB 50034—2013
独立分项计量（电气）	1. 对冷热源、输配系统和照明、热水能耗实现独立分项计量 2. 根据面积或功能等实现分项计量，发现问题并提出改进措施	预评价：相关设计文件 评价：相关竣工图、分项计量记录	《民用建筑节能条例》 《绿色建筑评价标准》GB/T 50378—2019
电梯节能（电气）	群控、变频调速拖动、能量再生回馈等至少一项技术实现电梯节能	预评价：相关设计文件、电梯人流平衡计算分析报告 评价：相关竣工图、相关产品型式检验报告	《绿色建筑评价标准》GB/T 50378—2019
水资源利用（给排水）	1. 按用途、付费或管理单元，分项用水计量 2. 用水量大于 0.2MPa 的配水支管应减压 3. 采用节水产品	预评价：相关设计文件（含水表分级设置示意图、各层用水点用水压力计算图表、用水器具节水性能要求）、水资源利用方案及其在设计中的落实说明 评价：相关竣工图、水资源利用方案及其在设计中的落实说明、用水器具产品说明书或产品节水性能检测报告	《节水型产品技术条件与管理通则》GB/T 18870 《绿色建筑评价标准》GB/T 50378—2019
建筑形体、结构布置（结构）	严重不规则的建筑不应采用	预评价：相关设计文件（建筑图、结构施工图）、建筑形体规则性判定报告 评价：相关竣工图、建筑形体规则性判定报告	《建筑抗震设计规范》GB 50011—2010（2016 年版）
建筑造型简约、无大量装饰性构件（建筑）	屋顶装饰性构件特别注意鞭梢效应；对于不具备功能性的飘板、格栅、塔、球、曲面等装饰性构件应控制其造价，不应大于建筑造价的 1%	预评价：相关设计文件，有装饰性构件的应提供功能说明书和造价计算书 评价：相关竣工图、造价计算书	《绿色建筑评价标准》GB/T 50378—2019
选用的建筑材料（建筑、结构）	1. 500km 内生产的建筑材料重量比大于 60% 2. 采用预拌混凝土和预拌砂浆	预评价：《结构施工图及设计说明》、工程材料预算清单 评价: 结构竣工图及设计说明、购销合同及用量清单等有关证明文件	《预拌砂浆》GB/T 25181—2019 《预拌砂浆应用技术规程》JGJ/T 223—2010 《预拌混凝土》GB/T 14902—2012

续表

<table>
<tr><td colspan="4">2.4.2 评分项</td></tr>
<tr><td colspan="4">Ⅰ节地与土地利用</td></tr>
<tr><td>节约利用土地（20分）（建筑）</td><td>根据下表公共建筑容积率评分规则评分：<table><tr><th>教育</th><th>得分</th></tr><tr><td>$0.5 \leqslant R < 0.8$</td><td>8</td></tr><tr><td>$R \geqslant 2.0$</td><td>12</td></tr><tr><td>$0.8 \leqslant R < 1.5$</td><td>16</td></tr><tr><td>$1.5 \leqslant R < 2.0$</td><td>20</td></tr></table></td><td>预评价：规划许可的设计条件、相关设计文件、计算书、相关施工图
评价：相关设计文件、计算书、相关竣工图</td><td>《绿色建筑评价标准》GB/T 50378—2019</td></tr>
<tr><td>合理利用地下空间（12分）（建筑）</td><td>根据下表地下空间开发利用指标评分规则评分：<table><tr><th colspan="2">地下空间开发利用指标</th><th>评价分值（分）</th></tr><tr><td rowspan="3">地下建筑面积与总用地面积的比率 $Rp1$、地下一层建筑面积与总用地面积的比率 Rp</td><td>$Rp1 \geqslant 0.5$</td><td>5</td></tr><tr><td>$Rp1 \geqslant 0.7$ 且 $Rp < 70\%$</td><td>7</td></tr><tr><td>$Rp1 \geqslant 1.0$ 且 $Rp < 60\%$</td><td>12</td></tr></table></td><td>预评价：相关设计文件、计算书
评价：相关竣工图、计算书</td><td>《绿色建筑评价标准》GB/T 50378—2019</td></tr>
<tr><td>采用机械、地下或地面停车方式（8分）（建筑）</td><td>地面停车面积与建设用地面积的比率小于8%，得8分</td><td>预评价：相关设计文件、计算书
评价：相关竣工图、计算书</td><td>《绿色建筑评价标准》GB/T 50378—2019</td></tr>
<tr><td colspan="4">Ⅱ节能与能源利用</td></tr>
<tr><td>优化围护结构热工性能（15分）（建筑、暖通）</td><td>1. 围护结构热工性能比国家标准提高5%，得5分；提高10%，得10分；提高15%，得15分
2. 建筑供暖空调负荷比国家标准降低5%，得5分；提高10%，得10分；提高15%，得15分</td><td>预评价：相关设计文件（设计说明、围护结构施工详图）、节能计算书、建筑围护结构节能率分析报告（第2款评价时）
评价：相关竣工图（设计说明、围护结构竣工详图）、节能计算书、建筑围护结构节能率分析报告（第2款评价时）</td><td>《公共建筑节能设计标准》GB 50189—2015
《夏热冬暖地区居住建筑节能设计标准》JGJ 75—2012</td></tr>
<tr><td>空调机组的能效（10分）（暖通）</td><td>根据《绿色建筑评价标准》GB/T 50378中表7.2.5中冷、热源机组能效提升幅度评分规则评分</td><td>预评价：相关设计文件
评价：相关竣工图、主要产品型式检验报告</td><td>《公共建筑节能设计标准》GB 50189—2015</td></tr>
<tr><td>降低空调系统的末端系统及输配系统能耗（5分）（暖通）</td><td>采用分体空调、多联机空调系统直接得分。如设新风机的项目，新风机需参与评价，风机的单位风量耗功率比现行国家标准《公共建筑节能设计标准》GB 50189的规定低20%</td><td>预评价：相关设计文件
评价：相关竣工图、主要产品型式检验报告</td><td>《公共建筑节能设计标准》GB 50189—2015</td></tr>
<tr><td>采用节能型电气设备（10分）（电气）</td><td>1. 条文：9.3.2 主要用房的照明功率密度值及对应照度值应符合表9.3.2的规定及现行国家标准《建筑照明设计标准》GB 50034的有关规定。满足目标值要求可得5分
2. 采光区域人工照明随天然光自动调节，得2分
3. 照明产品、三相配电变压器、水泵、风机等设备满足国家节能标准，得3分</td><td>预评价：相关设计文件、相关设计说明
评价：相关竣工图、相关设计说明、相关产品型式检验报告</td><td>《中小学校设计规范》GB 50099—2011
《建筑照明设计标准》GB 50034—2013
《三相配电变压器能效限定值及节能效等级》GB 20052—2013</td></tr>
</table>

续表

采取措施降低能耗（10分）（暖通、电气）	建筑能耗相比国家现行有关建筑节能标准降低10%，得5分；降低20%，得10分	预评价：相关设计文件（暖通、电气、内装专业施工图纸及设计说明）、建筑暖通及照明系统能耗模拟计算书 评价：相关竣工图、建筑暖通及照明系统能耗模拟计算书、暖通系统运行调试记录等，投入使用的项目尚应查阅建筑运行能耗系统统计数据	《公共建筑节能设计标准》GB 50189—2015 《夏热冬暖地区居住建筑节能设计标准》JGJ 75—2012
可再生能源利用（10分）（给排水、暖通、电气）	根据《绿色建筑评价标准》GB/T 50378中表7.2.9可再生能源利用评分规则评分	预评价：相关设计文件、计算分析报告 评价：相关竣工图、计算分析报告、产品型式检验报告	《公共建筑节能设计标准》GB 50189—2015 《绿色建筑评价标准》GB/T 50378—2019
Ⅲ节水与水资源利用			
使用较高用水效率等级的卫生器具（15分）（给排水）	1.全部卫生器具的用水效率等级达到2级，得8分 2.50%以上卫生器具的用水效率等级达到1级且其他达到2级，得12分 3.全部卫生器具的用水效率等级达到1级，得15分	预评价：相关设计文件、产品说明书（含相关节水器具的性能参数要求） 评价：相关竣工图、设计说明、产品说明书、产品节水性能检测报告	《水嘴用水效率限定值及用水效率等级》GB 25501—2010 《坐便器用水效率限定值及用水效率等级》GB 25502—2017 《小便器用水效率限定值及用水效率等级》GB 28377—2019 《淋浴器用水效率限定值及用水效率等级》GB 28378—2012 《便器冲洗阀用水效率限定值及用水效率等级》GB 28379—2012
绿化灌溉节水（12分）（给排水）	1.节水灌溉系统，得4分 2.节水灌溉系统的基础上，设置土壤湿度感应器、雨天自动关闭装置等节水控制措施，或种植无须永久灌溉植物，得6分 3.用无蒸发耗水量的冷却技术，得6分	预评价：相关设计图纸、设计说明（含相关节水产品的设备材料表）、产品说明书等 评价：设计说明、相关竣工图、产品说明书、产品节水性能检测报告、节水产品说明书等	《绿色建筑评价标准》GB/T 50378—2019
结合雨水营造景观水体（8分）（给排水、景观）	室外景观水体利用雨水的补水量大于水体蒸发量的60% 1.进入室外景观水体的雨水，利用生态设施削减径流污染，得4分 2.水生动、植物保障室外景观水体水质，得4分	预评价：相关设计文件（含总平面图竖向、室内外给排水施工图、水景详图等）、水量平衡计算书 评价：相关竣工图、计算书、景观水体补水用水计量运行记录、景观水体水质检测报告等	《民用建筑节水设计标准》GB 50555—2010 《绿色建筑评价标准》GB/T 50378—2019
非传统水源（15分）（给排水）	1.绿化灌溉、车库及道路冲洗、洗车用水采用非传统水源的用水量占其总用水量不低于40%，得3分；不低于60%，得5分 2.冲厕采用非传统水源总用量不低于20%，得3分；不低于40%，得5分	预评价：相关设计文件、当地相关主管部门的许可、非传统水源利用计算书 评价：相关竣工图纸、设计说明、传统水源利用计算书、非传统水源水质检测报告	《民用建筑节水设计标准》GB 50555—2010 《绿色建筑评价标准》GB/T 50378—2019

续表

Ⅳ节材与绿色建材			
建筑与装修一体化设计及施工（8分）（建筑）	土建与装修同时设计，土建按照装修的要求进行孔洞与预留，全部区域装修可得8分	预评价：土建、装修各专业施工图及其他证明材料 评价：土建、装修各专业竣工图及其他证明材料	《绿色建筑评价标准》GB/T 50378—2019
结构材料（10分）（结构）	1. 钢筋混凝土结构（高强度钢筋混凝土比例） 1）400MPa级及以上强度等级钢筋应用比例达到85%，得5分。 2）竖向承重结构采用强度等级不小于C50用量占竖向承重结构中总量的比例达到50%，得5分。 2. 钢结构（高强度钢材、螺栓连接点比例） 1）Q345及以上高强钢材用量占钢材总量的比例达到50%，得3分；达到70%，得4分。 2）螺栓连接等非现场焊接节点占现场全部连接、拼接节点的数量比例达到50%，得4分。 3）采用施工时免支撑的楼屋面板，得2分。 3. 对于混合结构，还需计算建筑结构比例，按照得分取各项得分的平均值	预评价：相关设计文件、各类材料用量比例计算书 评价：相关竣工图、施工记录、材料决算清单、各类材料用量比例计算书	《钢结构设计标准》GB 50017—2017 《绿色建筑评价标准》GB/T 50378—2019
建筑装修选用工业化内装部品（8分）（建筑）	工业化装饰部品、整体卫浴、厨房、装配式吊顶、干式工法地面、装配式内墙管线集成与设备设施，达到50%以上的部品种类，达到1种，得3分；达到3种，得5分；达到3种以上，得8分	预评价：相关设计文件（建筑及装修专业施工图、工业化内装部品施工图）、工业化内装部品用量比例计算书 评价：相关竣工图、工业化内装部品用量比例计算书	《装配式建筑评价标准》GB/T 51129—2017
选用可再循环、可再利用材料及利废建材（12分）（建筑）	1. 可再循环材料和可再利用材料用量，达到10%，得3分；达到15%，得6分 2. 利废建材用量比例： 1）采用一种利废建材用量不低于50%，得3分。 2）采用两种及以上，每一种占同类建材用量不低于30%，得6分。 可再循环材料（门、窗、钢、玻璃等），可再利用材料（标准尺寸钢型材），利废建材（工业废料、农作物秸秆、建筑垃圾等）	预评价：工程概算材料清单、各类材料用量比例计算书、各种建筑的使用部位及使用量一览表 评价：工程决算材料清单、相关产品检测报告、各类材料用量比例计算书，利废建材中废弃物掺量说明及证明材料	《装配式建筑评价标准》GB/T 51129—2017
选用绿色建材（12分）（建筑）	绿色建材比例不低于30%，得4分；不低于50%，得8分；不低于70%，得12分。 根据公式计算 $P=[(S1+S2+S3+S4)/100]\times 100\%$	预评价：相关设计文件、计算分析报告 评价：相关竣工图、计算分析报告、检测报告、工程决算材料清单、绿色建材标识证书、施工记录	《绿色建材评价标识管理办法》 《促进绿色建材生产和应用行动方案》
2.5 环境宜居			
2.5.1 控制项			
建筑及周边应满足日照（建筑）	条文：4.3.3 普通教室冬至日满窗日照不应少于2h	预评价：相关设计文件、日照分析报告 评价：相关竣工图、日照分析报告	《中小学校设计规范》GB 50099—2011 《建筑日照计算参数标准》GB/T 50947—2014

续表

室外热环境 （建筑、绿色建筑）	室外场地热环境模拟图，采取有效措施改善场地通风不良、遮阳不足、绿量不够、渗透不强的一系列问题	预评价：相关设计文件、场地热环境计算报告 评价：相关竣工图、场地热环境计算报告	《城市居住区热环境设计标准》JGJ 286—2013
配建绿地 （建筑、景观）	1. 绿地种植方面：乔木为主，落木填补林下空间、地面栽花种草 2. 采用本地植物，无毒无害、无刺 3. 鼓励屋顶绿化、架空层绿化、垂直绿化等立体绿化方式	预评价：相关设计文件（苗木表、屋顶绿化、覆土绿化和 / 或垂直绿化的区域及面积、种植区域的覆土深度、排水设计） 评价：相关竣工图、苗木采购清单	《绿色建筑评价标准》GB/T 50378—2019
场地竖向设计有利于雨水的收集或排放（景观、给排水）	满足当地海绵城市的设计标准	预评价：相关设计文件（场地竖向设计文件）、年径流总量控制率计算书、设计控制雨量计算书、场地雨水综合利用方案或专项设计文件 评价：相关竣工图、年径流总量控制率计算书、设计控制雨量设计书、场地雨水综合利用方案或专项设计文件	《城乡建设用地竖向规划规范》CJJ 83—2016 《深圳市海绵城市规划要点和审查细则》 《深圳市房屋建筑工程海绵设施设计规程》SJG 38—2017
便于识别和使用标识系统 （建筑、景观）	1. 应与学生的身高相匹配 2. 色彩、形式、字体、符号应整体、统一、可辨识	预评价：相关设计文件（标识系统设计文件） 评价：相关竣工图	《公共建筑标识系统技术规范》GB/T 51223—2017 《绿色建筑评价标准》GB/T 50378—2019
场地内不应排放超标的污染源 （建筑）	条文：6.2.19 食堂不应与教学用房合并设置，宜设在校园的下风向。厨房的噪声及排放的油烟、气味不得影响教学环境	预评价：环评报告、治理措施分析报告 评价：环评报告、治理措施分析报告	《中小学校设计规范》GB 50099—2011 《绿色建筑评价标准》GB/T 50378—2019
生活垃圾管理 （建筑、运营）	1. 生活垃圾分四类：有害垃圾、易腐垃圾（厨余垃圾）、可回收垃圾、其他垃圾 2. 垃圾收集器的收集点设置应隐蔽、避风，与景观相协调	预评价：相关设计文件、垃圾收集设施布置图 评价：相关竣工图、垃圾收集设施布置图，投入使用的项目尚应查阅相关管理制度	《绿色建筑评价标准》GB/T 50378—2019
2.5.2 评分项			
Ⅰ场地生态与景观			
保护或修复生态环境（10 分） （建筑、景观）	1. 充分利用原有地形地貌，减小土石方工程量，减少对场地及周边环境生态系统的改变，得 10 分 2. 地表层 0.5m 厚的表土富含营养，回收、利用是对土壤资源的保护，得 10 分 3. 根据场地情况，采取生态恢复补偿措施，得 10 分	预评价：场地原地形图、相关设计文件（带地形的规划设计图、总平面图、竖向设计图、景观设计总平面图） 评价：相关竣工图、生态补偿方案（植被保护方案及记录、水面保留方案、表层土利用相关图纸或说明文件等）、施工记录、影像材料	《绿色建筑评价标准》GB/T 50378—2019

续表

规划场地、屋面雨水经济、控制雨水外排（10分）（景观、给排水）	结合海绵城市措施，控制率达到55%，得5分；达到70%，得10分 控制率=（滞蓄、调蓄、收集）/设计控制雨量	预评价：相关设计文件、年径流总量控制率计算书、设计控制雨量计算书、场地雨水综合利用方案或专项设计文件 评价：相关竣工图、年径流总量控制率计算书、设计控制雨量设计书、场地雨水综合利用方案或专项设计文件	《绿色建筑评价标准》GB/T 50378—2019 《深圳市海绵城市规划要点和审查细则》 《深圳市房屋建筑工程海绵设施设计规程》SJG 38—2017
充分利用场地空间设置绿化用地（16分）（景观）	绿地率包含地面绿地、地下室绿地、屋顶绿地、架空层绿地（绿地率根据以上绿地覆土厚度而折减） 1. 公共建筑绿地率达到规划指标105%及以上，得10分 2. 绿地向公众开放，得6分	预评价：规划许可的设计条件、相关设计文件、日照分析报告、绿地率计算书 评价：相关竣工图、绿地率计算书	《绿色建筑评价标准》GB/T 50378—2019
室外吸烟区设置（9分）（建筑）	中小学校不设置吸烟区，直接得分	预评价：相关设计文件 评价：相关竣工图	《绿色建筑评价标准》GB/T 50378—2019
绿色雨水设施（15分）（景观）	绿色雨水设施：雨水花园、下凹式绿地、屋顶绿地、植被浅沟、截污设施、渗透设施、雨水塘、雨水湿地、景观水体等。 1. 有调蓄雨水功能的绿地、水体面积之和与绿地面积之比达到40%，得3分；达到60%，得5分 2.80%的屋面雨水进入地面生态设施，得3分 3.80%道路雨水进入地面生态设施，得4分 4. 透水铺装比例达到50%，得3分 地下室 疏水板 导水管	预评价：相关设计文件（含平面图、景观设计图、室外给排水总平面图等）、计算书 评价：相关竣工图、计算书	《绿色建筑评价标准》GB/T 50378—2019

Ⅱ室外物理环境

场地内环境噪声控制（10分）（建筑）	条文：4.3.7 各类教室的外窗与相对的教学用房或室外运动场地边缘间的距离不应小于25m	预评价：环评报告（含有噪声检测及预测评价或独立的环境噪声影响测试评估报告）、相关设计文件、声环境优化报告 评价：相关竣工图、声环境检测报告	《绿色建筑评价标准》GB/T 50378—2019 《声环境质量标准》GB 3096—2008
建筑及照明避免产生光污染（10分）（建筑、电气）	学校不采用玻璃幕墙，也不设置夜景照明，直接得分	预评价：相关设计文件、光污染分析报告 评价：相关竣工图、光污染分析报告、检测报告	《绿色建筑评价标准》GB/T 50378—2019 《城市夜景照明设计规范》GJ/T 163—2008
场地内风环境（10分）（绿色建筑）	提供风环境分析报告。1.5m处风速，人员活动区不出现涡旋或无风区；50%以上开启外窗室内外风压差大于0.5Pa，满足要求得10分	预评价：相关设计文件、风环境分析报告等 评价：相关竣工图、风环境分析报告	《绿色建筑评价标准》GB/T 50378—2019

续表

降低热岛温度（10分）（建筑、绿色建筑）	建筑阴影区为夏至日8：00～16：00时段在4h日照等时线内的区域。乔木遮阴面积按照成年乔木的树冠正投影面积计算 1. 建筑阴影区外的庭院、广场等设乔木、花架等遮阳面积比例达到10%，得2分；达到20%，得3分 2. 建筑阴影区外的车道、路面反射系数≥0.4或行道树的路段长度超过70%，得3分 3. 屋顶的绿化面积、太阳能板水平投影面积以及太阳辐射反射系数不小于0.4的屋面面积合计达到75%，得4分	预评价：相关设计文件、日照分析报告、计算书 评价：相关竣工图、日照分析报告、计算书、材料性能检测报告	《绿色建筑评价标准》GB/T 50378—2019

2.6 提高与创新

加分项

降低建筑空调系统能耗（30分）（暖通）	建筑供暖空调负荷比国家标准降低40%，得10分；每再降低10%，再得5分，最高得30分	预评价：相关设计文件（相关设计说明、围护结构施工详图）、节能计算书、建筑综合能耗节能率分析报告 评价：相关竣工图（围护结构竣工详图、相关设计说明）、节能计算书、建筑综合能耗节能率分析报告	《公共建筑节能设计标准》GB 50189—2015 《夏热冬暖地区居住建筑节能设计标准》JGJ 75—2012
当地建筑特色的传承与校园文化设计（20分）（建筑）	传统建筑中因地制宜、适应气候的设计方法的继承，学校文化传承、场所精神的刻画，满足要求得20分	预评价：相关设计文件 评价：相关竣工图	《绿色建筑评价标准》GB/T 50378—2019
利用废弃场地，利用尚可使用的旧建筑（8分）（建筑、结构）	对场地土壤检测与再利用评估；对旧建筑进行质量检测、安全加固，满足要求得8分	预评价：相关设计文件、环评报告、旧建筑使用专项报告 评价：相关竣工图、环评报告、旧建筑使用专项报告、检测报告	《绿色建筑评价标准》GB/T 50378—2019
场地绿容率（5分）（景观）	场地绿容率计算值≥3.0，得3分；实测值≥3.0，得5分 绿容率=［Σ（乔木叶面积指数×乔木投影面积×乔木株数）+灌木占地面积×3+草地占地面积×1］/场地面积 鼓励植种乔木、灌木	预评价：相关设计文件（绿化种植平面图、苗木表等）、绿容率计算书 评价：相关竣工图、绿容率计算书或植被叶面积测量报告、相关证明材料	《绿色建筑评价标准》GB/T 50378—2019
结构体系与建筑构件工业化建造（10分）（建筑、结构）	1. 主体结构采用钢结构、木结构，得10分 2. 主体结构采用装配式混凝土结构，地上部分预制构件应用混凝土体积占混凝土总体积的比例达到35%，得5分；达到50%，得10分	预评价：相关设计文件、计算书 评价：相关竣工图、计算书	《绿色建筑评价标准》GB/T 50378—2019
BIM技术（15分）（建筑）	设计、施工、运营三个阶段采用BIM技术 一个阶段得5分；两个阶段得10分；三个阶段得15分	预评价：相关设计文件、BIM技术应用报告 评价：相关竣工图、BIM技术应用报告	《住房城乡建设部关于印发推进建筑信息模型应用指导意见的通知》 《绿色建筑评价标准》GB/T 50378—2019

续表

进行建筑碳排放、计算(12分)(绿色建筑)	1. 建筑固有的碳排放量 2. 标准运行工况下的碳排放量 根据以上两个计算分析，满足要求得12分	预评价：建筑固有碳排放量计算分析报告（含减排措施） 评价：建筑固有碳排放量计算分析报告（含减排措施），投入使用项目尚应查阅标准运行工况下的碳排放量计算分析报告（含减排措施）	《建筑碳排放计量标准》CECS 374:2014 《绿色建筑评价标准》GB/T 50378—2019
绿色施工和管理（20分）(结构）	1. 获得绿色施工优良等级或绿色施工示范工程认定，得8分 2. 采取措施减少预拌混凝土损耗，损耗率降低至1.0%，得4分 3. 采取措施减少现场加工钢筋损耗，损耗率降低至1.5%，得4分 4. 现浇混凝土构件采用铝模等免墙面粉刷的模板体系，得4分	评价：绿色施工实施方案、绿色施工等级或绿色施工示范工程的认定文件，混凝土用量结算清单、预拌混凝土结算清单，钢筋进货单，施工单位统计计算的现场加工钢筋损耗率、铝模材料设计方案及施工日志	《建筑工程绿色施工规范》GB/T 50905—2014 《建筑工程绿色施工评价标准》GB/T 50640—2010
采用工程质量保险（20分）（运营）	1. 土建质量保险，得10分 2. 装修、安装质量保险，得10分	预评价：建设工程质量保险产品投保计划 评价：建设工程质量保修产品保单，核查其约定条件和实施情况	《绿色建筑评价标准》GB/T 50378—2019
节约资源、保护环境、智慧运营、传承文化等创新有明显效益（40分）(建筑）	每条10分，有证据证明效果明显	预评价：相关设计文件、分析论证报告及相关证明材料 评价：相关设计文件、分析论证报告及相关证明材料	《绿色建筑评价标准》GB/T 50378—2019

3 城市中小学校安全设计要点

深圳大学建筑设计研究院有限公司　冯　鸣

3.1 安全设计的总则与基本规定

3.1.1 安全设计

1）基本原则

“安全第一”是学校建设必须执行的基本原则。

中小学校设计应满足国家有关校园安全的规定，并应与校园应急策略相结合。安全设计应包括校园内防火、防灾、安防设施、通行安全、餐饮设施安全、环境安全等方面的设计。

依据：《中小学校设计规范》GB 50099—2011 第 3.0.5 条及条文说明。

2）校园综合防御设计

安全设计应包括教学活动的安全保障、自然与人为灾害侵袭下的防御备灾条件、救援疏散时师生的避难条件等。

安全设计是指在满足国家规范涉及的场地设计、无障碍设计、疏散空间设计、消防设计、抗震设计、防雷设计等具体内容的基础上，对校园内教学活动及生活方面的安全保障和对易发生的灾害及事故的防范所进行的综合防御设计。

依据：《中小学校设计规范》GB 50099—2011 第 2.0.8 条及条文说明。

3.1.2 本质安全

1）系统安全

本质安全是从内在赋予系统安全的属性，去除各种早期危险及潜在隐患，保证系统与设施可靠运行。

本质安全型的建筑不仅内在系统不易发生事故，还具有在灾害中自主调节、自我保护的能力。

依据：《中小学校设计规范》GB 50099—2011 第 2.0.9 条及条文说明。

2）校园本质安全设计

校园本质安全是指师生在学校内全过程安全。校园需具备国家规定的防灾避难能力。

校园环境及学校建筑本身应对师生实现安全保障。本质安全设计是从根源上预先避免建筑内外环境及设备、设施等全部可能发生的潜在危险。针对校园本质安全进行设计的重点，强调在方案设计阶段及初步设计阶段杜绝学校建成使用后可能发生的风险（图 3.1-1）。

依据：《中小学校设计规范》GB 50099—2011 第 1.0.3 条第 3 款、条文说明第 2.0.9 条。

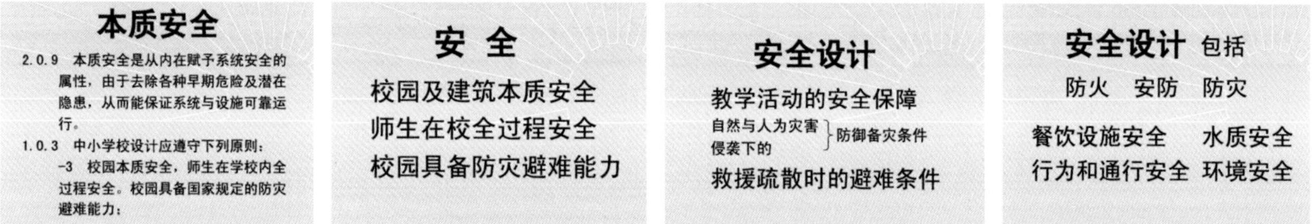

图 3.1-1　中小学校本质安全与安全设计

3.2 选址与场地的安全设计

3.2.1 规划选址要求

1）选址布点

学校布点要均匀，服务范围要均衡。服务半径以小学500m、初中1000m、九年制学校500～1000m为宜，步行时间以小学生约10min、中学生约15～20min为控。

依据：《中小学校设计规范》GB 50099—2011第4.1.4条及条文说明。

2）设施共享

在安全、便捷的前提下，鼓励学校与周边社区设施共享使用。步行距离不应超过500m且步行路径不应存在危险情况。避免穿越城市快速路以及存在落石或滑坡风险的区域等。

依据：深建设〔2021〕7号《深圳市中小学校建设试点项目关键技术指引》第4.0.1条及条文说明。

3.2.2 地段环境

中小学校应建设在阳光充足、空气流动、场地干燥、排水通畅、地势较高的宜建地段。

依据：《中小学校设计规范》GB 50099—2011第4.1.1条。

3.2.3 交通条件

学校周边应有良好的交通条件。以小学生避免穿越城市干道、中学生尽量不穿越城市主干道为适。与学校毗邻的城市主干道应设置适当的安全设施，以保障学生安全通过。

依据：《中小学校设计规范》GB 50099—2011第4.1.5条及条文说明。

3.2.4 风险防范

1）防灾害防污染

中小学校严禁建设在地震、地质塌裂、暗河、洪涝等自然灾害及人为风险高的地段和污染超标的地段。校园及校内建筑与污染源的距离应符合对各类污染源实施控制的国家现行有关标准的规定。

依据：《中小学校设计规范》GB 50099—2011第4.1.2条（强制性条文）。

2）环境质量评估

校园周边环境质量以建校立项时的环境质量评估报告为依据。中小学校环境质量评估报告的内容应包括该地段的气候特征、空气洁净度、噪声级、地质条件、雷暴记录、电磁波辐射测定、土壤氡污染检验值等项。设计中对污染源的防护距离的控制应符合环保部门的相关规定。

依据：《中小学校设计规范》GB 50099—2011条文说明第4.1.2条。

3.2.5 防病防疫

1）防病源

中小学校建设应远离殡仪馆、医院的太平间、传染病院等建筑。避开病源集中之处，避免长期为邻对师生健康造成威胁。

依据：《中小学校设计规范》GB 50099—2011第4.1.3条及条文说明。

2）防疫情

学校所在地区疫情风险等级发生变化时，应按当地疫情防控要求执行相关防控措施（图3.2-1）。

依据：国卫办疾控函〔2020〕668号《中小学校秋冬季新冠肺炎疫情防控技术方案（更新版）》中“应急处置”第（一）条。

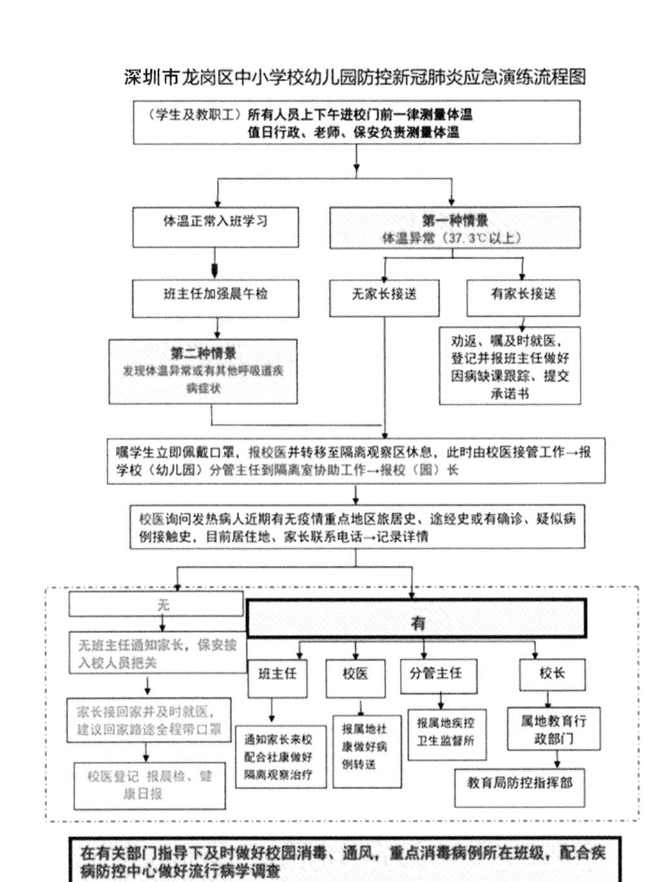

图 3.2-1 深圳市中小学校（幼儿园）开展疫情防控应急演练流程图

3.2.6 防燃防爆

中小学校建筑与易燃易爆场所间的距离应符合现行国家标准《建筑设计防火规范》GB 50016 的有关规定。

依据：《中小学校设计规范》GB 50099—2011 第 4.1.3 条及条文说明。

1）远离易燃易爆场所

学校应远离甲、乙类厂房和仓库及甲、乙、丙类液体储罐（区），可燃、助燃气体储罐（区），可燃材料堆场等各类易燃、易爆的场所。

依据：《建筑设计防火规范》GB 50016—2014（2018 年版）第 3.4.1 条、第 3.5.1 条、第 3.5.2 条、第 4.2.1 条、第 4.3.1 条、第 4.5.1 条。

2）远离易燃易爆管线

高压电线、长输天然气管道、输油管道严禁穿越或跨越学校校园；当在学校周边敷设时，安全防护距离及防护措施应符合相关规定。

依据：《中小学校设计规范》GB 50099—2011 第 4.1.8 条（强制性条文）。

3.2.7 噪声控制

1）声环境质量

学校教学区的声环境质量应符合现行国家标准《民用建筑隔声设计规范》GB 50118 和现行行业标准《城市轨道交通引起建筑物振动与二次辐射噪声限值及其测量方法标准》JGJ/T 170 的有关规定和要求。

依据：《中小学校设计规范》GB 50099—2011 第 4.1.6 条、深建设〔2021〕7 号《深圳市中小学校建设试点项目关键技术指引》第 5.0.2 条。

2）隔声距离

学校主要教学用房设置窗户的外墙与铁路路轨的距离不应小于 300m（此为二者间有建筑物遮挡时所需要的距离。当没有遮挡或学校处于流量大的铁路线转弯处或编组站附近时，距离需加大），与高速路、地上轨道交通线或城市主干道的距离不应小于 80m。当距离不足时，应采取有效的隔声措施。

依据：《中小学校设计规范》GB 50099—2011 第 4.1.6 条及条文说明。

3）噪声级要求

学校周界外 25m 范围内已有邻里建筑处的噪声级不应超过现行国家标准《民用建筑隔声设计规范》GB 50118 有关规定的限值。防止教学受到噪声干扰同时避免干扰周边近邻。

依据：《中小学校设计规范》GB 50099—2011 第 4.1.7 条及条文说明。

3.2.8 防火间距

学校建筑之间及与其他民用建筑之间，与单独建造的变电站、终端变电站及燃油、燃气或燃煤锅炉房，与燃气调压站、液化石油气气化站或混气站、城市液化石油气供应站瓶库等，防火间距应符合现行国家标准《建筑设计防火规范》GB 50016的有关规定。

依据：《建筑设计防火规范》GB 50016—2014（2018年版）第5.2.2条（强制性条文）、第5.2.3条、第5.2.5条、第4.4.5条。

3.3 总平面的安全设计

3.3.1 校园出入口

1）交通衔接

中小学校校园出入口应与市政交通衔接，但不应直接与城市主干道连接。

依据：《中小学校设计规范》GB 50099—2011第8.3.2条。

2）出入口数量

中小学校的校园应设置2个出入口。出入口的位置应符合教学、安全、管理的需要，出入口的布置应避免人流、车流交叉。有条件的学校宜设置机动车专用出入口。

依据：《中小学校设计规范》GB 50099—2011第8.3.1条

3）次出入口

大型机动车（运送厨房的主副食料、教学装备、房屋与设施维护工料运输用的大型机动车及垃圾运输车）应以次要校门为出入口，避免与步行的师生交叉。

依据：《中小学校设计规范》GB 50099—2011第8.3.1条条文说明。

4）消防出入口

消防出入口可利用校园出入口，但应满足消防车至少有两处分别进入校园、实施灭火救援的要求。

依据：《建筑设计防火规范》GB 50016—2014（2018年版）第7.1.9条。

5）相邻基地机动车出入口

校园出入口与周边相邻基地机动车出入口的间隔距离不应小于20m。

依据：《民用建筑设计统一标准》GB 50352—2019第4.2.4条第4款。

3.3.2 缓冲场地

1）校前小广场

根据学校所在地段的交通环境、学校规模、生源家庭情况，校园主入口的校门，宜向校内退让出校前小广场，起缓冲场地的作用。

依据：《中小学校设计规范》GB 50099—2011第8.3.2条及条文说明。

2）临时停车

校园主入口的校门外附近，需设自行车及机动车停车场，供家长临时停车，以免堵塞校门。

依据：《中小学校设计规范》GB 50099—2011第4.1.5条。

3）学生接送专用区

中小学校应设置学生接送专用区域，设置面积不宜小于300m²。布置于学校主要出入口一侧时，应与市政道路保持适当安全距离；布置于建筑首层架空层时，应临近学校主要出入口且与校园内机动交通道路保持适当安全距离。

依据：深建设〔2021〕7号《深圳市中小学校建设试点项目关键技术指引》第5.0.6条。

4）防疫临时等候区

发生疫情时，应在校门口就近设置临时等候区，为入校时出现可疑症状人员提供临时处置场所（图3.3-1）。

依据：国卫办疾控函〔2020〕668号《中小学校秋冬季新冠肺炎疫情防控技术方案（更新版）》中“保障要求”第3条。

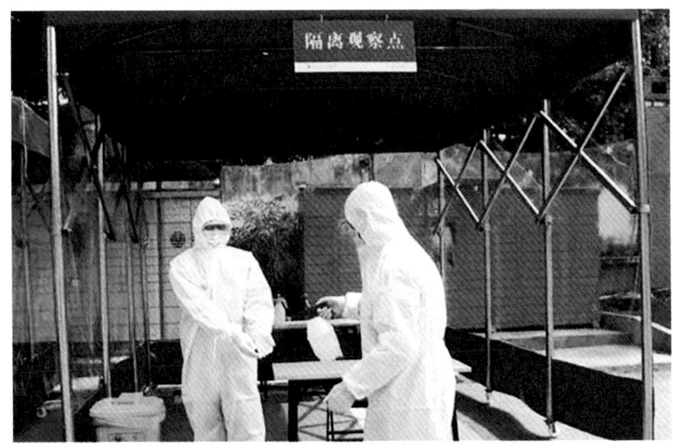

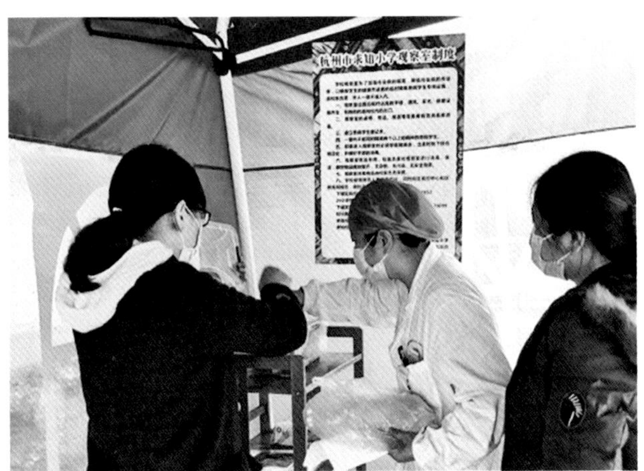

图 3. 3-1 疫情期间在学校出入口专门区域设置疫情防控临时隔离观察点

3. 3. 3 校园道路

1）校园路网

校园内道路应与校园出入口、各活动场地出入口、各建筑的出入口及走道衔接，构成安全、方便、明确、通畅的路网。

依据：《中小学校设计规范》GB 50099—2011 第 8.4.1 条。

2）消防车道

校园应设消防车道、灭火救援场地，可利用校园道路、广场，但应满足消防车通行、转弯、停靠和登高操作的要求。

依据：《建筑设计防火规范》GB 50016—2014（2018 年版）第 7.1.9 条。

3）内院车道

当有短边长度大于 24m 的封闭内院式建筑围合时，宜设置进入建筑内院的消防车道。

依据：《建筑设计防火规范》GB 50016—2014（2018 年版）第 7.1.4 条。

4）停车场、库出入口

校园内停车场及地下停车库的出入口，不应直接通向师生人流集中的道路。

依据：《中小学校设计规范》GB 50099—2011 第 8.5.6 条。

5）车行道宽度

校园道路车行道的宽度按双车道不宜小于 7m、单车道不宜小于 4m，消防车道的净宽度和净空高度均应不小于 4m。

依据：《民用建筑设计统一标准》GB 50352—2019 第 5.2.2 条第 1 款，《建筑设计防火规范》GB 50016—2014（2018 年版）第 7.1.8 条第 1 款。

6）人行道宽度

校园道路人行道的宽度按每通行 100 人道路净宽为 0.70m，每一路段的宽度应按该段道路通达的建筑物容纳人数之和计算，每一路段的宽度不宜小于 3.00m。

依据：《中小学校设计规范》GB 50099—2011 第 8.4.3 条。

7）道路高差

为避免发生踩踏事故，校园内人流集中的道路不宜设置台阶。设置台阶时，不得少于 3 级；台阶踏步少于 3 级时，宜采用坡道等无障碍设施处理道路的高差。

依据：《中小学校设计规范》GB 50099—2011 第 8.4.5 条及条文说明。

3. 3. 4 建筑物出入口

1）校园道路衔接

校园内各建筑的出入口及走道应与校园道路衔接，应满足人员安全疏散、消防灭火救援的要求。

依据:《中小学校设计规范》GB 50099—2011 第 8.4.1 条。

2）出入口数量

校园内除建筑面积不大于 200m²、人数不超过 50 人的单层建筑外，每栋建筑应设置 2 个出入口。非完全小学内，单栋建筑面积不超过 500m²，且耐火等级为一、二级的低层建筑可只设 1 个出入口。

依据:《中小学校设计规范》GB 50099—2011 第 8.5.1 条。

3）出入口门厅

教学用房在建筑的主要出入口处宜设门厅，出入口净通行宽度不得小于 1.40m，门内与门外各 1.50m 范围内不宜设置台阶。

依据:《中小学校设计规范》GB 50099—2011 第 8.5.2 条、第 8.5.3 条。

4）无障碍设施

教学用建筑物的出入口应设置无障碍设施，并应采取防止上部物体坠落和地面防滑的措施。

依据:《中小学校设计规范》GB 50099—2011 第 8.5.5 条。

5）地下停车库出入口

教学用建筑物设地下停车库时，停车库与上部教学用房的出入口（安全出口和疏散楼梯）应分别独立设置。

依据:《汽车库、修车库、停车场设计防火规范》GB 50067—2014 第 4.1.4 条第 2 款。

3.3.5 建筑物层数

1）一般情况

考虑到学生的活动特点、自救能力和安全疏散，各类小学的主要教学用房不应设在四层以上，各类中学的主要教学用房不应设在五层以上。

依据:《中小学校设计规范》GB 50099—2011 第 4.3.2 条及条文说明。

2）建设用地紧张的情况

当建设用地紧张时，在满足下列条件之一的前提下，可将小学主要教学用房布置在五层，中学主要教学用房布置在六层。

（1）主要教学用房疏散楼梯宽度应在国家标准《建筑设计防火规范》GB 50016 相关规定值的基础上提高 30%。

（2）主要教学用房最高楼层到学生主要室外活动场地的相对高差，小学不应超过四层，中学不应超过五层。

依据：深建设〔2021〕7 号《深圳市中小学校建设试点项目关键技术指引》第 4.0.3 条。

3.3.6 结构安全

1）抗震措施

（1）教学用房、学生宿舍、食堂的抗震设防类别不应低于重点设防类（乙类），应按比本地区抗震设防烈度提高 1 度的要求加强其抗震措施。当该地区抗震设防烈度为 9 度时，应按比 9 度更高的要求加强其抗震措施。

（2）地基基础的抗震措施，应符合有关规定，并应按本地区抗震设防烈度确定其地震作用。

依据:《建筑工程抗震设防分类标准》GB 50223—2008 第 3.0.3 条第 2 款、第 6.0.8 条。

2）建筑形体

形体不规则的建筑应按抗震设计要求采取加强措施，特别不规则的建筑应进行专门研究和论证，严重不规则的建筑不应采用。

依据:《建筑抗震设计规范》GB 50011—2010（2016 年版）第 3.4.1 条（强制性条文）。

3.3.7 应急避难

1）应急避难场所

设计应根据国家规定具备相应的防灾避难能力，安全设计应与校园应急策略相结合。由当地政府确定为避难疏散场所的学校，应按国家和地方相关规定进行设计（图 3.3-2～图 3.3-5）。

依据：《中小学校设计规范》GB 50099—2011 第 1.0.3 条第 3 款、第 3.0.5 条、第 3.0.6 条。

应急避难场所

2.0.8 用作发生意外灾害时受灾人员疏散的场地和建筑。

4.3.8 中小学校的广场、操场等室外场地应设置供水、供电、广播、通信等设施的接口。

6.2.7 在中小学校内，当体育场中心与最近的卫生间的距离超过90m时，可设室外厕所。……。室外厕所宜预留扩建的条件。

图 3.3-2 应急避难场所的标识与要求

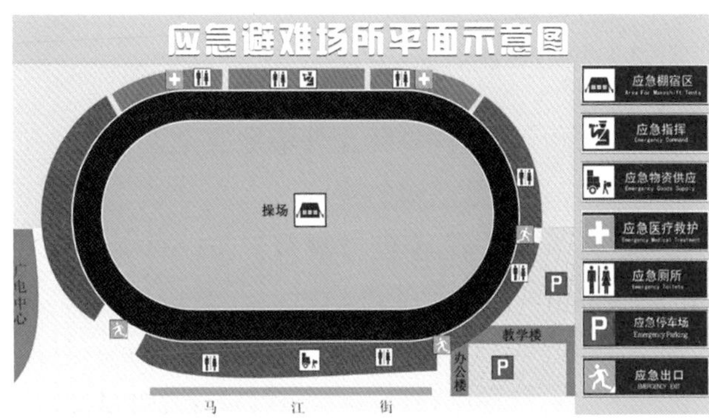

图 3.3-3 某小学操场作为应急避难场所平面示意图

图 3.3-4 全校师生在约定时间内全部疏散到操场的应急避难演练

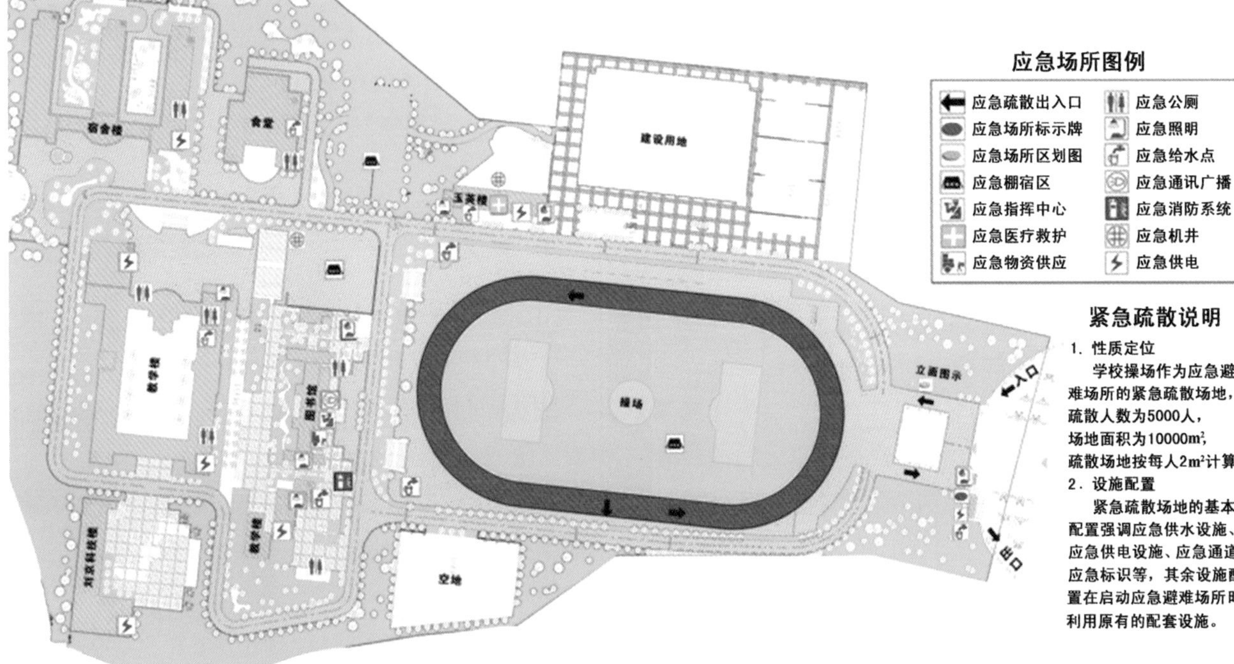

图 3.3-5 某中学校园应急避难场所平面示意图

2）应急设施

学校的广场、操场等室外场地应设置供水、供电、广播、通信等设施的接口。

依据：《中小学校设计规范》GB 50099—2011第4.3.8条。

3）应急厕所

中小学校内，当体育场地中心与最近卫生间的距离超过90.00m时，可设室外厕所，服务人数可按学生总人数的15%计算。室外厕所宜预留扩建的条件。

依据：《中小学校设计规范》GB 50099—2011第6.2.7条。

3.3.8 防噪声

1）室外运动场地噪声

（1）各类教室的外窗与相对的教学用房或室外运动场地边缘间的距离不应小于25m。

依据：《中小学校设计规范》GB 50099—2011第4.3.7条。

（2）当建设用地紧张时，通过采取相关措施，在保证由教室外窗传至对面教室室内噪声声压级小于等于50dB（A）和满足国家标准《中小学校设计规范》GB 50099日照要求的前提下，可适当减少教学楼之间的间距，但不应小于18m。噪声模拟时噪声源处的噪声声压级取78dB（A）。

依据：深建设〔2021〕7号《深圳市中小学校建设试点项目关键技术指引》第3.0.2条及条文说明。

（3）当建设用地紧张时，通过采取相关措施，在保证由运动场外边缘传至相对的普通教室室内噪声声压级小于等于50dB（A）的前提下，可适当减少运动场外边缘与相对的普通教室外窗之间的最近距离，但不宜小于21m。噪声模拟时噪声源处的噪声声压级取72dB（A）。

依据：深建设〔2021〕7号《深圳市中小学校建设试点项目关键技术指引》第3.0.3条及条文说明。

2）其他噪声

总务仓库及维修工作间宜设在校园的次要出入口附近，其运输及噪声不得影响教学环境的质量和安全。

依据：《中小学校设计规范》GB 50099—2011第6.1.2条第7款。

3）减隔振噪

中小学校内有振动或发出噪声的劳动教室、技术教室应采取减振减噪、隔振隔噪声措施。

依据：《中小学校设计规范》GB 50099—2011第5.11.3条。

3.3.9 防污染

1）种植园、饲养园位置

种植园、小动物饲养园应设于校园下风向的位置。种植园的肥料、小动物饲养园的粪便均不得污染校园水源和周边环境。

依据：《中小学校设计规范》GB 50099—2011第5.3.3条、第5.3.17条、第5.3.23条。

2）污染源间距

中小学校的饮用水管线与室外公厕、垃圾站等污染源间的距离应大于25.00m。

依据：《中小学校设计规范》GB 50099—2011第6.2.2条。

3）食堂和厨房

（1）食堂与室外公厕、垃圾站等污染源间的距离应大于25.00m。

依据：《中小学校设计规范》GB 50099—2011第6.2.18条。

（2）食堂不应与教学用房合并设置，宜设在校园的下风向。厨房的噪声及排放的油烟、气味不得影响教学环境。

依据：《中小学校设计规范》GB 50099—2011第6.2.19条。

3.3.10 安防设施

中小学校应装设周界视频监控、报警系统。有条件的学校应接入当地的公安机关监控平台。安全防范监控系统包括周界防护、电子巡查、视频监控、出入口控制、入侵报警等。

依据:《中小学校设计规范》GB 50099—2011 第 8.1.1 条及条文说明、第 10.4.1 条。

3.3.11 燃气安全

在抗震设防烈度为 6 度或 6 度以上地区建设的实验室不宜采用管道燃气作为实验用的热源。当难以回避、不得不采用时，设计中应采用相应的保护性技术设施。

依据:《中小学校设计规范》GB 50099—2011 第 8.1.9 条及条文说明。

3.3.12 防雷设计

1）防雷类别

学校的建（构）筑物可升级一个防雷类别，按第二类防雷建筑物设计。

依据:《建筑物防雷设计规范》GB 50057—2010 条文说明第 3.0.3 条第 9 款。

2）防雷措施

学校的建（构）筑物应采取防直击雷、防感应雷、防雷电波侵入措施。

依据:《建筑物防雷设计规范》GB 50057—2010 第 4.5.1 条第 2 款。

3.4 辅助用房的安全设计

3.4.1 学生宿舍

1）位置要求

学生宿舍不得设在地下室或半地下室。

依据:《中小学校设计规范》GB 50099—2011 第 6.2.24 条（强制性条文）。

2）封闭管理

宿舍与教学用房不宜在同一栋建筑中分层合建，可在同一栋建筑中以防火墙分隔贴建。学生宿舍应便于自行封闭管理，不得与教学用房合用建筑的同一个出入口。

依据:《中小学校设计规范》GB 50099—2011 第 6.2.25 条。

3）分区设置

学生宿舍必须男女分区设置，分别设出入口，满足各自封闭管理的要求。

依据:《中小学校设计规范》GB 50099—2011 第 6.2.26 条。

4）其他要求

（1）学生宿舍宜分层设置公共盥洗室、卫生间和浴室。盥洗室门、卫生间门与居室门间的距离不得大于 20.00m。当每层寄宿学生较多时可分组设置。

依据:《中小学校设计规范》GB 50099—2011 第 6.2.28 条。

（2）学生宿舍应设置衣物晾晒空间。当采用阳台、外走道或屋顶晾晒衣物时，应采取防坠落措施。

依据:《中小学校设计规范》GB 50099—2011 第 6.2.31 条。

3.4.2 其他辅助用房

1）饮水处

教学用建筑每层的饮水处前应设置等候空间，等候空间不得挤占走道等疏散空间。

依据:《中小学校设计规范》GB 50099—2011 第 6.2.4 条。

2）卫生间

（1）中小学校的卫生间应设前室。男、女生卫生间不得共用一个前室。

依据:《中小学校设计规范》GB 50099—2011 第 6.2.12 条。

（2）中小学校的卫生间外窗距室内楼地面 1.70m 以下部分应设视线遮挡措施。

依据:《中小学校设计规范》GB 50099—2011 第 6.2.14 条。

（3）体育设施、教学用房的学生和教师的卫生间、更衣室、浴室应分设。

依据:《中小学校设计规范》GB 50099—2011 第 5.10.2 条及 6.2.5 条。

3）食堂

食堂的厨房应附设蔬菜粗加工和杂物、燃料、灰渣等存放空间。各空间应避免污染食物，并宜靠近校园的次要出入口。

依据:《中小学校设计规范》GB 50099—2011 第 6.2.22 条。

3.5 体育及活动设施的安全设计

3.5.1 体育场地

1）防护分隔

各类运动场地应平整。每一项目用地，包括安全区及周边的甬道在其周边的同一高程上，且应有相应的安全防护空间。相邻布置的各体育场地间应预留安全分隔设施的安装条件。

依据:《中小学校设计规范》GB 50099—2011 第 4.3.6 条第 1 款及条文说明、第 4.3.6 条第 3 款。

2）球类场地的朝向

室外田径场及足球、篮球、排球等各种球类场地的长轴宜南北向布置。长轴南偏东宜小于 20°，南偏西宜小于 10°（图 3.5-1）。

依据:《中小学校设计规范》GB 50099—2011 第 4.3.6 条第 2 款。

图 3.5-1 体育场地偏斜角度示意图

3.5.2 活动场地

1）面积要求

中小学校非体育专用室外活动场地面积不宜小于生均 $5m^2$。

依据：深建设〔2021〕7 号《深圳市中小学校建设试点项目关键技术指引》第 4.0.2 条及条文说明。

2）架空层

架空层作为活动场地的，其净高不应小于 3.6m。

依据：深建设〔2021〕7 号《深圳市中小学校建设试点项目关键技术指引》第 4.0.2 条第 1 款。

3）屋顶

屋顶作为活动场地的，临空处应设置可踏面以上不低于 1.8m 高的防护栏杆；用于兼做球类等运动场地时，临空处应设置不低于 4m 高的防护网。

依据：深建设〔2021〕7 号《深圳市中小学校建设试点项目关键技术指引》第 4.0.2 条第 2 款。

4）外廊或连廊

外廊或连廊作为活动场地的，其宽度不应小于 3m，且计算宽度仅为超出消防疏散宽度要求的部分。

依据：深建设〔2021〕7 号《深圳市中小学校建设试点项目关键技术指引》第 4.0.2 条第 3 款。

3.5.3 风雨操场

1）防护分隔

根据运动占用空间的要求，应在风雨操场内预留各项目之间设置安全分隔的设施。风雨操场内，运动场地的灯具等应设护罩。悬吊物应有可靠的固定措施。有围护墙时，在窗的室内一侧应设护网。

依据：《中小学校设计规范》GB 50099—2011第5.10.4条、第5.10.5条。

2）楼、地面构造

风雨操场的楼、地面构造应根据主要运动项目的要求确定，不宜采用刚性地面。固定运动器械的预埋件应暗设，不得高出楼、地面的完成面。

依据：《中小学校设计规范》GB 50099—2011第5.10.6条及条文说明。

3.5.4 游泳池、游泳馆

1）泳池

中小学校对于仅供教学及一般训练用的游泳池、游泳馆内不得设置跳水池，且不宜设置深水区。

依据：《中小学校设计规范》GB 50099—2011第5.10.13条。

2）泳池入口

中小学校泳池入口处应设置强制通过式浸脚消毒池，池长不应小于2.00m，宽度应与通道相同，深度不宜小于0.20m。

依据：《中小学校设计规范》GB 50099—2011第5.10.14条。

3.6 建筑材料与防护措施的安全设计

3.6.1 建筑材料

学校设计所采用的装修材料、产品、部品应符合现行国家标准《建筑内部装修设计防火规范》GB 50222、《民用建筑工程室内环境污染控制标准》GB 50325的有关规定及国家有关材料、产品、部品的标准规定。中小学校设计中必须对建筑及室内装修所采用的建材、产品、部品进行严格择定，避免对校内空气造成污染。

依据：《中小学校设计规范》GB 50099—2011第8.1.3条、第9.1.4条。

1）体育场地材料

体育场地采用的地面材料应满足环境卫生健康的要求和主要运动项目的沙质、弹性及构造要求。塑胶跑道、塑胶场地不得采用含毒成分、散发异味的有害材料。

依据：《中小学校设计规范》GB 50099—2011第4.3.6条第5款、第8.1.4条，《中小学合成材料面层运动场地》GB 36246—2018。

2）玻璃幕墙材料

中小学校新建、改建、扩建工程以及立面改造工程，在一层严禁采用全隐框玻璃幕墙，在二层及以上各层不得采用玻璃幕墙。

依据：建标〔2015〕38号《关于进一步加强玻璃幕墙安全防护工作的通知》，深府办函〔2017〕34号《关于进一步加强玻璃幕墙安全防护和管理工作的通知》。

3）窗玻璃材料

教学用房及教学辅助用房的窗玻璃应满足教学要求，不得采用彩色玻璃。

依据：《中小学校设计规范》GB 50099—2011第5.1.9条第2款。

4）楼地板材料及构造

网络控制室、计算机教室、视听阅览室的室内装修应采取防潮、防静电措施，并宜采用防静电架空地板，不得采用无导出静电功能的木地板或塑料地板。当采用地板采暖系统时，楼地面需采用与之相适应的材料及构造做法。

依据：《中小学校设计规范》GB 50099—2011 第5.5.5条、第5.13.3条第3款、第6.1.5条。

3.6.2 防护措施

1）门窗安全措施

（1）门的类型

疏散通道上的门不得使用弹簧门、旋转门、推拉门、大玻璃门等不利于疏散通畅、安全的门。

依据：《中小学校设计规范》GB 50099—2011 第8.1.8条第1款。

（2）开启方向

各教学用房的门均应向疏散方向开启，开启的门扇不得挤占走道的疏散通道。

依据：《中小学校设计规范》GB 50099—2011 第8.1.8条第2款。

（3）净通行宽度

房间疏散门开启后，每樘门净通行宽度不应小于0.90m。

依据：《中小学校设计规范》GB 50099—2011 第8.2.4条。

（4）无障碍门

教学用建筑物的出入口应设置无障碍设施。无障碍出入口的门、过厅如设两道门，同时开启后两道门扇的间距不应小于1.5m。

依据：《中小学校设计规范》GB 50099—2011 第8.5.5条，《无障碍设计规范》GB 50763—2012 第3.3.2条第5款。

（5）走道开窗

教学用房靠外廊及单内廊一侧教室内隔墙的窗开启后，不得挤占走道的疏散通道，不得影响安全疏散。

依据：《中小学校设计规范》GB 50099—2011 第8.1.8条第3款。

（6）临空外窗

教学用房二层及二层以上的临空外窗的开启扇不得外开。

依据：《中小学校设计规范》GB 50099—2011 第8.1.8条第4款。

（7）开窗高度

教学用房隔墙上的平开窗，开启扇的下缘低于2m时，向走道开启后不得挤占走道的疏散宽度，向室内开启后不得影响教室的使用空间（高于2m时不受此限）。

依据：《中小学校设计规范》GB 50099—2011 条文说明第8.1.8条第3、4款。

（8）侧窗端墙

各教室前端侧窗窗端墙的长度不应小于1.00m。窗间墙宽度不应大于1.20m。

依据：《中小学校设计规范》GB 50099—2011 第5.1.8条。

（9）采光窗

普通教室、科学教室、实验室、史地、计算机、语言、美术、书法等专用教室及合班教室、图书室均应以自学生座位左侧射入的光为主。教室为南向外廊布局时，应以北向窗为主要采光面（图3.6-1，图3.6-2）。

依据：《中小学校设计规范》GB 50099—2011 第9.2.2条。

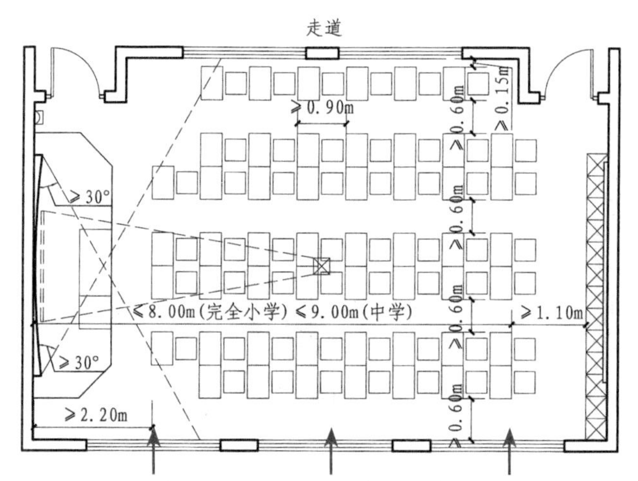

图3.6-1 采光窗的光线应自学生座位左侧射入为主

图3.6-2 采光窗的光线不应自学生座位右侧射入

（10）救援窗

多、高层教学建筑的外墙，均应在每层的每个防火分区适当位置设消防专用的救援窗口。

依据：《建筑设计防火规范》GB 50016—2014（2018 年版）第 7.2.4 条（强制性条文）。

2）走道安全措施

（1）走道宽度

教学用房的走道，应根据在该走道上各教学用房疏散的总人数，计算走道的疏散宽度。内走道净宽度不应小于 2.40m，单侧走道及外廊的净宽度不应小于 1.80m。走道疏散宽度内不得有壁柱、消火栓、教室开启的门窗扇等设施。

依据：《中小学校设计规范》GB 50099—2011 第 8.2.3 条、第 8.6.1 条。

（2）走道高差

中小学校的建筑物内，当走道有高差变化应设置台阶时，台阶处应有天然采光或照明，踏步级数不得少于 3 级，并不得采用扇形踏步。当高差不足 3 级踏步时，应设置坡道。坡道的坡度不应大于 1∶8，不宜大于 1∶12。

依据：《中小学校设计规范》GB 50099—2011 第 8.6.2 条。

3）楼梯安全措施

（1）梯段宽度

中小学校教学用房的楼梯梯段宽度应为人流股数的整数倍。梯段宽度不应小于 1.20m，并应按 0.60m 的整数倍增加梯段宽度（图 3.6-3～图 3.6-5），每个梯段可增加不超过 0.15m 的摆幅宽度。

依据：《中小学校设计规范》GB 50099—2011 第 8.7.2 条。

（2）踏步级数

中小学校楼梯每个梯段的踏步级数不应少于 3 级且不应多于 18 级，并应符合下列规定：

1）各类小学楼梯踏步的宽度不得小于 0.26m，高度不得大于 0.15m；

2）各类中学楼梯踏步的宽度不得小于 0.28m，高度不得大于 0.16m；

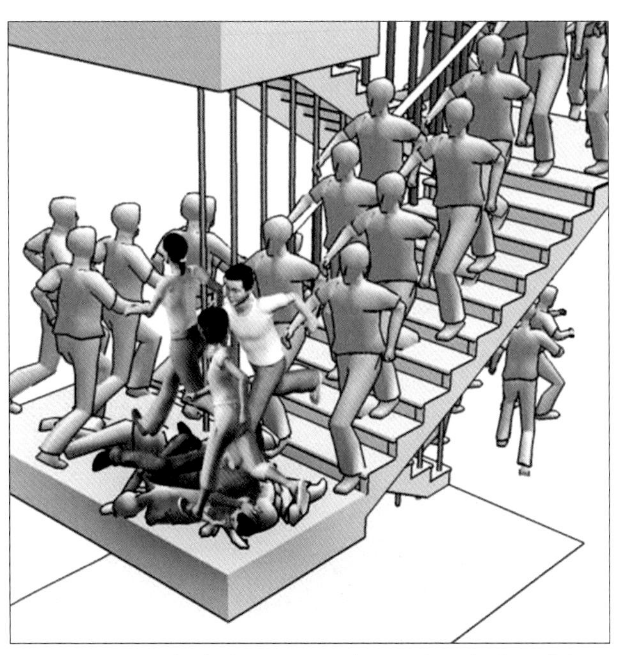

图 3.6-3　楼梯宽度不足或不符合规范要求导致学生因拥挤踩踏而引发安全事故

图 3.6-4　教学建筑楼梯安全事故案例

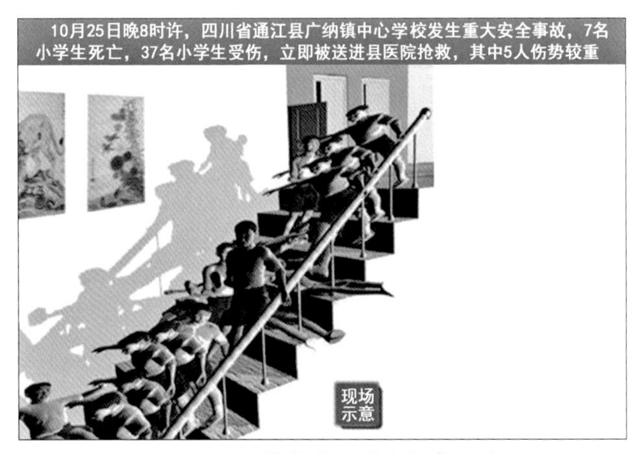

图 3.6-5　教学建筑楼梯安全事故案例

3）楼梯的坡度不得大于 30°。

依据：《中小学校设计规范》GB 50099—2011 第 8.7.3 条。

（3）疏散楼梯

疏散楼梯不得采用螺旋楼梯和扇形踏步。

依据：《中小学校设计规范》GB 50099—2011 第 8.7.4 条。

（4）梯井净宽

楼梯两梯段间楼梯井净宽不得大于 0.11m；大于 0.11m 时，应采取有效的安全防护措施。

依据：《中小学校设计规范》GB 50099—2011 第 8.7.5 条。

（5）楼梯扶手

1）楼梯宽度为 2 股人流时，应至少在一侧设置扶手；

2）楼梯宽度达 3 股人流时，两侧均应设置扶手；

3）楼梯宽度达 4 股人流时，应加设中间扶手，中间扶手两侧的净宽均应满足梯段宽度的规定；

4）中小学校室内楼梯扶手高度不应低于 0.90m，室外楼梯扶手高度不应低于 1.20m，室内外临空水平扶手高度不应低于 1.20m；

5）中小学校的楼梯栏杆不得采用易于攀登的构造和花饰；杆件或花饰的镂空处净距不得大于 0.11m；

6）中小学校的楼梯扶手上应加装防止学生溜滑的设施。

依据：《中小学校设计规范》GB 50099—2011 第 8.7.6 条，《民用建筑设计统一标准》GB 50352—2019 第 6.7.3 条第 2 款。

（6）缓冲空间

除首层及顶层外，教学楼疏散楼梯在中间层的楼层平台与梯段接口处宜设置缓冲空间，缓冲空间的宽度不宜小于梯段宽度。

依据：《中小学校设计规范》GB 50099—2011 第 8.7.7 条。

（7）梯段隔墙

中小学校的楼梯两相邻梯段间不得设置遮挡视线的隔墙。

依据：《中小学校设计规范》GB 50099—2011 第 8.7.8 条。

（8）采光通风

教学用房的楼梯间应有天然采光和自然通风。

依据：《中小学校设计规范》GB 50099—2011 第 8.7.9 条。

4）教室疏散安全措施

（1）疏散门数量

每间教学用房的疏散门均不应少于 2 个。当教室处于袋形走道尽端时，若教室内任一处距教室门不超过 15.00m、建筑面积不大于 75m^2，且门的通行净宽度不小于 1.50m 时，可设 1 个门。

依据：《中小学校设计规范》GB 50099—2011 第 8.8.1 条，《建筑设计防火规范》GB 50016—2014（2018 年版）第 5.5.15 条第 1 款（强制性条文）。

（2）疏散门宽度

疏散门的宽度应通过计算，每樘疏散门的通行净宽度不应小于 0.90m。

依据：《中小学校设计规范》GB 50099—2011 第 8.8.1 条。

（3）教室内疏散走道

普通教室及不同课程的专用教室对教室内桌椅间的疏散走道宽度要求不同，教室内疏散走道的设置应符合各类教室设计的规定。

依据：《中小学校设计规范》GB 50099—2011 第 8.8.2 条。

· 普通教室

① 最后排座椅之后应设横向疏散走道；

② 自最后排课桌后沿至后墙面或固定家具的净距不应小于 1.10m；

③ 纵向走道宽度不应小于 0.6m。

依据：《中小学校设计规范》GB 50099—2011 第 5.2.2 条。

· 科学教室、实验室

① 最后排座椅之后应设横向疏散走道；

② 自最后排课桌后沿至后墙面或固定家具的净距不应小于 1.10m；

③ 演示实验室纵向走道宽度不应小于 0.6m；

④ 边演示边实验的阶梯式实验室的纵向走道应有便于仪器药品车通行的坡道，宽度不应小于 0.7m；

⑤ 演示实验室内最后排座椅之后设横向疏散走道，疏散走道宽度不应小于 0.6m，净高不应小于 2.20m。

依据：《中小学校设计规范》GB 50099—2011 第 5.3.2 条、第 5.3.27 条、第 5.3.29 条。

• 计算机教室

计算机教室纵向走道宽度不应小于 0.7m。

依据：《中小学校设计规范》GB 50099—2011 第 5.5.2 条。

• 书法教室

书法教室纵向走道宽度不应小于 0.7m。

依据：《中小学校设计规范》GB 50099—2011 第 5.7.10 条。

5）窗台、栏杆扶手安全措施

（1）临空窗台

临空窗台的高度不应低于 0.90m。

依据：《中小学校设计规范》GB 50099—2011 第 8.1.5 条（强制性条文）。

（2）防护栏杆

上人屋面、外廊、楼梯、平台、阳台等临空部位必须设防护栏杆，防护栏杆必须牢固、安全。防护栏杆最薄弱处承受的最小水平推力应不小于 1.5kN/m。

依据：《中小学校设计规范》GB 50099—2011 第 8.1.6 条（强制性条文）。

（3）栏杆扶手高度

上人屋面栏杆的高度应从屋面至栏杆扶手顶面垂直高度计算，当上人屋面、外廊、楼梯、平台、阳台等临空部位的栏杆扶手以下有可蹬踏部位时，扶手高度应从可蹬踏部位顶面起计算，高度不应低于 1.20m。

依据：《中小学校设计规范》GB 50099—2011 第 8.1.6 条条文说明，《民用建筑设计统一标准》GB 50352—2019 第 6.7.3 条第 2 款，深建设〔2021〕7 号《深圳市中小学校建设试点项目关键技术指引》第 5.0.3 条。

6）防滑构造 / 密闭地漏

中小学校的楼地面防滑应满足《建筑地面工程防滑技术规程》JGJ/T 331—2014 的有关要求。

以下路面、楼地面应采用防滑构造做法，室内应装设密闭地漏：

（1）疏散通道；

（2）教学用房的走道；

（3）科学教室、化学实验室、热学实验室、生物实验室、美术教室、书法教室、游泳池（馆）等有给水设施的教学用房及教学辅助用房；

（4）卫生室（保健室）、饮水处、卫生间、盥洗室、浴室等有给水设施的房间。

依据：《中小学校设计规范》GB 50099—2011 第 8.1.7 条。

3.7 防火的安全设计

中小学校建筑防火设计除应符合《建筑设计防火规范》GB 50016—2014（2018 年版）、《中小学校设计规范》GB 50099—2011 的相关规定，尚应符合国家现行有关标准的相关规定。

3.7.1 建筑分类

1）按人数

使用人数超过 500 人、较大规模的中小学校按重要公共建筑（包括教学楼、办公楼及宿舍楼）。

2）按层数及高度

仅主要教学用房设在小学四层 / 中学五层及以下、高度不大于 24m 时的教学建筑按多层重要公共建筑。

教学辅助用房、行政办公用房增设在小学四层 / 中学五层以上，高度不大于 24m 时按多层重要公共建筑，高度大于 24m 时直接按一类高层公共建筑。

依据：《汽车加油加气站设计与施工规范》GB 50156—2012（2014 年版）附录 B 第 B.0.1 条第 6 款的定量规定，《建筑设计防火规范》GB 50016—2014（2018 年版）第 2.1.3 条及条文说明的定性规定、第 5.1.1 条表 5.1.1 中 / 一类高层 / 公共建筑 / 第 3 项的重要公共建筑。

3.7.2 耐火等级

多层教学建筑的耐火等级不应低于二级，高层教学建筑的耐火等级不应低于一级。

依据：《建筑设计防火规范》GB 50016—2014（2018 年版）第 5.1.3 条第 1、2 款（强制性条文）。

3.7.3 防火分区

1）地上部分

多层教学建筑每个防火分区建筑面积不应大于 2500m²，高层教学建筑每个防火分区建筑面积不应大于 1500m²。

2）地下或半地下部分

每个防火分区建筑面积不应大于 500m²（设备用房部分防火分区不应大于 1000m²）。

3）自动灭火系统

当设置自动灭火系统时，有自动灭火系统的区域的防火分区面积可以增加 1.0 倍。

依据：《建筑设计防火规范》GB 50016—2014（2018 年版）第 5.3.1 条表 5.3.1。

3.7.4 疏散楼梯

多层教学建筑可以采用敞开楼梯间（有条件时尽量采用封闭楼梯间），高层教学建筑应采用防烟楼梯间。

依据：《建筑设计防火规范》GB 50016—2014（2018 年版）第 5.5.13 条第 6 款的除外规定、第 5.5.12 条的一类规定。

3.7.5 疏散宽度

每层的房间疏散门、疏散走道、疏散楼梯和安全出口的各自总净宽度，应根据每层的班数及班额人数确定出每层的疏散人数后，按与建筑总层数相对应的每层每 100 人的最小净宽度计算确定（表 3.7-1）。

每层的房间疏散门、疏散走道、疏散楼梯和安全出口的最小净宽度 /（m/100 人） 表 3.7-1

建筑总层数	耐火等级		
	一、二级	三级	四级
地上四、五层时	地上每层均按≥ 1.05	≥ 1.30	—
地上三层时	地上每层均按≥ 0.80	≥ 1.05	—
地上一、二层时	地上每层均按≥ 0.70	≥ 0.80	≥ 1.05
地下一、二层时	地下每层均按≥ 0.80	—	—

注：（1）本表取自《中小学校设计规范》GB 50099—2011 中第 8.2.3 条表 8.2.3。

（2）当每层疏散人数不等时，疏散楼梯的总净宽度可分层计算：

地上建筑内下层楼梯的总净宽度应按该层及以上疏散人数最多一层的人数计算；

地下建筑内上层楼梯的总净宽度应按该层及以下疏散人数最多一层的人数计算。

（3）首层出入口疏散外门的总净宽度应按该建筑内疏散人数最多一层的人数计算。

（4）非主要教学用房增设在小学四层、中学五层以上的多层、高层教学建筑时，增设部分应设独立的安全出口和疏散楼梯，增设楼层疏散宽度，每层均按≥ 1.00m/100 人计算，执行《建筑设计防火规范》GB 50016—2014（2018 年版）第 5.5.21 条表 5.5.21-1。

3.7.6 疏散距离

每层直通疏散走道的各房间疏散门至最近安全出口的直线距离。对于多层教学建筑，非首层的安全出口定为敞开楼梯间的梯口或封闭楼梯间的梯门；对于高层教学建筑，非首层的安全出口定为防烟楼梯间的前室或合用前室的前室门（表 3.7-2）。

直通疏散走道的房间疏散门至最近安全出口的直线距离 /m 表 3.7-2

教学建筑		位于两个安全出口之间的疏散门			位于袋形走道两侧 / 尽端的疏散门		
		一、二级	三级	四级	一、二级	三级	四级
单、多层	至最近敞开楼梯间	≤ 30	≤ 25	≤ 20	≤ 20	≤ 18	≤ 8
	至最近封闭楼梯间	≤ 35	≤ 30	≤ 25	≤ 22	≤ 20	≤ 10
高层	至最近防烟楼梯间	≤ 30	—	—	≤ 15	—	—

注：（1）本表取自《建筑设计防火规范》GB 50016—2014（2018 年版）表 5.5.17 中教学建筑 / 单、多层 / 高层及注 2。

（2）当疏散走道采用敞开式外廊时，至最近安全出口的直线距离可按本表增加 5m。

（3）当建筑内全部设置自喷系统时，至最近安全出口的直线距离可按本表增加 25%。

3.8 建筑设备的安全设计

3.8.1 给水排水

中小学校的二次供水系统及自备水源应遵循安全卫生、节能环保的原则，并应符合国家现行标准的有关规定。中小学校的生活用水水质应符合现行国家标准《生活饮用水卫生标准》GB 5749 的有关规定；管道直饮水应符合现行行业标准《管道直饮水系统技术规程》CJJ 110 的有关规定；采用中水时，应符合现行国家标准《建筑中水设计规范》GB 50336 的有关规定。

依据:《中小学校设计规范》GB 50099—2011 第 10.2.3 条、第 10.2.6 条、第 10.2.10 条、第 10.2.12 条。

1）急救冲洗

每一间化学实验室内应至少设置一个急救冲洗水嘴。当化学实验室给水水嘴的工作压力大于 0.02MPa，急救冲洗水嘴的工作压力大于 0.01MPa 时，应采取减压措施。

依据:《中小学校设计规范》GB 50099—2011 第 5.3.8 条、第 10.2.5 条。

2）用水器具配件和消火栓

中小学校的用水器具和配件应采用节水性能良好、坚固耐用，且便于管理维修的产品。室内消火栓箱不宜采用普通玻璃门。

依据:《中小学校设计规范》GB 50099—2011 第 10.2.7 条。

3）中水

中水主要用于绿化、冲厕及浇洒道路等，不得饮用。为确保中水的安全使用，防止学生误饮、误用，设计时应采取相应的安全措施。

依据:《中小学校设计规范》GB 50099—2011 第 10.2.12 条的条文说明。

4）废水

化学实验室的废水应经过处理后再排入污水管道。食堂等房间排出的含油污水应经除油处理后再排入污水管道。

依据:《中小学校设计规范》GB 50099—2011 第 10.2.13 条。

3.8.2 建筑电气

1）供电设施和线路

中小学校应设置安全的供电设施和线路。

依据:《中小学校设计规范》GB 50099—2011 第 10.3.1 条。

2）电源切断装置

各幢建筑的电源引入处应设置电源总切断装置和可靠的接地装置，各楼层应分别设置电源切断装置。

依据:《中小学校设计规范》GB 50099—2011 第 10.3.2 条第 3 款。

3）应急照明和标志

疏散走道及楼梯应设置应急照明灯具及灯光疏散指示标志。

依据:《中小学校设计规范》GB 50099—2011 第 10.3.3 条第 1 款。

4）教室灯具

教室应采用高效率灯具，不得采用裸灯。灯具悬挂高度距桌面的距离不应低于 1.70m。灯管应采用长轴垂直于黑板的方向布置。

依据:《中小学校设计规范》GB 50099—2011 第 10.3.3 条第 3 款。

5）保护措施

（1）各实验室内，教学用电应设置专用线路，并应有可靠的接地措施。电源侧应设置短路保护、过载保护措施的配电装置。

依据:《中小学校设计规范》GB 50099—2011 第 10.3.6 条第 3 款。

（2）电学实验室的实验桌及计算机教室的微机

操作台应设置电源插座。综合实验室的电源插座宜设在靠墙的固定实验桌上。总用电控制开关均应设置在教师演示桌内。

依据:《中小学校设计规范》第 5.3.15 条、第 10.3.6 条第 6 款。

3.8.3 通风排风

1）通风设计

（1）中小学校的通风设计应采取有效的通风措施，保证教学、行政办公用房及服务用房的室内空气中 CO_2 的浓度不超过 0.15%；

依据:《中小学校设计规范》GB 50099—2011 第 10.1.8 条。

（2）在夏热冬暖、夏热冬冷等气候区中的中小学校，当教学用房、学生宿舍不设空调且在夏季通过开窗通风不能达到基本热舒适度时，应设置电风扇。教室应采用吊式电风扇，各类小学中，风扇叶片距地面高度不应低于 2.80m；各类中学中，风扇叶片距地面高度不应低于 3.00m。学生宿舍的电风扇应有防护网。

依据:《中小学校设计规范》GB 50099—2011 第 10.1.11 条。

2）排风设计

（1）化学实验室的外墙至少应设置 2 个机械排风扇，排风扇下沿应在距楼地面以上 0.10～0.15m 高度处。在排风扇的室内一侧应设置保护罩，采暖地区应为保温的保护罩。在排风扇的室外一侧应设置挡风罩。实验桌应有通风排气装置，排风口宜设在桌面以上。药品室的药品柜内应设通风装置。

依据:《中小学校设计规范》GB 50099—2011 第 5.3.9 条、第 10.1.10 条。

（2）强制排风系统的室外排风口宜高于建筑主体，其最低点应高于人员逗留地面 2.50m 以上。

依据:《中小学校设计规范》GB 50099—2011 第 10.1.10 条第 4 款。

3.8.4 建筑智能化

学校建筑智能化设计应符合现行国家标准《智能建筑设计标准》GB/T 50314 的有关规定。智能化系统的机房不应设在卫生间、浴室或其他经常可能积水场所的正下方，且不宜与上述场所相贴邻。

依据:《中小学校设计规范》GB 50099—2011 第 10.4.2 条。

4 城市中小学校总体设计

深圳市清华苑建筑与规划设计研究有限公司 陈康华 郭恒达 卢伟杰

4.1 城市中小学校总体设计概述

4.1.1 总体设计概述

"总体设计，即对全局问题的设计，是设计系统总的处理方案。"[1]

建筑学意义上，"总体设计是在基地上安排建筑、塑造建筑之间空间的艺术，是一门联系着建筑、工程、景园建筑和城市规划的艺术。"[2] 没特别说明，这里所说的"总体设计"均为建筑学意义上的"总体设计"。总体设计可以说是一门空间设计艺术，它包括建筑与建筑、建筑与基地、建筑与城市等空间关系的设计。总体设计的优劣关系到建设项目最终的使用效果，涉及建筑使用、城市意象、经济效益、社会效益和环境效益等许多方面。

城市中小学校建设是在一个地块或数个地块上建设建筑物并最终投入使用，这些项目用地的地块统称为基地，城市中小学校总体设计就是在基地上布置学校建筑物，并组织设计各个建筑物之间、建筑物和基地以及基地周边环境的关系，最终实现学校建设项目设计目的，学校建成后达到预期效果并营造出既定的校园氛围。

4.1.2 总体设计流程

城市中小学校总体设计从项目立项开始贯穿学校建设项目设计完成全过程，包括从项目设计前期至项目施工图设计全部完成，再到项目施工，最后到学校交付使用及协助后期管理。具体流程涉及设计前期策划与咨询、方案设计、初步设计和施工图设计等各个阶段（图 4.1-1）。

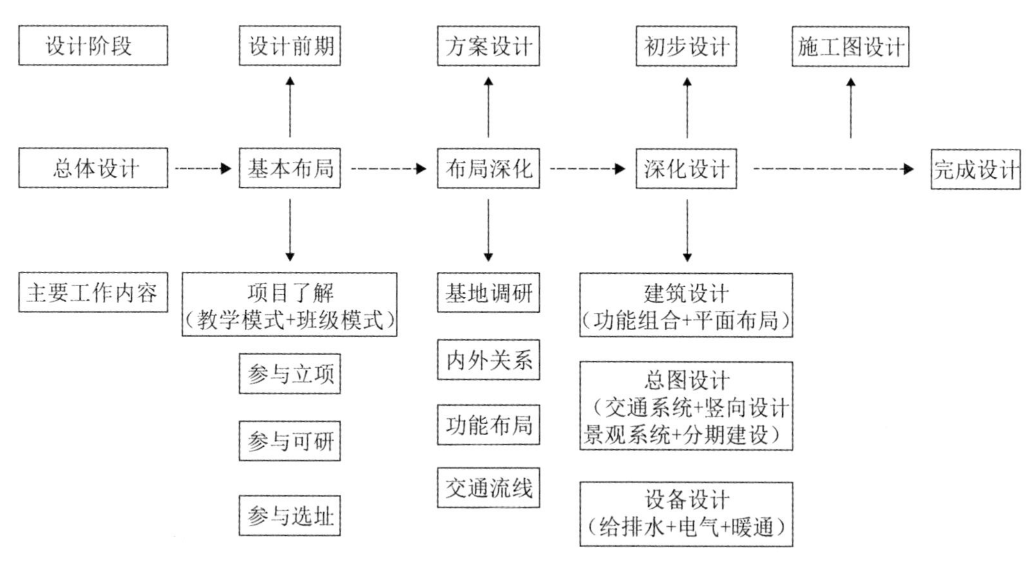

图 4.1-1 总体设计流程

4.2 设计前期介入

设计前期是指建筑师在新建中小学校或改扩建学校的前期立项阶段（项目建议书编写）和可行性研究（可行性研究报告编写）阶段的参与。设计前期与最终的设计有着紧密的联系，在项目萌芽状态下的设计前期便参与其中对整个项目的设计全过程很有必要。建筑师应在项目的设计前期阶段参与其中，通过更多的前期介入获得对项目更多的了解，为后期更成功的设计提供更准确高效的设计服务，虽然目前实际上往往很难做到这一点，但建筑师应该努力朝着这个方向去发展。

4.2.1 项目了解

项目的了解包括对学校建设方和使用方关于设计目标和对办学规模的了解（设计任务书）、对学校未来的使用者和维护者也就是教师和学生们的了解，包括了解项目设计任务书内容、了解师生们现在和未来对学校的使用要求和使用愿景。

1）设计目标

学校的设计目标是学校总体设计的基础依据，一般可通过学校建设方的“设计任务书”获得初步了解。学校总体设计的开始就意味着一系列课题的提出：为哪些师生营造校园？办学的目的和意向如何？谁来决定建筑和布局的形式？有什么物力和财力可供使用？期待什么类型的解决方法？计划建造在什么地方？等等。这些都是接触项目和了解设计目标时需要考虑的课题。在以后项目进行的过程中，通过多方的不断沟通可以获得更深层次的项目解析。前期分析拟建学校的近期使用功能和远期潜在功能、工程的主要设计目标和学校建设的未来愿景是中小学校总体设计的基石。

2）学校规模

学校规模可结合学校的教学模式及城市片区生源的发展，适当考虑未来数年后的教学模式转变的可能性和学校规模的弹性。根据《中小学校设计规范》GB 50099—2011 规定，拟建学校的班级规模和上层次规划的用地规模，各类中小学校建设应确定班额人数，并应符合下列规定：

（1）完全小学，属义务教育，共有 6 个年级，每班 45 人。（2）非完全小学，属义务教育，设 1 年级至 4 年级，每班 30 人。（3）初级中学共有 3 个年级，属义务教育，每班 50 人。（4）高级中学共有 3 个年级，每班 50 人。（5）完全中学共有 6 个年级，其中，1 年级至 3 年级的初级中学属义务教育，每班 50 人。4 年级至 6 年级属高级中学，每班 50 人。（6）九年制学校共有 9 个年级，其中 1 年级至 6 年级应与完全小学相同，7 年级至 9 年级应与初级中学相同。（7）分析教学模式，包括未来数年后的教学模式转变的可能性。

3）使用者——教师和学生

为哪些师生营造什么样的校园？作为未来使用者和维护者的师生们如何在未来的新学校的建设和后期开发使用的过程中发挥作用？深入了解学校未来的使用者对总体设计是非常必要的。他们的年龄段如何？他们来自哪里，生活和学习特点怎样？阅读习惯如何？知识的获得方式如何？和地方风俗的关联性怎样？学生的家庭结构如何？上学出行情况如何？他们对学校近期的使用要求和远期的使用愿景如何？

对于一般的建设项目，未来使用者往往是分散的，不明的；但对学校来说，未来使用者是更有确定性的，由于学生一般就近上学，城市中小学校特别是小学的学生们是相对确定的。城市以及城市片区的特点和风俗习惯是相对确定的，这是城市中小学校总体设计中更容易理解的一面。

4.2.2 参与学校前期选址

建筑师根据对拟建学校项目的前期了解，参与学校的前期选址工作，并在选址阶段提出建筑师的专业意见。下面是根据《中小学校设计规范》GB 50099—2011 节选出的一些与中小学校选址有关的规范要点。

（1）中小学校建设应为学生身心健康发育和学习创造良好环境。（2）多个学校校址集中或组成学区时，各校宜合建可共用的建筑和场地。分设多个校址的学校可依教学及其他条件的需要，分散设置或在适中的校园内集中建设可共用的建筑和场地。（3）在改建、扩建项目中宜充分利用原有的场地、设施及建筑。（4）中小学校设计应与当地气候、地理环境、社会、经济、技术的发展水平、民族习俗及传统相适应。（5）中小学校应建设在阳光充足、空气流动、场地干燥、排水通畅、地势较高的宜建地段。校内应有布置运动场地和提供设置基础市政设施的条件。（6）中小学校严禁建设在地震、地质塌裂、暗河、洪涝等自然灾害及认为风险高的地段和污染超标的地段。校园及校内建筑与污染源的距离应符合对各类污染源实施控制的国家现行有关标准的规定。（7）中小学校建设应远离殡仪馆、医院的太平间、传染医院等建筑。与易燃易爆场所间的距离应符合现行国家标准《建筑设计防火规范》GB 50016 的有关规定。（8）城镇完全小学的服务半径宜为 500m，城镇初级中学的服务半径宜为 1000m。（9）学校周边应有良好的交通条件，有条件时宜设置临时停车场地。学校的规划布局应与生源分布及周边交通相协调。与学校毗邻的城市主干道设置适当的安全设施，以保障学生安全跨越。（10）学校教学区的声环境质量应符合现行国家标准的有关规定。学校主要教学用房设置窗户的外墙与铁路路轨的距离不应小于 300m。与高速路、地上轨道交通线或城市主干道的距离不应小于 80m。当距离不足时，应采取有效的隔声措施。（11）学校周围外 25m 范围内已有邻里建筑处的噪声级不应超过现行国家标准的有关规定的限值。（12）高压电线、长输天然气管道、输油管道严禁穿越或跨越学校校园；当在学校周边敷设时，安全防护距离及防护措施应符合相关规定。

4.2.3 参与学校前期立项和可研

根据对拟建学校的前期了解，结合选址的可能性，提出拟建学校的基本布局，绘制概念总平面布置图，主要内容包括：

（1）班级规划，建筑平面的基本布局，建筑竖向关系的初期规划和考虑。

（2）出入口设置，初期道路规划。

（3）运动场地基本布局。

（4）绿化景观初期规划。

根据对拟建学校的前期了解和绘制的概念总平面图及建筑单体的基本布局图，参与拟建学校前期立项阶段的项目建议书编制和可行性研究报告的编制，为上述两个阶段性文件的编制提出建筑师的专业意见，以便拟建学校的项目工程在未来的设计和实施中更好和更高效地落实完成。

4.3 城市中小学校功能组成

4.3.1 传统型中小学校教学模式

传统型中小学采用的是“编班授课制”的教育模式，这种模式是现代工业教育采取的最典型的教学组织方式，以统一的矩形教室为基本单位，按不同年龄和知识程度编班（小学、初中和高中），按一定的教学大纲来规定授课内容，在固定的时间内进行封闭式教学。这种教学方式使得大规模的、统一的人才培养成为可能，使劳动者在具备一定知识和技能水平之后，能够快速投入社会工作中。这种教育模式具有极大的人为性和明确的目的性，对个体的发展方向作出社会性规范，一切的活动和环境都是经过精心组织和特殊加工的，具有较强的计划性和系统性，能统一有效地提升教学质量和教学效率。传统编班授课制的教育模式建立在现代大工业生产基础上，它始于文艺复兴时期，在 18、19 世纪得到发展，20 世纪后成型，是大工业社会的产物。它的核心目的是在急速发展的工业化社会中培养工业社会所需的大量工业化人才，同时也极大地扩大了受教育的人群，充分体现出现代工业化教育所特有的性质。其采用高度集中、高度统一的方法来提高教学效率，降低教学费用。也正是因为如此，至今仍被广泛采用，并且在许多国家继续彰显出它的生命力。[3]

4.3.2 传统型中小学校功能关系与建筑布局特点

1）传统中小学校功能关系

传统中小学校主要功能分区有主入口区、教学区、行政办公区、体育运动区和生活服务区等，它们的分区关系如图 4.3-1：

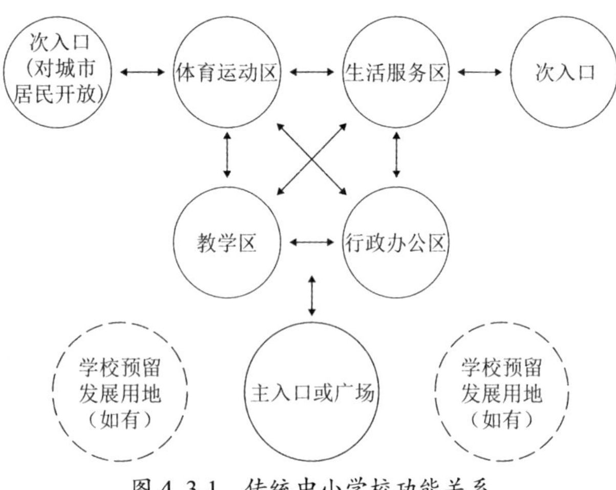

图 4.3-1 传统中小学校功能关系

2）传统中小学校建筑布局特点

以相同规格大小的矩形教室空间的按层堆叠布置，按各个区域的流线顺序和关系，用交通廊道通过水平或垂直的方式联系各个功能分区，这是传统中小学校“编班授课”式典型的建筑空间形式。随着现代建筑设计思潮的兴起，一大批现代建筑师开始加入思考和探索学校建筑的发展方向，并参与实践。“现代建筑”式的学校具有现代建筑的鲜明特点，设计以功能为主导，功能划分明确简要，建筑空间体量宜人，强调室内外环境的联系，摒弃繁琐的装饰，采用朴实的地方材料，为室内设计出简洁明快的家具。这已经是现在“编班授课制”中小学校建筑设计的原型甚至典范。(3)

现在大多数的传统中小学校会采用“行列式”布局，根据功能分区将学校设计成若干个相对独立的条状建筑，呈行列状布置，用交通廊道联系起来，并在各个条状建筑之间形成开敞式或半开敞式庭院。各个分区建筑相对独立又有联系，也便于分期建设，资金投入可以合理使用。这种“行列式”中小学建筑布局形式是由传统的“编班授课”制学校的规划布置发展而来，并沿用至今。现在的城市传统中小学校在规划设计时，有时会考虑向城市居民开放体育运动区等区域，有时需要考虑分期建设的可能性，有条件的学校根据需要也会考虑预留部分学校发展用地（图 4.3-2）。

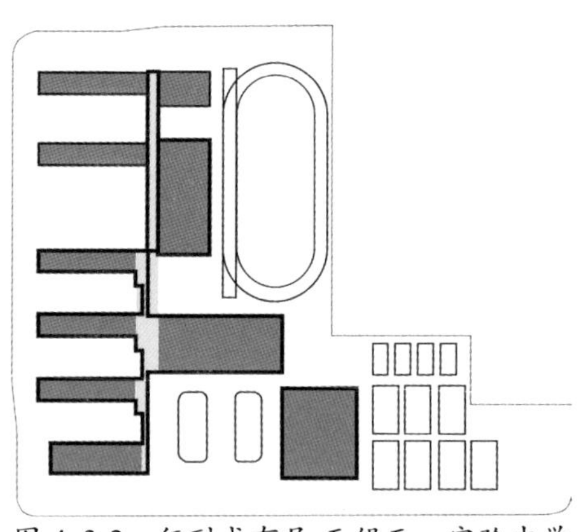

图 4.3-2 行列式布局 无锡天一实验中学

这种“行列式”布局形式比早期的中小学建筑布局具有更优化的采光和通风，特别是优化了空气的对流，大大改善了通风效果。但缺点是学校占地较大，校园空间较为单调，随着城市化和人口密集度的提高，信息化人工智能化时代的来临，现代因材施教的开放式教育理念的提出和不断深化，传统“编班授课”式的中小学校布置形式越来越受到挑战，新的中小学校总体设计越来越多地走进城市、走进我们的视野、走入孩子们的成长历程。

4.3.3 开放式中小学校教学模式

1）传统编班授课制教育建筑的局限性

工业社会对物质财富的过分占有引发了现代教育的逐利性，教育不是“使人之为人”的教育，而是“使人之为物”的教育。学生在一个单调的空间里，不分认知水平高低，统一接受知识灌输，而且无权思考和质疑这些知识的适用度和认同度。建筑师在设计学校时，机械地按学校所定规模进行班级矩形空间排列，再按标准加上一定数量的附属教学空间，一所学校便诞生了。如此的课堂组织与相应的建筑空间设计严重阻碍了人才个性的发展。传统“编班授课制”教育建筑的局限性，正如教育哲学家奈勒说的那样：“我们的儿童像羊群一样被赶进工厂，在那里无视他们独特的个性，而把他们按照同一个模样加工和塑造。我们的教师们被迫，或自认为是被迫去按照别人给他们规定好的路线去教学。这种教育制度既使学生异化，也使教师异化了。”[3]

2）开放式中小学校教学模式

20 世纪 80 年代以来，世界各国开始新一轮大规模的中小学教育改革，大大提高了教育水平，提出了终生教育的理念。终生教育的理念建立在民主化和普及化的教育基础上，谋求正规教育与非正规教育、学校教育与社会教育多元并存发展，在个人的全生命时间轴内组织并提供一个终身学习的完整体系，提高人的素质和生活质量，促进社会的发展。[4]

1993 年，《中国教育改革和发展纲要》确立了终身教育的发展目标。1995 年 3 月通过的《中华人民共和国教育法》规定，国家要推进教育改革，促进各级各类教育协调发展，逐步建立和完善终身教育体系，为公民接受终身教育创造条件，用法律形式确立了终身教育在我国教育事业中的地位和作用。1999 年 1 月由国务院批准的《面向 21 世纪教育振兴行动计划》再次强调，终身教育、终身学习是教育发展和社会进步的共同要求，要逐步建立和完善终身教育体系。现当代教育提倡素质教育、因材施教，重视学生的个性发展，这种以人为本的教育更多的关注个人的需要、尊重人的个性，教育的目的就是培养完善的人，使每个人潜在的才能得到充分的发展。

4.3.4 开放式中小学校功能关系与建筑布局特点

1）多样化、时效化和整体性的功能关系

终身教育和素质教育的提出让当代中小学校的设计更注重人的个性，以人为本，更关注知识、学生和社会三者的关系。当代中小学校的功能关系和建筑空间布局应该以这三者的关系为设计的主要要素，强调教学空间的多样化，为不同年龄段、不同个性特点和不同知识需求的个体提供多层次的学习空间，为个体学生不同时段提供丰富的学习交往和体育活动的空间。由目的性教学空间、多目的性教学空间和生活辅助空间共同构成教学区；艺术中心、实验区、工作区、体育活动中心和礼堂构成公共专业教学区；图书馆、资料库、多媒体中心构成资源中心。再由以上三类教学空间和资源中心共同构成学校教学空间的整体。开放型中小学校更多的体现出“以人为本”的多样性、时效性和整体性的教学功能关系。

2）开放式中小学校建筑布局特点

以资源中心建筑（图书馆、多媒体中心、资料库等）为引导区，沿中心发散式布置各类教学区，如普通教学区、音乐舞蹈艺术区、科学实验教学区、工作手工作坊区等，或横向或分散配置各类体育活动区、学校办公区等（图 4.3-3）。

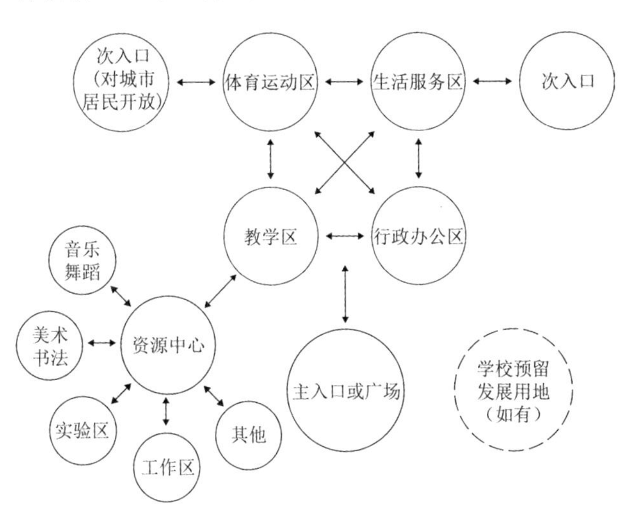

图 4.3-3 开放式中小学校功能关系

这种开放而且灵活的功能性布局的主要特点为：资源中心是教学空间的中心，按照不同的学区布置方式将教学空间分为不同的区域，开放空间分布于其中。这种布局方式便于建立学区间的相互联系，创造良好的学习氛围，在国外已经进行了多年实践，效果较好，但在我国尚未进行相关实践。不少人认为，引进这种布局方式，将改变原来的普通教室、专业教室加公共用房的僵化形式，通过不断实践探索使之适应我国国情，将有利于素质教育的尝试。[3]

以资源中心建筑为引导区的教学建筑空间布局方式有居中分布式、端部分布式、枝状分布式、庭院分布式等（表 4.3-1）。

以资源中心建筑为引导区的教学建筑空间布局方式　　表 4.3-1

布局方式	居中分布式	端部分式布局	枝状分布式布局	庭院分布式
线性结构布局				
簇式结构布局				

4.4 中小学校总体布局的演变与案例特征（表 4.4-1）

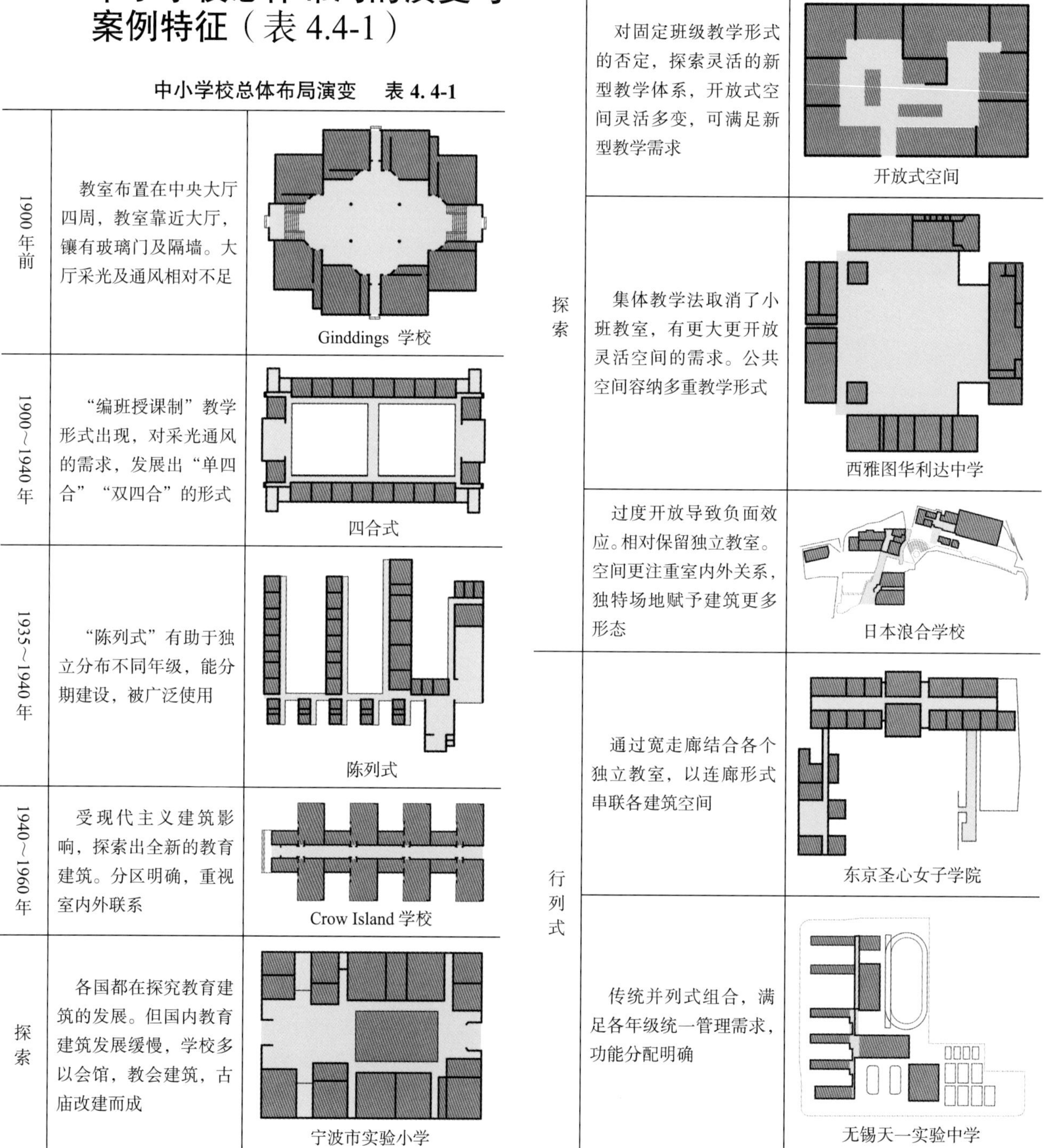

中小学校总体布局演变　表 4.4-1

1900年前	教室布置在中央大厅四周，教室靠近大厅，镶有玻璃门及隔墙。大厅采光及通风相对不足	Ginddings 学校
1900～1940年	“编班授课制”教学形式出现，对采光通风的需求，发展出“单四合”“双四合”的形式	四合式
1935～1940年	“陈列式”有助于独立分布不同年级，能分期建设，被广泛使用	陈列式
1940～1960年	受现代主义建筑影响，探索出全新的教育建筑。分区明确，重视室内外联系	Crow Island 学校
探索	各国都在探究教育建筑的发展。但国内教育建筑发展缓慢，学校多以会馆，教会建筑，古庙改建而成	宁波市实验小学
探索	对固定班级教学形式的否定，探索灵活的新型教学体系，开放式空间灵活多变，可满足新型教学需求	开放式空间
探索	集体教学法取消了小班教室，有更大更开放灵活空间的需求。公共空间容纳多重教学形式	西雅图华利达中学
探索	过度开放导致负面效应。相对保留独立教室。空间更注重室内外关系，独特场地赋予建筑更多形态	日本浪合学校
行列式	通过宽走廊结合各个独立教室，以连廊形式串联各建筑空间	东京圣心女子学院
行列式	传统并列式组合，满足各年级统一管理需求，功能分配明确	无锡天一实验中学

行列式	行列式的基础上结合室内外空间关系，围合成庭院，错落有致，形态丰富的场所体验	北京四中房山学校
整体式	普通教室与功能教室明确区分开，充分利用功能教室限制少的优势，组合成综合体，解决用地紧张问题	苏州科技城实验学校
	在用地紧张的情况下，利用中庭满足各教学空间的通风采光需求	海口寰岛实验学校
	合理利用中庭分配空间，创造最优解决方式	上海高安第一小学
	结合新的教学理念合理分配，利用中庭产生更多活动空间	深圳红岭实验学校

整体式	教学空间包围生活及附属空间，结合地域性特征，营造独特的空间场所	复旦大学附中青浦学校
条状式	条状式体量能满足狭长型用地对功能空间的需求	西班牙海梅一世中学
	建筑围绕已有植物，遵循场地自然形态，塑造灵活的空间关系	格拉斯哥 - 海兹伍德学校
	简练的形式满足空间需求，结合起伏的地形，建筑与自然相互呼应	丹麦威赫尔姆斯洛学校
	跑道与建筑交错结合，划分不同功能空间，使动静空间互不干扰	英国伊芙琳格蕾丝中学

发散式	公共空间作为枢纽，明确建筑主体空间，并能辐射各功能场所	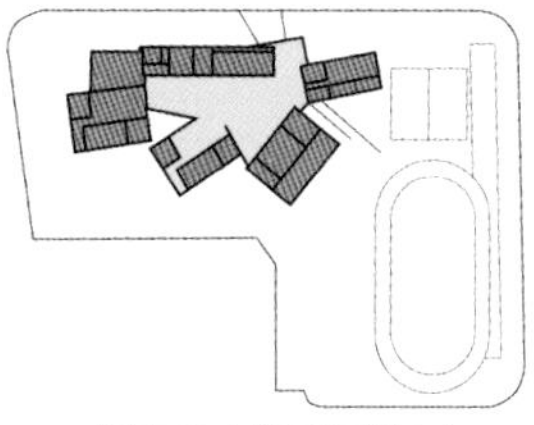 黄城根小学昌平校区
	设计鼓励学生更多地开展户外运动，使每个延伸空间都能与室外景观连接	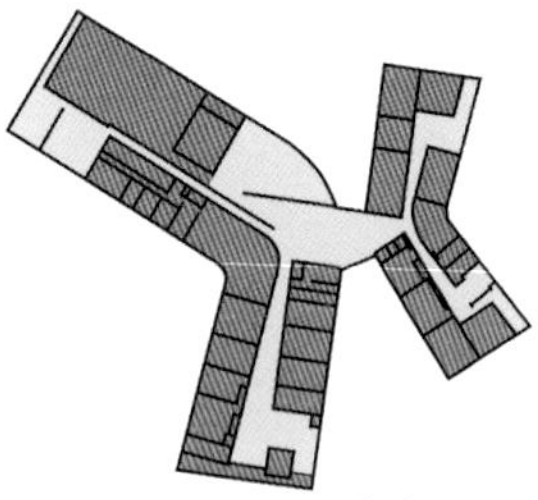 KIRKKOJARVI 综合学校
	教室对外能面向森林景观，对内能连接开放的共享学习区域，通过主轴串联各个空间	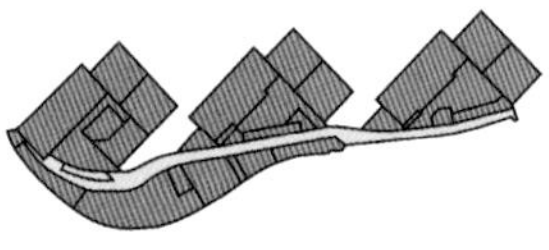 斯洛霍米什 - 马克雅思小学
	公共空间满足集会需求，发散空间满足教学需求，产生卓尔不群的立面	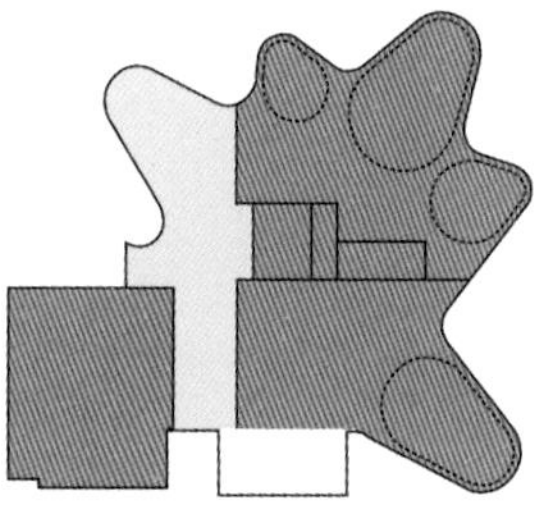 菲茨罗伊中学
综合式	建筑嵌入室外景观，使空间有机结合	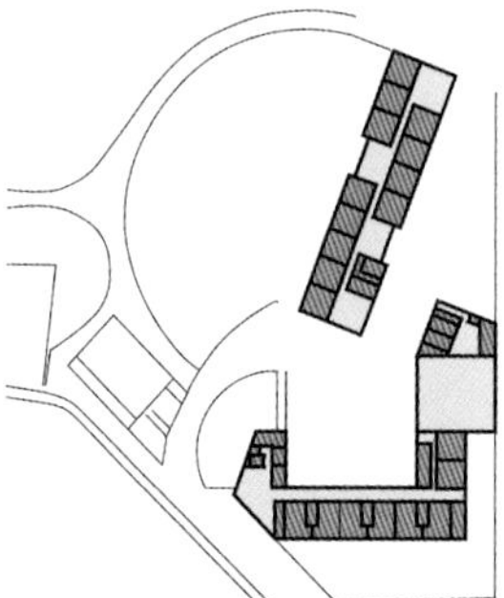 比利时公园学校

综合式	建筑空间集教育、公共文化、社区福利于一体，与周边社区充分联系	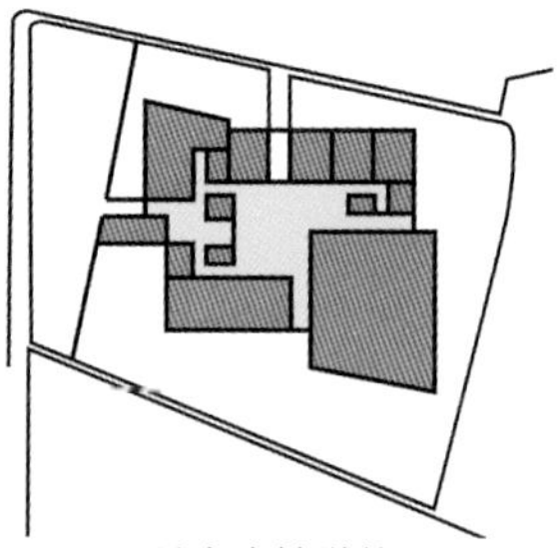 丹麦小镇学校
	利用中庭串联各层功能空间，并与室外环境有不同层次组合	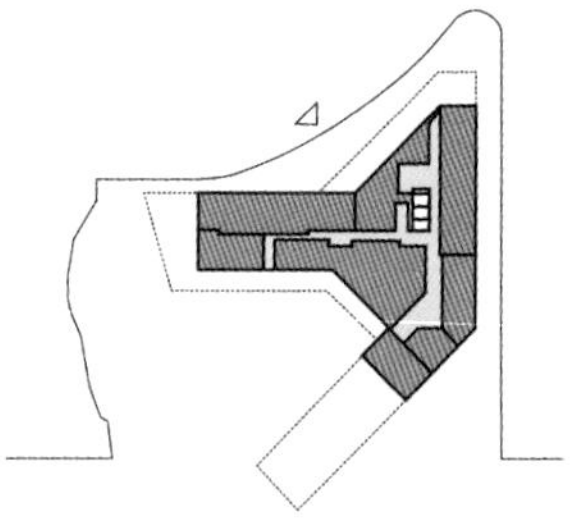 丹麦南港学校
	学校与公共体育场融为一体，结合生态理念与功能串联起来	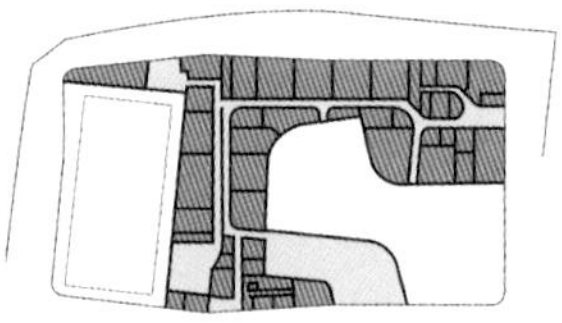 法国布洛涅 - 比扬谷小学
散点式	结合原有建筑及社区形态拓展校区。建筑相互呼应，与整个校区有机联系	 北大附中朝阳未来学校
	通过小体量的院落组合塑造体量亲切、尺度宜人的校园	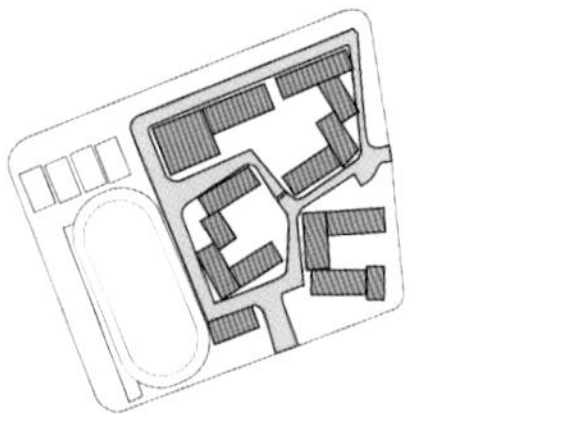 杭州未来科技城海曙学校

4.5 城市中小学校总体设计

4.5.1 基地

1）基地的唯一性与发展性

“每个基地，不论是天然的还是人工的，从某种程度上说都是独一无二的，是事物和活动连接而成的网络。这个网络施加限制，也提供可能性。任何总体设计，无论多么带有根本性，总要同先前存在的场所保持某种连续性。”[2]

可能班级规模甚至用地规模差不多的中小学校的内部功能建筑数量需求差不多，但是，每个基地都有其独一性，这可以理解为基地的唯一性。总体设计要考虑到基地所在场所的人文地理，也即基地的地域性和文化性，努力做到保持这些相关性的连续，这可以理解为基地场所“气场”和“基因”的延续，是建筑师在考虑基地的总体设计时的首要要素。

基地作为环境的一部分，始终处于其所在的环境中，受到环境制约的同时也在影响环境。在一段时期内，所处的环境可以理解为相对稳定，随着环境的变化，基地及其上面的建筑又是往前发展和延续的，这可以理解为基地的发展性或延续性。

2）基地踏勘与调研

踏勘基地和基地调研是建筑师开始学校总体设计的第一步，通过对基地的调研掌握基地的基本特征，熟悉地方风貌。资料的收集包括上面提及的基地所属地域的人文地理、风俗习惯、气候及水文条件和植物生态等特征，也包括当地居民的学习习惯、阅读习惯和运动与生活作息习惯等。

在未对项目及基地有足够了解之前便仓促开始总体设计，这往往是一种错误的安排，它让设计成为一种孤立的事情，甚至会让设计与所处的环境呈现一种割裂的状态。对于新建学校的基地的踏勘调研，必须确定基地内是否有需要保留的构筑物、建筑及树木绿化等。对于改扩建的学校，必须确实了解基地内改扩建的范围、需保留的建筑和绿化范围，同时了解改扩建后新旧建筑和已有的各个校园空间之间的关系。

西乡中学初中部改扩建工程完成于2018年，建设项目拟拆除初中部的旧有图书馆及行政综合楼，新建一栋6层教学综合楼。校园入口处的两棵百年古榕树是自然和校园历史的沉淀和标志，也在改扩建范围内。设计时充分保留两棵古榕树，结合入口小广场，重新设计以古榕树为中心的景观活动场地，调整树池花池，增加座椅，师生们可更方便地与榕树互动（图4.5-1，图4.5-2）。

图4.5-1　西乡中学初中部榕树广场改建前

图4.5-2　西乡中学初中部榕树广场改建后

3）基地周边

踏勘基地周边对总体设计的初步构想非常重要。城市中小学和村镇中小学相比，周边道路和建筑环境一般更加复杂，往往毗邻居住区、商业区或工业厂区，路网交通频繁甚至高楼林立。基地周边调研的内容包括：基地周边道路交通以及市政管网，周边建筑物现状和未来的上层次规划情况。这些都是开始总体设计所必需的基础资料。基地周边及其上层次规划条件决定了学校和周围城市建筑及环境的关系：包括学校的出入口、出入口广场、围墙的设置以及围墙的形式、校园与城市的界面特征的未来场景考量等。同时，基地周边条件也决定了拟建学校内外建筑物的日照关系，对学校未来的总体布局设计影响很大。

建筑师通过上述的资料收集、了解和分析，对拟建学校基地整理出基本特征、有利条件、不利因素，对这些信息作出最恰当的回应，并以图表和概要说明的形式表达出来。这些通过对基地踏勘和调研所形成的论述概要和图表，可以作为前期设计相关资料，和建设方以及政府相关部门进行初步沟通，得到的反馈意见可以和之前的基地图表概要一起作为下一步总体方案设计时的重要依据。随着项目的进行，基地图表概要的内容也会不断更新，同样可以作为更下一阶段的设计依据。

4）场地与总图设计的规范知识

中小学校的场地设计包括学校的主次出入口设置、各个功能区建筑物与场地关系、运动场及运动区活动场地设置、场地的竖向设计、场地的绿化以及绿化与各区之间的关系、场地内外管网综合等。下面是《中小学校设计规范》GB 50099—2011 中关于场地以及总图设计的一些相关设计规范和设计准则：

（1）中小学校用地应包括建筑用地、体育用地、绿化用地、道路及广场、停车场用地。有条件时宜预留发展用地。

（2）中小学校的规划设计应合理布局，合理确定容积率，合理利用地下空间，节约用地。

（3）中小学校的规划设计应提高土地利用率，宜以学校可比容积率判断并提高土地利用效率。

（4）中小学校建筑用地应包括以下内容：教学及教学辅助用房、行政办公和生活服务用房等全部建筑的用地；有住宿生学校的建筑用地应包括宿舍的用地，建筑用地应计算至台阶、坡道及散水外缘；自行车库及机动车停车库用地；设备与设施用房的用地等。

（5）中小学校的体育用地应包括体操项目及武术项目用地、田径项目用地、球类用地和场地间的专用甬道等。设 400m 环形跑道时，宜设 8 条直跑道。

（6）中小学校的绿化用地宜包括集中绿地、零星绿池、水面和供教学实践的种植园及小动物饲养园。中小学校应设置集中绿地。绿地的日照及种植环境宜结合教学、植物多样化等要求综合布置。

（7）中小学校校园内的道路及广场、停车场用地应包括消防车道、机动车道、步行道、无顶盖且无植被或植被不达标的广场及地上停车场。用地面积计量范围应界定至路面或广场、停车场的外缘。校门外的缓冲场地在学校用地红线以内的面积应计量为学校的道路及广场、停车场用地。

（8）中小学校的总平面设计应包括总平面布置、竖向设计及管网综合设计。总平面布置应包括建筑布置、体育场地布置、绿地布置、道路及广场、停车场布置等。

（9）各类小学的主要教学用房不应设在四层以上，各类中学的主要教学用房不应设在五层以上。

（10）普通教室冬至日满窗日照不应少于 2h。

（11）中小学校至少应有 1 间科学教室或生物实验室的室内能在冬季获得直射阳光。

（12）中小学校的总平面图设计应根据学校所在地的冬夏主导风向合理布置建筑物及构筑物，有效组织校园气流，实现低能耗通风换气。

（13）中小学校体育用地的设置应符合下列规定：各类运动场地应平整，在其周边的同一高程上应有相应的安全防护空间。室外田径场及足球、篮球、排球等各种球类场地的长轴宜南北向布置。长轴南偏东宜小于 30°，南偏西宜小于 10°。相邻布置的各体育场地间应预留布设安全分隔设施的条件。中小学校设置的室外田径场、足球场应进行排水设计。室外体育场地应排水通畅。中小学校体育场地应采用满足主要运动项目对地面要求的材料及构造做法。气候适宜地区的中小学校宜在体育场地周边的适当位置设置洗手池、洗脚池等附属设施。

（14）各类教师的外窗与相对的教学用房或室外运动场地边缘间的距离不应小于 25m。

（15）中小学校的广场、操场等室外场地应设置供水、供电、广播、通信等设施的接口。

（16）中小学校应在校园的显要位置设置国旗升旗场地。

4.5.2 设计纲要

"设计纲要代表着改善基地的意图和规范方面的一系列协议。它要探讨：基地内包含哪些规划使用性质？环境质量如何？每种使用程度如何？由谁来使用？布局如何？谁来建造和维护？投资多少？进度如何？其中某些答案将由基地潜在可能性而引出；其余的则需由设计者、业主、使用者、出资者、政府官员以及参加此一项目的其他有关人员的动机中推演出来。"(2)

有了对拟建学校基地的了解，下一步便可编拟设计纲要。设计纲要是一种设计重点概要和设计预测，有条件的情况下要让学校未来使用者和维护者参与设计纲要的编拟。中小学设计纲要包括但不局限于以下内容：学校未来的使用目标；学校的设计任务书主要内容；学校建成后的愿景；拟建基地的情况；学校设计的初步构想；为所处的环境提供所要求的特征和设备；学校项目设计的难点和优势；投资概要；学校建成前后的环境状况；项目的进度和计划，等等。

设计纲要表现了环境、经营管理和行为作为相互联系的整体的存在，也描述了这个整体如何组织而成，包括时间和财务安排。设计纲要是总体设计的第一行动，它以业主和建筑师之间对话和沟通的形式形成。

4.5.3 总体布局——以海城小学为例

1）总体布局概述

总体布局设计是一种从二维图形预判三维空间层次关系的过程，建筑师可通过电脑三维建模和实物三维建筑模型来帮助了解和理解各种空间关系，辅助建筑师对总体布局的预判，从而确定总体布局方案。总体布局的辅助建筑模型可以根据不同总体设计阶段的需要制作不同比例和不同细节要求的建筑草模或模型，以便于更方便和更直观地推敲各个不同总体设计阶段对建筑体量细节把控的需求。

针对总体设计不同设计阶段，建筑师需求的工作模型可能也不尽相同。前期设计需要更快更容易把握整体体量感的体块型工作模型，这时可以选择能快速切割和方便推敲体量的泡沫板做工作模型，这个阶段模型的比例不宜太大（图 4.5-3）。

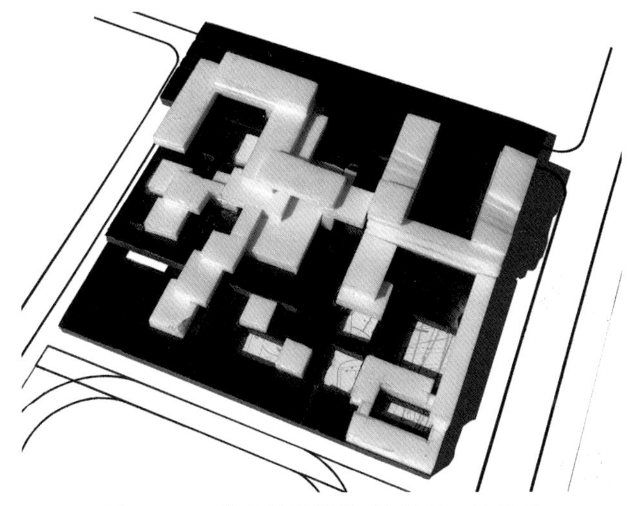

图 4.5-3 官龙学校设计 推敲用工作模型

当体块空间初步方案基本敲定后，便可以做更详细一点的体块工作模型，模型的材料可以选择方便切割的泡沫纸板，也可以选择木块木板（图 4.5-4，图 4.5-5）。

总体设计方案确定后可以尝试制作更大比例、更详细的建筑模型（图 4.5-6）。

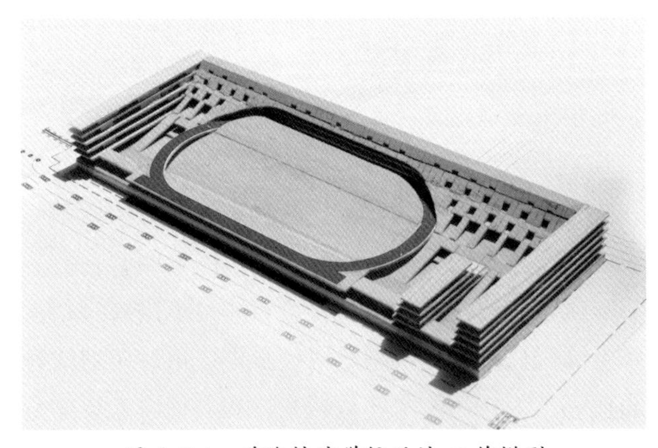

图 4.5-4 前海桂湾学校设计 工作模型

图 4.5-5　前海桂湾学校设计 根据工作模型设计的方案效果图

图 4.5-6　官龙学校设计 方案设计模型

城市中小学校总体设计是以项目设计目的为中心，从项目理解开始到基地踏勘调研，再到体块空间推敲、室内空间感受和立面空间关系的思考的全过程。而总体布局便是继学校基地了解之后的一个重要设计环节。

2）基地与出入口

学校基地内外关系是总体布局首先需要考虑的课题，是学校总体布局的第一步。基地空间内外关系主要包括学校出入口的空间关系和学校与城市周边的界面关系处理。

学校主次出入口和主要学生疏散广场的设置，要考虑以何种形式联系，以何种方式更有效地快速疏散。出入口的确定还包括车行和人行出入口的分设以及和外界的联系。这些规划内容涉及周边城市道路的标高和市政管网的接入情况，同时还可能受到城市道路路口交通的限制。校园出入口的设计是学校设计的重点，需要综合考虑校园外的城市交通和校园内的疏散交通，设计时要充分考虑到疏散的安全和高效，必要时需计算和评估校园基地周边的道路交通状况和未来预测情况。

海城小学为新建小学，位于深圳市宝安区，2018 年建成。项目建设用地面积 11321m²，总建筑面积为 13139m²，容积率 0.97。学校规模：24 个班小学，小学学位 1080 个。

由于用地紧张，海城小学采用整体式布局，整个学校整体设置成一栋 6 层综合教学楼，1 层地下室，高度 23.6m，校园设计遵循可持续发展的生态结构，因地制宜，合理利用地形和地貌，建筑师尝试在有限的校园用地内为孩子们创造更多的可以与自然接触的活力空间，引入风、阳光和绿植等各种自然元素，寓教学于自然，寓成长于交流。（图 4.5-7）

海城小学基地东北侧紧邻城市交通主干路（宝安大道），上层次规划条件不能设置出入口，西北侧紧邻规划中的商业建筑，东南侧和西南侧分别为城市次干路和支路，因此出入口的设置只能在这两条城市道路上。综合考虑城市干道和周边环境的规划和现状的各种因素，海城小学的主出入口最后选择设置在东南侧的次干路，而次出入口和车行出入口即设置在西南侧的支路上（图 4.5-8，图 4.5-9）。

3）基地与城市以及城市周边

学校基地与城市周边界面关系包括学校建筑、出入口、校园围墙等的设置与开放及其与城市周边的界面关系，这些城市周边环境要综合考虑现有的状况和未来规划的情况，包括未来哪些学校功能对城市市民开放（图 4.5-10）。

学校建筑的日照关系也是学校与城市周边建筑的重要关系之一。城市周边建筑对学校建筑的日照影响往往会决定学校建筑的最终布局。建筑师可以通过日照分析，结合场地的科学布置，最终选择合理的校园总体布局方案（图 4.5-11）。

图 4. 5-7 海城小学鸟瞰

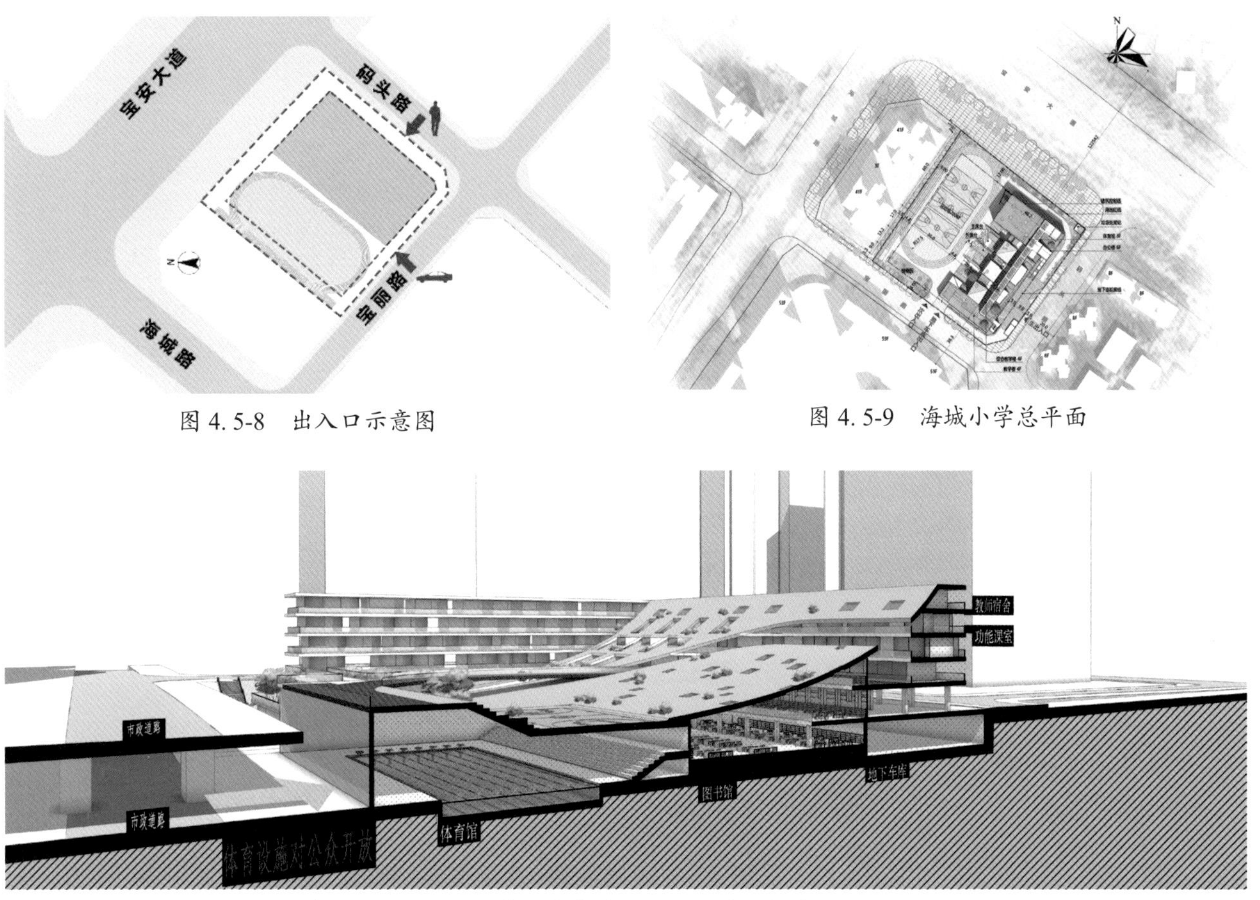

图 4. 5-8 出入口示意图

图 4. 5-9 海城小学总平面

图 4. 5-10 前海桂湾学校设计 体育馆对市民开放

图 4. 5-11 海城小学建成后街景

海城小学基地东南侧为 8 层高的多层住宅小区，年份较久；基地西南侧为新建的高层住宅区（近 100m）；基地西北侧为新建的两栋超高层住宅（约 120m），基地西南侧和西北侧对学校内建筑的日照都有很大的影响。

为了规避西北界面超高层建筑的挤压，在用地西北侧布置 200m 田径运动场，将教学建筑与超高层建筑隔开，减少对教学区的影响（图 4.5-12）。

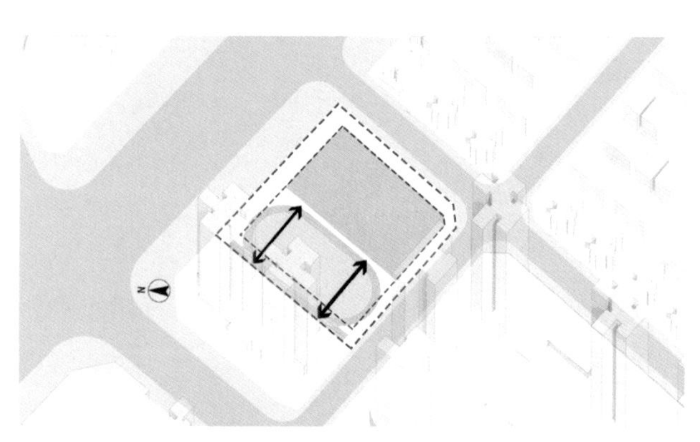

图 4. 5-12 运动场布置示意图

地块东北侧紧邻宝安大道，噪声干扰大，将风雨球场和生活服务用房等布置在靠宝安大道一侧，成为屏障阻挡噪声，使得另一侧成为适合教学的安静区域，减少对学生学习生活的影响（图 4.5-13）。

设计时沿着较安静和日照时间较长的东南侧和局部西南侧布置主要的教学用房，使所有普通教室获得最好的日照朝向，西南侧体量上部打开，将更多的阳光引入到教学用房中心区域（图 4.5-14）。

在有限的用地内合理组织，最大化提高空间的使用效率。教学、行政、生活、运动各功能分区相互独立又紧密联系（图 4.5-15）。

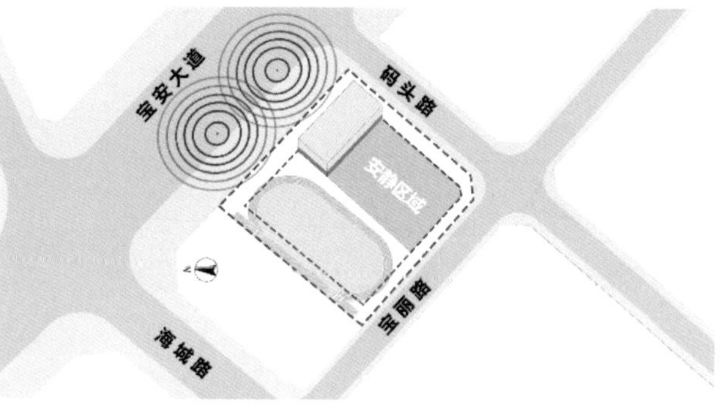

图 4. 5-13 场地噪声环境示意图

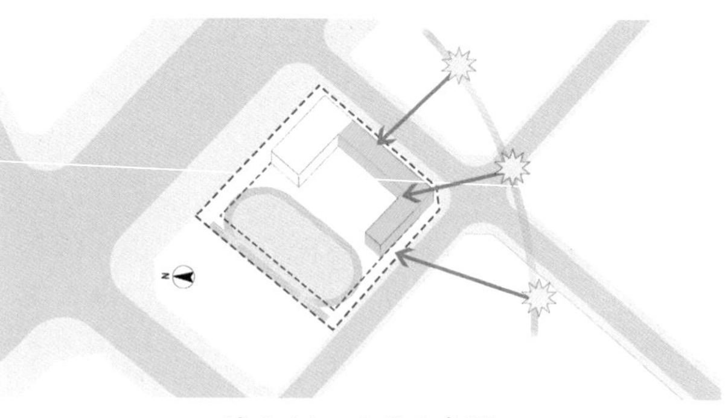

图 4. 14 日照示意图

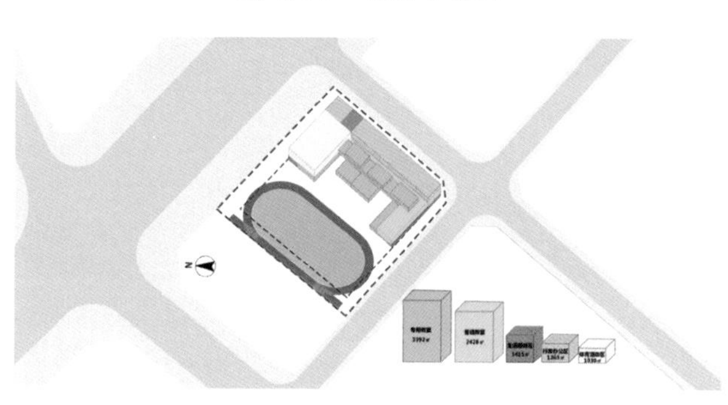

图 4. 5-15 功能布置示意图

深圳受季风的影响很大，夏季盛行偏东南风，时有季风低压、热带气旋光顾，高温多雨；其余季节盛行东北季风，天气略为干燥。深圳常年主导风向为东南偏东风，设计时建筑主体底层大部分架空，建筑东侧局部设空中花园，疏导建筑的自然通风，优化建筑小气候（图 4.5-16）。

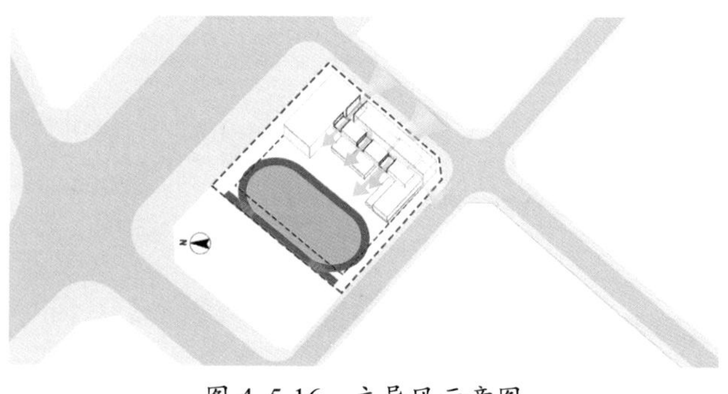

图 4. 5-16 主导风示意图

4）有限用地创造丰富多彩的校园空间

城市中小学用地一般较为紧张，而学校的开发体量又是定量的，因此城市中小学的容积率往往偏高，节约用地也就是如何更高效地利用场地成为城市中小学总体设计很重要的一个环节。对用地体量的考量，可以初步确立校园建筑布局的形式（整体式？条状布置？点状布置？……）。

学校总体规划时需综合考虑学校各类场地的布置，确定建筑与运动场地的位置和关系。在推敲用地体量和各场地设计的过程中，随着总体设计的深入和对基地的了解，逐步确定校园建筑总体布局的初步方案。

海城小学建设用地非常紧张，校园设计遵循可持续发展的生态结构，因地制宜，合理利用基地环境，在城市中小学非常有限的用地内创造出更丰富更多彩的校园空间。海城小学总体布局的特点主要体现在以下几个方面：

（1）人与自然共存共生，人与人互动互长。建筑师尝试在有限的校园用地内为孩子们创造更多的可以与自然接触的活力空间，引入风、阳光和绿植等各种自然元素，寓教学于自然，寓成长于交流。

（2）会呼吸的建筑。集约而有机的多层次空间相结合，利用架空、天井、平台、坡地等元素，化整为零，把单一大体量的建筑演化成通透的会呼吸的南方建筑。

校园入口首层局部架空，与入口广场、内庭小广场结合形式宽敞的活动空间，与图书馆、多功能教室、合班教室等大空间紧密联系，合理组织校园的人行流线（图 4.5-17，图 4.5-18）。

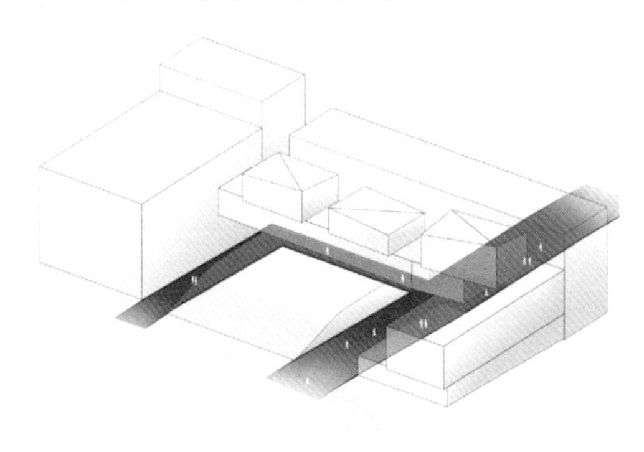

图 4. 5-17　一层人行主流线

图 4. 5-18　海城小学一层架空

整个校园的规划如一张美丽的画卷，线状的空间和步行系统定义了类似街巷的场所——学生在学校内从一个地点到达另外一个地点的轨迹，丰富的室外空间使得这个运动轨迹增添了更多的相遇与交往机会。

为了创造更多的文化交流空间，从入口架空门厅及建筑群靠运动场一侧的楼梯，拾阶而上可直达二层。这里有为学生提供的绿化屋面平台、草坡大台阶等多种趣味空间，以此激活校园的文化交流活动，最终达到教学之外学习交流的目的。首层和二层紧密联系，用多处连廊及楼梯把两个空间联系起来成为学校的中枢，同时也为建筑漫步提供了多种趣味路径（图 4.5-19）。

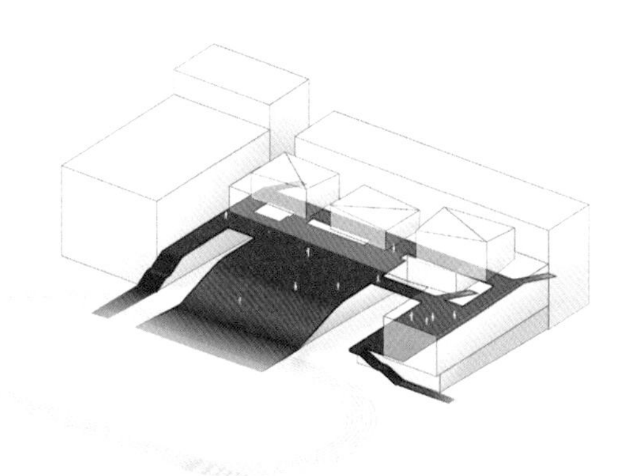

图 4. 5-19　二层人行主流线

主入口绿化庭院，在平缓的草坡上种植葱绿的大树，成为校园绿化空间的起点。平行向东，图书馆和多功能厅朝向独具韵味的绿化庭院，为师生创造宁静和谐的阅读、学习环境。

校园运动区景观向东南延伸至教学区，形成阶梯景观平台。二层屋面的花园错落有致地种植黄栌树，营造出艺术典雅的氛围（图 4.5-20）。

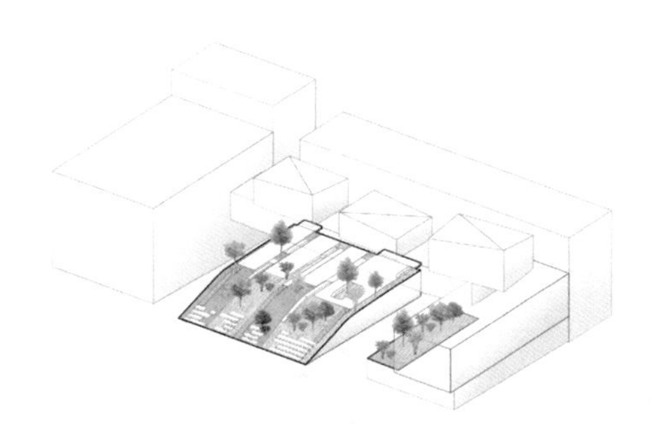

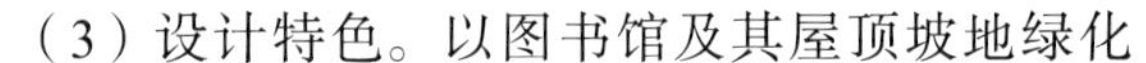

图 4. 5-20　二层绿化活动坡道和平台

三层的舞蹈、美术、书法等功能教室各自拥有独立的景观庭院，室内高度因应需求各不相同，结合因光而设的墙窗和天窗，营造丰富多彩、活泼个性的学习氛围和教学体验（图 4.5-21）。各层分散布置景观平台，种类丰富的植物，给师生提供舒适的交流空间，成为师生交流的小客厅（图 4.5-22）。

（3）设计特色。以图书馆及其屋顶坡地绿化为中心延伸，结合错落的屋顶花园形成会呼吸的立体绿化庭院，为师生创造宁静和谐的阅读、学习环境，给师生提供舒适的交流空间（图 4.5-23，图 4.5-24）。

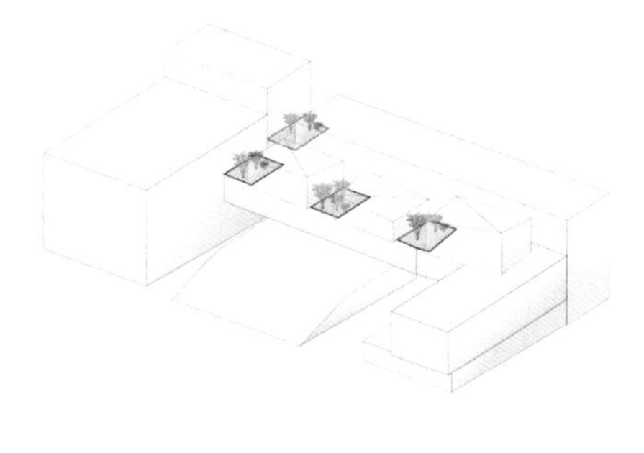

图 4. 5-21　三层功能课室绿化活动露台

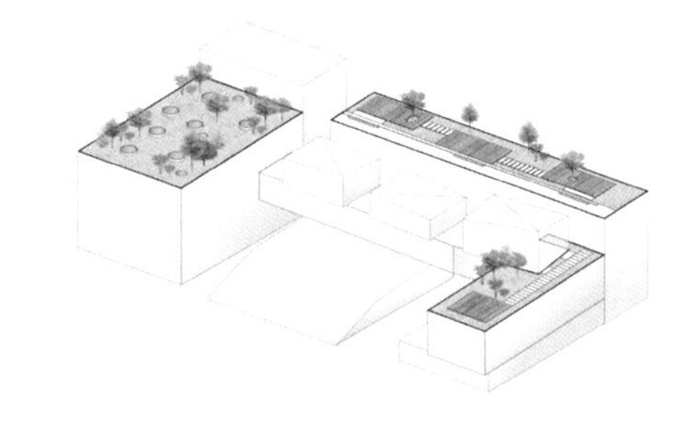

图 4. 5-22　海城小学屋顶绿化

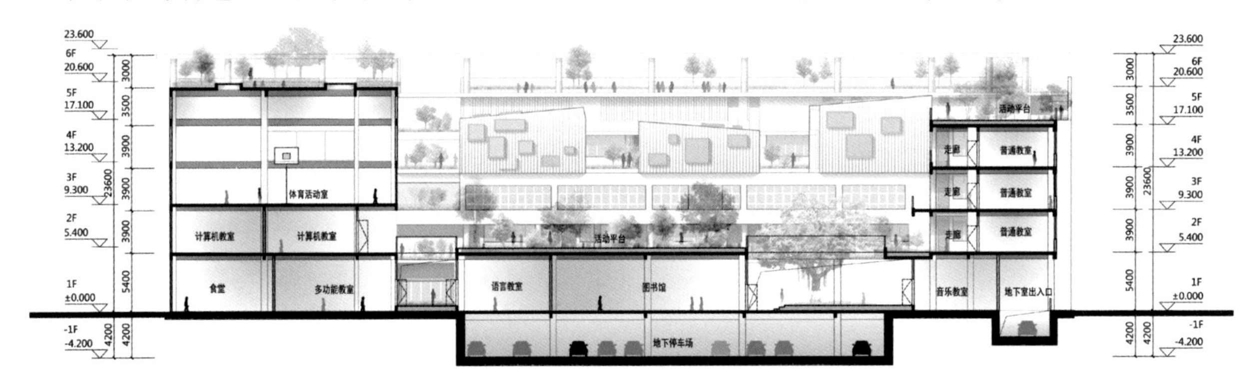

图 4. 5-23　海城小学剖面示意图

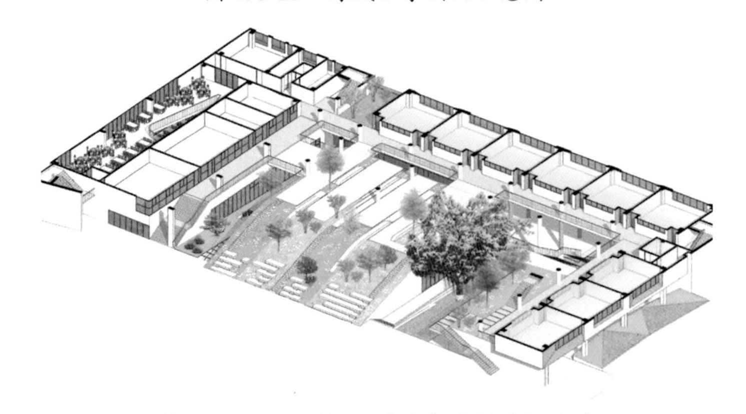

图 4. 5-24　二层绿化平台和建筑空间关系

5）小结

总体布局的初步构思确定后，可以绘制前期概念总图，可以在现状地形图上绘制，这样可以更直观地了解各处地形关系。

绘制概念总图往往会是反复推敲和多次绘制的过程，每一次对概念总图复核和评估都会让总体设计更趋合理。推敲和考虑的内容包括：是否符合建设方的预期要求；是否符合城市周边建筑和环境的诉求；是否符合当地气候和人文地理条件；是否符合当地城市相关法规的要求、是否符合建筑师的设计预期；等等。

总平面设计的不断修正过程就是总体布局不断完善的过程，最终综合所有相关因素和平衡它们之间的关系，确定学校的总体布局方案。城市中小学校总体布局是总体设计里一个非常重要的环节，它确定了总体设计的基调，是项目总体设计乃至全设计过程的基石。

4.5.4 建筑

建筑是总体设计的主角。当代开放型中小学校建筑包括以下三大功能区建筑：由特定目的性的教学空间、多目的性的教学空间、生活辅助空间构成的普通教学区；由艺术中心、实验区、多媒体教室、体育活动中心和礼堂构成的公共专业教学区；由图书馆、多媒体中心、资料库等建筑为引导区的资源中心。以上三类建筑空间共同构筑成学校的整体。（图 4.5-25）

图 4.5-25 海城小学 以图书馆为中心的校园

中小学校建筑空间设计应考虑：建筑与使用者（学生和教师）的关系、建筑与运动场（活动场）的关系、场地出入口与建筑的关系、建筑与建筑之间的功能和空间关系、建筑与场地边界的关系、建筑与基地及其周边建筑的关系、建筑与城市的关系、建筑与学校内外绿化景观之间的关系、建筑内的光环境、建筑与气候的关系以及建筑与建筑小气候之间的关系，等等（图 4.5-26，图 4.5-27）。

图 4.5-26 海城小学 建成后立立面

图 4.5-27 西乡中学初中部 建成后立面局部

这些建筑的空间层次设计不仅是平面的，同时也是立体的、垂直的。在设计学校建筑的时候，应考虑到中小学校各种建筑之间的多样性特征，充分利用这种平面的、立体的和垂直的相互交错的空间组合形式，为未来的中小学校构建出具有多样性和创造性的现代教学空间模式（图 4.5-28）。

图 4. 5-28　海城小学 内庭

4. 5. 5　交通

交通流线设计是城市中小学校设计中重点要解决的课题。城市中小学校的交通流线设计主要有以下一些内容和特点：

城市中小学校场地内外的交通流线主要由师生教与学主流线、运动流线和辅助流线组成，其中解决好上学与放学高峰时期的交通是城市中小学校交通流线设计的难点。车行流线包括校内行政办公车流、后勤用车流、学生用校车车流、临时外来车流。人行流线包括学生进出学校流线、教师进出学校流线、后勤人员流线等。设计时要充分做到人车分流，让学生人行流线与校内车行流线有效分开。同时也要考虑后勤服务出入口的方便，最好与场地的次出入口相结合。

城市中小学校交通流线设计的另一个难点是学校的主入口（广场）设计。城市中小学校的主出入口不仅作为流量非常大的学生人行出入口，同时还是低年级家长接送学生的主要场地，特别是上学放学时段的人行高峰期，城市学校本来就用地紧张，如果设计考虑不周，就会形成严重的交通拥堵，造成交通安全隐患。所以，城市中小学校的主入口广场设计尤其重要，设计时要充分考量现有道路的交通流量和未来学校建成后的交通流量，主入口处场地内外综合设计，充分考虑到疏散的安全和高效，必要时可计算和评估校园基地周边的道路交通现有状况和未来预测情况，提出行之有效的解决方案（图 4.5-29）。

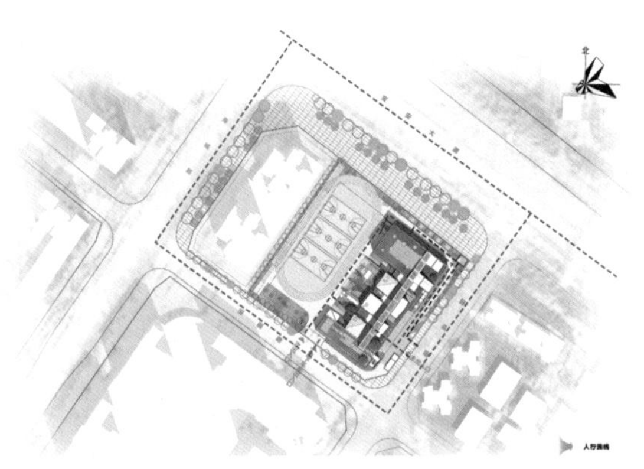

图 4. 5-29　海城小学 交通分析示意图

中小学校的道路设计要充分满足消防设计要求，尽量设计贯通型的环形消防车道，建筑内满足人员的疏散设计，高层建筑留出足够而有效的消防登高面（图 4.5-30）。

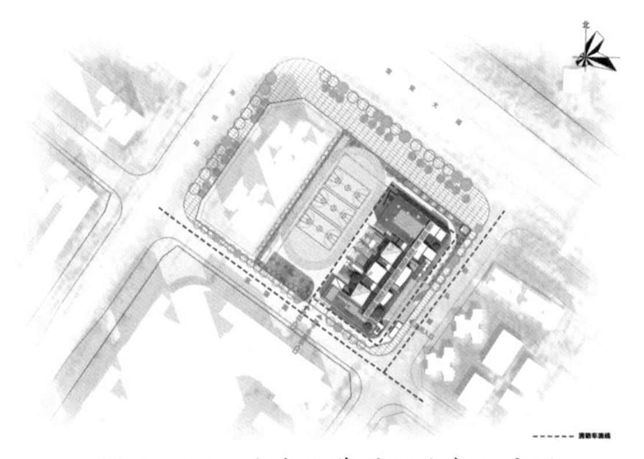

图 4. 5-30　海城小学 消防分析示意图

4. 5. 6　景观

“一个场所的感觉质量是它的形态与观赏者之间的相互作用。……只要是有人的地方，它就是一项关键性的质量。感觉要求同其他要求可能重合，也可能有冲突，但在评定一个场所时总不能将它们分开。……感知包含感知者与对象之间直接的、强烈的、深刻的对话时美的感受，似乎与其他影响无关。然而，它也是日常生活中不可或缺的组成部分。”[2]

这里说的景观主要是指学校的植物及小品景观，以及绿化和建筑共同组成的景观空间，它除了感觉上的景观要求外，还包括校园的植物园和种植文化教学与传播功能，如植物园、种植园、田地田园等。

城市中小学用地紧张的情况下，设计时可以充分利用建筑屋顶绿化，有效形成立体绿化和空中花园，在有效的用地下也可以让校园掩映在绿荫之下，为城市带来更多的绿植，美化城市景观（图 4.5-31～图 4.5-33）。

图 4. 5-31　海城小学 鸟瞰效果图

图 4. 5-32　官龙学校 鸟瞰效果图

图 4.5-33　西乡中学初中部改扩建 鸟瞰效果图

校园的绿化景观设计要考虑植物的适候性，南方可更多地考虑四季常绿植物。设计时充分体现植物多样性原则，努力做到人与自然共生共存。设计时需重点考虑以下的设计内容和相互之间的关系：学校周边围墙绿篱；校园道路沿道绿化；与比邻城市道路绿化的关系；种植园；广场绿化；屋顶绿化；运动场及周围绿化；等等。

4.5.7　安全设计

以安全设计原则为基础。安全设计是中小学校设计的重要组成部分，总体设计必须遵守安全设计的准则，设计时从总体设计到细部设计，严格遵守相关设计规范法规。下面从《中小学校设计规范》GB 50099—2011 中摘录与中小学总体设计的安全设计有关的一些规范（更新更详细的内容详见相关的国家及地方法律法规）。

（1）中小学校设计应遵守下列原则：校园本质安全，师生在学校内全过程安全。校园具备国家规定的防灾避难能力。

（2）安全设计：安全设计应包括教学活动的安全保障、自然与人为灾害侵袭下的防灾备灾条件、救援疏散时师生的避难条件等。

（3）本质安全：本质安全是从内在赋予系统安全的属性，去除各种早期危险及潜在隐患，以保证系统与设施可靠运行。

（4）中小学校设计应满足国家有关校园安全的规定，并应与校园应急策略相结合。安全设计应包括校园内防火、防灾、安防设施、通行安全、餐饮设施安全、环境安全等方面的设计。

（5）环境设计、建筑的造型及装饰设计应朴素、安全、实用。

（6）根据运动占用空间的要求，应在风雨操场内预留各项目之间设置安全分隔设施。

（7）风雨操场内，运动场地的灯具等应设护罩。悬吊物应有可靠的固定措施。有围护墙时，在窗的室内一侧应设护网。

（8）中小学校游泳池、游泳馆内不得设置跳水池，且不宜设置深水区。

（9）总务仓库及维修工作间宜设在校园的次要出入口附近，其运输及噪声不得影响教学环境的质量和安全。

（10）学生宿舍应设置衣物晾晒空间。当采用阳台、外走道或屋顶晾晒衣物时，应采取防坠落措施。

（11）劳动教室和技术教室的使用面积应按课程内容的工艺要求、工位要求、安全条件等因素确定。

（12）在抗震设防烈度为6度或6度以上地区建设的实验室不宜采用管道燃气作为实验用的热源。

（13）中小学校的校园应设置2个出入口。出入口的位置应符合教学、安全、管理的需要，出入口的布置应避免人流、车流交叉。有条件的学校宜设置机动车专用出入口。

（14）中小学校校园出入口应与市政交通衔接，但不应直接与城市主干道连接。校园主要出入口应设置缓冲场地。

（15）校园内道路应与各建筑的出入口及走道衔接，构成安全、方便、明确、通畅的路网。

（16）停车场地及地下车库的出入口不应直接通向师生人流集中的道路。

4.5.8 城市中小学校改扩建总体设计策略——以西乡中学初中部改扩建为例

随着城市化进程的深入，城市人口的不断增加，特别是在大型城市，人口不断增加的居住片区对现有的城市中小学的就学压力越来越大，大城市的城市中小学改扩建越来越多。改扩建学校作为学校的延续和扩大，与新建学校的总体设计又有所不同。改扩建学校在设计基地用地范围的总体设计时，首先要确定改扩建的范围，包括设计基地范围内拆除和保留的建筑、构筑物和树木绿化等，确定原有设备水电等之间的关系等。还要考虑到与校园现有建筑的空间关系和使用关系，以及建成后对现有校园的提升效果。

西乡中学初中部改扩建工程项目位于深圳市宝安区。改扩建项目建设范围位于现有西乡中学初中部内，拟拆除初中部的旧有图书馆及行政综合楼，新建一栋6层教学综合楼，增加18个班，新建建筑面积为14572m²，其中地上建筑面积8798m²，地下室5773.50m²（图4.5-34，图4.5-35）。

图4.5-34 西乡中学初中部改扩建 俯瞰

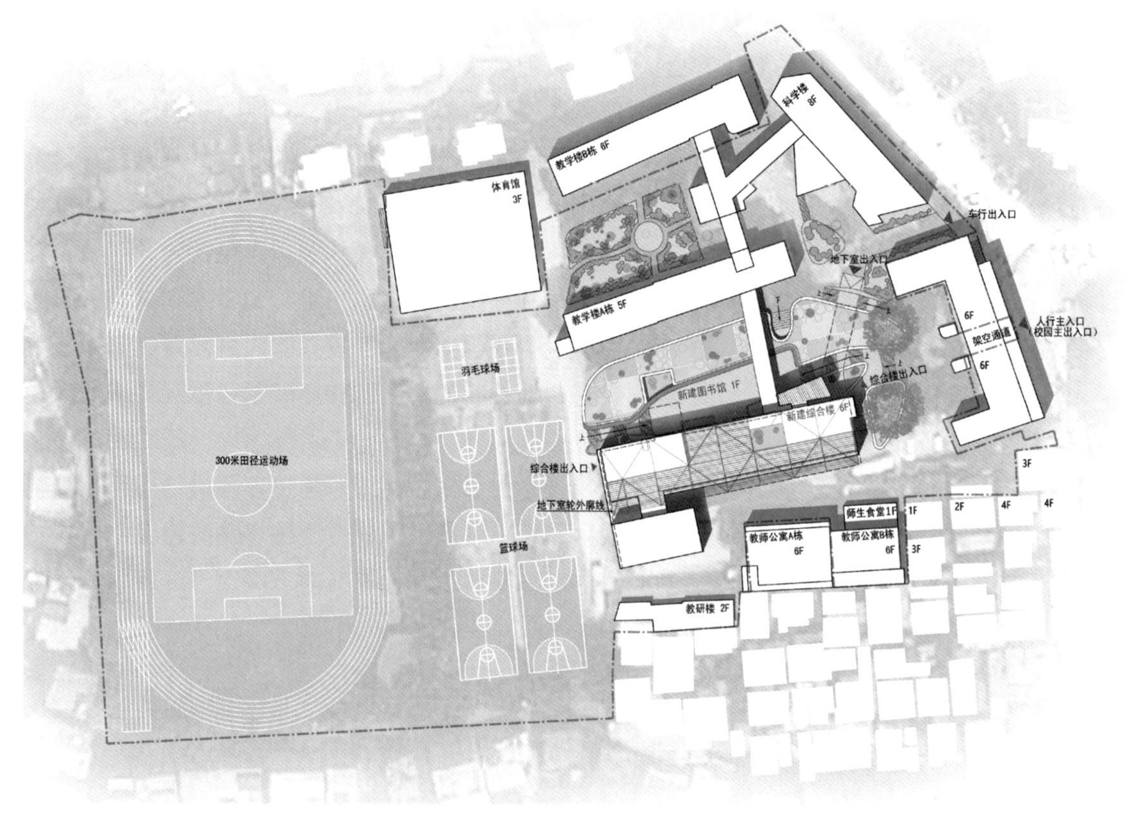

图 4.5-35　西乡中学初中部改扩建 总平面

中小学改扩建项目一般有如下特点和难点：（1）保持与原有校园的延续，包括空间上和历史上；（2）改扩建后提升原校园的活力，创造新的教学价值和新的教学体验；（3）改扩建施工期间如何保持原有的教学秩序。针对上述思路，西乡中学初中部改扩建设计提出并实现了以下的一些设计理念（图 4.5-36）。

图 4.5-36　西乡中学初中部改扩建 北立面

（1）一个庭院的延续

用地不变，改建后建筑体量增大4倍多，但“保留”并延续了原有庭院空间序列。扩建后的图书馆屋面平台及其与原有庭院融合成的立体式绿坡，共同组成新的中心庭院，以开放的姿态成为南北新旧教学楼之间的新的交流纽带（图4.5-37，图4.5-38）。

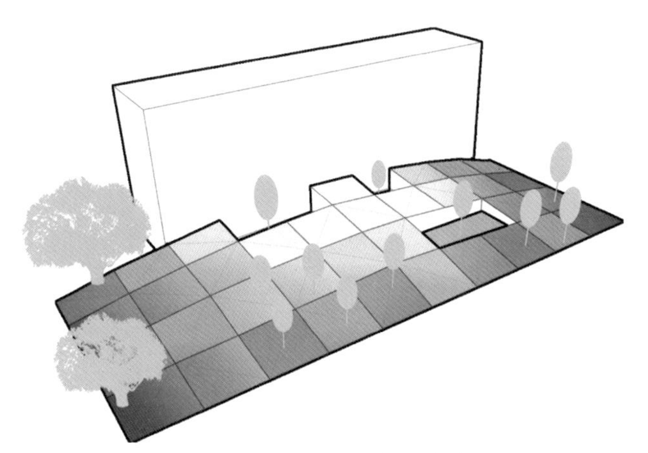

图4.5-37 西乡中学初中部改扩建 庭院的延伸

图4.5-38 西乡中学初中部改扩建 入口广场

（2）两棵榕树的延续

校园入口处的两棵百年古榕树是自然和校园历史的沉淀和标志，也在改扩建范围内。设计时保留两棵原古榕树，重新设计了以古榕树为中心的入口广场。以入口广场两侧的两棵古榕树为中心庭院的起点，而中心庭院即成为入口广场的延续。在校园主入口至古榕树的水平延伸线上，布置主轴走廊，成为师生学习交流的公共空间。

（3）几个设计的愿景

学校改扩建项目建成后，希望能与原有老校区的各栋建筑一起构建更富趣味的校园建筑空间，为学生提供更多更舒适的学习和读书环境；开放而又富有趣味的中心图书馆和中心庭院能为“老校园”带来更多的活力；让知识成为中心，让学习成为兴趣（图4.5-39）。

图4.5-39 西乡中学初中部改扩建 新旧建筑

（4）设计特色

舒缓的绿坡与屋顶之间设漫反射采光高窗，为图书馆一侧提供舒适的自然光。改扩建后的校园以图书馆为中心节点，把入口广场、老校区教学楼和新建综合教学楼自然而有机地联系起来。木质构架从二楼的绿坡顶升起，沿着主楼立面向上自然展开，为师生提供一种安静而又舒缓的学习氛围，并与北侧保留的已有教学楼呼应，相得益彰（图4.5-40，图4.5-41）。

图 4.5-40　西乡中学初中部改扩建 立面局部

图 4.5-41　西乡中学初中部改扩建 图书馆上的庭院

4.6　结语

“总体设计就是组织外部物质环境，以适应人类行为的要求。它研究建筑、土地、活动和生物等的质量和布局。它为空间、时间中的物质要素建立格局，并服从未来连续的经营和变迁的需要。”[2]技术成果——现状地形图、总平面图和管线综合布置图、景观设计图、透视图、建筑及结构设计图、设备设计图、详图及设计说明等，这些不过是使这项错综复杂的组织工作具体化的一种传统方法。

城市中小学校总体设计是一项从项目立项和项目了解开始，到多方确定设计目的并以设计目的为中心，了解基地再到总体布局、深化设计、完成设计，最后到项目施工完成并交付使用的设计全过程。城市中小学校总体设计是学校建设工程设计的基础，它确立了学校项目的设计基调，并在项目的进行过程中不断补充和完善，最终帮助顺利完成学校建设并协助后期的经营管理。

参考文献：

[1] 来自“百度”网上。
[2] 凯文・林奇，加里・海克．总体设计．
[3] 周崐，李曙婷．适应教育发展的中小学校建筑设计研究．
[4] 张蓉．走进外国中小学教育．
[5] 除特别说明外，文中图表、图片均为作者自绘和提供。

5 高密度城市中小学校设计策略

深圳市华汇设计有限公司 牟中辉

随着中国经济的高速发展，城市化进程的加快，城市人口与适龄儿童数量不断增加。以深圳为代表的各大中心城市出现较大的学位压力。在土地稀缺、资源紧张等高密度城市背景下，高容高密的校园设计成为缓解城市压力的有效方式，且在未来较长一段时间内，这种现象会持续存在甚至加剧。因此，高密度城市下的中小学校设计研究有着广泛的现实意义。

高密度城市环境下的校园设计，是一种基于有限地块、较高密度与日照要求等约束前提下的多维平衡设计。在满足基本功能、提高土地使用效率的同时，此类校园需要兼顾空间环境与教学品质，创造出有阳光、新鲜空气、自然花园等生态、开放、互动式的空间场所，形成可持续性和多适性的教育载体，同时承担空间共享与文化输出的社会职能。

5.1 校园的发展及案例研究

5.1.1 校园发展总趋势

学校的发展经历了由简单到复杂，由单一到多元的历程。从城市发展维度来讲，人口与适龄儿童数量激增产生巨大的学位缺口，社会发展定位提升对于教育提出新的要求。从教育本身的发展变革来讲，校园空间经历了从“教育”空间到“学习”空间，从单一发展教育理念到多元发展教育理念，再到终身教育理念下的学习型空间。随着教育 3.0 时代的到来，教育模式和教学体系向新的形式演变，“开放”“共享”等诸多新的理念已然成为主流趋势。在未来学校中，社交化、实践性、体验式学习空间占比会越来越重，学校愈加表现出功能的复杂性、空间的多样性以及场景的丰富性。

5.1.2 高密度城市与深圳中小学校发展趋势

深圳土地面积仅有 1996.85km^2[1]，其中近 50%的土地为基本生态控制用地，是四大一线城市中占地面积最小而人口密度最大的（2019 年末已达 6719 人/km^2）[2]。在此情况下，高强度开发城市建设用地，提高土地利用率，成为深圳城市发展的有效手段之一。随着城市开发强度的加大，深圳的中小学校建设逐渐呈现出高容积率与高建筑覆盖率的趋势。

国家规范对中小学校园容积率没有严格要求，根据《普通中小学校建设标准（征求意见稿）》（2015 年版），中小学校园容积率宜在 0.32～0.40，而深圳实际建设的学校规模普遍大于国家标准。按照 2016 年《深圳市普通中小学校建设标准指引》计算，深圳城市中小学校容积率约在 0.8～1.5，而深圳各区地方标准学校校舍使用面积在此基础上有所提升，其容积率在 1.5～2.0，深圳中小学校园建设呈现出明显的高容积率特征（表 5.1-1）。

中小学校建设标准容积率统计表　　表 5.1-1

指标参考	小学	初级中学	九年制学校	寄宿制高级中学/完全中学	参考规范
15 国标	0.32～0.37	0.36～0.40	0.34～0.40	0.36～0.40	《普通中小学校建设标准（征求意见稿）》（2015 年版）
16 深标	0.9～1.39	0.8～1.5	0.8～1.3	0.85～1.15	《深圳市普通中小学校建设标准指引》（2016 年版）

续表

指标参考		小学	初级中学	九年制学校	寄宿制高级中学 / 完全中学	参考规范
深圳各区地方标准	南山区	1.8～2.0	1.6～1.8	1.5～1.9	/	《南山区普通中小学建设标准提升指引》（2018 年版）
	宝安区	1.8～2.1	1.56～1.86	1.54～1.96	/	《宝安区普通中小学校建设标准提升指引（试行）》
	龙岗区	1.71～1.85	1.5～1.7	1.45～1.88	/	《龙岗区义务教育学校建设标准提升指引》（2018 年版）

5.1.3 深圳中小学校发展影响因素

1）社会发展

（1）人口与学位需求激增

2018 年，深圳在校小学生人数达 102.8 万人，排名全国第二。在 2018 年之前的十年里，深圳的小学生人数增长了 44.2 万人，增幅高达 75%，无论增量还是增幅均为全国第一[1]。自 2020 年底，深圳常住人口已达 1756.01 万人（图 5.1-1）。面对快速增长的学位需求，城市公共配套设施不足以及校舍需求量大等问题，深圳亟须增强中小学校建设，并以校园用地加密、升级改造为主要建设特征。

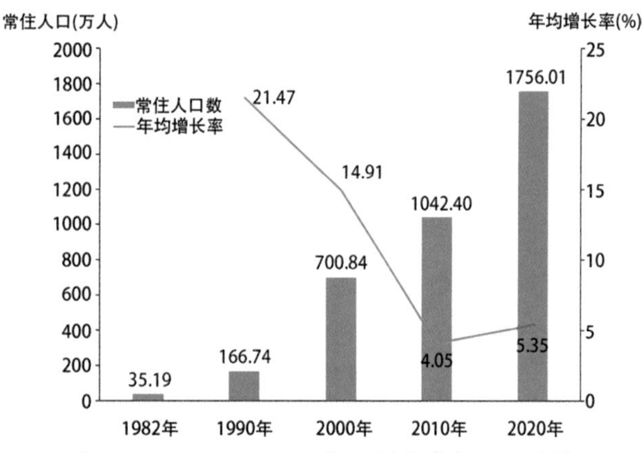

图 5.1-1 1982～2020 年深圳市常住人口统计

数据来源：深圳统计——深圳市第七次全国人口普查公告

（2）土地供给不足

深圳土地资源稀缺，以相当于一个县的土地面积支撑着一个省级经济体的运转，环境承载能力面临巨大的挑战[1]。出于城市生态保护的目的，深圳仅 47% 的土地可开发利用，城市建设用地十分有限，校园建设用地紧缺。

（3）教育变革

我国城市中小学建设正进入一个新的发展时期，学校逐渐发展为集团化办学，新建学校规模不断加大，老旧学校的改扩建工程也快速启动。随着素质教育理念的不断推行，教育不再是刻板的复述，更加重视人才的多元化培养。因此，中小学校园的建设标准和空间品质的要求不断增加，新建校园更加重视选配功能的丰富性与空间的体验性设计。

（4）经济技术发展

深圳人均 GDP 位于全国一线城市前列，是中国最先走上创新驱动发展的城市，其稳步的经济增长，对绿色建筑、低碳城市建设的提倡，为校园的开放性设计提供了有力的经济技术支撑，使一些理念先进、空间特殊、结构复杂、建造成本较高的校园设计落地成为可能。

2）政策法规

中小学设计的现行规范中对日照条件、普通教室层数等有着严苛的要求，在中小学设计过程中起到了重要的指导和控制作用，但也使学校设计往往呈现出趋同态势，且较难实现高容积率。

深圳市对中小学覆盖率的特殊要求为高容高密的校园实践带来了更多可能性。在《深圳市城市规划标准与准则》中，条文 8.4.3 对建筑覆盖率有明确规定，中小学校覆盖率要求小于等于 50%。相较于全国其他城市，深圳校园覆盖率要求的提升为紧张用地下巨大的校园容量提供了有益出口，促进了校园空间的功能复合化、空间组织高效化和活动空间多元化。

3）自然气候

深圳地处东南沿海，属亚热带海洋性气候，夏季高温多雨，冬季温暖干燥，这种特殊的气候条件促使教学楼设计多会通过外廊、架空、冷巷的处理来提升空间舒适度。由于所处纬度较低，全年日照时间长，深圳中小学校园中教学楼间距较北方学校可适当减小，这有利于提升覆盖率。

5.1.4 国内外高密度学校案例研究

这里分别选取深圳地区、国内其他地区以及同类地区典型的高密度校园成功案例，分别对其设计特点进行研究，从多个维度对高密度城市下的中小学设计策略的提出给予支撑。

1）深圳学校案例研究

深圳学位需求量大，规划用地不足，迫使部分学校出现超高容量和超高密度，特别是城市中心区的新建学校与改扩建类学校，容积率往往达到3.0以上。一些在城市边缘地带的新建市立高中，容积率一般在2.0左右，呈现出高密度学校与自然环境结合等特点（表5.1-2）。

深圳学校案例研究　表5.1-2

（1）深圳市福田中学

班额	容积率	建筑面积	教学楼层数 / 高度	操场位置	特点
60	3.87	10.53万 m^2	10层 /40m	操场架空	1. 全寄宿制中学 2. 利用高层解决高密度、操场架空 3. 多层地面、开放的城市界面与城市共享裙房屋面作为安全场地，降低建筑消防层高

深圳市福田中学

图片来源：gooood

（2）深圳市新沙小学

班额	容积率	建筑面积	教学楼层数 / 高度	操场位置	特点
36	3.77	3.7万 m^2	6层	操场架空	1. 校园与城市边界上创造出友好、开放的边界与城市共享 2. 裙楼和塔楼结合，裙房覆盖整个场地

深圳市新沙小学

图片来源：Archdaily

续表

（3）红岭小学

班额	容积率	建筑面积	教学楼层数 / 高度	操场位置	特点
36	3.3	3.37 万 m^2	6 层	操场架空	1. 功能复合叠加，弹性利用可变学习空间 2. 开放地景公园与活动空间，多地表操场架空 3. 拓展交通空间，增加路径多样性

红岭小学

图片来源：Archdaily

（4）新洲小学

班额	容积率	建筑面积	教学楼层数 / 高度	操场位置	特点
36	2.7	3.8 万 m^2	6 层	架空操场	1. 复合叠加多样化活动空间 2. 操场架空，开放地景公园与多层次退台花园

新洲小学

图片来源：gooood

2）国内其他地区学校案例研究

国内其他中心城市的中小学校建设同样呈现出高密度的趋势，容积率大多在 1.0～2.0，与深圳超高密度学校不同的是，少了一部分容积率的压力，呈现出更多的设计可能性。如上海青浦平和双语学校类型化与多样性的校园建筑，北京房山四中以上学路径和地景为概念设计的趣味空间，以及海口寰岛中学各种空间模式研究等（表 5.1-3）。

国内其他地区学校案例研究 **表 5. 1-3**

（1）上海青浦平和双语学校

班额	容积率	建筑面积	教学楼层数 / 高度	操场位置	特点
24 班幼儿园、30 班小学、24 班初中	1.3	6.6 万 m^2	5 层	首层自由操场	1. 聚落校园、多样性设计、空间复合、创造景观生态系统 2. 场地内建筑交通联系较弱 3. 开放的城市界面、与城市共享文化设施

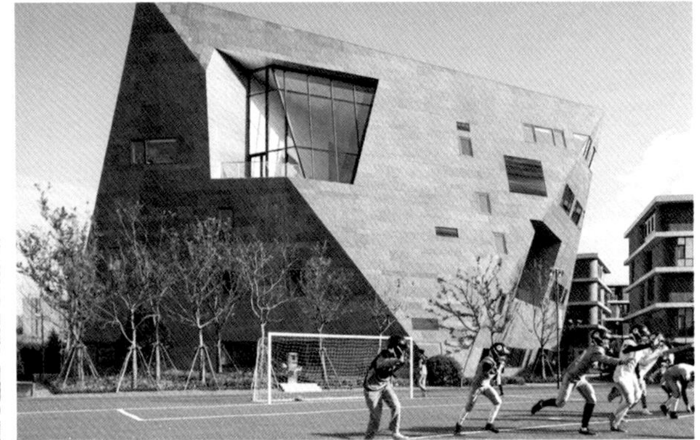

上海青浦平和双语学校

图片来源：OPEN

（2）北京房山四中学校

班额	容积率	建筑面积	教学楼层数 / 高度	操场位置	特点
36	1.26	5.78 万 m^2	5 层	首层	1. 自由，多中心的空间形式 2. 多样性复合空间 3. 多层地面，屋顶花园

北京房山四中学校

图片来源：Archdaily

（3）苏州科技城实验小学

班额	容积率	建筑面积	教学楼层数 / 高度	操场位置	特点
48	1.5	5.34 万 m^2	4 层	首层操场	1. 围合院落布局，错落的退台空间，形成开放的城市界面 2. 张弛有度的空间布局与挑檐空间 3. 多样的交通拓展活动空间

续表

苏州科技城实验小学

图片来源：Archdaily

（4）海口寰岛中学

班额	容积率	建筑面积	教学楼层数 / 高度	操场位置	特点
24	1.35	1.9 万 m^2	5 层	首层操场	1. 围院布局，视线引导 2. 空间场所丰富多样性 3. 架空空间，开放的城市界面

海口寰岛中学

图片来源：Archdaily

3）其他典型学校案例研究

典型的高密度校园案例，以香港及新加坡地区的学校为代表，这些地区的学校更强调集约性，以垂直发展为主，各功能区的联系更为紧密，为高密度城市环境下的校园设计带来更多的解题方式（表 5.1-4）。

典型学校案例研究 **表 5.1-4**

（1）香港法国国际学校

班额	容积率	建筑面积	教学楼层数 / 高度	操场位置	特点
幼儿园至中学共 1100 人	2.3	2.0 万 m^2	4 层、5 层	400m 自由跑步径	1. 架空多样化活动空间、共享花园、复合叠加空间 2. 平台引导路径，校园立体高效串联 3. 色彩开放的城市界面、视线引导、与城市分时共享文体设施

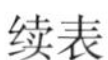

续表

香港法国国际学校

图片来源：Henning Larsen

（2）新加坡艺术高中

班额	容积率	建筑面积	教学楼层数 / 高度	操场位置	特点
艺术高中	4.97	5.29 万 m^2	6 层	屋顶操场	1. 围合布局，高层建筑解决高密度，宿舍置于教学空间上部 2. 超级叠加，底层架空，开放灰空间 3. 开放的城市界面，与城市共享

新加坡艺术高中

图片来源：WOHA

5.2 高密度城市下的中小学校设计策略

在城市高密度问题上，从 20 世纪初的芝加哥摩天大楼到柯布西耶的光辉城市和马赛公寓，再到当代 OMA 的“挣脱重力”、MVRDV 的空中利用方法以及香港高密度下杂交与共生等策略，对城市高密度问题做出了多维度的研究。同时深圳、香港及新加坡等地在高密度学校上做了大量的实践。

这里通过借鉴城市研究理论成果，分析各地高密度学校案例并结合作者自身的学校设计实践经验，提出高密度城市环境下的校园增容策略、空间提升策略和交通策略，在解决校园高密度问题的基础上兼顾校园空间舒适度，创造学校活力，营造场所记忆（图 5.2-1）。

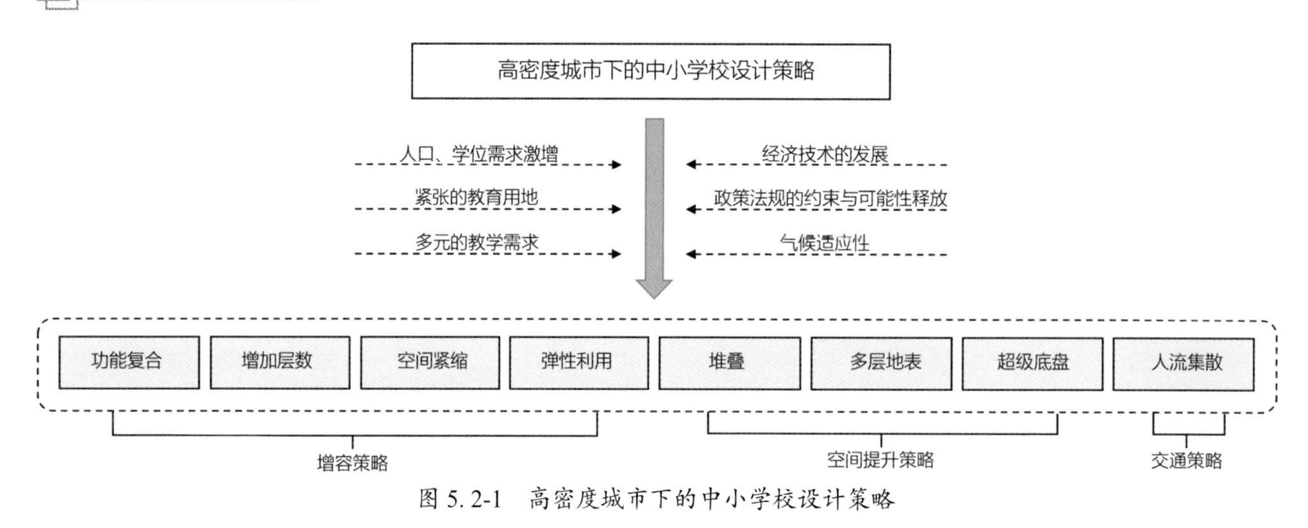

图 5.2-1　高密度城市下的中小学校设计策略

5.2.1　增容策略

在高密度城市中，为缓解城市压力，最直接有效的中小学设计策略就是增加容量，简称“增容”，包括直接增加绝对容量和间接增容两种途径。直接增容策略主要指功能复合、拔高楼层、紧凑布局等。间接增容策略主要指以高效的空间设计与时间安排来实现空间的弹性利用。在实践中，需要结合具体的环境条件来选择适宜的策略。

1）直接增容策略

（1）综合体：功能复合

在优先积极利用覆盖率，保证校园空间高效舒适的前提下，可以将校园各功能空间按照一定的功能属性与结构逻辑进行梳理与整合，形成功能集约式的大体量建筑，这里简称“综合体”。综合体在增加校园容量、解决功能问题的同时，可以提升空间的可达性和功能丰富性，创造多样性的活动空间与学习生活场景，达到 1 + 1 > 2 的效果。

对学校各功能空间的梳理可以按照“定式空间”及“非定式空间”进行分类。“定式空间”可以理解为需要长时间使用，具有固定空间模式的功能空间，如宿舍、普通教室等。定式空间对采光通风要求较高，功能相对独立，以基本单元模块重复累加的模式最为普遍。“非定式空间”是间歇性使用，不需要使用者久留的空间，如图书馆、专业教室等。相对而言，非定式空间对采光通风要求不高，无空间范式的规定，空间形态更为灵活，适宜空间叠加（表 5.2-1）。“综合体”需要遵循功能的集约性、结构的合理性等原则进行整合。

定式与非定式空间分类　　表 5.2-1

空间类型	定式空间	非定式空间
功能空间	普通教室单元、宿舍单元等	阅览室、报告厅、剧场、图书馆、风雨操场等
空间特征	1. 对采光通风要求高 2. 有固定的空间模式 3. 学生长时间停留	1. 采光通风要求相对较低 2. 无固定的空间模式，空间布局相对自由 3. 学生间歇性使用

① 定式空间的叠加

定式空间的空间模式较为稳定，在与其他功能空间进行叠加的过程中，一般置于空间组合的上部，通过裙房或地下空间的拓展完成其他功能的叠加（表 5.2-2）。

定式空间叠加其他功能空间的空间分布模式　表 5.2-2

上部空间	普通教室单元	宿舍单元
下部空间	多功能厅 / 图书馆 / 停车场 / 后勤服务	食堂 / 停车场 / 后勤服务

② 非定式空间的叠加

非定式空间功能各异，灵活度高，自由叠加组合使空间整体变得更加集约高效，相对定式空间的叠加，可为使用者提供更多样化的空间体验。

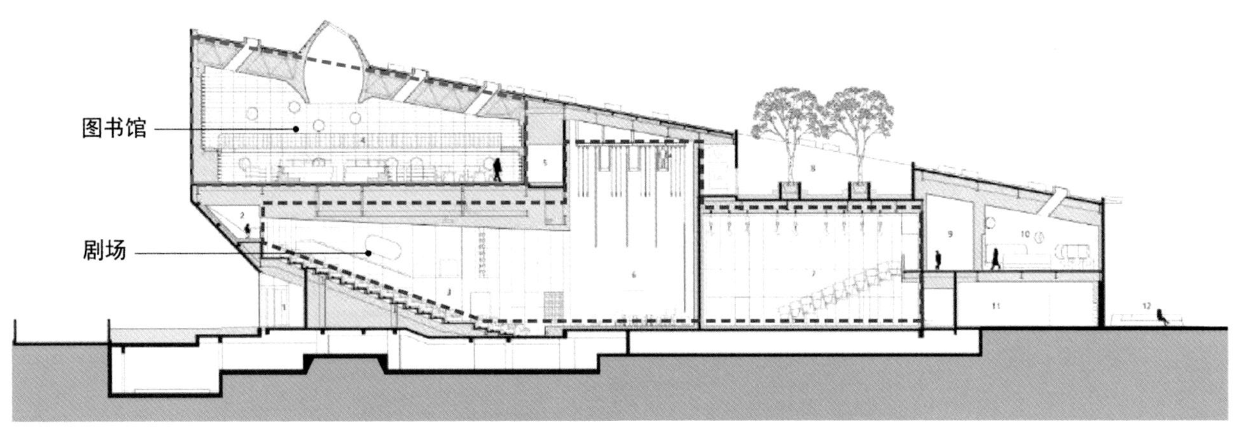

图 5. 2-2 上海青浦平和双语学校剧场和图书馆功能叠加

图片来源：gooood，作者改绘

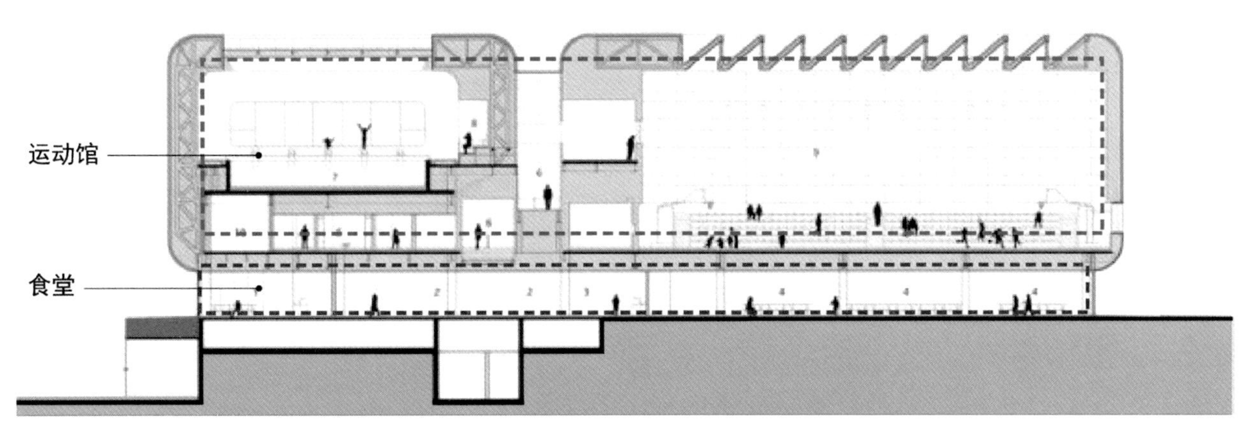

图 5. 2-3 上海青浦平和双语学校运动食堂功能叠加

图片来源：gooood，作者改绘

a. 功能导向的非定式空间叠加

非定式空间中同类功能叠加可以形成大体量集中式的综合体，如美术、音乐、舞蹈教室可形成艺术中心，化学、物理、科学实验室可形成实验中心等。对于使用者来说，功能模糊的空间更能激发深层次的思维活动。因此，可以考虑将具有功能内在联系的非定式空间叠加组合，拓展单一功能空间的多元价值，为使用者带来更多特殊的体验感受。

上海青浦平和双语学校创新性地提出将剧场和图书馆两大功能空间并置。这样的布局方式看似荒谬，一动一静的两个功能空间矛盾对立，实际上设计者有意反思灌输式教学方法，剧场和图书馆承载的表演与阅读活动是早期教育的两个至关重要的组成部分，两大功能的并置使“身 - 心”一体的教育更加真切。另外，学校的运动食堂将食堂与运动场并置，充分考虑了其使用上的联系（图 5.2-2、图 5.2-3）。

b. 结构导向的非定式空间叠加

无柱大空间、有柱大空间、标准柱跨空间共同构建了校园中复杂的空间关系。非定式空间中部分空间尺度大，空间叠合往往需要考虑结构才能实现（表 5.2-3）。

结构导向的非定式空间类型　表 5. 2-3

结构类型	无柱大空间	有柱大空间	标准柱跨空间
功能空间	报告厅、风雨操场、游泳馆	餐厅、多功能厅、图书馆	教室、宿舍

无柱大空间的布置受限最多，一般情况下，无柱大空间应避免在其上部叠合小柱跨空间。在校园设计中，为使空间更为集约高效，大多会采取操场＋无柱大空间、庭院＋无柱大空间、无柱大空间置顶的处理方式（表 5.2-4）。

无柱大空间布置案例 **表 5.2-4**

方式 a：操场＋无柱大空间
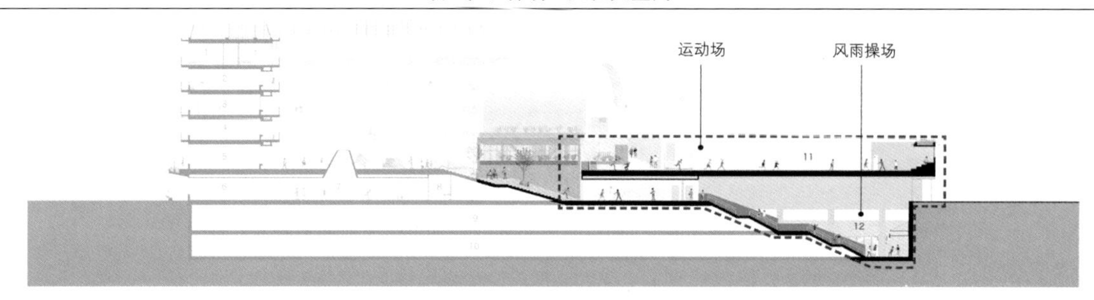 图 5.2-4　新沙小学操场下布置风雨操场 图片来源：Archdaily，作者改绘
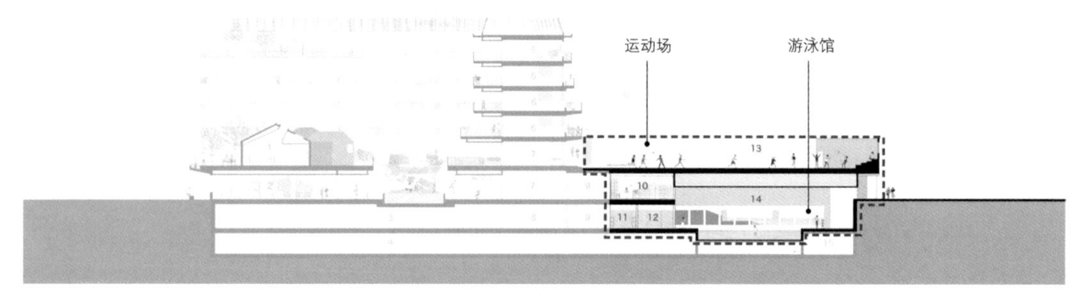 图 5.2-5　新沙小学操场下布置游泳馆 图片来源：Archdaily，作者改绘
方式 b：庭院＋无柱大空间
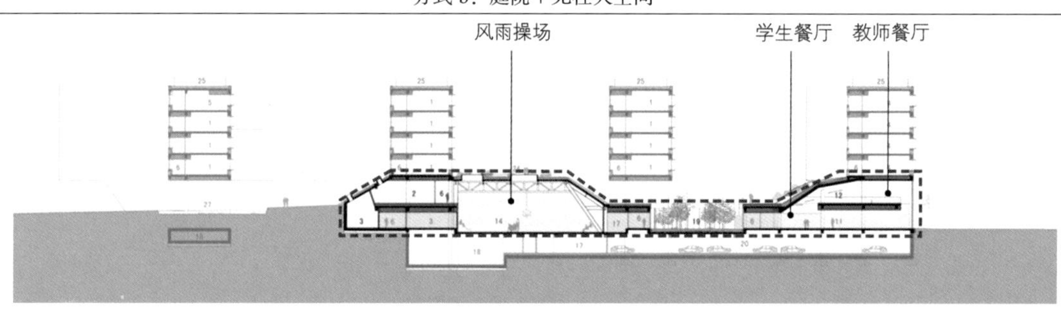 图 5.2-6　北京四中房山校区庭院下布置风雨操场和餐厅 图片来源：Archdaily，作者改绘
方式 c：无柱大空间置顶
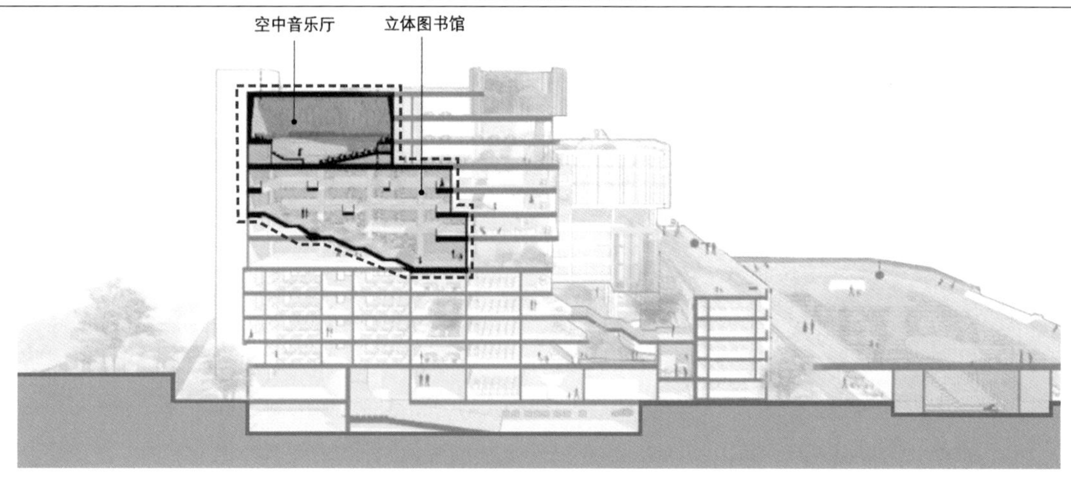 图 5.2-7　深圳龙岭实验学校 图片来源：网络，作者改绘

方式 a：操场＋无柱大空间

操场架空后，在底层置入风雨操场、小剧场、游泳馆等大型无柱空间，可以节省用地，并创造丰富的底层空间。深圳新沙小学便采取抬升操场的设计策略，在操场底层布置风雨操场和游泳馆，充分利用上空空间的同时，底层空间获得良好的采光通风效果（图 5.2-4，图 5.2-5）。

方式 b：庭院＋无柱大空间

庭院上空开敞，下部适合设置无柱大空间，可以将一些大型功能空间置入庭院下部来达到功能集约复合的目的。北京四中房山校区，在地下置入礼堂、体育馆、食堂等大空间，由于建筑层高的不同在外部形成自然起伏的地面，通过教学楼的围合创造出丰富多样的庭院景观（图 5.2-6）。

方式 c：无柱大空间置顶

在用地局促、学校功能多样性要求较高的情况下，可以将部分大型功能空间置于建筑屋顶。深圳龙岭实验学校是龙岗旧改类学校的典型代表，在设计中，受结构限制，将音乐厅这样的无柱大空间设置在主教学楼顶部，在努力降低活动场所密度的同时，通过图书馆等其他空间的过渡保证了普通教室安静的教学环境（图 5.2-7）。

校园操场较其他空间更为特殊，对日照要求更高，有利于结合其他大空间综合布置功能。操场的叠合方式一般有：结合下沉庭院布置在半地下，如福田中学竞赛方案（Bade StagebergCox，NY）；置于教学楼中间层，如深圳国际交流学院；置于教学楼顶部，如福田莲花小学。

（2）高度：增加层数

在充分利用校园地表面积后，为了尽可能提高单位用地的复合效率，可以采取校园的垂直发展。垂直空间的利用可以达到空间紧凑、功能集约、减少占地面积等目的。同时，建筑层数的增加为操场的抬升架空布局提供了可能性。

受学校规范的限制，小学主要教学用房应设置在四层及以下，初中主要教学用房应设置在五层及以下（《中小学设计规范》GB 50099—2011）。经医学鉴定，当学生在课间操和体育课结束后，利用短暂的几分钟上楼并立刻进入下一节课的学习时，四层（小学生）和五层（中学生）是疲劳感的转折点。超过这个转折点，在下一节课开始后的 5～15min 内，心脏和呼吸的变化会使注意力难以集中，影响教学效果。如何在增加教学楼层数的同时，通过设计规避上述不利影响，是校园竖向发展需要重点考虑的内容。对此，这里提出以下策略来实现校园教学楼层数的突破：

① 利用场地高差将操场置于多层裙房的屋面，并将其定义为新的“零标高”。

抬升操场后，既能解决规范的底层逻辑，进一步增加主要教学楼建筑层数，还可以在操场下方增添更多的教学空间（如图 5.2-8 深圳福田中学案例）。

② 巧妙布置办公用房和生活服务用房

学校设计规范对办公用房和生活服务用房的层数和高度没有限制，因此可将这两种功能用塔楼集中布置，也可以将其布置于教学单元中超过规范要求的楼层。

另外，随着技术的进步和设计思维的灵活化，完全有办法解决楼层与疲劳转折点的矛盾，如电梯的普及与利用等。

（3）空间紧缩：围合式布局、内廊

在建筑的规划布局上，可以采取建筑面积最大化的布局方式，或采取内走廊式的功能空间组织模式，增加主体建筑空间容量，实现紧缩空间，集约功能和建筑的最大化利用。

① 围合式布局

围合式建筑布局也称为“周边式原理”，是一种把建筑安排在基地的周边而不采取集中提高层数的做法，能在较低的楼层中提供相同的室内使用空间，还可以提供宜人的室外空间，低层高密度策略正是以此作为理论基础的。围合式布局对缓解城市用地紧张与居住的舒适性之间的矛盾具有很强的现实作用（图 5.2-9）。

深圳市新洲小学新建校园便采用周边式建筑布局方式，建筑紧贴街道与噪声退线，扩大建筑面积的同时延续旧校园的空间特征，完善城市的空间形态与关系（图 5.2-10）。

② 内廊

垂直发展学校案例——深圳福田中学 **表 5.2-5**

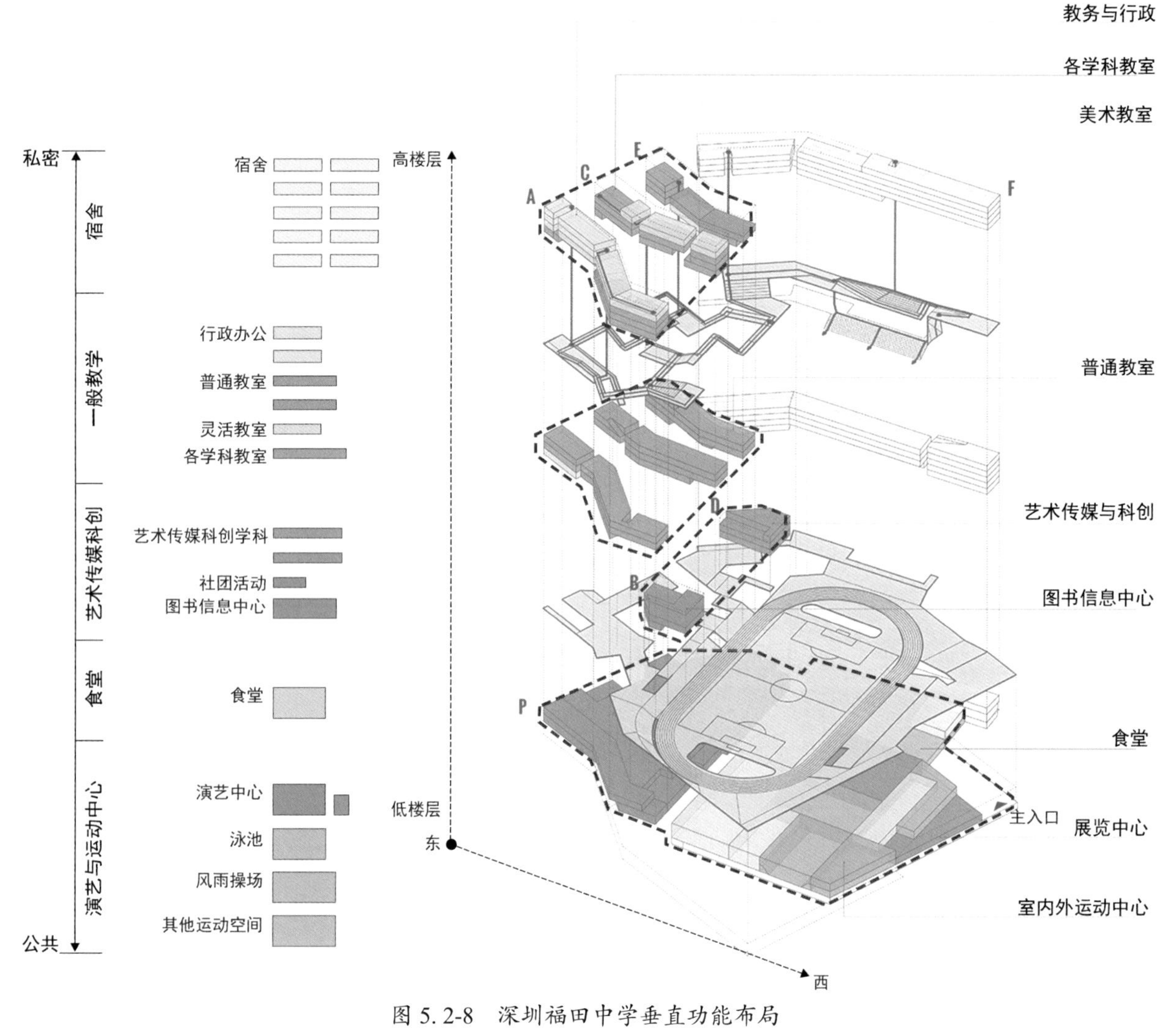

图 5.2-8 深圳福田中学垂直功能布局

图片来源：gooood，作者改绘

特征	1. 建筑向空中垂直发展，抬高操场重新定义零标高，保证普通教室层数不超过 5 层 2. 串联式布局，通过架空空间串联各楼栋活动平台 3. 多层次的活动平台：形成处于 30 ～ 40m 标高的屋面平台、20 ～ 25m 标高的空中活动圈和 5 ～ 9m 标高的操场与裙房屋面三个平台层次 4. 提升多层半室外活动平台，保证校园空间品质 5. 引入自然，强化建筑与景观，室内与室外的融合

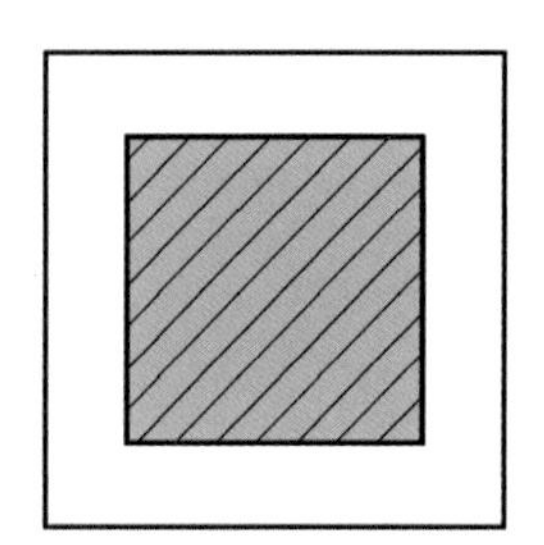

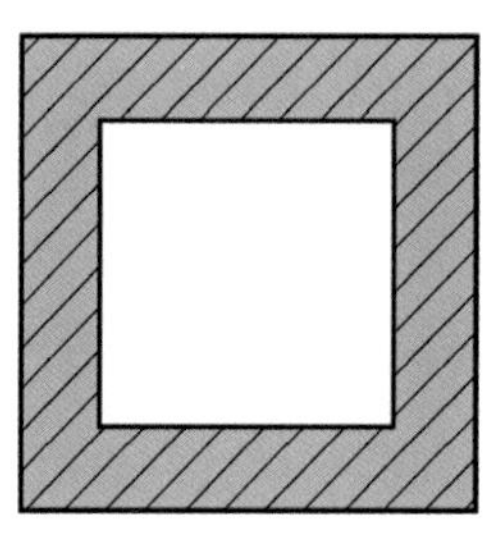

图 5.2-9 居中布局与围合布局

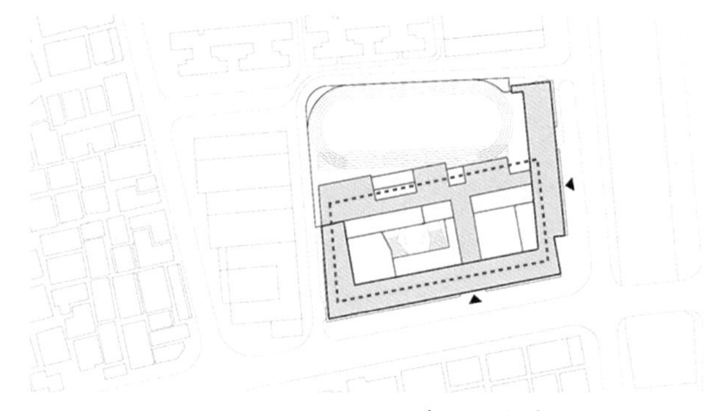

图 5.2-10 新洲小学周边式布局

图片来源：gooood，作者改绘

相比于传统的外廊式布局，内廊式布局沿走廊两侧排列布置教室，使各教室之间联系更紧密，内部交通流线较短，结构简单，在场地内能设置更多的教室单元。但内廊式布局的缺点是部分教室采光不好，一般会在最佳朝向布置普通教室，在次要朝向布置专业教室或辅助用房，同时易产生交通拥挤，因此应注意内部走廊采光与人流疏散设计（图 5.2-11）。

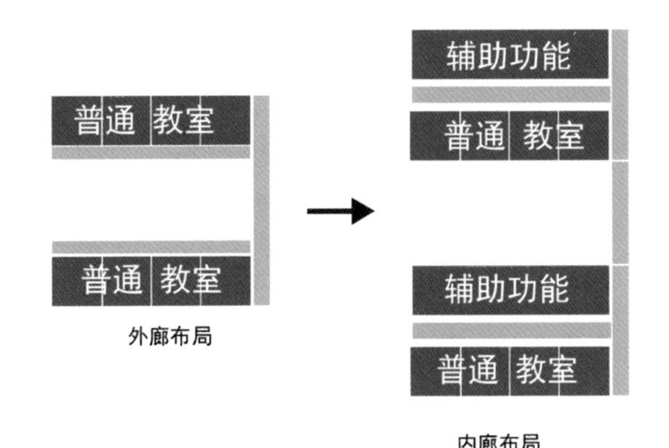

图 5. 2-11 外廊转化为内廊

深圳大鹏二十三中采取内廊式教学空间组织模式，利用半室外的课间活动平台消解了内廊的封闭感，形成内走廊空间与平台、交通空间的相互渗透（图 5.2-12）。

2）间接增容策略——弹性利用

除了增加建筑的绝对容量之外，对空间的弹性利用，即创造可变空间或错时利用校园空间，同样可以达到解决高密度校园功能使用的根本问题。

（1）共时的可变性

近年来，学校从单一性使用向复合性使用趋势转变，校园空间的“多学科”“多情境”、教室空间的“多用途”等在很大程度上促进了校园空间的高效利用。

多样化的教育需求促使教学方式的灵活化，教学内容不再局限于单个教室能容纳的活动形式。教学单元组合模式可以将相邻几个教室通过中间活动隔断进行联通，形成通长横向空间，可支持人数更多、活动形式更丰富的教学活动。

红岭实验小学对可变教室做出了有益尝试。在这里，普通教室被转译为小学生们学习和交往的基本空间单元，每两个普通教室被合并布置形成单元对组合，组合可以通过连接部灵活隔断的开闭满足合班和分班等不同活动需要，这种模式为互动式、混合式教学提供了更多的可能性（图 5.2-13～图 5.2-15）。

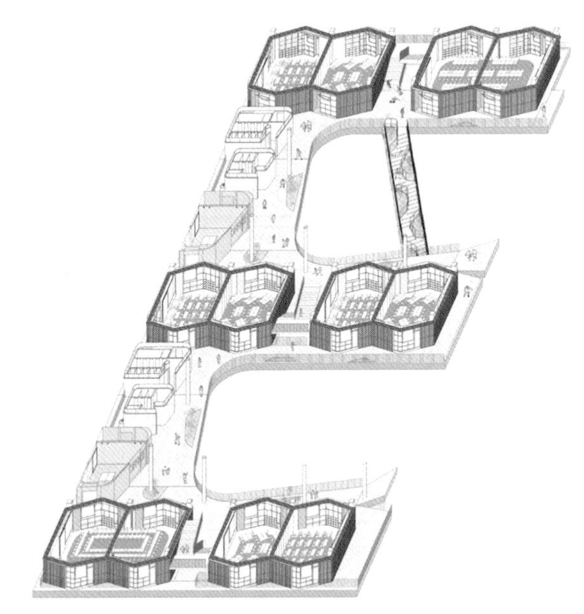

图 5. 2-13 教室按照单元对相邻布置

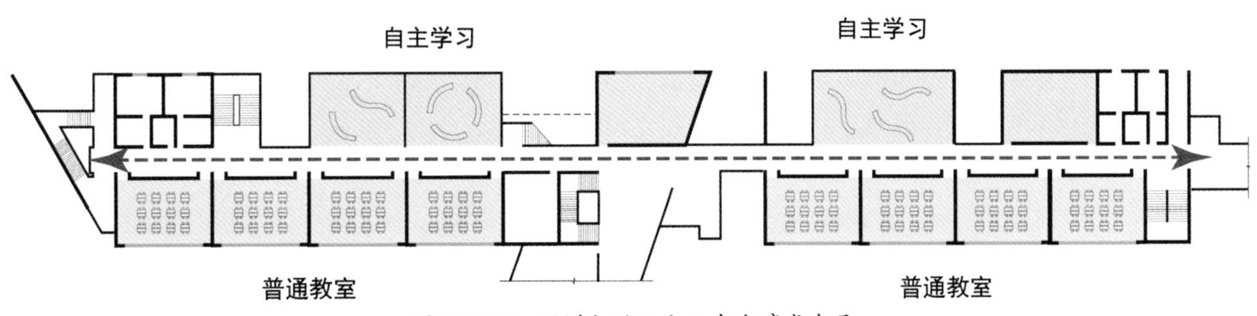

图 5. 2-12 深圳大鹏二十三中内廊式布局

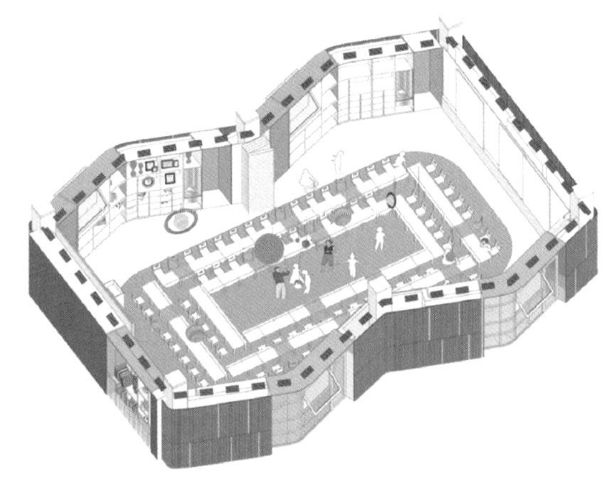

图 5.2-14　两个合并布置的单元对组合

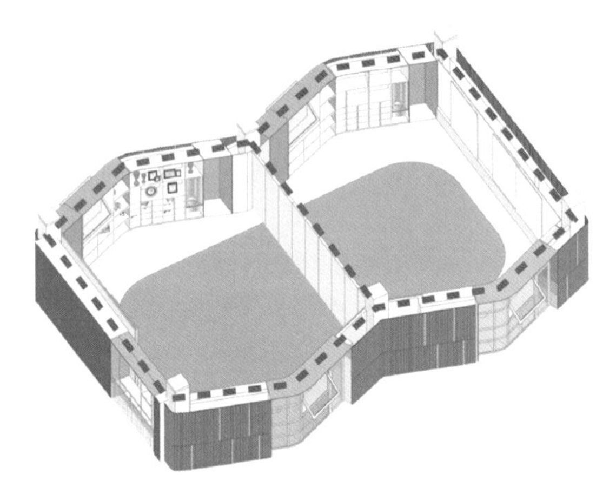

图 5.2-15　灵活隔断打开
红岭实验小学普通教室的可变模式
图片来源：Archdaily，作者改绘

（2）历时性的多样性

中小学校园中部分功能使用频率高，但占地面积相对较大，如报告厅、餐厅等空间，采取错时使用的方式可以提升其利用率，为学生提供更便捷高效的服务。受用餐时间及走读制的限制，中小学地下餐厅除了在用餐时间外，其他时间也一直处于闲置的状态。因此可以将学生放学等候区与地下餐厅结合设计。在晚高峰时段，将地下餐饮空间暂时转换为地下停车接送空间，实现使用上的错峰互补，缓解晚高峰时段拥挤的交通状况，同时可以节约校园用地。如苏州实验小学将地下餐厅复合等候休息功能进行设计（图 5.2-16）。

中小学体育场馆的跨度、层高较大，与观演会议空间具有相似性，对于声学和视线设计要求不高的中小学礼堂，体育场馆可以起到很好的替代作用。另外，体育馆也可兼做剧场或报告厅，但需要考虑防火分区面积的限制，以及通过利用下沉广场、避难走道等疏散方式解决学生的人流疏散问题。

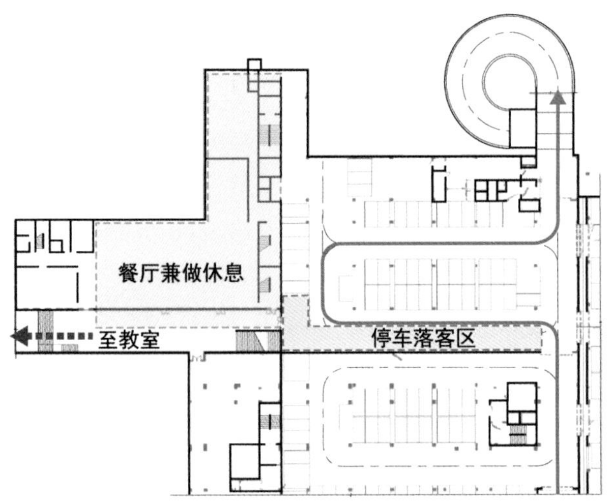

图 5.2-16　苏州实验小学地下餐厅兼做接送等候休息区
图片来源：作者根据《城市新区小学门前区空间研究》改绘

（3）学校资源互借

学校资源互借是一种倡导鼓励相邻学校公共教学空间共用的模式。在规划设计时，可以考虑将临近的不同级别的学校相邻布置，可以有效减少学校占地面积，提升土地利用率，节约成本。在学校资源互借的条件下，临近中小学运动场可以合并成一个，形成“中小学共用运动区”。新加坡的联华小学和育林中学就采取共用运动场和室内体育馆的资源互借方式，将共用设施放在中间，校园分布在两侧，相互受益又彼此独立（图 5.2-17）。

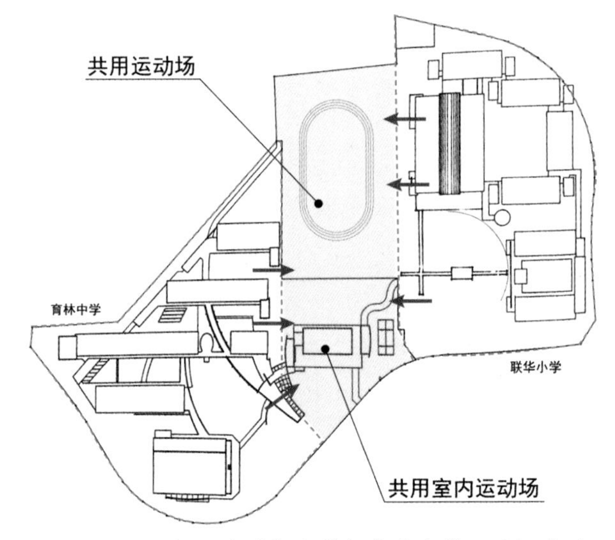

图 5.2-17　新加坡联华小学与育林中学运动场共用
图片来源：作者根据《学校建筑——新一代校园》改绘

5.2.2 空间提升策略

高密度城市下的中小学校园设计，在提高土地利用率、增加容量的同时，也要满足多样化的教学需求，提供优质的空间环境品质，创造舒适丰富的学习生活场所。

校园空间的提升优化可以从空间和环境两个层面进行。在校园物理空间层面，可以通过设计屋顶平台、架空空间、庭院空间、退台空间、檐下空间、特殊活动路径等丰富校园空间层次。在环境品质及感受方面，可以制造绿化、水体、花园景观等设施或引入自然生态景观进行微环境再塑造，美化校园环境。通过空间与环境感受的人性化提升设计，创造近人尺度的室内外公共活动空间，注入校园活力，提升校园整体舒适性，削弱校园用地紧张带来的压迫感。

这里提出堆叠、多层地表与超级底盘三种校园空间提升策略，试图说明如何在增加高密度城市下的校园空间容量的同时，保证校园空间舒适性与趣味性。

1）堆叠

在用地紧张的情况下，可以从空中寻求提升高密度校园空间舒适度的解决方法。通过建筑的体块堆叠，空间错动，形成庭院、退台、屋顶平台、架空空间、出挑空间等，形成多维度的学习活动场所和景观绿化，满足课间休息、社交、游戏、独处、教学拓展等多种使用需求（图 5.2-18）。

深圳龙岭学校现校区地处城中村，用地紧张，容积率较大。为了改造高密度学校并把空间最大化，建筑师采取立体堆叠、功能复合的建筑设计策略，将不同功能空间垂直叠加，并创造高低错落的屋顶平台、不同尺度的架空空间和多维立体的活动路径等，丰富户外活动场所，实现高效舒适的高密度校园空间设计（图 5.2-19）。

（1）叠落式屋顶平台

该校园设计中，不同空间体量的竖向堆叠与层数变化，形成叠落式的建筑屋顶，并巧妙利用屋顶平台创造攀爬树屋、屋顶稻田、屋顶天文台、天空植物园等屋顶花园式空间，给孩子们提供丰富有趣的活动场地。

（2）架空空间

在空间竖向堆叠时适当“留白”，形成架空空间，作为风雨连廊、活动平台、绿化景观等功能空间，以虚实有序的空间层次削弱了建筑整体的拥挤感，并将多义功能嵌入其中，给校园空间注入活力。

（3）立体漫游路径

出于对屋顶空间的充分利用，建筑师将建筑顶部连接起来，设计了一条整合交通、导向、游憩等功能的室外“登山道”，将散落在校园的各个中庭、花园、户外活动空间等串联在一起。学生行走在这条户外交通道路上，像在进行一场奇妙的校园探险。

2）多层地表

在场地空间有限、覆盖率条件允许的情况下，为提高单位用地的复合使用效率，可以在场地维度创造多种地面、地下、地上空间及交通系统，建构多层次立体的“人造地坪”，实现一种极大扩展室外空间，创造丰富活动场景的高密度校园组织状态（图 5.2-20）。

深圳市坂田天安云谷学校位于 160～180m 超高层建筑物环绕的夹缝中，场地面积非常有限，环境压抑。出于对校园内外环境的考虑，建筑师结合场地进行了多层地表的立体复合设计，通过创造多重屋顶、退台、檐下空间、架空空间、庭院空间等对内营造舒适的校园环境，并向城市提供一个森林绿谷式的生态公园（图 5.2-21）。

（1）多重屋顶

该方案通过场地维度的多层地表设计，塑造出操场平台、裙房屋面、绿化屋顶等多重屋顶空间，承载多样化的学习活动功能，对外形成良好景观视野，对内创造丰富的内谷空间和良好环境（图 5.2-22）。

（2）退台空间

多层地表整体从操场一侧向东北方向住宅楼层数递增，宽度递减，形成层层面向操场的退台式空间，创造出良好的观景视线，形成丰富的校园空间层次（图 5.2-23）。

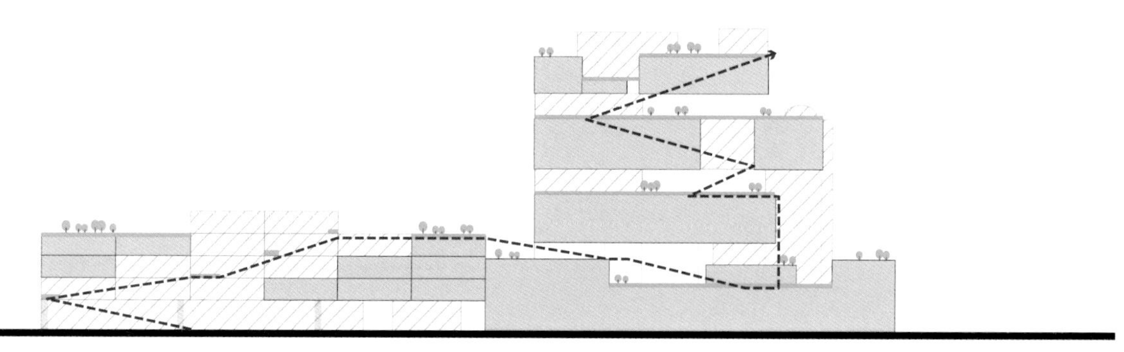

图 5.2-18　堆叠概念图

图 5.2-19　深圳龙岭学校改扩建工程效果图

图片来源：网络

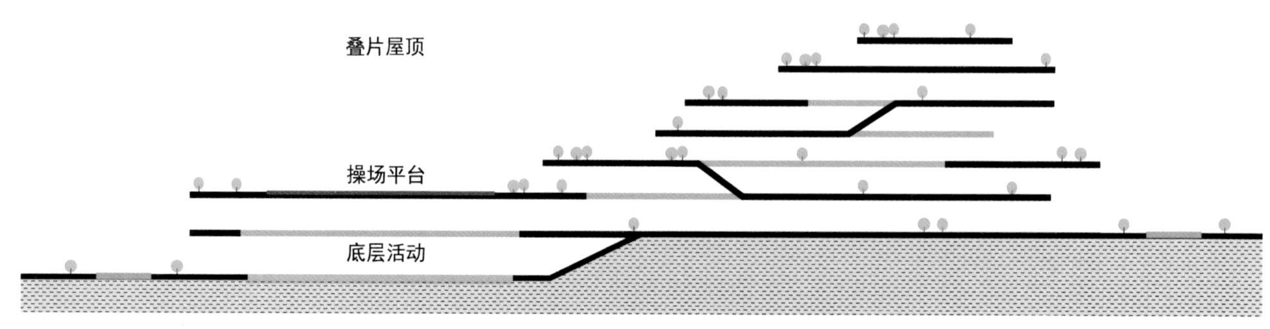

图 5.2-20　多地表概念图

图 5.2-21 深圳市坂田天安云谷三期 02-02、02-12 学校概念方案设计效果图

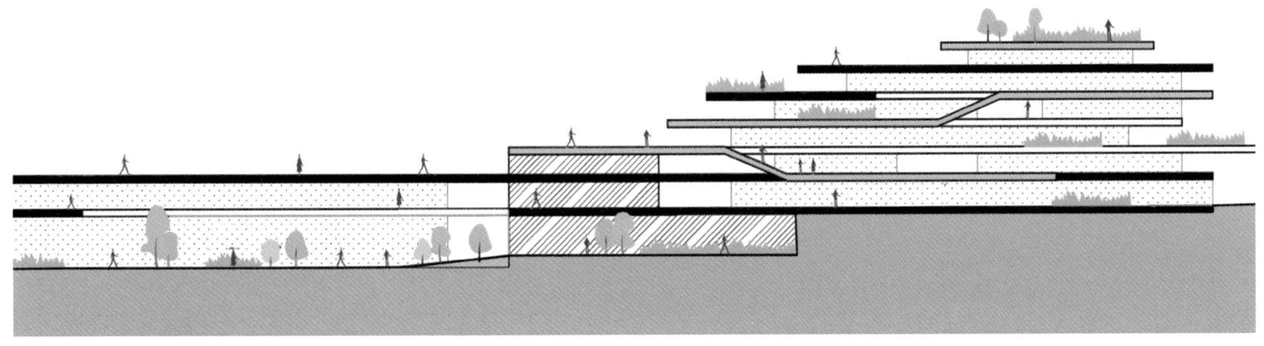

图 5.2-22 多重屋面

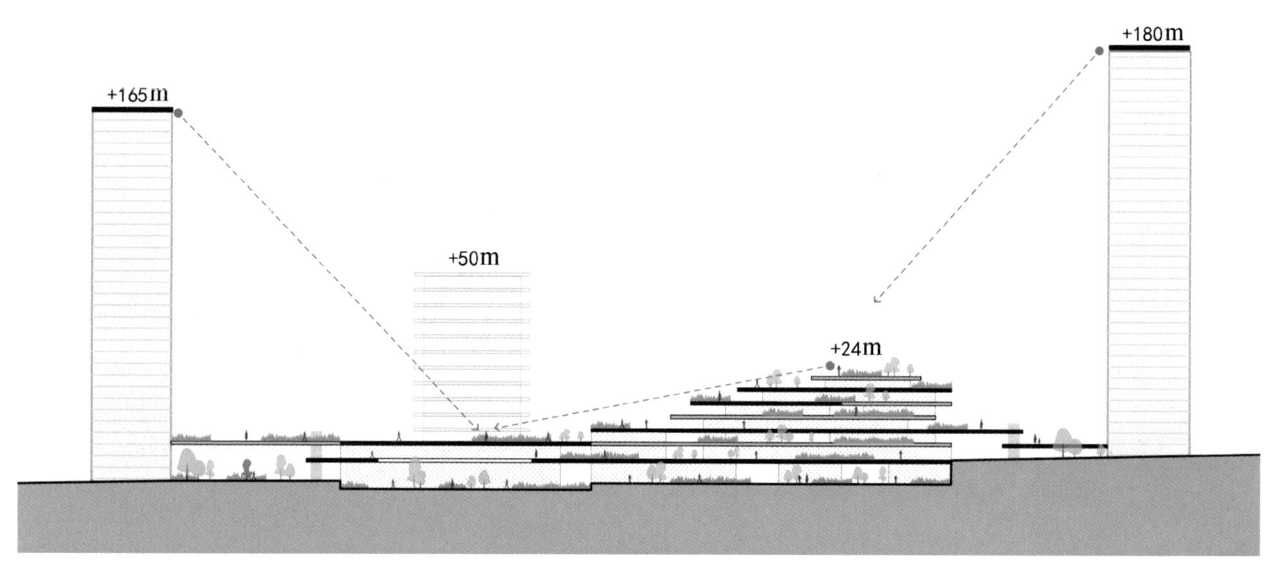

图 5. 2-23　退台与森林绿谷公园

（3）檐下空间

多重屋面为丰富的檐下空间设计提供了可能，该方案通过屋面出挑宽度的多样性设计，形成尺度各异的檐下空间，对内实现高密度校园的视线管控，规避不利环境干扰，创造安逸稳定的校园环境氛围（图 5.2-24，图 5.2-25）。

图 5. 2-24　檐下空间 1

图 5. 2-25 檐下空间 2

3）超级底盘

“超级底盘”可以理解为将校园中的底层空间作为一个整体，通过空间整合与功能融合，复合利用非定式的教学空间，在校园底层创造一个功能复合化、空间多样化、管理开放化的校园文体共享中心。面对高密度校园中用地紧张问题，这种整合底层空间的方式，有利于创造体验丰富的校园空间，提升空间使用效率，且便于有机地融入周边城市空间（图 5.2-26）。

惠州市博罗中学中洲实验学校位于东江河畔，环境幽美，视野开阔，而场地东侧和北侧多为高层住宅，形成一定的视线压迫感。场地整体呈不规则多边形，为东高西低山地，给设计带来较大挑战。

设计师通过创造一个功能复合高效的超级底盘，将秩序分明的定式教学空间置于底盘之上，将非定式教学空间整合在底盘空间之中，实现了对校园空间的梳理与重组。不同的空间层级可满足不同时间和尺度的活动需求，学生在教学空间上课之余，游走在不同功能特性的底盘空间之中，获得不同的空间场景体验（图 5.2-27）。

（1）“盘下”互动

底盘空间整合了多种非定式教学空间，围绕阅读、体验、运动、展示等一系列校园活动，在底层创造出多维立体的学习互动空间。另外，底盘局部架空引入自然景观，形成视线渗透，创造出轻松愉悦的校园氛围（图 5.2-28）。

（2）“盘上”秩序

教学单元作为定式空间，以一定的秩序置于超级底盘的顶部。普通教室的每个年级构建一个标准层，每两层构建出一个标准单元。多个标准单元置于底盘之上，让顶部空间产生出一种理性的秩序感。

（3）“混沌”路径

该校园设计借鉴传统客家围屋的梳式布局，底盘空间中设置多条路径，使各种功能空间与院落空间相互结合，路径之间呈现一种迷失感，建筑、景观、自然融合于一体。同时引入冷巷概念，让校园可以更好地适应岭南的气候，提升空间的舒适度（图 5.2-29，图 5.2-30）。

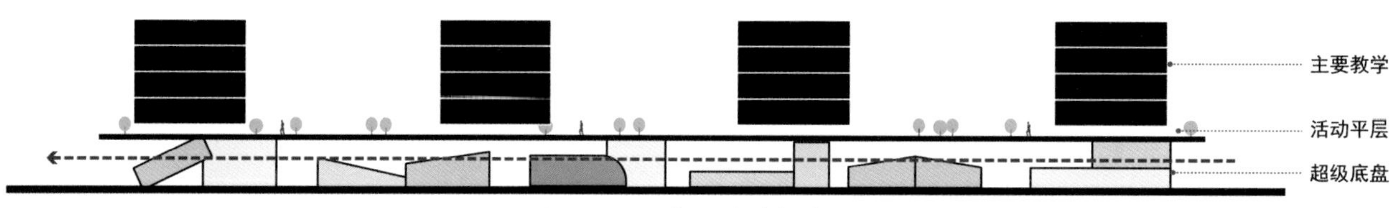

图 5.2-26　超级底盘概念图

图 5.2-27　惠州市博罗中学中洲实验学校实景图

图 5.2-28　功能与秩序

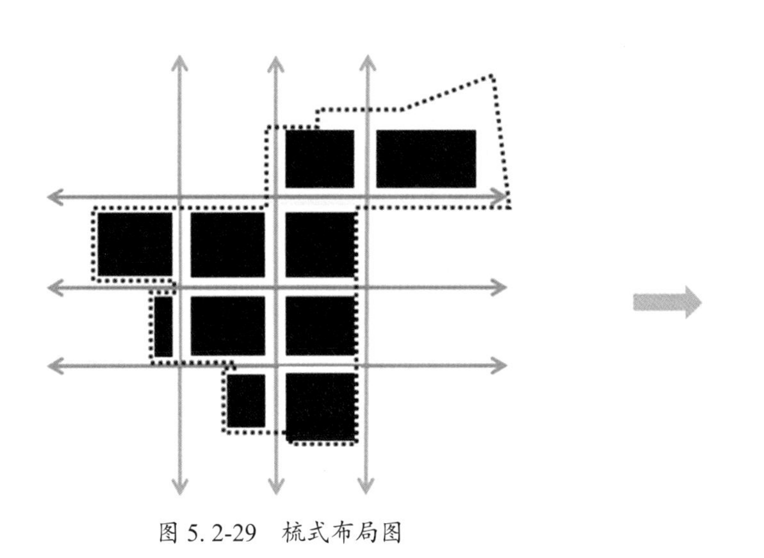

图 5.2-29 梳式布局图

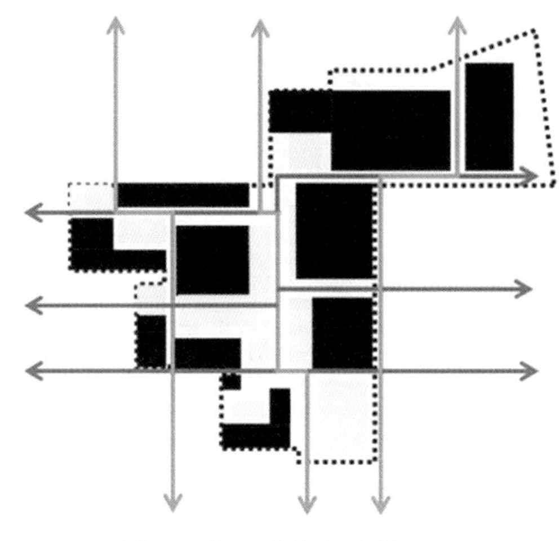

图 5.2-30 功能与院落

5.2.3 交通策略

在高密度校园中，交通设施除了满足基本的安全疏散要求外，更重要的是快速集散人群，提高通行效率，避免拥挤。

在条件允许的情况下，交通空间的直接拓宽是最简单高效的人流快速集散方式。其次，在水平交通方面，可以设计多方向楼梯或走廊、双通道、环形走道，连续楼梯坡道等实现不同方向人流快速集散。在垂直交通方面，在满足基本的疏散规范前提下，必要时可以设计跨楼层接驳的楼梯、坡道等，甚至结合无障碍坡道、电梯等实现人流快速集散（表 5.2-6）。在建筑外部，学校主出入口应充分考虑上下学时大量人流的通过，校门内外应合理设置等候空间与接送系统，提高空间利用效率，并有效缓解校园及其周边的交通压力（图 5.2-31～图 5.2-35）。

交通策略及案例分析　　表 5.2-6

人流快速集散策略	案例
交通空间直接拓宽	图 5.2-31 交通空间直接拓宽
	特点：拓宽部分走廊，增大学生非正式活动空间，提高走廊的人流容量（深圳市石厦小学）

续表

人流快速集散策略	案例
多方向楼梯或走廊	图 5.2-32 多方向楼梯或走廊
	特点：植入冷巷和院落，引入多条不同方向路径，有利于多方向的人流疏散（博罗中学中洲实验学校）
双通道、环形走道	图 5.2-33 双通道、环形走道
	特点：双面走廊、阳台的设计，使楼面连通成一层层的平台，楼层整体形成环形走道，增加走廊活动空间的同时提高人流集散效率（深圳市新沙小学）
连续楼梯、坡道	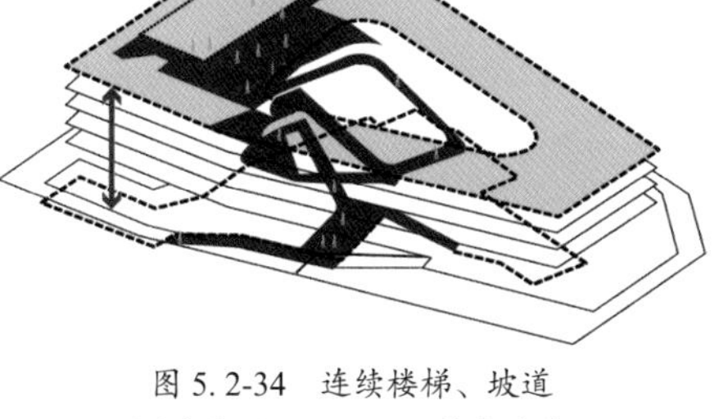 图 5.2-34 连续楼梯、坡道 图片来源：gooood，作者改绘
	特点：连续楼梯坡道及绳网乐园形成空间及下沉运动区的快速联络，利于人流舒畅快速集散（深圳福田莲花小学）

续表

人流快速集散策略	案例
跨层引导接驳	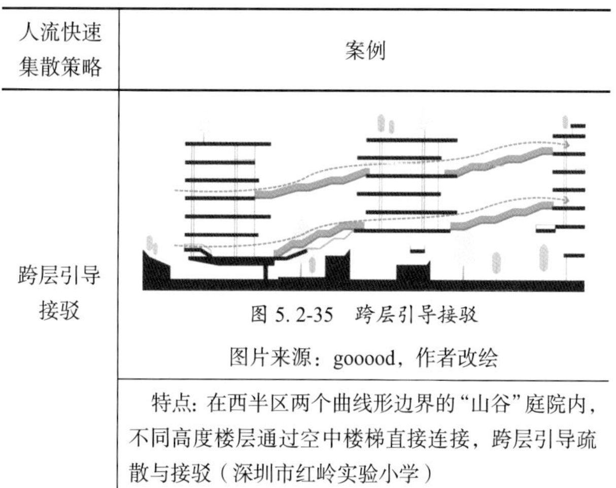 图 5.2-35　跨层引导接驳 图片来源：gooood，作者改绘
	特点：在西半区两个曲线形边界的“山谷”庭院内，不同高度楼层通过空中楼梯直接连接，跨层引导疏散与接驳（深圳市红岭实验小学）

图表来源：作者自制

5.3　中小学校园与城市的关系

城市中小学在城市社区之中分布均匀，覆盖广泛。在高密度城市中，其占地较大，相对是一个低密度的空间，在承担学校基本职能同时，未来可以发挥更多的城市公共职能，以缓解部分城市压力。

首先，中小学校园可以发挥自身文化和空间资源的优势，作为一个文化输出综合体，有机融入城市环境和市民的日常生活之中，为学生的社会化教育和社会公众的社区教育提供更合适的场所与更丰富的文化资源。

其次，通过加强校园公共空间的复合利用可以实现校园与社区的共享互动。通过整合学校文体设施、地下停车场等校园资源，塑造与城市共享的公共活动空间，以“错时共享”的方式使校园空间的使用率得到提高，构建以学校为核心的社区公共服务综合体。

另外，校园拥有开阔的场地和相对完善的配套服务设施，可以作为城市应急的安全岛或避难所。如日本中小学校园会进行防灾抗震设计，在学校规划建设时考虑其作为避难场所的可达性，抗灾物资及设施的储备和建筑物的抗灾能力等，当校园作为临时避难场所时可以保证避难人员的基本生存需求。

参编人员：李　嵩　孙亚梅　杨雪亿
陈　婧　陆天遥　康建彰

参考文献：

［1］中国（深圳）综合开发研究院课题组．深圳经济特区40年探索现代化道路的经验总结［J］．特区经济，2020（08）：9-12.

［2］钟中，吴家杰．基于高密度城市的多功能复合型行政服务综合体建筑设计研究：以深圳为例［J］．城市建筑，2021，18（07）：112-120.

［3］董春方．高密度建筑学［M］．北京：中国建筑工业出版社，2012.

［4］吴恩融．高密度城市设计［M］．北京：中国建筑工业出版社，2014.

［5］罗伯特·鲍威尔．学校建筑：新一代校园［M］．天津：天津大学出版社，2002.

［6］中小学校设计规范：GB 50099—2011.

6 高容高密中小学校运动场布局策略探析

深圳大学建筑设计研究院有限公司 蔡瑞定

6.1 语境特征

6.1.1 背景与概念

1）城市背景

伴随深圳城市经济快速发展，建设用地高度集约，城市空间密度急剧增高，城市土地开发强度已经达到了50%。近几年在政府制定的一系列人口政策的刺激下，深圳城市人口一直持续和快速增长，人口规模迅速膨胀，教育资源日趋紧缺，学位需求爆发式增长。同时深圳作为一线城市，为了建设与一流国际化城市环境相匹配，适应当代新型教育理念和未来学校教育模式的时代背景要求，中小学校园功能空间更需多元化，建筑规模与建设标准在不断扩大提升。然而在现行规范技术标准的制约下，极度匮乏的校园建设用地与大容量高标准的校园建设带来了新的矛盾，城市空间和校园建设面临新的挑战，不得不寻找新的平衡点。

近年来，深圳教育、规划与工务署等管理部门陆续开展一大批高容积率、高密度的学校改扩建和新建项目的实践，力求在高密度的城市环境下，解决学位需求的同时平衡土地利用效率和空间教学品质之间的关系，探索南方气候条件下高容高密校园空间范式的创新，举办了一些新校园计划行动：如2017年福田新校园行动计划——8＋1建筑竞赛与工作坊，2018年为明天设计——罗湖区第一届校园设计创意竞赛，2021年5月福田新校园行动计划第二季“新校园新社区五联展”，2021年9月走向新校园第三季“书院营造六联展”等。经过多方的努力和实践，深圳在短短两三年间涌现一批新的高容高密中小学校园样本，如红岭实验小学、石厦小学、新沙小学等。

2）“高容高密”概念与空间模式

“高容积率高密度”简称“高容高密”。从《深圳市普通中小学校建设标准指引》修订过程中，可以看出2016年版规定的同一规模学校容积率平均值比2007年版的增加了52%～130%，此后修订版的标准指引均居高不下，这也说明高容积率高密度校园在未来随着城市建设用地的日趋集约而可能成为中小学建设的常态。高容高密的中小学校园从建筑学本体上已发展成为一种新的教育综合体的概念。

在校园空间模式上，由于校园用地集约化，功能空间势必因水平挤压而在垂直方向上产生重组叠加，因而形成了竖向发展的“上天入地”立体模式（图6.1-1）。

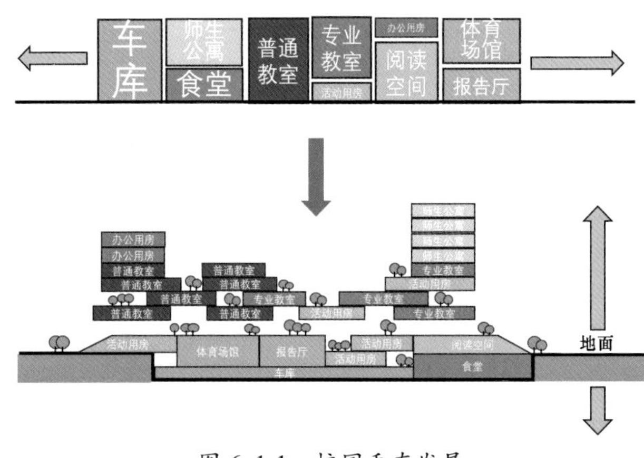

图6.1-1 校园垂直发展

（1）多首层方式：形成了多地表的地下庭院层、地面层和运动场大板层，地面之上为多层建筑部分，主要的教学功能如普通教室，一般控制在四至五层，满足规范层数要求，地下庭院层和其他层数或高层部分（一般控制在 50m 以内）一般作为办公、教学辅助功能等（图 6.1-2）。

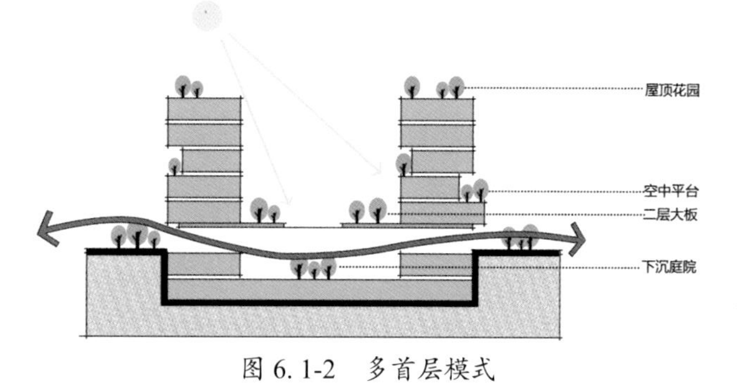

图 6. 1-2　多首层模式

（2）下沉庭院方式：为了高效利用地下空间，改善地下室通风采光环境并有利于消防疏散，解决高容量校园的师生接送问题，通过设置下沉庭院，将地下室首层化，即可将部分专业教室和教学辅助用房、体育用房等功能置于地下层，大大提高土地的利用率，同时也最大化释放地面空间，保证首层空间的通透性和舒适性。

“上天入地”的模式改变了传统低密度校园横向联系的水平性，转为竖向叠加产生的垂直性和复杂性，从某种程度上也为高容高密校园的活力空间创造了新的可能。

6. 1. 2　指标特征

基于高容高密校园的空间模式，通过样本采集分析和比较的方法，从容积率和密度层面可以看出：

（1）在容积率层面，传统学校一般控制在 0.8～0.9，而从目前实施案例，容积率介于 1.5～3.5 相对较多，个别学校容积率甚至达到 4.0。通过对近年来深圳新建的一批中小学案例的分析调研比较，从容积率与总体布局、层数、日照通风采光、空间尺度、运动场布局、结构体系、绿化景观等因素建立了主观性评价（表 6.1-1），可以看出：

① 容积率小于 1.0，5 层以下多层建筑，通风采光朝向优良，庭院空间尺度良好，运动场置于地面，绿化景观良好，结构体系简明，总体布局舒朗。

② 容积率 1.0～1.5，6 层及以下多层建筑，通风采光朝向良好，庭院空间尺度良好，运动场设置于地面层，绿化景观良好，结构体系简明，总体布局舒展。

③ 容积率 1.5～2.0，6 层及以下多层建筑，通风采光朝向一般，庭院空间尺度适中，运动场抬升至二层大板，利用地下一层作为专业教室或教学辅助空间，绿化景观立体化，结构体系简明，总体布局紧凑。

④ 容积率 2.0～2.5，6 层及以下多层建筑，通风采光朝向受限，庭院空间尺度适中。运动场抬升至二层及以上大板，利用地下一层或局部二层作为专业教室或教学辅助空间，绿化景观立体化，结构体系复杂，总体布局集约。

⑤ 容积率 2.5～3.5，6 层以下多层建筑或局部出现高层，通风采光朝向受限较多，庭院空间尺度局促，运动场抬升至二层及以上大板或至屋顶，利用地下一、二层作为专业教室或教学辅助空间，绿化景观立体化，结构体系繁杂，总体布局高度集约。

⑥ 容积率大于 3.5，建筑高度突破 24m，通风采光朝向难以满足要求，庭院空间尺度压抑，运动场抬升至二层及以上大板或至屋顶，利用地下一至三层作为专业教室或教学辅助空间，绿化景观立体化，结构体系复杂，总体布局形成了高层综合体。

当容积率超过 3.5 以后，校园空间合理舒适度、日照、通风采光、消防、结构、安全疏散、地下室下挖深度、工程造价都存在诸多问题，从目前竞赛和实施的案例可以看出突破 3.5 容积率的中小学校园甚少。

（2）在建筑覆盖率即建筑密度的层面，传统学校一般要求建筑覆盖率在 30%～35% 及以下。而从目前实施案例中，从表 6.1-2 可以看出：建筑覆盖率在 35%～90%，并且有相当多数的学校建筑覆盖率在 50%～60%，这与运动场大板抬升至二层及以上密切相关。

容积率主观性评价表 表 6.1-1

容积率		≤1.0		1.0～1.5		1.5～2.0		2.0～2.5		2.5～3.5			>3.5
名称		同济大学附属实验小学 容积率：0.61	博罗中学中洲实验学校 容积率：0.74	华中师范大学附属龙园学校 容积率：1.24	高安路第一小学容积率：1.4	前海三小 容积率：1.72	上星学校 容积率：1.79	第二外国语学校容积率：2.03	新洲小学 容积率：2.24	红岭实验小学 容积率：2.6	人民小学 容积率：2.66	罗湖桂园中学 容积率：3.4	布心小学 容积率：3.96
总体布局													
评价	地上	4F	4F	5F	5F	5F	5F	5F	6F	6F	35.2m	13F	49.8m
	地下室	无	无	无	下挖1F	下挖1F	下挖1F	下挖3F	下挖2F	下挖2F	下挖1F	下挖3F	下挖4F
	消防	6米环道	6米环道	6米环道	6米环道	6米环道	6米环道	6米环道	6米环道	6米环道	6米环道	15米登高面	15米登高面
	结构	框架	框架	框架	框架	框架	框架	框架	框架局部钢架	框架	大跨	框架局部钢架	大跨
	造价	8100万	4300元/m²	低	低	中	中	高	高	高	高	高	高
	庭院尺度	26m	25m	25m	22.5m(内廊)	20m	18m	16.8m	19m	21m	21m	16.8m	17m
	绿化	高	高	高	高	中	中	低	中	低	中	中	中
	运动场位	在地	在地	在地	在地	2F	地面屋顶	在地	2F	2F	2F	在地	2F

●—— 优
●—— 差

学校建筑覆盖率 表 6.1-2

密度	40%以下		40%～50%	
名称	前海三小 35%	博罗中学中洲实验学校 39%	梅香小学 40%	石厦小学 45.8%
总体布局				
密度	50%～75%		75%以上	
名称	莲花小学 54.4%	新洲小学 70.09%	红岭实验小学 77%	新沙小学 82.9%
总体布局				

因此，从容积率和建筑密度两个指标可以看出，高容高密学校中，运动场布局与校园容积率和建筑密度息息相关，而校园空间舒适度与建筑密度又密切关联。运动场空间作为校园最大占地面积，对总体布局起着决定性的作用。

6.1.3 布局分区

中小学校园总体布局一般包括：各种教学及其辅助用房组成的教学区；由宿舍、食堂、厨房等组成的生活区；由各种体育场、球类场地、体育馆、游泳馆等组成的体育运动区等。根据师生教学活动规律和便于管理的原则，功能区各自独立，联系方便。同时需要结合校园用地周边条件进行统筹规划。

在校园总图布局设计中，由于运动场占地大，一般约占用地面积的三分之一（表 6.1-3），因此运动场摆放位置、跑道形式、离地标高等方面对校园总体布局和空间塑造起着决定性作用。

总图关系与运动场占比　　表 6.1-3

学校名称	总图	用地面积	运动场规模	运动场位置	占比
前海三小		13048m^2	200m 运动场 /4400m^2	地面	0.34
华中师范大学附属龙园学校		52439.47m^2	300m 运动场 /8300m^2	地面	0.35
深圳市龙华区第二外国语学校		23656m^2	300m 运动场 /8300m^2	地面	0.35
经岭实验小学		10200m^2	250m 运动场 /2700m^2	2F	0.26
新洲小学		10633m^2	300m 运动场 /7255m^2	2F	0.68
宝安区上星学校		21171.6m^2	250m 运动场 /5000m^2	地面	0.24
苏州科技城实验小学		43880m^2	300m 运动场 /7800m^2	地面	0.18

6.1.4 功能类型

运动场作为校园中必配的设施场地，通常承载着至少五大功能：

（1）体育运动：满足规范要求的跑道长度，设置足球场地、体育课堂训练等功能。

（2）集会活动：大型规模的升旗、聚会、体育比赛或年级活动等。

（3）绿化景观：结合功能性与自然生态性，通过植物和大面积绿地协调配置，满足校园绿化率和海绵城市要求，起到校园绿化生态作用。

各类学校运动场规模配置　　表 6.2-1

小学	初中	九年一贯制学校	普通高中	寄宿制高中
1 处 200m 标准环形跑道（其中含不小于 60m 的直跑道）	1 处 200 ～ 300m 标准环形跑道（其中含不小于 60m 的直跑道）	1 处 200 ～ 300m 标准环形跑道（其中含不小于 60m 的直跑道），有条件可设置 400m 标准环形跑道	1 处 200 ～ 400m 标准环形跑道（其中含不小于 60m 的直跑道）	1 处 400m 标准环形跑道（其中含不小于 100m 的直跑道）
1 座风雨操场	1 座室内体育馆或风雨操场	设置 1 座室内体育馆或风雨操场	1 座室内体育馆	1 座室内体育馆
2 ～ 3 个篮球场、2 个排球场（兼羽毛球场）	2 ～ 3 个篮球场、2 ～ 3 个排球场（兼羽毛球场）	3 ～ 5 个篮球场、2 ～ 3 个排球场（兼羽毛球场）	2 ～ 3 个篮球场、2 ～ 3 个排球场（兼羽毛球场）、1 个游泳池	4 ～ 6 个篮球场、3 ～ 5 个排球场（兼羽毛球场）、1 ～ 2 个网球场、1 个游泳池
100 ～ 200m^2 机械场地	150 ～ 200m^2 器械场地	200 ～ 270m^2 器械场地	150 ～ 200m^2 器械场地	300 ～ 400m^2 器械场地

（4）共享活动：作为与社区开放共享如节日庆典等重要活动场地。

（5）避难场所：在紧急情况下可作为学校或周边社区的应急疏散和避难场地。

6.2　规范标准

6.2.1　规模配置

《深圳市城市规划标准与准则》对配置规模的规定如表 6.2-1。

6.2.2　朝向限定

室外田径场及足球、篮球、排球等各种球类场地的长轴宜南北向布置。长轴南偏东宜小于 20°，南偏西宜小于 10°。(《中小学设计规范》GB 50099—2011 第 4.3.6 条）

解读：限制纵轴的偏斜角度是因为田径场内常顺纵轴布置球场。若长轴东西向布置，当太阳高度角较低时，场地有一方必须面对太阳投射，或面对太阳接球，极易发生伤害事故，故规定宜将场地的长轴南北向布置。一般学校早晨第一节课不安排体育课，所以对南偏东的限制较松；下午课外活动时，凡当日无体育课的学生都集中在操场上锻炼，人数多，所以对南偏西的限制更严格（图 6.2-1）。

灵活应用：在高容高密城市环境下，因校园周边高层建筑物遮挡，炫光问题有所缓解，在此特定条件下运动场朝向可以适当调整。

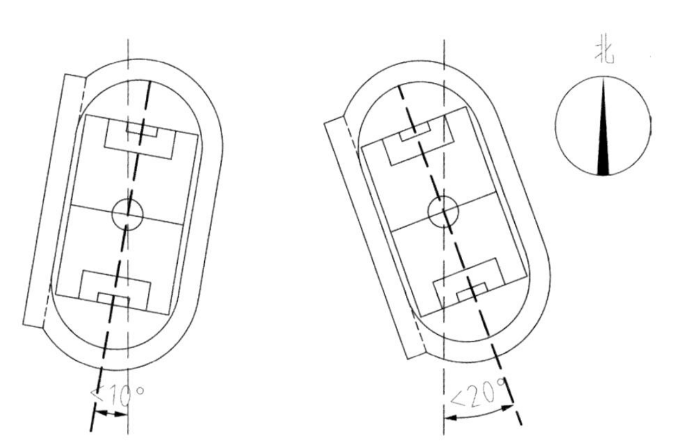

图 6.2-1　运动场朝向

6.2.3　水平间距

（1）各类教室的外窗与相对的教学用房或室外运动场地边缘间的距离不应小于 25m。(《中小学设计规范》GB 50099—2011 第 4.3.7 条）

解读：在开窗的情况下，教室内朗读和歌唱声传至室外 1m 处的噪声级约 80dB，上体育课时，体育场地边缘处噪声级 70～75dB，根据测定和对声音在空气中自然衰减的计算，教室窗与校园内噪声源的距离为25m时，教室内的噪声不超过50dB。原来规定控制两排教室的长边相对时的间距及教室的长边与运动场的间距，由于现在学校的教室楼不一定是矩形，故修订为控制各类教室的外窗与相对的教学用房或运动场地之间的距离，以避免噪声干扰，影响教学效果（图6.2-2）。

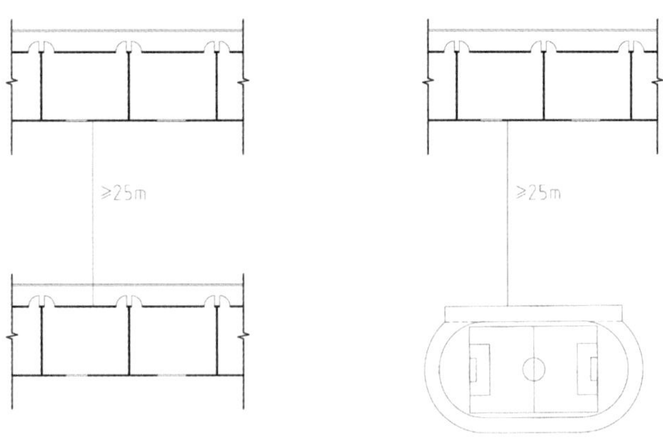

图6.2-2 水平间距

（2）当建设用地紧张时，通过采取相关措施，在保证由运动场外边缘传至对面教室室内噪声声压级≤50dB（A）的前提下，可适当减少运动场外边缘与正对的教学楼外窗之间的最近距离，但不应小于21m。（《深圳市中小学校建设试点项目关键技术指引》（2021版）第4.0.3条）

解读：运动场外边缘与正对的教学楼外窗之间的距离主要受噪声因素制约。根据《中小学校设计规范》GB 50099—2011，要求教室开窗状态下室内噪声级小于等于50dB（A）。研究表明，以噪声为目标约束测算间距的性能化设计具有理论可行性。因此，当建设用地紧张而噪声符合规定时，可适当减少间距。此处给出21m的低限值是为了避免极端情况引发其他潜在问题。

灵活应用：① 通过合理组合教室，规避噪声影响，在面对噪声影响的一侧设置专业教室、辅助用房、办公室、楼梯间等非教学用房阻隔噪声。② 项目用地中存在地形高差，当运动场标高大于或接近教学楼屋顶标高时，噪声影响减弱，运动场与教学楼间距可适当缩减（图6.2-3）。

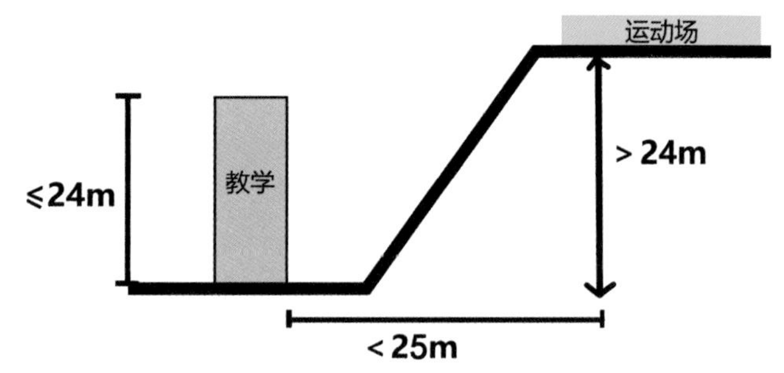

图6.2-3 运动场间距的灵活运用

6.2.4 规格尺寸

（1）《体育场地与设施》GJBT-1050，标准运动场规格尺寸（表6.2-2）：

标准运动场规格尺寸　　表6.2-2

运动场规格	平面图
标准排球场平面图	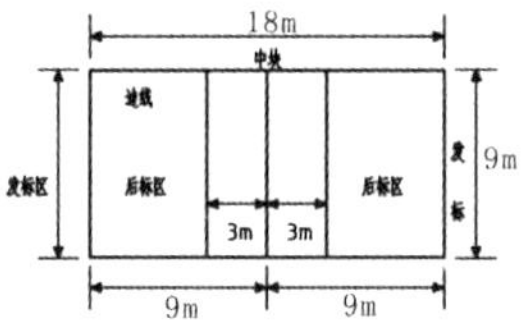
标准篮球场平面图	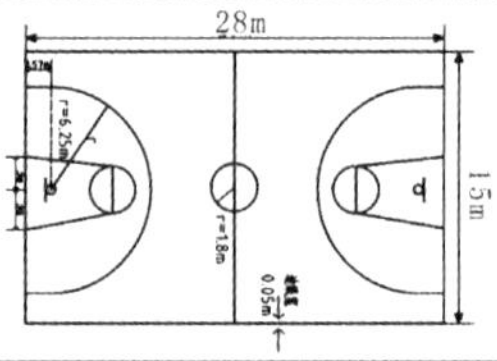
200m跑道平面图	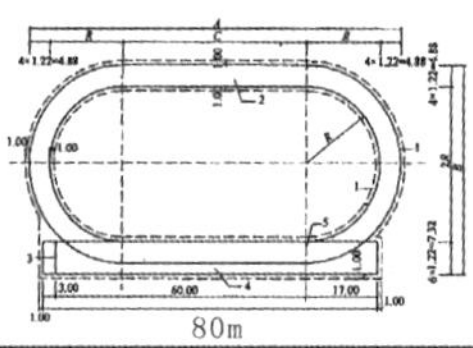
250m跑道平面图	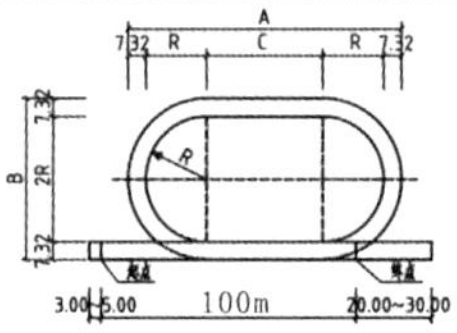
300m跑道平面图	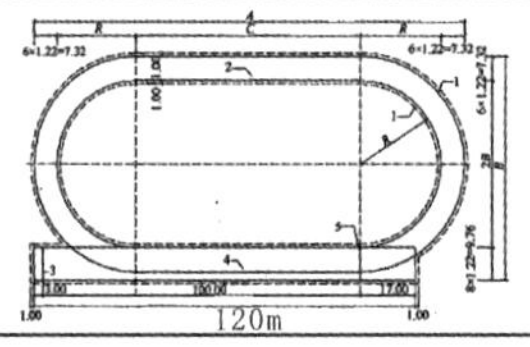
400m跑道平面图	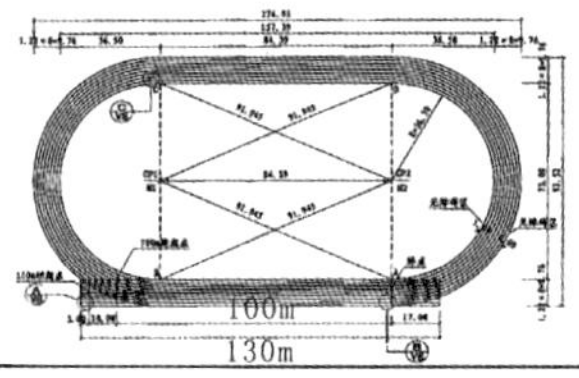

（2）《中小学体育设施技术规程》JGJ/T 280—2012 对中小学校运动场地综合布置做如下规定：

5.4.11 中小学校运动场地综合布置应符合下列规定：

1 各运动项目的场地布置应紧凑合理，在满足各项比赛、教学或训练要求和保证安全的前提下，应充分利用；

2 铁饼、铅球的落地区可设在足球场内，铅球落地区也可设置在足球场与弯道之间；投掷圈应设在足球场端线之外；

3 跳远和三级跳远宜设置在跑道直道外侧；

4 比赛用场地的西直道外侧场地宽度宜满足终点裁判工作、颁奖仪式等活动的要求；

5 场地应有良好的排水设施，跑道内侧应设环形排水沟，全场外侧宜设置排水沟，明沟应有漏水盖板；

6 场地内应根据使用要求，设置通信、信号、网络、供电、给排水管线等（图 6.2-4）。

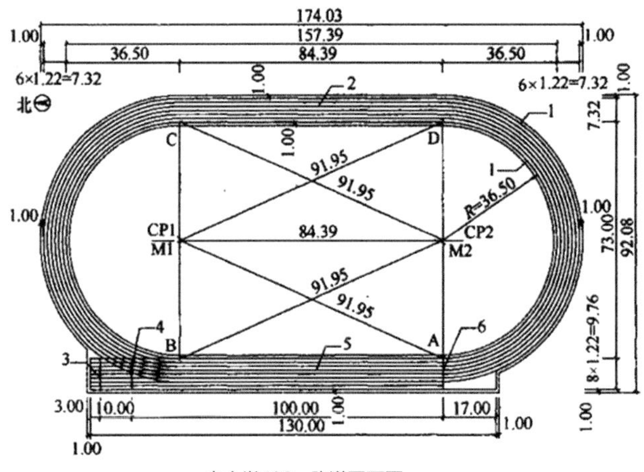

中小学400m跑道平面图

1-安全区;2-6条跑道；3-110m栏起点；4-100m起点
5-8条直跑道；6-终点

注：1 A、B、C、D四点在跑道内沿上：
2 CP1~CP2(M1~M2)的间距为84.39+0.01m:
CP1/M1~A或D和CP2/M2~B或C的距离均为91.95m;
3 图中标注的尺寸为有道牙的情况

图 6.2-4 运动场场地布置

当场地受地形、地物限制，也可设计成其他形式跑道，半径与直道长度可因地制宜调整，余地可用他途，但场地的质量标准不应降低。

（3）《中小学体育设施技术规程》JGJ/T 280—2012 关于环形跑道的最小用地指标如表 6.2-3。

环形跑道的最小用地指标 表 6.2-3

项目	最小场地/m²	最小用地/m²	备注
广播体操	—	2.88/生	按全校学生计算，可与球场共用
	—	3.88/生	
60m直跑道	82.00×6.88 (60.00+22.00)×(1.22×4+2.00)	564.16	4道
100m直跑道	132.00×6.88 (100.00+32.00)×(1.22×4+2.00)	908.16	4道
	132.00×9.32 (100.00+32.00)×(1.22×4+2.00)	1230.24	6道
200m环形道	99.00×44.20 (97.00+2.00) ×(42.20+2.00)	4375.80	4道；含60m直跑道
	132.00×44.20 (130.00+2.00)×(42.20+2.00)	5834.40	4道；含6道100m跑道
300m环形道	143..32×67.10 (141.32+2.00)×(64.20+2.00)	9616.77	6道；含8道100m跑道
400m环形道	174.03×91.10 (172.03+2.00)×(89.10+2.00)	16021.00	6道；含8道100m跑道

（4）中小学校园非体育专用的室外活动场地面积应不小于生均 5m²，且应符合下列规定：屋顶作为活动场地的，临空处应设置可踏面以上不低于 1.5m 高的防护栏杆（板）；用于兼做球类等运动场地时，临空处应设置不低于 4m 高的防护网。（《深圳市中小学校建设试点项目关键技术指引》2021 版）

6.2.5 建筑退线

（1）运动场一般作为地面运动场地，可按场地零退线，但需注意跑道与围墙的安全距离。

（2）运动场抬至半地下层高度，可按地下室 3.0m 退线；

（3）运动场抬至一层及以上，应按建筑 6.0m 退线。实际案例中有部分运动场抬升至一层及以上，运动场大板下部空间作为城市公共空间，此类情况在规划审批部门允许情况下可适当减少退线。

6.3 关系原则

运动区、教学区、生活区三大功能区构成了校园的总体布局，合理的功能分区与周边城市环境、场地条件密切相关。因此在考虑校园整体关系上，各功能区应从城市设计维度出发，统筹规划。在总体布局上，运动场一般需结合城市交通道路、景观环境、视线通廊、开放空间、周边建筑、日照条件、共享设施、地形条件、用地边界等方面综合考虑，概括起来一般有以下八项关系和原则：临道路、融景观、邻高层、置核心、贴管控、利地形、位阴影、便共享。

6.3.1 临道路

校园规划首先要分析基地周边的城市道路等级与校园交通、噪声影响关系，一般将运动场靠近城市主干道或相对繁忙路段，以屏蔽噪声，减少对校园教学区的干扰。但这也造成校园面对主要城市道路，因校园建筑退后运动场空间，较难形成完整和清晰城市界面。如深圳宝安上星九年一贯制学校将运动场邻近城市道路设置，校园主要城市界面转向北侧的城市支路（图 6.3-1）。

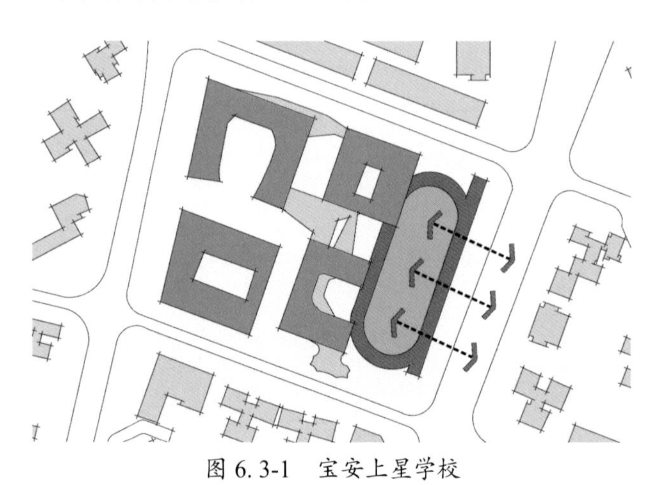

图 6.3-1 宝安上星学校

6.3.2 融景观

当校园基地及周边拥有较好的景观资源时，可将运动场结合外部城市绿地公园、山体河道、视线通廊等自然资源，形成更加连续开放的校园内部空间。如深圳盐田海曦（未来）小学（欧博设计），将运动场布置在校园西侧，与校园西南角树林和河道景观一体化考虑，在校园内部形成更为开敞的绿色空间，教学庭院、运动场开放空间与周边景观自然资源，渗透交融、融为一体（图 6.3-2）。

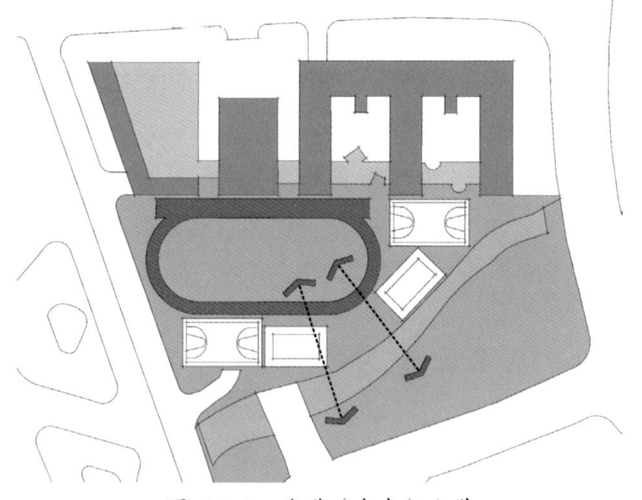

图 6.3-2 海曦（未来）小学

6.3.3 邻高层

在高密度的城市环境中，学校用地经常处在高层或超高层建筑的簇拥下，将校园运动场设置在靠近周边高层区域，可减弱周边建筑体量对校园空间的压迫感，同时也可作为校园与城市周边不确定因素如喧闹商业区、嘈杂工业区等不利条件和未来城市更新的隔离屏障。如深圳福田新洲小学将运动场置于校园内部靠近北侧高层小区（图 6.3-3），荔园外国语学校将操场北置，均是为了减弱校园与高层住区、工业区之间的相互干扰和影响（图 6.3-4）。

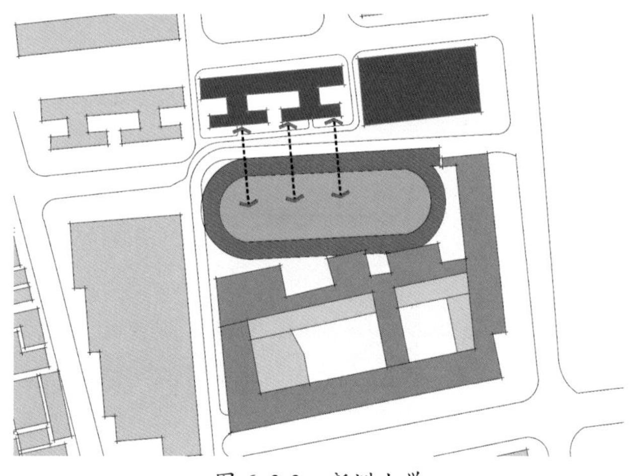

图 6.3-3 新洲小学

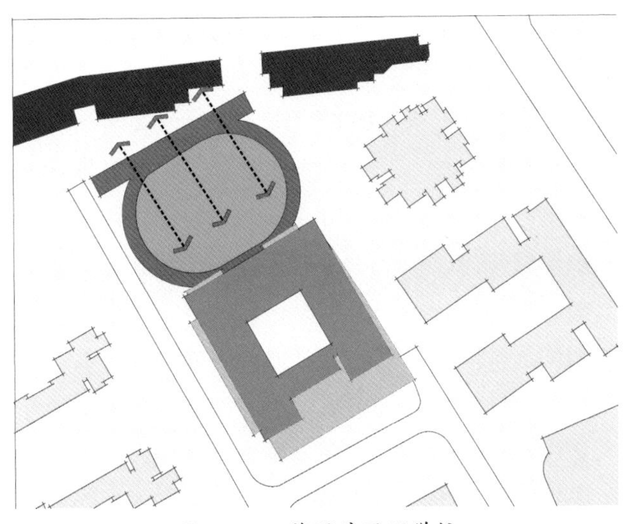
图 6.3-4 荔园外国语学校

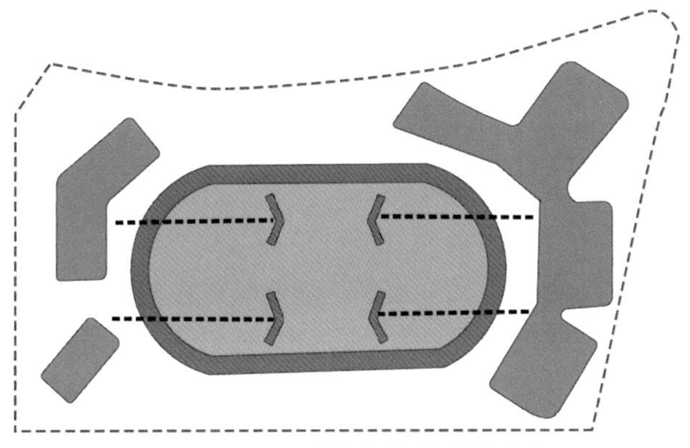
图 6.3-6 深圳技术大学附属高中

6.3.4 置核心

以“金角银边”为原则，当校园建筑沿红线边界布置，运动场结合共享功能设置于中央位置，可使用地得到充分高效利用，并获得校园开放空间最大化，共享联系亦便捷，同时激发校园空间活力。但是带来的最大问题是：运动场作为最大噪声源可能会给周边教学空间带来相对较大范围的干扰。光明华夏中学方案将运动场置于校园核心，作为校园核心开放空间，运动场下部设置图书馆、体育馆、报告厅等共享功能，周边教学楼建筑围合形成了富有层次感的院落空间（如图 6.3-5）；深圳技术大学附属高中将运动场及大板下部的共享功能置于校园核心，方便宿舍与教学便捷使用（如图 6.3-6）。

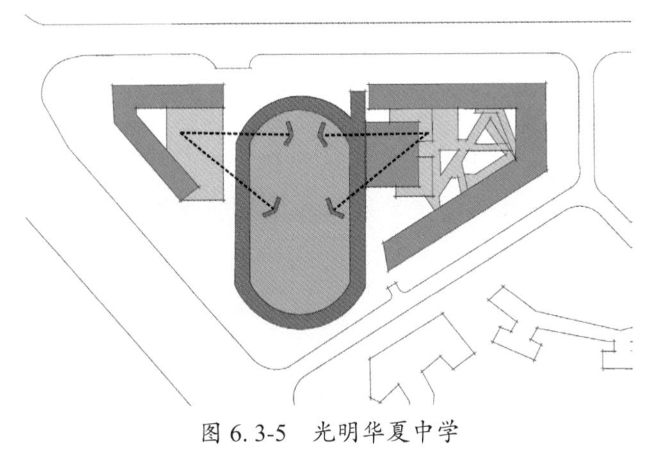
图 6.3-5 光明华夏中学

6.3.5 贴管控

校园用地内部有地铁线、下穿式城市道路、排洪渠等市政设施穿越，会给本来紧张的校园用地带来可建设用地和实施建造的困难，此种情况可考虑将运动场设置于设施保护范围位置，降低对市政设施的影响的同时降低造价成本，也利于后期施工。深圳福田侨安小学因基地内有地铁线路穿越，运动场布置于用地西侧保护控制范围内，在此范围内无地下室开挖，同时体育馆主体结构落在非影响区域，上部通过斜撑悬挑至控制范围，充分扩大上部空间（如图 6.3-7）。

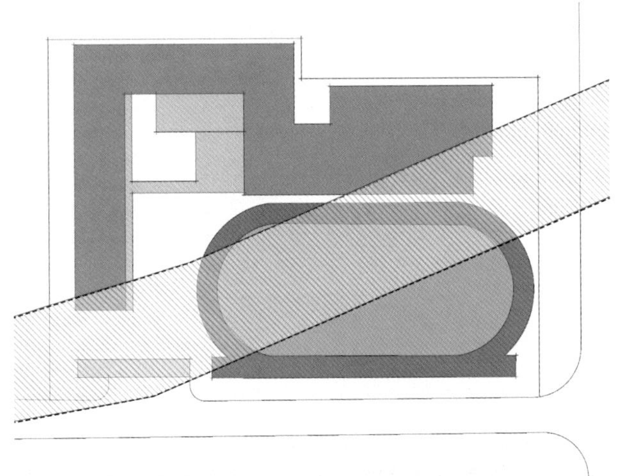
图 6.3-7 深圳福田侨安小学

6.3.6 利地形

当校园用地处于山地或有较大高差时，运动场作为一个占地最大的大平板场地，其设置需充分利用地形，结合场地标高，依山就势，因地制宜，并可将大跨度功能空间设置于运动场大板之下，以减少场地开挖和土方平衡。罗湖罗园学校实施方案将运动场置于地形标高处，运动场大板下设置功能教室和其他体育功能空间，教学建筑依山而退，形成了层层露台，整体校园充分利用地形，大大减少场地的开挖（图 6.3-8）。

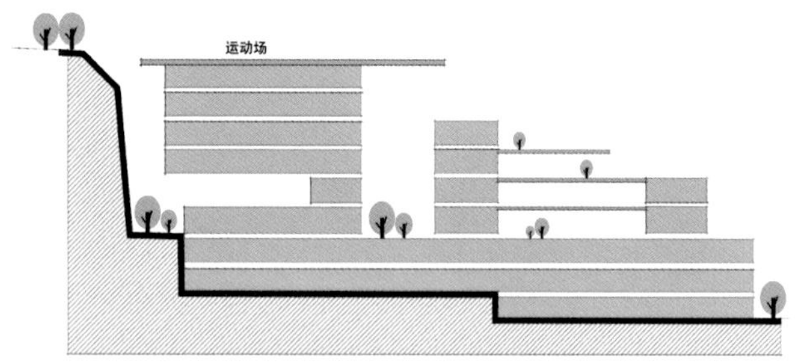

图 6. 3-8　罗湖罗园学校

6. 3. 7　位阴影

在高容高密城市环境中，校园用地有时很难全范围享有充足日照，因此设计前期一般会结合周边条件进行日照遮挡分析，可将运动场设置在日照影响区域，其他充足日照条件用地布置教学区；运动场布置在高层建筑遮挡阴影区，也符合深圳亚热带气候环境，同时由于处于阴影区，运动场朝向布置亦可相对灵活。南山华润大涌小学（深圳大学建筑设计研究院投标方案）受到基地周边高层建筑日照影响，红线范围内南侧为大面积阴影区，因此将运动场及体育场馆布置在南侧阴影区，教学综合楼布置在基地北侧，灵活满足学校日照需求（图 6.3-9）。

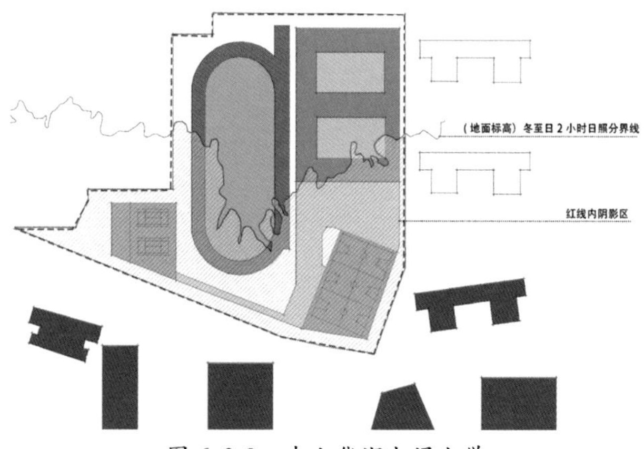

图 6. 3-9　南山华润大涌小学

6. 3. 8　便共享

深圳市教育局发布的《深圳市学校体育设施对外开放管理规定》，要求各学校在保障教育教学的前提下，节假日、双休日、非教学时间段内向社会开放体育设施。因此中小学运动场设施在规划布局上应考虑与周边社区的共享，这就要求运动场布局既能满足校园使用需要，又方便对外共享开放，满足对内对外方便管理的需要。罗湖桂园中学（浙江大学建筑设计研究院竞赛方案）将运动场置于用地东南角，以活力内街的形式形成了教学区和体育运动共享两大功能区，做到既方便使用，又可相对独立管理（图 6.3-10）。

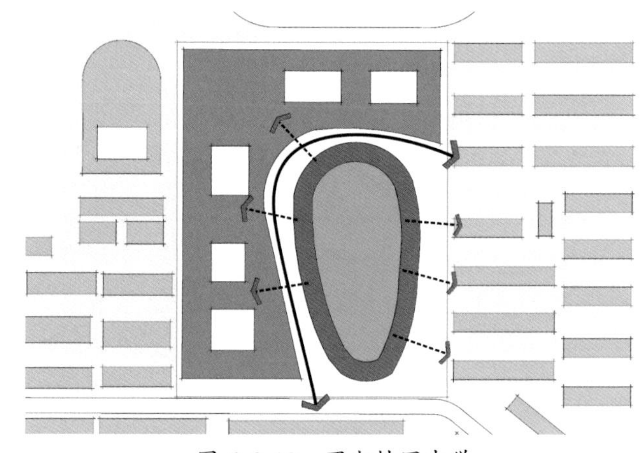

图 6. 3-10　罗湖桂园中学

6. 4　水平性策略

传统校园用地充分，运动场布置形式相对单一；而在高容高密校园环境下，运动场常因校园用地紧张，在总体布局中受限较多，因此需考虑和整合利用校园内部与外部周边条件如共享体育设施、绿地公园等，以此来减少运动场在校园中的占地面积，同时方便对外共享，扩大生均用地的同时，也弥补场地用地不足。在高容高密校园总平面布局中，运动场布局水平性上可存在三种关系：在内、突外、飞地。

6. 4. 1　在内

在内关系即运动场在校园用地内部，即常规校园布局方式，包括两种情况：一是容积率小于2.0左右，运动场置于校园地面红线范围内即可解决。

深圳南山区前海三小（图6.4-1），容积率1.7，运动场尚未成为制约校园建筑设计的关键点，因此运动场置于红线内即可解决。另一种情况是容积率在3.0左右，校园用地周边无法提供体育共享设施。福田中学实施方案，项目为深圳最大的高级中学之一，除去运动场外建筑用地上的容积率达到3.87，400m运动场是福田中学体育教育的核心设施，也是周边2km内唯一的标准运动场。基地周边北部高层环绕，在复杂且高密度的城市环境中，周边并无可供拓展利用的共享设施用地或绿地，因此项目只能将运动场置于校园用地红线内，垂直抬升至二层以满足高容高密需求（图6.4-2）。

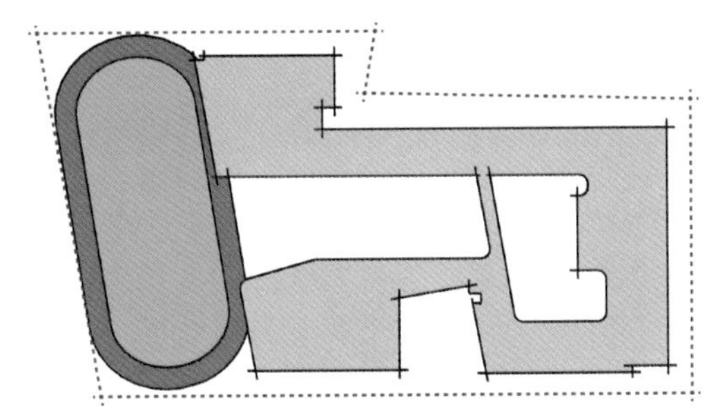

图6.4-1 深圳南山区前海三小

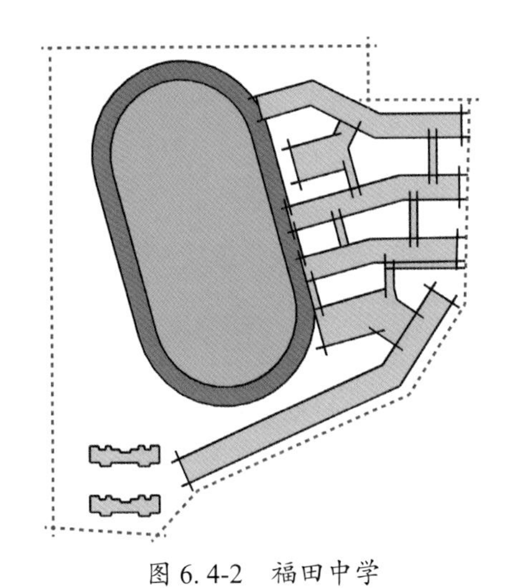

图6.4-2 福田中学

6.4.2 突外

突外关系即运动场有部分超出用地红线，运动场与用地红线边界相交。该方式一般需利用周边共享绿地以合理突破场地边界，运动场本身需承载更多共享功能以解决突破红线对场地周边的不良影响。

福田石厦小学（王维仁工作室实施方案），项目位于福田区石厦北四街3号，北邻石厦北四街，西邻石厦北一街，南侧为高层居住区，东侧为公共绿地，项目为42班制小学，容积率为2.76，在超高容积率条件下，若不突破红线，仅能放置60m直跑道，难以满足校园使用需求。后经与规划局协商，运动场突破东侧红线边界，占用部分公共绿地以布置150m跑道田径场，同时后期使用中对周边社区开放，满足社区共享需求（图6.4-3）。

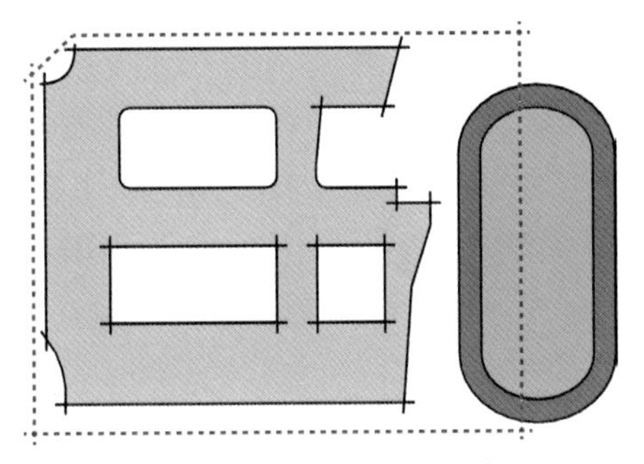

图6.4-3 福田石厦小学

在福田新校园行动计划第二季新校园新社区五联展竞赛中，笔架山中学入选竞赛方案（上海阿科米星建筑设计事务所有限公司），竞赛用地四面环路，仅南侧为公共绿地，校园容积率达到2.36，方案中建筑与运动场已占满用地红线，运动场既为活动场地，又为庭院空间。为满足使用需求以及结合南侧绿地营造共享城市空间及体育设施，设计将运动场挑出用地红线，使红线与运动场呈现突外关系（图6.4-4）。

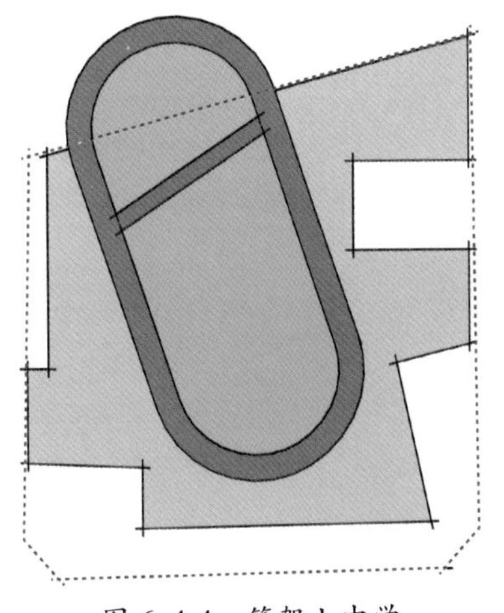

图6.4-4 笔架山中学

6.4.3 飞地

飞地关系即校园用地红线内无法布置运动场而需将其外置，因此出现了运动场布置在校园用地红线外部，通过隧道、天桥等连接方式将其与学校连接。该方式受场地周边环境限制，可充分利用已建成且方便学校共享借用的运动场地，实现学校与外部运动场的互联互通。一般为了保证师生学校课间使用共享外部体育设施安全，需建立校园与外部连接的运动场之间点到点的封闭式管理。

深圳罗湖外国语学校实施方案（深圳大学建筑设计研究院设计），该校园位于深圳罗湖区莲塘地区梧桐山脚下，学校西、南、东三面环山，北侧为居住区，东侧为仙桐体育公园。整个学校为48班寄宿制高中，容积率高达3.6，生均用地面积仅12.4m^2，远低于深标规定的寄宿制高级中学生均用地面积22～30m^2/生的标准，因此为扩大生均用地面积及增加运动场地，设计利用约200m长的过山隧道，打通校园用地与仙桐体育公园共享设施的400m运动场的直线联系，步行时间仅约3min，宽达10m的隧道作为学校师生人行专用通道，同时兼有学校博物馆陈展功能，形成了校园空间特色。仙桐体育公园400m运动场通过错峰分时段开放，实现学校与社区共享，外部封闭的运动场与校园总图平面上表现为飞地关系（图6.4-5）。

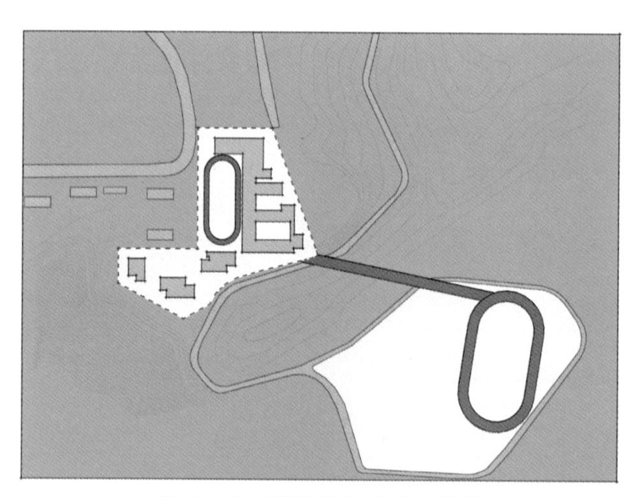

图6.4-5 深圳罗湖外国语学校

深圳黄埔中学，校园位于福田区福田一路3009号，项目北邻福中一路，西邻民田路，南侧为居住区，用地极其紧张，学校红线内无法设置运动场，校园西侧民田路以西为300m运动场，通过天桥跨越民田路连接学校与运动场，实现了学校飞地式运动场的模式（图6.4-6）。

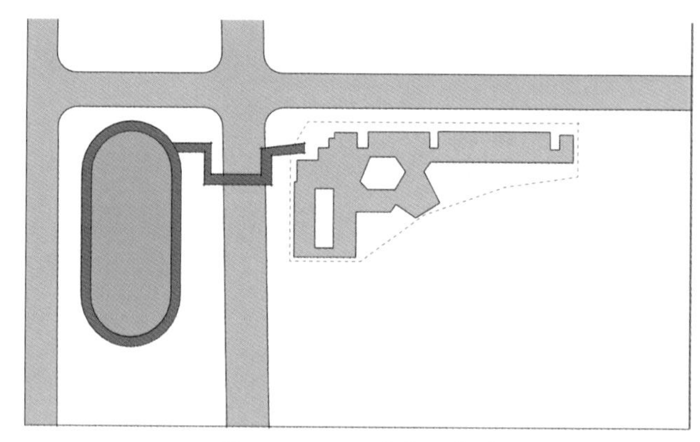

图6.4-6 深圳黄埔中学

在校园总体布局水平性上，运动场的布局策略可以突破固有的传统方式，根据校园与城市周边的条件，至少可有以上三种布局，以实现用地的最大化和周边设施的有效共享。

6.5 垂直性策略

垂直性表现于运动场在剖面上与教学楼的竖向关系，运动场标高与校园容积率高低密切相关。一般来讲，容积率越高，运动场大板的标高需要越高，可用运动场板底容纳大容量的功能空间，形成同样运动场用地面积的多倍使用。

6.5.1 置于地面层

运动场保留传统做法，一般容积率小于1.5左右，根据实际情况置于地面，可零退线布置，可达性和经济性都较好（图6.5-1）。放置地面层有以下两种情形：

（1）独立设置：将运动场设置在地面层。教学庭院开口面向运动场开放空间，并结合二层平台或首层架空空间设置看台。深圳南山区平山小学（CCDI设计实施方案）运动场置于地面层，在教学楼设置二层大板，教学楼庭院空间设置下沉庭院和大跨度空间，既满足高容高密校园的容量需求，又可降低工程造价（图 6.5-2）。

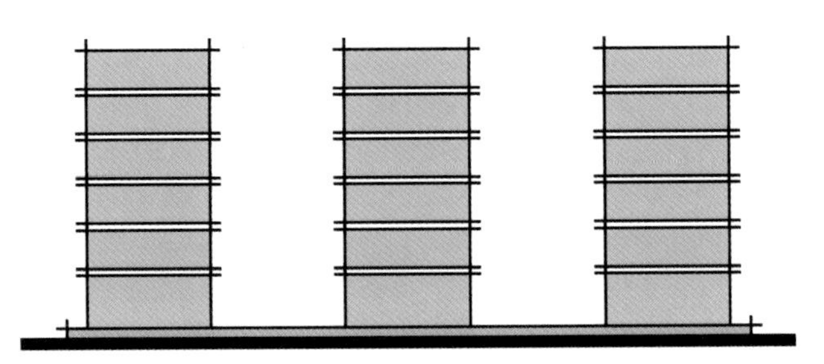

图 6.5-1 运动场置于地面层

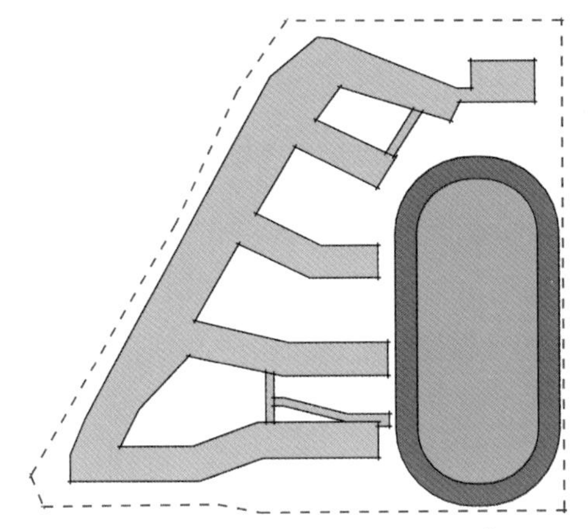

图 6.5-2 深圳南山区平山小学

（2）运动场跑道局部在首层建筑挑檐或架空内部。底层架空灰空间非常适合深圳湿热的亚热带气候特征，运动场与活动场地布置在架空空间，可使室内外空间得以延续渗透。如香港的法国国际学校中跑道布置在建筑首层架空（图 6.5-3）。扎哈设计的英国伊夫林·格雷斯学院将跑道布置于架空层（图 6.5-4），福田景龙小学运动场被局部挑檐覆盖（图 6.5-5）。

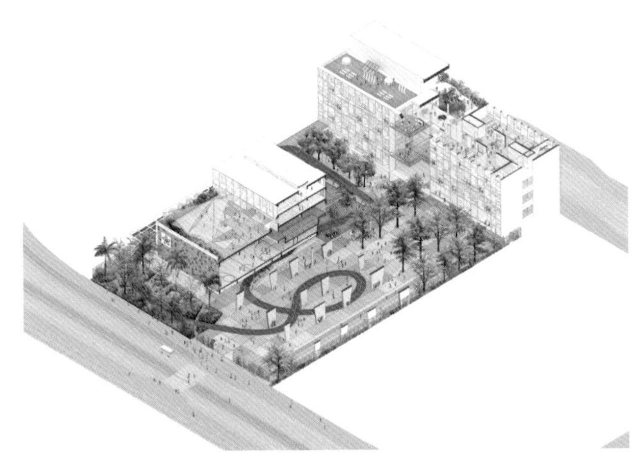

图 6.5-3 香港法国国际学校

图片来源：https：//www.archdaily.cn/

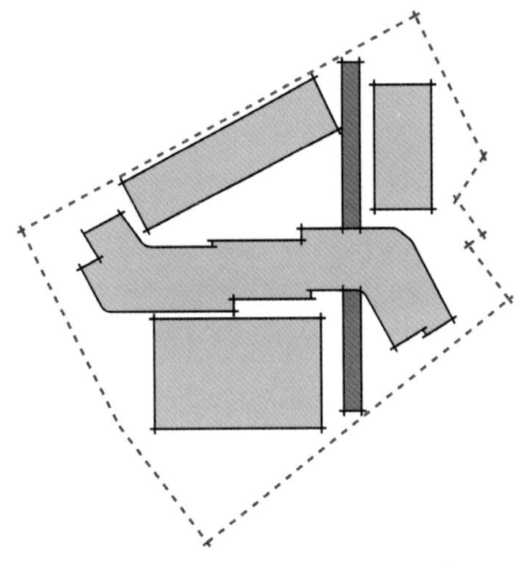

图 6.5-4 英国伊夫林·格雷斯学院

图 6.5-5 福田景龙小学

图片来源：https：//www.fcjz.com/

6.5.2 抬升至中间楼层

运动场抬升至 0.5～2 层，在运动场下部设置风雨操场、游泳馆、食堂、报告厅、架空活动等跨度和层高特殊需求的功能空间（图 6.5-6）。但抬升运动场需考虑其尺度大小，充分考虑运动场大板下的通风采光问题。一般 200～300m 跑道的运动场相对好解决，400m 跑道的运动场因其进深、面宽大，需重点考虑板下通风采光、消防和空间舒适性等问题。

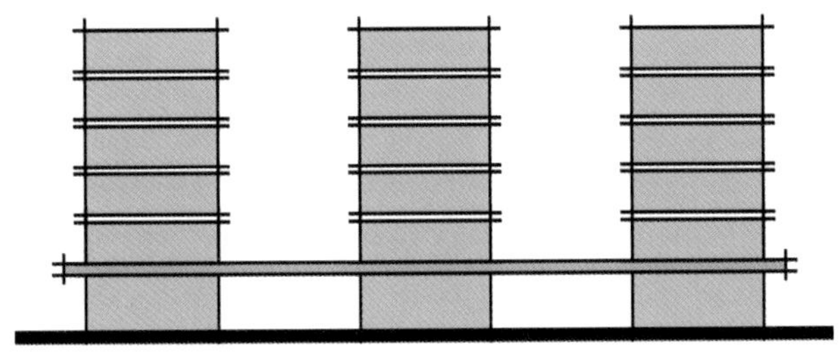

图 6.5-6 运动场抬升至中间楼层

（1）运动场抬至半地下层（一般在 1.5～1.8m），此类做法既可减少运动场抬至一层的 6m 退线（一般可按地下室 3m 退线），又可满足运动场大板下功能用房的侧向开窗采光需求，如龙华冼屋学校（图 6.5-7）。另外可结合地形高差，让运动场大板下功能空间具有良好的通风采光，如麒麟中学改扩建学校运动场 250m，北侧在首层标高，南侧离城市道路高度为 7.0m（图 6.5-8）。

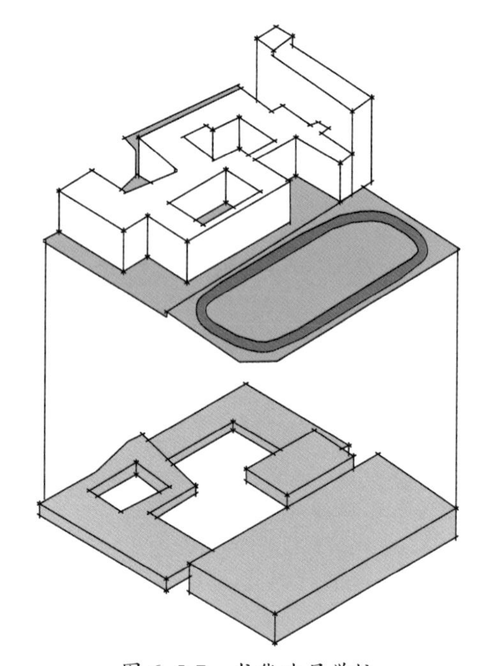

图 6.5-7　龙华冼屋学校

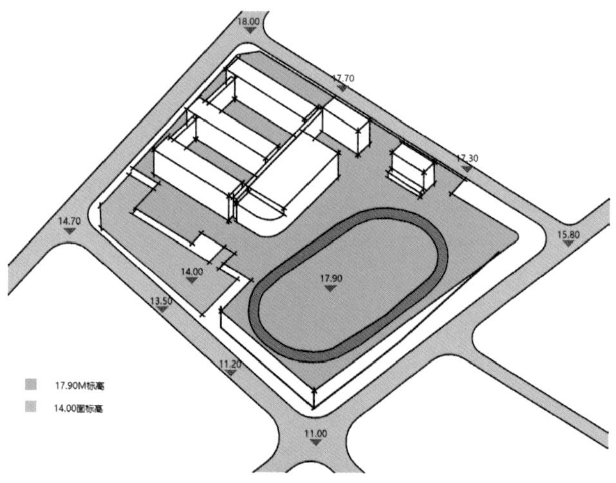

图 6.5-8　麒麟中学改扩建学校

（2）运动场抬至于一层 5.0～6.0m 的高度，通过直跑大楼梯可到达。运动场大板下部可通过下沉一层设置大跨度需求的功能空间如风雨操场、羽毛球馆等。运动场大板既能与地面保持较好的公共性联系，又能保证地下一层空间的通风采光。如龙华龙澜学校，250m 运动场离地 5.0m，短边两方向通过架空和下沉庭院采光通风（图 6.5-9）。

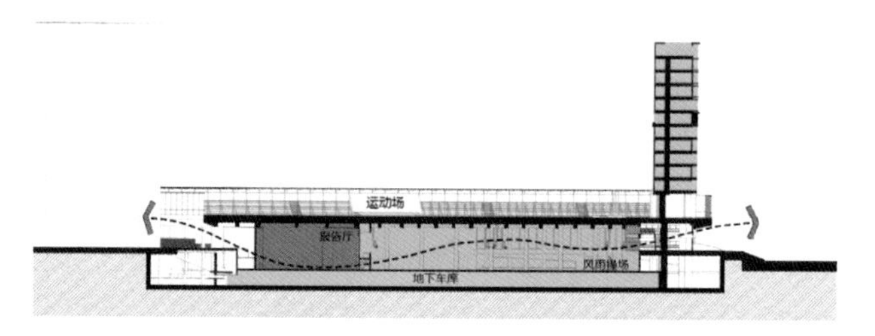

图 6.5-9　龙华龙澜学校

（3）运动场抬升至 2～3 层，离地高度 9.0～12.0m。运动场大板下可结合架空层设置风雨操场、游泳馆和报告厅。因抬升高度较高，大板下通风采光相对较好，但需解决运动场与地面的公共性联系以及运动场的可达性等关键问题。红岭实验小学（源计划设计）将运动场抬至 11.1m 高度，大板下设置大空间篮球场、社团活动室、剧场、教师宿舍等，教学楼的端部楼梯可到达运动场（图 6.5-10）。红岭中学园岭校区（汤桦设计）将 300m 运动场抬升至 2.5 层高度，运动场大板下面设置风雨操场、报告厅和接送区，部分空间与城市共享。在解决可达性方面，抬起的“地面”跟教学楼是直接发生关系的，教学楼的每一层与大板之间有直接联系，通过运动场和老教学楼之间的一个多层系统，老教学楼的每一层都能直接到达漂浮的“地面”（图 6.5-11）。

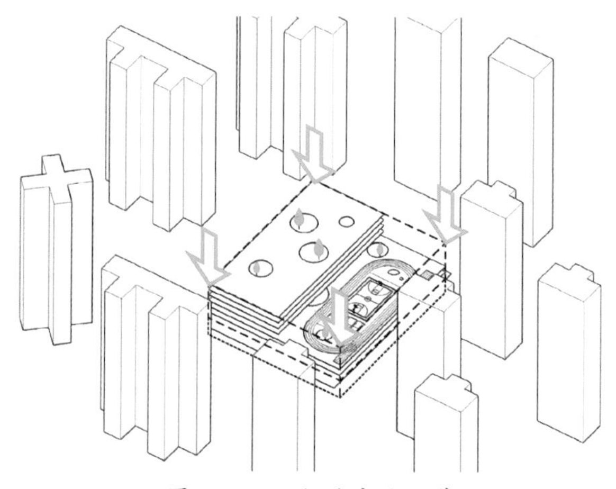

图 6.5-10　红岭实验小学

图片来源：https://www.gooood.cn/

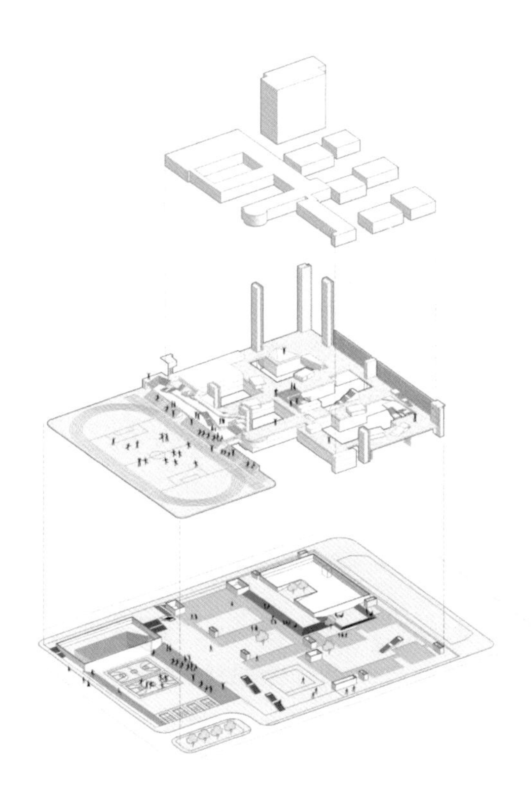

图 6. 5-11 红岭中学园岭校区

图片来源：http：//tanghuaarchitects.com/

6. 5. 3 置于屋顶

置于屋顶算是一种相对极端的做法，运动场覆盖各种教学用房，抬升至屋顶，最大化地释放地面空间，摆脱运动场用地对建筑布局的限制（图 6.5-12）。一般在容积率相对较高的情况下考虑此种情况。运动场置于屋顶带来了消防疏散、安全管理、可达性以及板下空间通风、采光、隔声等方面的问题，在实施中需综合论证其可行性，目前实践完成案例相对较少。

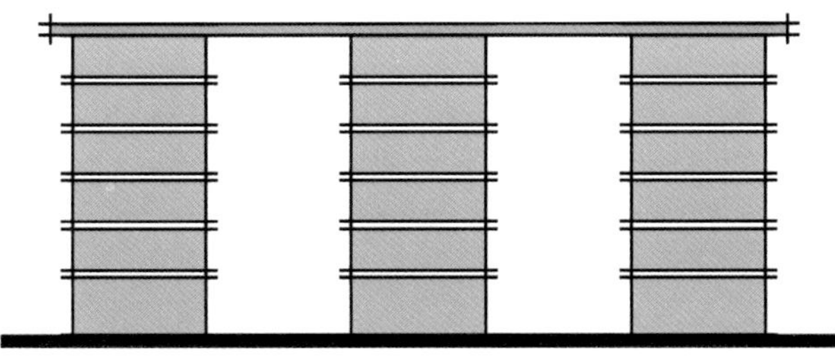

图 6. 5-12 运动场置于屋顶

深圳莲花小学 reMIX（中标方案），场地面积为 9964m²，新建校舍建筑面积为 35379m²。设计方案将 170m 跑道及篮球场置于屋面，满足跑道长度转弯半径的异形跑道，并可充分适应地段的形态，实现对有限空间的高效利用，同时形成了一个特征鲜明的校园空间，以 14m 进深体量围合内院，形成一个土楼式的围合型集体生活空间。在解决可达性上通过一系列连续的楼梯、坡道及绳网乐园等充满童趣的竖向交通，形成了一天一地两个运动地之间的快速联络，也同时使得这个土楼式的空间内部别有洞天（图 6.5-13）。该布局仅为中标方案，最终实施方案可能需对运动场在屋顶布局进行可行性论证。

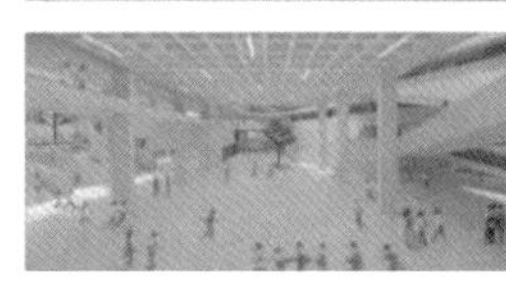

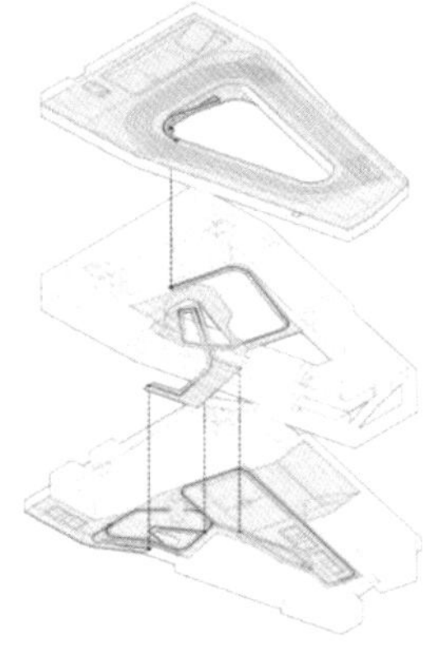

图 6. 5-13 深圳莲花小学

图片来源：https：//mp.weixin.qq.com/s/3Aj0E6R4e5NOvanLQDJctQ

深圳第十九高中学（源计划中标方案），校园用地面积 12058m²，新建总建筑面积 39624m²。通过场地抬升打造了占地 6700m² 的“空中体育公园”，“公园” 涵盖了 300m 5 道的环形跑道、115m 5 道的直道跑道、58m×33m 的真草足球场以及若干篮球场半场等场地。抬高运动场除了扩大面积，还将带来独特的户外体验，开阔的空中跑道隔绝车流喧器，运动的同时俯瞰城市风光，享受屋顶花园带来的绿荫运动、休闲、赏景等。长达300m的空中环廊绕校园一周连接7栋教学楼，同时一条3m宽的过街天桥连接起十九高和围岭公园，既便于师生穿行校园又能有效地沟通校园内外，成为城市观景的特殊位置（图6.5-14）。

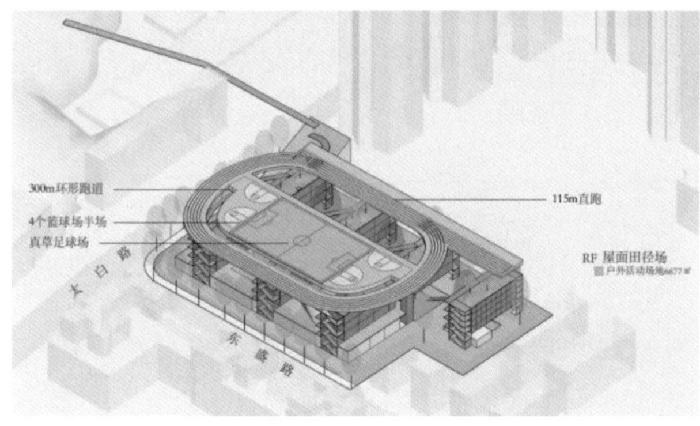

图6.5-14　深圳第十九高中学

图片来源：https：//mp.weixin.qq.com/s/3Aj0E6R4e5NOvanLQDJctQ

6.5.4　半地下式

将运动场下沉至半地下或地下一层，有利于运动场两侧的功能空间侧向采光通风，并利用地形竖向高差处理成休闲看台（图6.5-15）。但需解决城市道路与运动场界面以及校园内景观视线、土方挖方、场地标高低引起的排水等问题。福田中学竞赛方案（Bade Stageberg Cox，NY）将400m运动场下沉5m，以解决两侧地下空间采光问题（图6.5-16）。

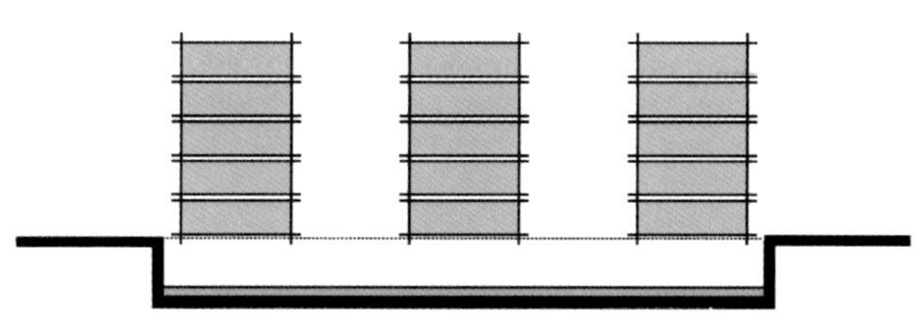

图6.5-15　运动场置于半地下

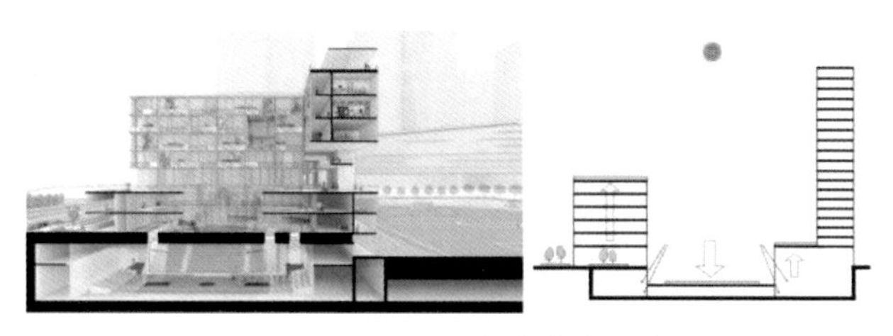

图6.5-16　福田中学竞赛方案

图片来源：https：//mp.weixin.qq.com/s/7gZZr2okT77a4340-fMz_w

6.6　多样性策略

运动场作为师生的运动场地，除了以标准形态满足运动场的五大功能之外，应该有更加多样化的形态，突破传统运动场的范式，使得校园空间更为丰富，功能更为多元。

6.6.1　场地分离

学校运动场包括跑道和各种球类专用活动场地。在常见的校园设计中，一般将室外球类专用活动场地置于跑道内环呈整体式布置，这种布局方式有利于活动空间的整体性使用。在《深圳市城市规划标准与准则》对中小学的各类运动场数量与面积设置均有明确规定：小学要求应包含1处200m标准环形跑道（含不小于60m的直跑道），2～3个篮球场、2个排球场兼羽毛球场、100～200m^{2}机械场地，九年一贯制学校、初高中学校的运动场地面积要求则更大。在高容高密环境下，学校建设用地愈发紧张局促，常规总平布局在一定程度上压缩学校教学区占地面积，导致学校运动区在总平面上呈现“二元化”的状态，从而挤压了建筑的室内外空间，使得校园内部空间更加拥挤。

跑道分离即将常规的各类球场专用场地与跑道分开设置。当校园用地局促时，球类场地可分散布置在建筑架空空间甚至屋面之上，跑道内环空间完全释放，可以实现场地内的多功能设置，营造多样化的场所空间。

深圳福田人民小学校园（直向建筑事务所实施方案），周围高楼林立，场地内部现存一片树林。在面积局促的建设用地中，建筑放弃了传统的E型平面布局，建筑主体贴边设置，运动场地置于中间。为保留原有场地的树林，将运动场功能进行分解：200m跑道抬升至3层，球场分别置于建筑架空层和屋顶。跑道与“森林”相互嵌套，学生将漫步或奔跑于树冠形成的伞盖之下（图6.6-1）。

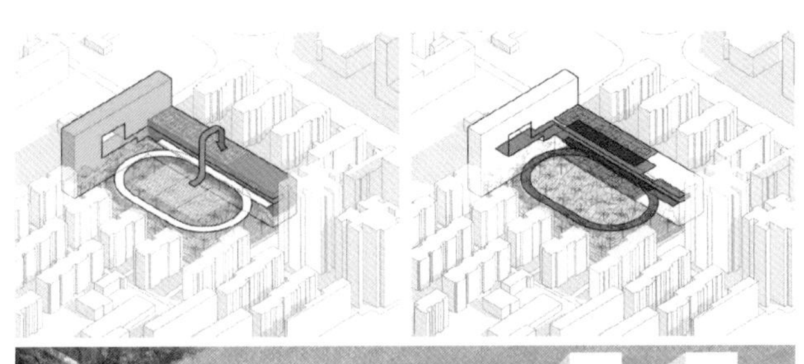

图6.6-1 人民小学

图片来源：https://mp.weixin.qq.com/s/JmlFkjax_uAvXFwtd__B9g

福田侨东学校新建校园（亘建筑事务所第一名方案），位于深圳园博园西南角，地势西低东高，场地内延续了园博园的一片树林。建筑形成中学和小学两个组团，布置在基地南北两边，通过中间运动场地相互联系。在垂直向度上，运动场地被分解，跑道呈南北向架放在两个体块屋面之上，丰富了校园设计，完整地保留了场地内部的树林，与园博园形成对话和呼应（图6.6-2）。（注：该布局仅为中标方案，最终实施方案对运动场置于屋顶可能进行竖向调整。）

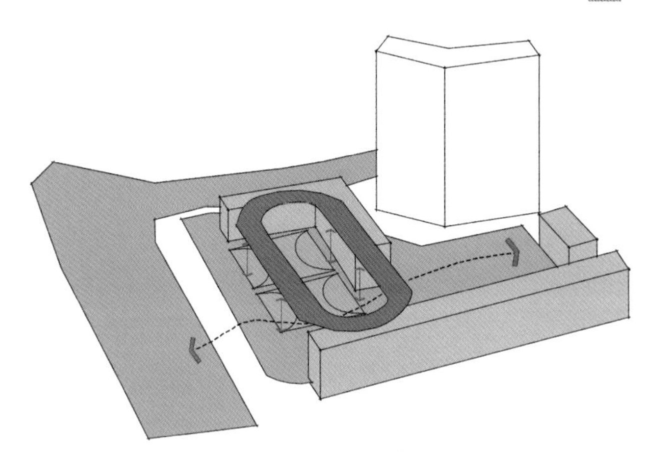

图6.6-2 侨东学校

6.6.2 跑道拆解

将运动场跑道的环形跑道以及直跑道进行拆解重组，形成环形跑道与直跑道分置或标准环形跑道拆解为标准环形跑道及自由跑道等形式，从而避免形式单一的运动场布局方式，适应多样化校园空间的需求。

福田笔架山中学（阿科米星设计方案），在用地集约的环境下，运动场需尽量大且不影响建筑主体排布，直跑道无法沿运动场长边布置，因此将环形标准跑道与直跑道拆解，直跑道斜置穿越环形跑道，与北侧公园景观交融呼应，从而营造良好的城市界面（图6.6-3）。

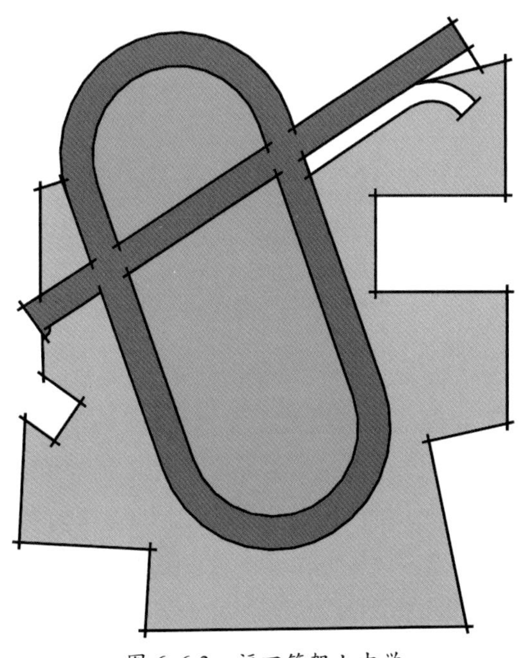

图6.6-3 福田笔架山中学

上海青浦平和双语学校（北京开放 OPEN 设计事务所），其“聚落校园”的设计理念以及化整为零的设计策略使得校园呈现松散自由多样的布局方式，校园如同充满生机的有机体。为了有机串联校园不同尺度的聚落空间，以及避免大尺度的 400m 标准跑道运动场对分散式总图布局的破坏，设计将 400m 标准跑道运动场拆解为 200m 标准跑道运动场和一条自由穿行于校园建筑中的异形跑道，既消解大面积运动场对总体布局的影响，又创造出富有活力的跑步运动的全新体验（图 6.6-4）。

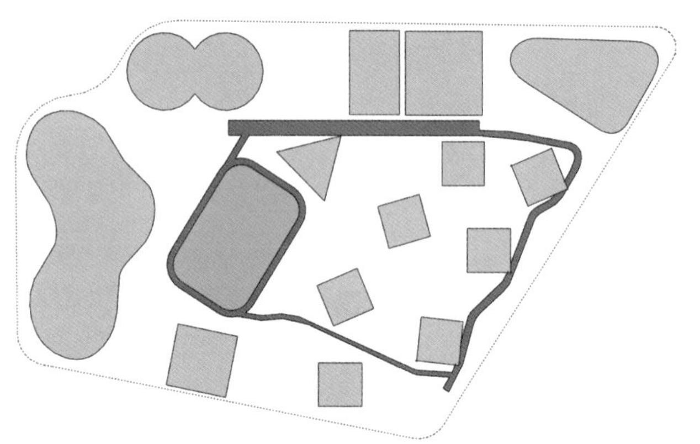

图 6. 6-4 上海青浦平和双语学校

6. 6. 3 形态自由

在高容高密环境下，校园用地本来就紧张，红线边界常为不规则的异形。为适应异形红线边界，最大化利用红线用地，同时保证跑道规格，满足使用需求，标准的环形运动场地可根据场地形状做出细微的变形，使运动区在一定程度上为教学区让步，从而部分缓解由可用建筑基地面积紧张带来的一系列问题，提高校园用地效率，使整个校园建筑设计拥有更多灵活性与更好适应性。

梅丽小学（WAU 建筑事务所）位于深圳福田梅林片区，周围是典型的城中村空间类型。为了回应场地肌理，建筑体量在原址上进行了碎块化处理。异形的红线边界与建筑轮廓线围合而成的区域容纳不下一个标准的 200m 跑道。因此方案充分利用红线边界，将环形标准跑道根据场地形状做出细微变形，既保证跑道长度满足学校需求，又提高了场地用地效率（图 6.6-5）。

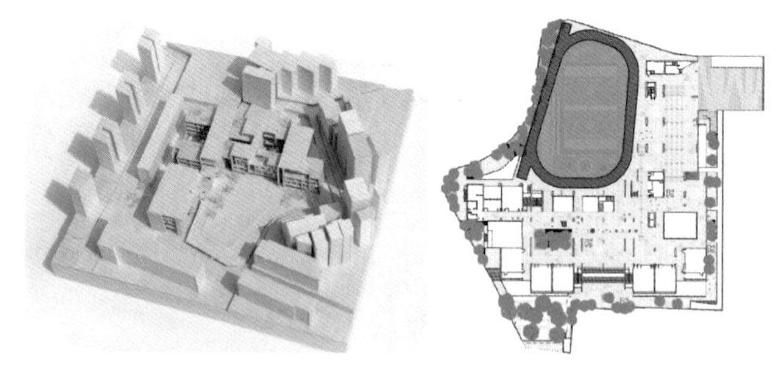

图 6. 6-5 梅丽小学

图片来源：https：//mp.weixin.qq.com/s/7gZZr2okT77a4340-fMz_w

福田笔架山中学竞赛第二名方案［青亭建筑设计（北京）有限公司］，校园建筑布局放弃传统的排楼形式，沿红线边界围合布置。中间的运动场顺应建筑围合而成的内向型空间，细微变形，在总平上呈现出一种和谐的关系。运动场内部的微地形、乔木绿化与相对自由的跑道形成了城市的“园”与校园的“院”（图 6.6-6）。

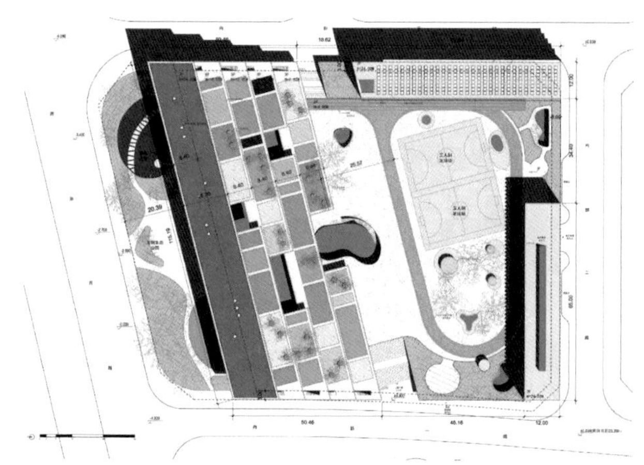

图 6. 6-6 福田笔架山中学

图片来源：https：//mp.weixin.qq.com/s/sR8NGI7iJBM3aOC44HuEaQ

6. 6. 4 功能拓展

在高容高密条件下，运动场大板下常设置多种共享功能。为了实现板下空间的采光通风和板上板下的功能联系，运动场大板可结合设置复合性多种功能空间，形成多样化的空间体验，激发校园共享区活力。红岭中学园岭校区（众建筑入围方案），运动场抬升至二层，下部复合风雨操场、报告厅等大空间功能；运动场平面除跑道、足球场外还配置半圆形剧场。在运动场形态上，剧场带来的环形台阶空间与局部下沉，及另一侧挖洞呼应风雨操场的采光通风需求，在功能拓展复合同时结合运动场形态空间变化，在多样融合下运动场成为混合型教育空间，多种活动行为在此交织互动（图 6.6-7）。

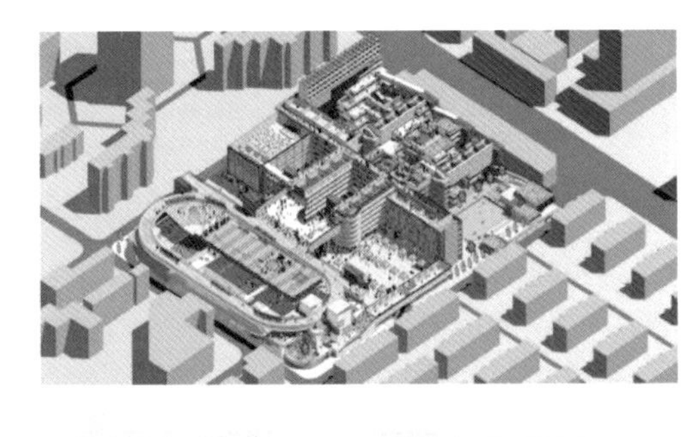

图 6.6-7 红岭中学园岭校区

图片来源：http：//www.peoples-architecture.com/

6.6.5 朝向灵活

运动场可视场地周边环境等限制条件适当灵活调整其朝向。虽然深标规定运动场宜南北布置，但其目的旨在避免太阳直射对学生运动造成的不良影响，因此若操场非南北向布置却不影响学生活动，运动场朝向也可适当调整。深圳南山外国语科华学校，项目基地四面被高层住宅环绕，南侧的高层住宅更是给南侧场地带来大面积阴影，因此运动场呈东西向置于基地西南角，充分利用基地南侧无日照的校园用地，学生运动环境也并无太大影响（图 6.6-8）。

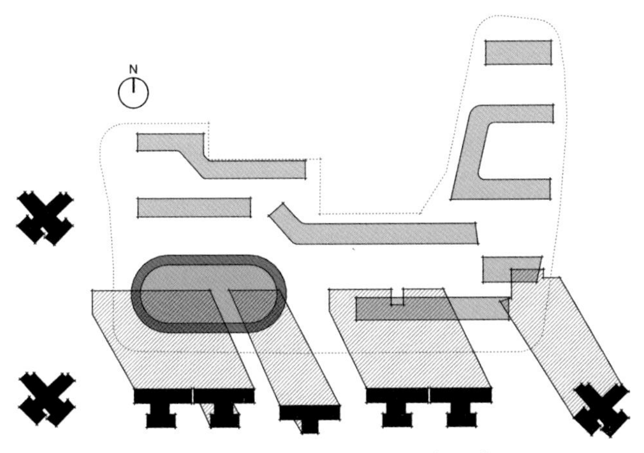

图 6.6-8 深圳南山外国语科华学校

6.6.6 檐下共享

高容高密的校园中，运动场常常被抬升离地，尺度巨大的板下空间容易形成连续完整的城市界面。运动场抬升至一到二层后向外挑檐 3m 以上形成檐下空间，搭配景观及休闲设计打造舒适的骑楼空间贡献给城市，营造友好的校园与城市界面，同时形成 24h 完全共享的运动场边界空间或有遮阴庇护的公共性家长等候区域。

新沙小学（一十一方案），项目通过运动场大板 3m 深的挑檐，形成了板底的檐下与城市共享的空间界面，达到学校与社区互赢的局面，将原本建造围墙栏杆的消极用地红线转化为学校 - 社区之间积极的空间共享界面（图 6.6-9）。

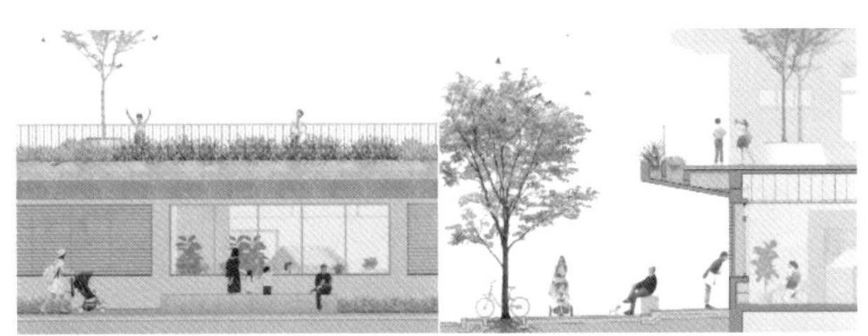

图 6.6-9 新沙小学

图片来源：https：//mp.weixin.qq.com/s/7-QXsub9PaiObv-Rrt0T2A QXsub9PaiObv-Rrt0T2A

红岭中学园岭校区竞赛中标方案（汤桦设计），通过运动场挑檐及底层退让，形成大量檐下空间及退让出车行环岛，留出地面公共人行空间，形成开放通透的城市界面，且极大缓解周边交通压力（图 6.6-10）。

图 6. 6-10　红岭中学园岭校区中标方案
图片来源：http：//tanghuaarchitects.com/

6.7　结语

在高容高密的城市环境下，校园用地极为紧张，而运动场作为总平面中占地面积较大的空间，其水平和垂直布局方式以及形态对校园总体布局和空间特色起决定性作用。虽然高容高密的苛刻条件一定程度上给设计带来了新的挑战，但也为中小学校园空间模式创新提供了可能性。建筑师在近几年的实践案例中竭尽所能，已经形成了相对成熟的高容高密校园空间范式。但还有以下几点值得反思：

（1）关于学校用地：在上位规划中土地规划管理部门是否应该充分考虑，并论证合理容积率和建筑覆盖率的区间范围，避免一味追求所谓的“高容高密”挤压校园用地？

（2）关于规范适宜性：对于运动场相关规范如25m的水平间距、退线、朝向等是否可以通过采用新技术措施来弥补间距等不足，以解决噪声、日照等问题？

（3）关于运动场的抬升：虽然满足了学校的活动使用需求，也最大化利用了场地，但在人群密集情况下，对于地震等自然灾害情况下的紧急避难功能，是否应采取其他应对技术设施？

（4）应该鼓励运动场布局的多样性，避免校园千篇一律的格局，应因地制宜，创新设计，塑造在地性的校园空间特色。

7　中小学校与城市交通

深圳市鹏之艺建筑设计有限公司　谢水双　许兰启

7.1　中小学校选址与城市交通常见问题

1）学校布局现状：人口密度大的区域，教育需求程度较高，学校相对集中，与繁忙的城市交通相毗邻。

2）教育资源分布：基础教育发展程度不均，人口密度不一，教育资源质量与需求存在差异，学生跨学区上学、通勤时间较长情况普遍存在。

3）上层设计：上层规划设计对学校周边城市交通、公共停车场设置等考虑不足。学校周边道路交通缺乏完善合理的交通组织措施和交通管理措施，很多地方没有对学校周边道路采取交通组织与管理措施，任由各种机动车、非机动车和行人混行，机动车随意掉头，行人、非机动车任意穿行道路、交通冲突点多而复杂。

4）城市发展：城市发展较快，一些郊区学校区域变为市区，甚至临近新建交通枢纽或城市主干道。

5）校车配置：中小学校校车配置较少，甚至没有配置校车接送服务。

6）出行方式：中小学校接送比例较高，接送时间与城市交通拥堵高峰期接近。

7）接送空间：学校用地紧张，学校门前区机动停车位与非机动停车位不足，一般不能满足接送期间场地需求。

8）儿童交通特征：儿童生性活泼好动，交通安全意识差，喜欢在道路上追逐玩耍，常常突然变换运动轨迹、急跑急停、横穿道路等，扰乱车辆正常通行。

9）摆摊设点：上下学期间，中小学门口存在大量的人口汇集，在学校门口吸引了一些移动商贩摆摊设点，阻碍交通。

10）学校选址与交通：

（1）学校选址应满足城乡规划要求，综合考虑人口密度、人口分布、人口发展趋势以及城市交通、环境等因素，合理布置，学校选址应符合学生就近入学的原则。

（2）学校服务半径要根据学校规模、交通及学生住宿条件、方便学生就学等原则确定。中小学生不应跨越铁路干线、高速公路及车流量大的区域；城镇小学服务半径一般不宜大于500m；中学服务半径一般不宜大于1000m。建议小学生乘坐交通工具时间不宜超过10min；中学生乘坐交通工具的时间不宜超过15min。

（3）学校尽量不要安排在城市轻轨、快速路和城市干道旁，避免城市交通的噪声干扰。学校主要教学用房设置窗户的外墙与铁路路轨的距离不应小于300m，与高速路、地上轨道交通线或城市主干道的距离不应小于80m。当距离不足时，应采取有效的隔声措施。

（4）学校应有较好的规模效益和社会效益。城市中小学接送行为引发城市交通拥堵，城市学生上下学时段的交通拥堵现象已由中心城区向周边城镇扩散；在上下学时间校门前易出现人车混杂，秩序混乱，增加了学校门前区学生的风险。因此在城市规划、城市设计、道路交通设计、校园设计、校园安全管理各阶段应重视校园与城市道路的关系，以满足城市交通、学校安全的基本需要。

7.2 中小学生出行特征

1）出行特征：学生的上下学出行是一种规律性很强的出行，具有固定的上下学时间和地点。

2）接送率：总体接送率为61.5%，多数低年级学生的家长会接送孩子上下学，随着学生年龄的提高，家长接送的比率逐渐减低（表7.2-1）。

各年级学生接送统计对比　表7.2-1

小学一、二年级	小学三、四年级	小学五、六年级	初中	高中
100%	85%	55%	40%	25%

3）出行方式：中小学出行方式以步行为主，其次为小汽车、自行车、公交车和校车等（表7.2-2，表7.2-3）。

城市中小学出行方式统计　表7.2-2

区域	步行	自行车/电动车	公共交通	私家车	校车
深圳	61.49%	8.73%	9.37%	12.00%	8.40%
长沙	55.95%	9.65%	8.55%	25.40%	0.45%
天津	35.03%	28.97%	9.54%	21.52%	4.94%
北京	28.09%	24.20%	7.40%	46.80%	28.90%
其他	33.00%	20.00%	5.00%	39.00%	3.00%

天津市学生上下学出行方式汇总（含寄宿）
表7.2-3

出行方式	校车出行	公共交通	私家车	自行车	步行	寄宿	合计
人数	49887	96466	217478	292851	354017	69778	1080477
比例	4.62%	8.93%	20.13%	27.10%	32.76%	6.46%	100%

数据引自《天津市2016年校车安全管理工作总结和2017年工作要点》

4）学校距离：随家校距离增加，私家车接送孩子的比例增加，郊区学校更应注重学生上下学对城市交通的影响（表7.2-4）。

接送方式与家校间距之间的关系　表7.2-4

距离	步行	自行车/电动车	公共交通	私家车	合计
1km	64%	23%	5%	8%	100.00%
1～3km	23%	35%	19%	23%	100.00%
3～5km	7%	25%	28%	40%	100.00%
5km	1%	7%	35%	57%	100.00%

5）中小学生上下学时间在不同的地域和季节会有所不同，一般早晨上学时间为7：30～8：00，下学时间16：30～17：00，家长接送的过程会在上下学时间点前后持续一小时左右。同时，城市的上班早高峰一般为7：00～9：00，晚高峰为17：00～19：00。中小学学生上下学时间与城市早晚高峰时间有所重叠，学校周边城市道路在重叠时间的交通总量远远大于城市道路的最大通行能力，导致交通拥堵。

6）送孩子上学时即停即走，家长送孩子时在接送空间停留时间约为10min；放学期间，家长接送孩子会有较长的停车等待时间，约为18min。

7.3 城市管理策略

1）就近入学：推行义务教育免试就近入学，按照就近入学原则划定学校招生片区。

2）校车接送：增加校车配备，提高学生校车出行比例，缓解学生接送对城市道路及校园接送空间的压力。

3）公共交通：完善校园外部公共交通系统，增加公交站点数量，提高学校公交系统的可达性。

4）校园周边道路管理。

校园周边道路：校园出入口周边不少于150m范围内的道路。

（1）设置限时停车位：校园周边道路可设置限时停车位，缓解校前区域机动车无序停放现象。限时停车位应与行人过街设施预留安全距离，以保护过街行人的可见性。

（2）道路限速：校园周边道路实施机动车交通管制，限速30km/h，提高交通安全性，降低交通噪声，促进多种交通方式（步行、自行车、公共交通）的兼容。

（3）校园周边道路交通标志的设置应符合以下要求：

① 进入校园周边道路和离开校园周边道路处，应设置限制速度标志及解除限制速度标志（限速值为30km/h）或区域限制速度及解除标志，设置限制速度标志的，应附加“学校区域”辅助标志；

② 禁止停车路段应设置禁止停车标志，禁止长时间停车标志可和限时长停车标志并设；

③ 可设置校车专用停车位：设置了校车专用停车位的，应设置校车专用停车位标志；

④ 应设置注意儿童标志；

⑤ 因受地形或其他因素影响，当设置的交通信号灯不易被驾驶员发现的，应设置注意信号灯标志；

⑥ 设置了交通监控设施的，应设置交通监控设备标志；

⑦ 设置了减速丘的，应设置路面高突标志；

⑧ 施划人行横道的，应设置停车让行标志和注意避让行人提示文字。

（4）校园周边道路交通标线的设置应符合以下要求：

① 校园出入口 50m 范围内无立体过街设施应施划人行横道线，宽度不应小于 6m；

② 校园出入口应施画网状线；

③ 设置了临时停车位的，应施划机动车限时停车位标线；

④ 设置了校车专用停车位的，应施划校车专用停车位标线；

⑤ 路段施画人行横道线的，应施划停止线和人行横道预告标识线；

⑥ 路面可施划“注意儿童”文字或图形标记。

（5）人行设施

① 校园周边道路人行设施的设置应符合以下要求：城市校园周边道路应设置永久性或临时性人行道，宽度不小于 2m，新建校园周边道路应设置永久性人行道，宽度不小于 3m；

② 符合下列条件之一的，校园周边道路应设置人行天桥、地道或机动车下穿立交设施；

a. 横穿道路的高峰小时人流超过 5000 人 /h 且双向高峰小时交通量大于 1200pcu/h；

b. 横穿城市快速路；

c. 校园周边道路发生过因学生过街而导致死亡的交通事故。

③ 校园被道路分隔的，宜设置人行天桥、地道立体过街设施。

④ 校园周边道路可设置永久或临时性学生步行专用通道。

⑤ 校园周边道路双向车道数为 6 条及以上或道路宽度大于 30m 的，宜在分隔带或对向车行道分界线处人行道横道上设置行人过街安全岛。因用地条件等因素限制，安全岛面积不能满足等候信号灯放行的行人停留需要、桥墩或其他构筑物遮挡车辆驾驶人视线等情况下，可将安全岛两侧人行横道线错位设置，以扩大安全岛的面积。

（6）分隔设施：校园周边道路分隔设施的设置情况如下：

① 双向 4 车道及以上公路逆向交通之间应设置分隔设施；

② 城市道路：

a. 机动车和非机动车之间、非机动车和人行道之间、逆向车行道之间宜设置分隔设施；

b. 机动车道和非机动车道之间、非机动车道和人行道之间无法设置分隔设施的，逆向车道之间应设置分隔设施。

（7）停车设施

① 校园周边宜建设停车设施或利用现有停车设施，以满足接送学生停车需求。有条件的，可以在学校用地范围建设地下停车场。

② 校园周边道路可设置非机动车临时停放点。

（8）监控设施

① 视频监控系统应覆盖校园周边道路；

② 校园周边道路应安装测速设备；

③ 信号控制交叉口及信号控制人行横道处应设置交通违法检测记录设备（具有闯红灯自动记录功能、超速监测记录功能、实线变换车道监测记录功能、不按导向车道行驶监测记录功能）。

④ 禁止停车或禁止长时停车的路段宜设置违法停车监测记录设备。

（9）照明设施

① 校园周边道路应设置人工照明设施。受条件限制无法设置照明设施的，应在校园出入口设置反光或发光交通设施；

② 城市校园周边道路人工照明设施的设置应符合《城市道路照明设计标准》CJJ 45—2015 的要求。

7.4 校园接送空间设计策略

1）校园机动车出入口设置

（1）校园机动车出入口位置要求如下：

① 校园机动车出入口不应设置在交叉口范围内，宜设置在距交叉口范围 100m 以外；

② 学校机动车出入口不应设置在城市主干道或国省道上；

③ 校园机动车出入口与校门的距离宜大于 12m。

④ 校园机动车出入口与周边相邻基地机动车出入口的间隔距离应不小于 20m。

（2）学校宜设置多个校门供行人和车辆出入。宜设置机动车专用出入口，宜在校门处实现人车分流。校园出入口根据功能可以分为人行出入口及车行出入口，根据使用者不同，出入口又可以分为学生步行出入口、教职工车行出入口、家长接送车辆车行出入口等。

① 分设校园出入口：学校在不同城市周边道路可以设置两个出入口，当学校规模较大时可根据功能布局设置多个出入口，让不同区域的学生快速进出学校（图 7.4-1）。

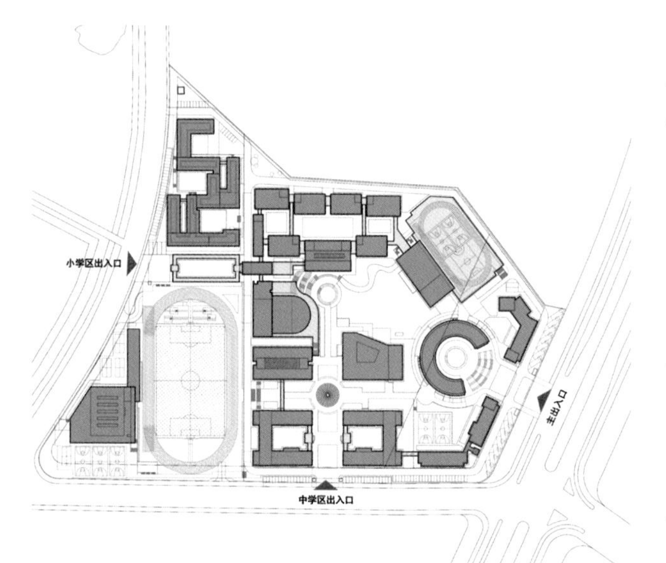

图 7.4-1 分设出入口案例——南京外国语学校方山校区

② 设置缓冲区

在场地条件允许的情况下，或设置有与接送空间相结合的地下停车库时，应在停车接送空间与城市道路之间设置辅道作为到校车辆的缓冲空间，拉长到校车辆流线。

③ 接送空间错时使用：学校用地内部设置限时开放车道、运动场、校内架空层、校内广场等，上下学接送时间内，该空间对接送车辆开放，非上下学时间为校园内部封闭管理空间，通过错时使用，满足上下学接送时机动车动态停车需要，缓解城市交通压力。

④ 分层设置接送空间：场地有高差，或设置地下车库、半地下室空间时，可将接送空间设置于下沉广场；

（3）特殊教育中小学校园周边道路交通设施的设置应符合无障碍设计要求。

2）校园出入口应考虑上下学接送和人员集散的需要，满足人员集散空间、停车落客、停车场、休息等候等功能空间。

3）停车场（表 7.4-1）

（1）学校应设置满足学校师生使用的地面校车停车场、机动车停车场、非机动车停车场。

（2）学校应设置机动停车场，满足学校停车需求，如有条件可设置满足部分接送上下学需要的停车位。

部分城市中小学地下停车场建设意见

表 7.4-1

城市	政策意见	主要内容
杭州	《杭州市城市建筑工程机动停车位配建标准实施细则》	中小学校操场下方应充分利用地下空间设置至少一层地下车库；作为公共停车库
	《利用绿地、广场、学校操场等用地解决停车问题布点规划》	规划意图充分利用绿地公园、城市广场、学校操场等空间下挖地下空间，缓解停车难问题
南京	《南京市中小学幼儿园用地保护条例》	强调科学合理利用中小学地下空间，在不妨碍学校日常教学的情况下，建设公共停车场，或建设人防工程平时用于停车
厦门	《中小学校出入口规划布局研究》	研究指出厦门小学的使用问题，包括入口空间不足，缺少停车位等，研究指出 18 班小学需要停车空间 230m^2，研究倡议开发地下空间，预计厦门市平均每所学校进行地下空间开发可获得 75 ～ 100 个停车位

续表

城市	政策意见	主要内容
厦门	《厦门市建设项目停车设施配建标准》2016 年	小学、幼儿园校门前道路红线以外（建设项目用地范围内），有条件且不影响道路通行的，应设置地面集散场地，供接送车辆临时停放；中学停车位配建按照 4.0 车位 /100 名学生设置；小学停车位配建按照 2.5 车位 /100 名学生
深圳	《深圳市普通中小学校建设标准指引》	地下室可设置停车库、设备用房等功能，停车位数量按照学校教职工编制人数的 50% ～ 80% 设置
宁波	《宁波市建设工程停车配建指标规划》2015 年	教育设施建筑工程的停车位配建按照：中学教工机动车停车位 0.8 车位 / 班，学生接送机动车停车位 0.8 车位 / 班，非机动车停车位 20 车位 / 班；小学教工机动车停车位 0.6 车位 / 班，学生接送机动车停车位 1.2 车位 / 班，非机动车停车位指标 3.5 车位 / 班。学生接送停车位宜在学校用地范围内独立布置，其出入口可不计入基地机动车出入口
苏州	《苏州市建筑物配建停车指标》2015 年	机动车停车位配建指标 一类区：小学教职工停车位 6.0 ～ 6.6 车位 /100 名学生，临时停车 3.0 ～ 3.3 车位 /100 名学生；初中教职工停车位 6.0 ～ 6.6 车位 /100 名学生，临时停车 2.0 ～ 2.2 车位 /100 名学生；高中教职工停车位 6.0 ～ 6.6 车位 /100 名学生，临时停车 1.0 ～ 1.1 车位 /100 名学生 二区、三区均为一区的下限。 新建中小学校及幼儿园宜将教职工机动车位与家长接送临时机动车位统一设置在校园内地下车库，缓解临时接送车辆停车对城市道路交通的影响；宜利用学校门口建筑红线后退设置接送非机动车停车位

（3）操场下方建设停车场并对外开放，满足本学校停车需要及周边停车需求，且能够提供多层次的接送空间。

4）人员集散空间

人员集散空间包括家长等候区、学生等候区。

（1）家长等候行为模式：上学时停留时间短，放学时家长停留时间长，行为模式较为丰富，一般有等候休息、交流聊天、查看信息等行为。因此家长等候区应设置多种设施，如风雨连廊、休息座椅、信息展示栏、电子信息屏等。

（2）学生等候区行为模式：放学时学生等候时间较长，学生等候区应设有一定的复合功能，如读书学习区、简单餐饮区、展览展示区、交谈游戏区等；通过人员集散区的人性化设计，营造上下学温馨氛围。

5）停车落客区

私家车接送形式分析：对城市交通及校前区域影响最大的是停车落客行为，根据停车落客空间与校园相对关系，接送空间可以分为校前区街道式接送、地面场地接送、地下式接送及周边公共场地接送四种接送空间形式（表 7.4-2）。

私家车接送分析　　　表 7. 4-2

类型	特点	优点	缺点	适合用情况	图示
校前区街道接送	配合交通管理利用外部道路接送	不占用校园用地	校园用地较为紧张，周边道路通行压力较小	校园用地较为紧张，周边道路通行压力较小	
地面场地接送	校园退让或者在校内保留相对完整场地	利于人流集散，非接送时间可与周边公用	需要一定面积场地	用地较为充足，一般城市新开发区域新建学校采用	
地下接送	利用学校地下空间，在教学楼或操场下完成接送	集约化校园空间，实现人车分流，减少对校外交通的影响	建设成本较高	校园用地较为紧张	
与周边共用场地接送	利用周边公共停车场或者小区停车场	共享公共资源	学校与接送场地联系不紧密	学校周边区域有相对完善的总体规划	

停车接送区　人员集散区　车行流线

分析来源：林闽琪《城市中小学接送空间设计研究》

6）其他管理策略

（1）错时放学：学校采取错时放学，缓解接送孩子造成的校前区域拥堵。

（2）分散设置校外接送场地：指定校外区域供家长临时停车，学生通过步行来往学校与上下车地点；或利用周边公共停车场，满足上下学停车需要。

（3）智能接送系统：智能接送系统结合数据平台、手机应用、监控系统、导航系统、门禁系统等，完成学生通勤情况统计、提前通知学生家长到校接送、实时反馈学生出入校门情况、监控管理出入学校人员与车辆情况等功能。

7）接送空间环境设计策略

（1）地面空间环境设计策略：地面接送空间应注重绿化、景观小品、标志标识、色彩等设计因素，营造安全、优美、人性化空间，为学生身心的健康成长提供良好的环境。

（2）地下空间环境优化策略：地下接送空间可以采用天窗、下沉广场、景观绿化等元素，实现地下空间景观地上化，打破地下空间封闭、压抑的感觉。

8）校园接送空间模式示意：

（1）场地限时开放模式（图 7.4-2）

校内交通组织宜实现人车分流，车行道、地面停车场区域宜相对独立设置，可以限时开放供接送孩子使用，该区域设计宜满足以下细节：

① 该区域与校园区域应保持相对独立，且有便捷的联系，以保障校园安全。

② 静态停车位宜满足当地规定对接送需要的停车位要求，有校车接送的学校应设置校车停车位。

③ 宜设置限速标识、禁止鸣喇叭标志、限时停车等标示。

④ 动态停车区域（或长度）参考站场落客区计算公式计算。

⑤ 学生步行路线应与车行道之间设置围挡，以便确保步行安全，学生落客区应与校园入口便捷连通。学生步行路线宜设置连廊、雨篷等设施，便于适应多变天气。

⑥ 设置有校车的学校，应设置班级集散场地，便于校车停靠管理。

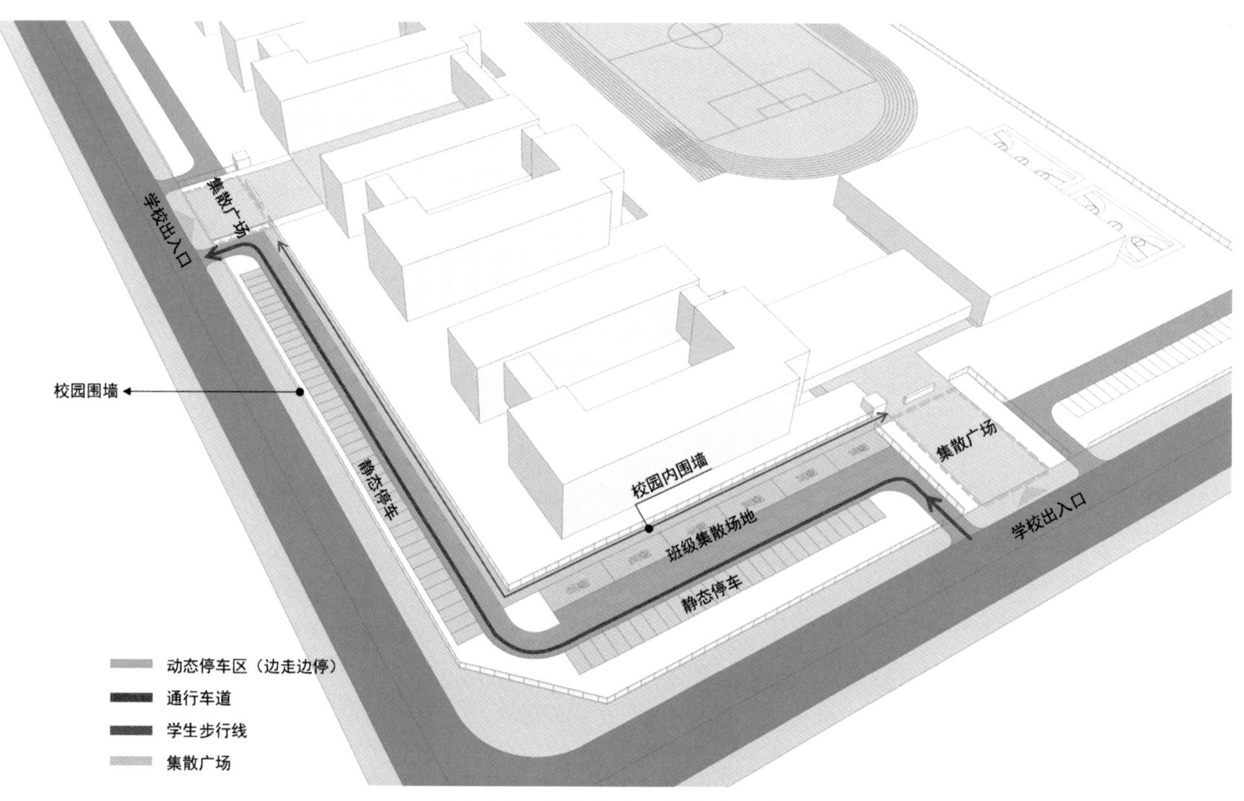

图 7.4-2　场地限时开放模式示意

（2）地下接送模式（图 7.4-3，图 7.4-4）

用地紧张、建筑密度大的学校可以考虑将接送空间放在地下，以节约用地空间、缓解城市交通拥堵，但建设成本较高。结合地下室、半地下室、下沉广场等空间，形成一个可遮风挡雨及多种功能的接送空间。采用地下接送模式时，应处理好消防疏散、环境、卫生等问题。

① 地下空间室外化：通过设置下沉广场、垂直绿化，引进自然因素，改善地下空间通风采光环境，弱化地下空间给人的封闭感。

② 方向标识：采用直接或间接的方式提示地下空间的出入口位置、功能房位置，增加地下空间的方向感。

③ 安全疏散：地下空间应满足人员密集状况时的安全疏散要求，消防疏散宽度及疏散距离应满足消防规范的规定。

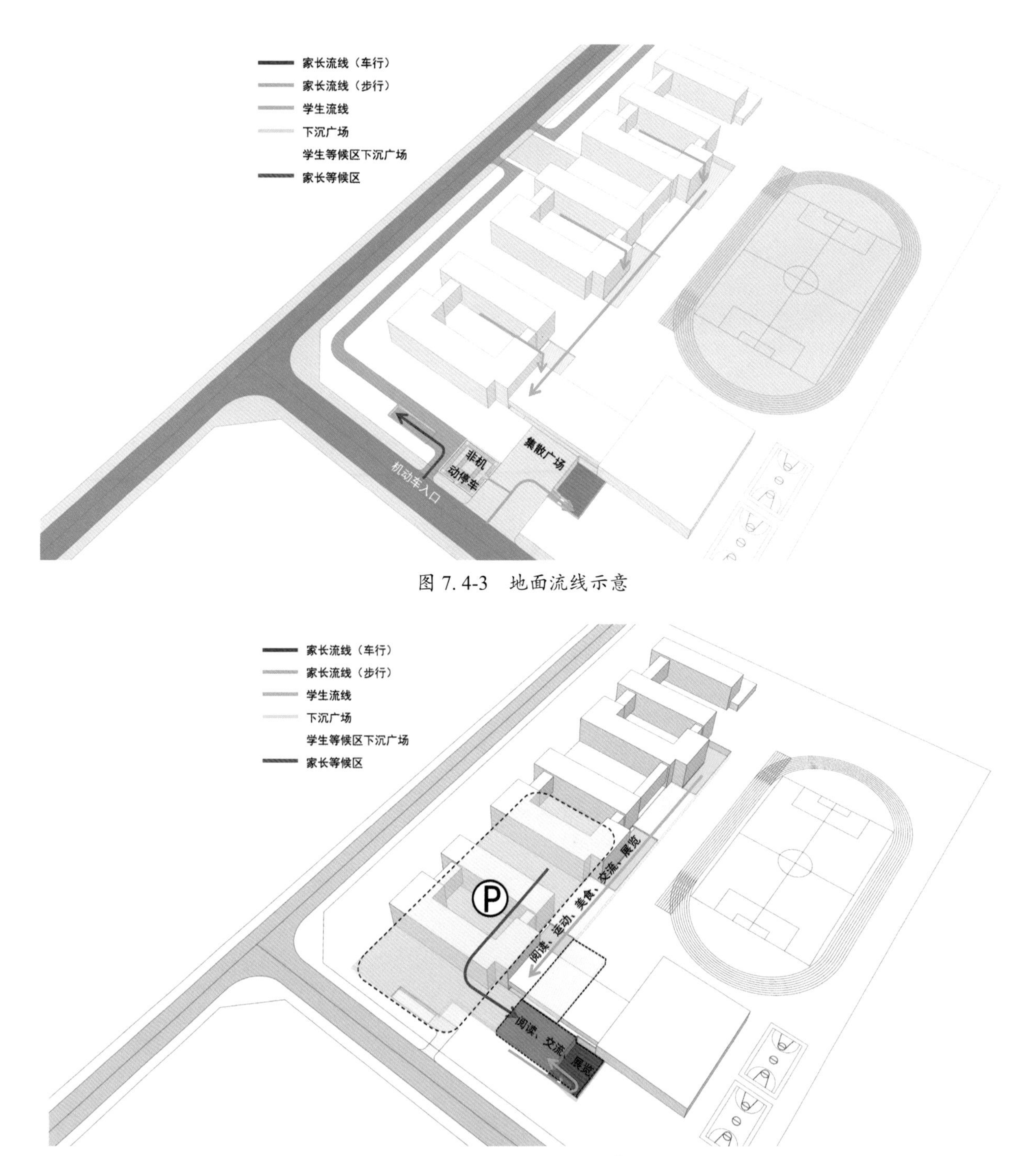

图 7.4-3　地面流线示意

图 7.4-4　地下流线示意

④ 多功能配置：地下接送空间位于室内，不同于地面接送广场，在地下接送空间内可以设置多功能空间，例如在接送空间内布置展览、阅读区、小商店、运动场等，丰富学生等待时间内的活动，让接送空间承担一定的课余活动。

⑤ 地下接送空间学生区与家长区宜满足校园管理的安保要求。

（3）旧校园操场地下空间改造模式（图 7.4-5）

旧城区的学校建设较早，城市停车及校园停车考虑不足，随着车辆的增多，校园周边城市道路的拥堵问题严重。为满足周边城市停车及校园停车需要，校园改造可考虑利用操场下方空间设置地下停车、半地下停车或架空停车空间，结合停车空间，设置上下学接送功能，缓解学校周边城市道路的拥堵。

① 加建停车库应满足城市规划的管理要求。

② 停车库空间与校园空间宜互相独立，上下学功能空间的设置应满足封闭式校园管理的规定。

③ 车库出入口与校园出入口的距离应满足规范要求。

（4）分区出入口设置模式（图 7.4-6）

当校园规模过大时，小学、初中、高中等作息时间不同，部分初高中为寄宿制学校，为方便校园管理，并在上下学时间及时快速疏散学生，宜根据不同的学龄分区设置出入口。

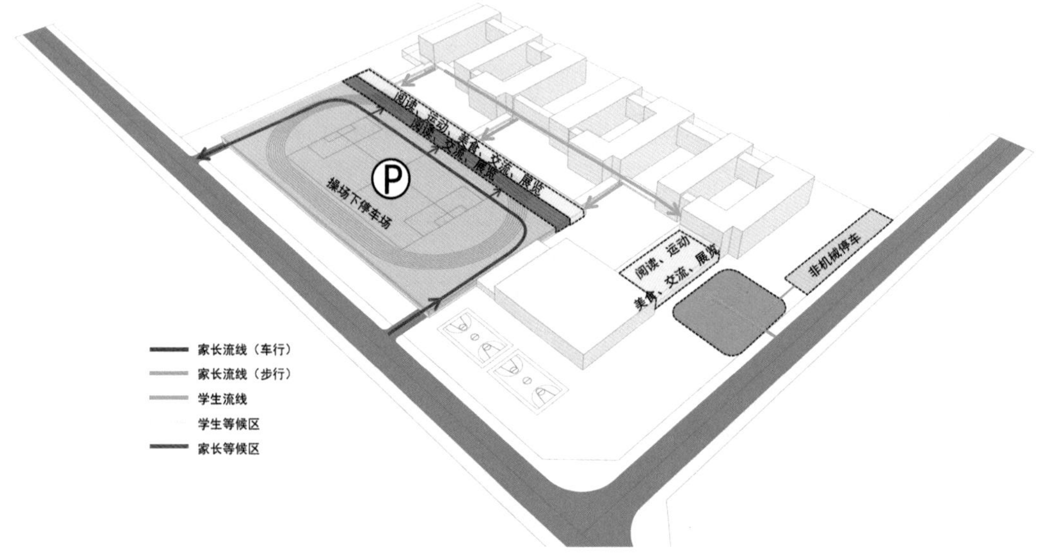

图 7.4-5　旧校园操场地下空间改造示意

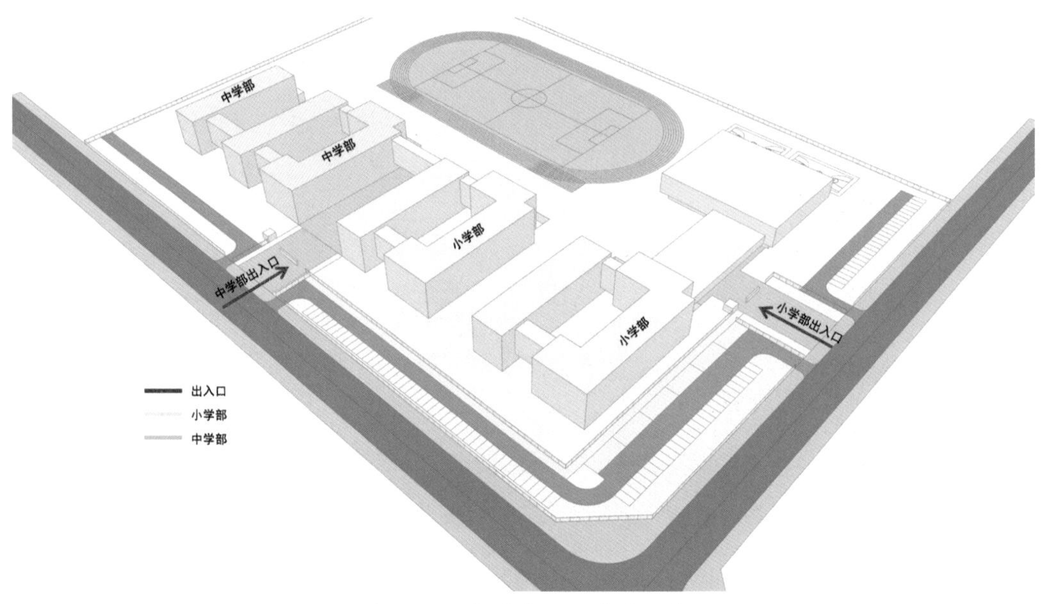

图 7.4-6　分区出入口设置示意

（5）分层接送空间模式（图 7.4-7）：

山地校园或高差较大时，可根据地形设置多标高接送出入口，以避免同一标高的空间压力。场地出入口应满足无障碍设计要求。在高差较大的地方，学校疏散空间至城市道路应有足够大的平缓集散场地，台阶或坡道不应直接连接城市道路（图 7.4-8）。

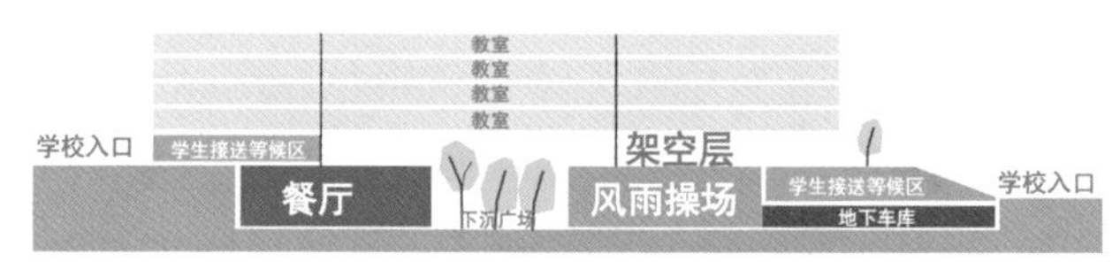

图 7.4-7 分层接送空间示意

图 7.4-8 案例：深圳市龙华区第二外国语学校

图片来源：网络

9）校园接送空间实例——济宁海达行知学校（图 7.4-9）

济宁海达行知学校项目用地被两条 T 字交叉的道路分隔为南北两个部分。规划布局将初中、高中并置于北侧面积较大的地块，小学、幼儿园则置于南侧较小的地块。两个区块的出入口均朝向规划中的次要道路以规避城市快速路的不利影响，初高中主出入口两侧设置停车场，用于家长接送孩子临时停车使用；学校主入口设置较大集散广场，用于上下学时人员集散；学校内部对应设置内部集散广场，上下学时满足学校内部学生集散。

10）校园接送空间实例——宁波市江北区甬江实验学校（设计单位：DC国际建筑设计事务所等）（图 7.4-10～图 7.4-13）

宁波市江北区甬江实验学校设置 3 个主要出入口——小学部出入口、中学部出入口、辅助出入口：小学部出入口布置于南侧聚兴西路上；中学部出入口布置在北侧规划道路上；中小学家长分别从对应的出入口进入，从西侧石台路上的辅助车行出入口驶出。

图 7.4-9 案例：济宁海达行知学校

图片来源：网络

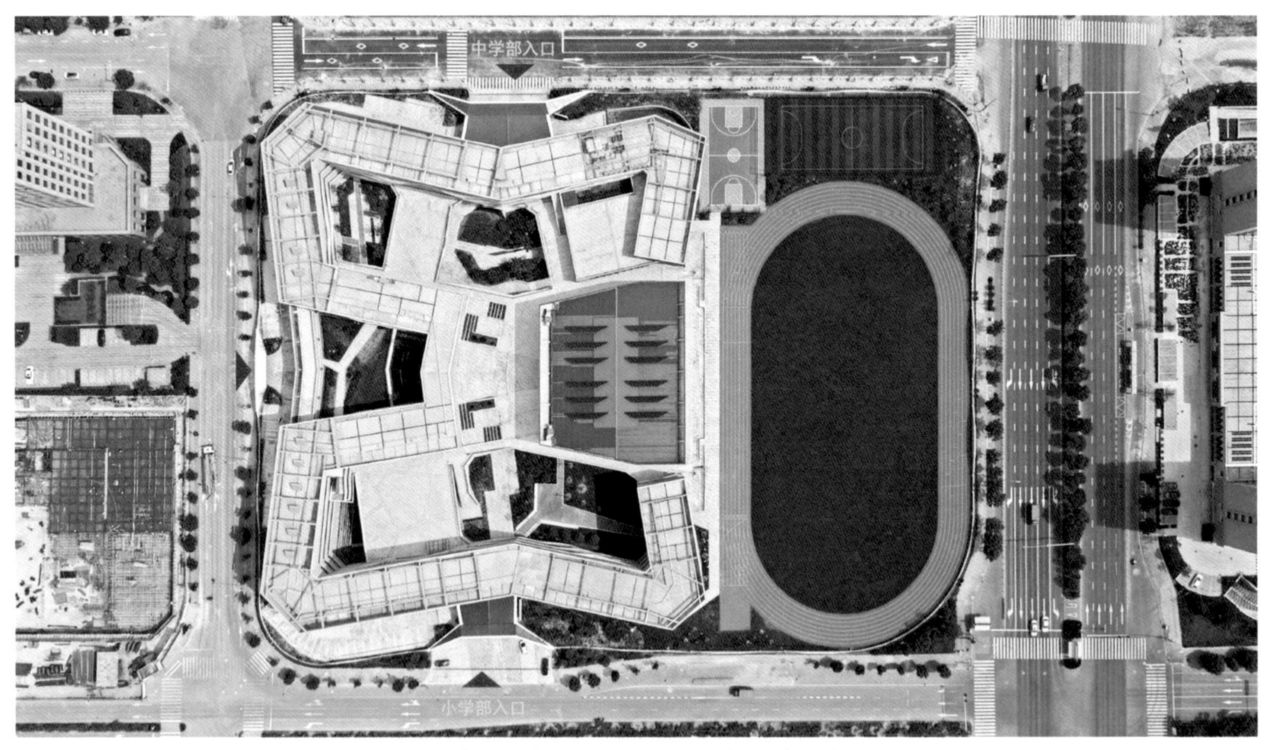

图 7.4-10　案例：宁波市江北区甬江实验学校出入口示意

图片来源：网络

图 7.4-11　案例：宁波市江北区甬江实验学校上下学接送流线示意

图片来源：网络

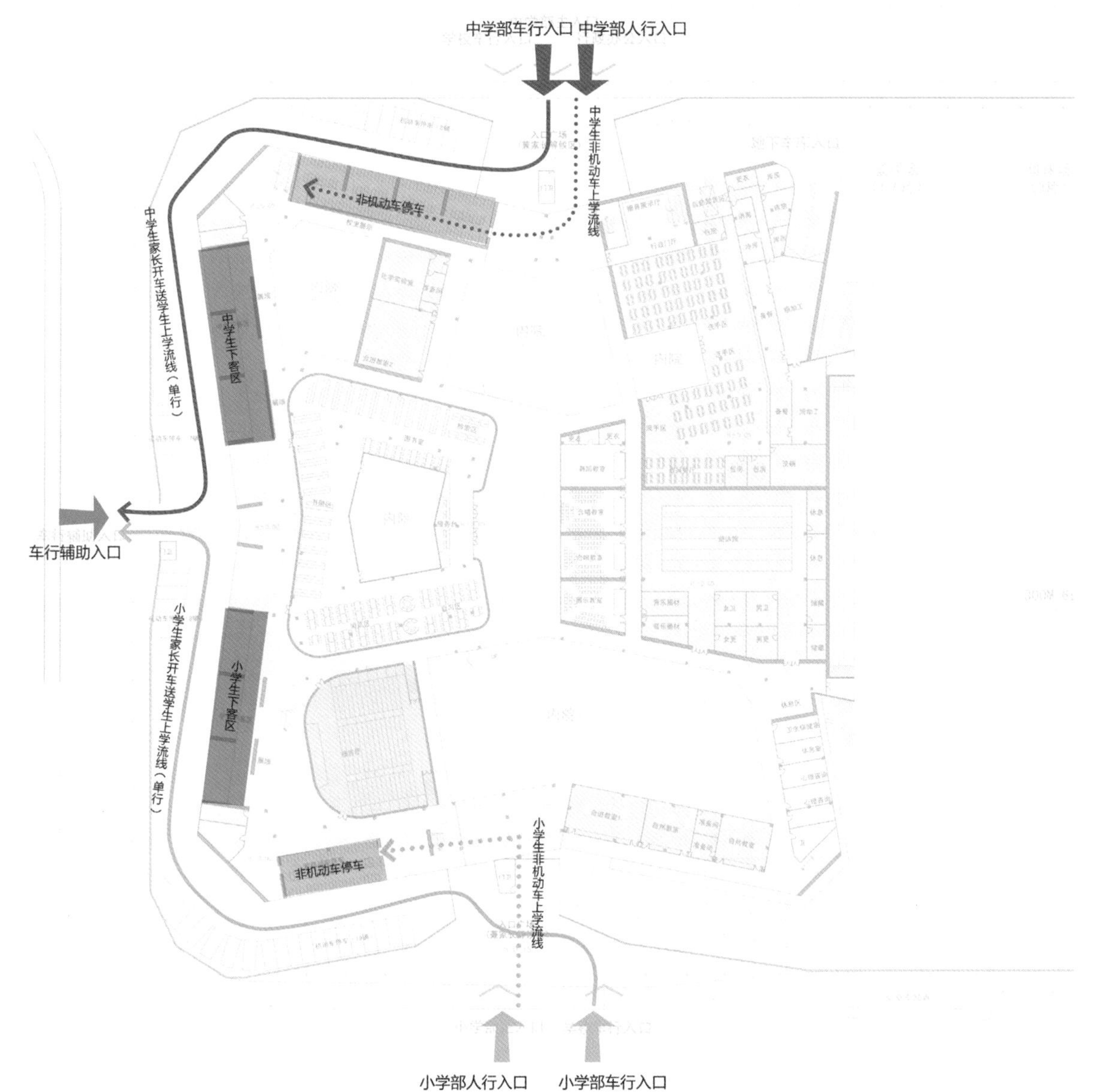

图 7.4-12　案例：宁波市江北区甬江实验学校上学流线示意

图片来源：网络

机动车上学流线：学生家长通过南侧小学部入口、北侧中学部校园入口进入校园，经行校园内部西侧单向行驶车道，在中小学生落客区把学生放下，然后经过西侧辅助出入口驶入城市道路。

非机动车上学路线：在南北两个学部出入口附近的架空层，设置部分非机械停车，考虑到小学生仅部分年龄具备骑用自行车条件，小学部的非机械停车设置数量较少。

机动车接学生放学：机动车从南北校园入口进入校园后在各区域设置地面临时停车位，考虑到下学时接送等候时间较长，沿路可设置地面临时停车或即走即停停车位，以增加可停车数量。

非机动车接送学生放学：家长在中小学部入口家长等候区等待学生放学。

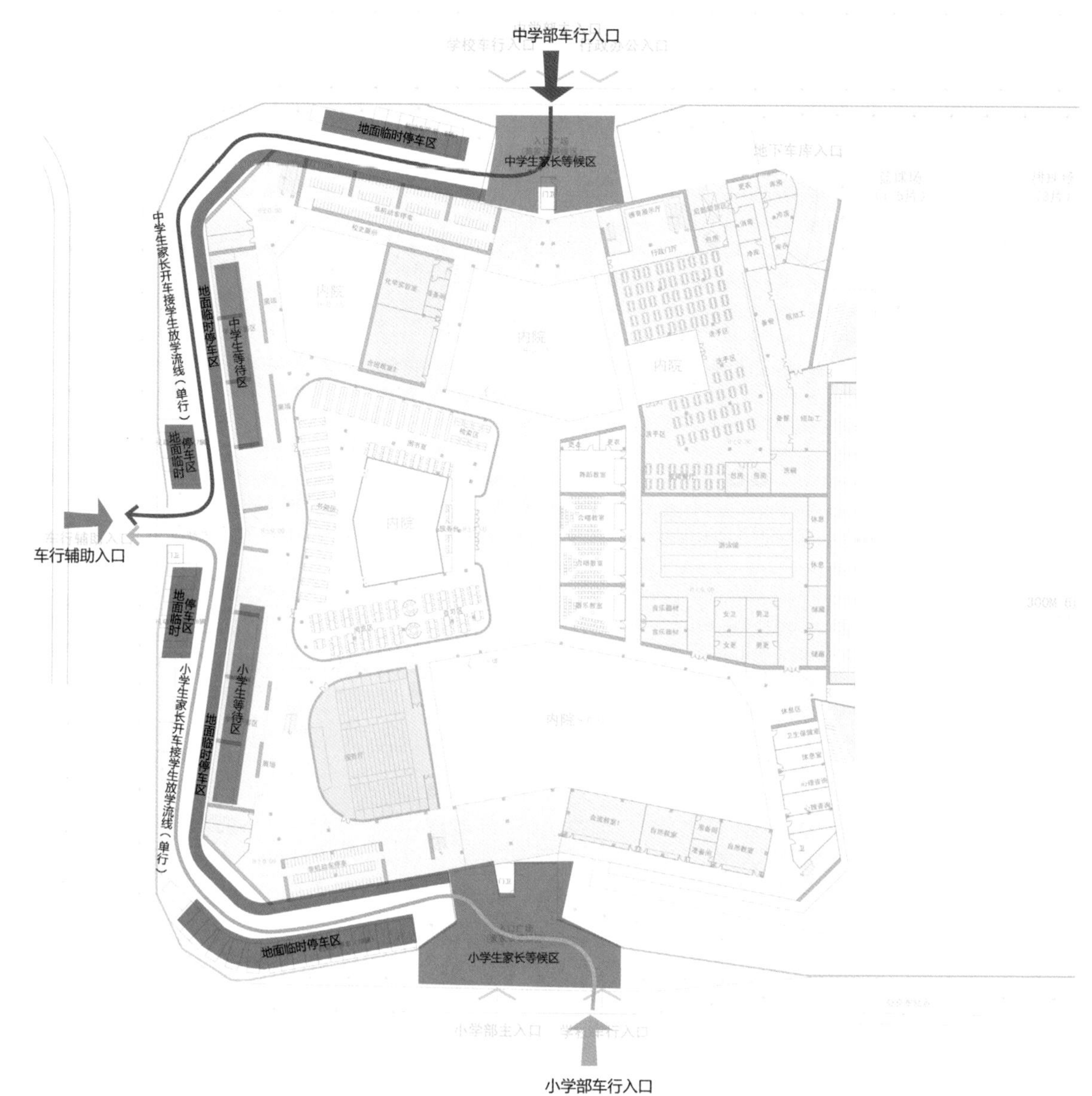

图 7.4-13　案例：宁波市江北区甬江实验学校放学流线示意

图片来源：网络

11）校园接送空间实例——深圳前海三小（荔湾小学）

本项目容积率为 1.7。在如此高的容积率条件下，营造健康轻松、舒适开放的立体校园空间是设计的关键。在接送空间上将机动车接送放在地下部分，在地下室设置交通疏导中心，在紧张的校园用地情况下为家长提供接送学生的室内空间，接送车流通过地下坡道入口进入地下环形交通岛的下沉庭院学生等候处，学生可选择直跑楼梯或电梯直上首层地面再至各个教室。在地下接送区域设置天然采光，地下接送区域在视线上与地面景观相联系，增加了地下接送空间的舒适性（图 7.4-14，图 7.4-15）。

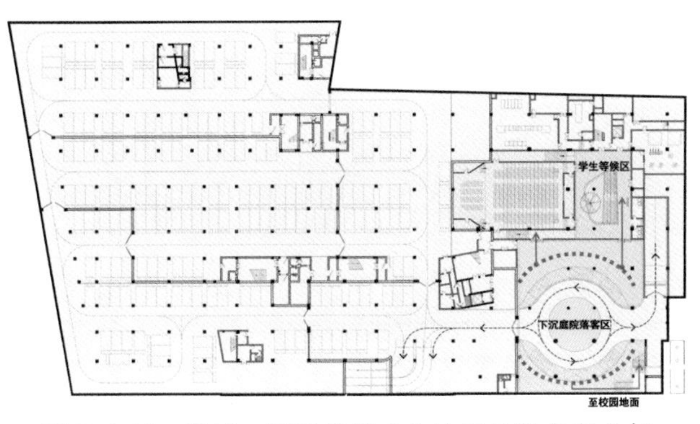

图 7.4-14 案例：深圳前海三小地下接送空间分析
图片来源：网络

图 7.4-15 案例：深圳前海三小地下交通疏导中心
图片来源：网络 摄影师：吴清山

12）校园接送空间实例——深圳坑梓中心小学扩建工程（图 7.4-16，图 7.4-17）

为了缓解上下学期间接送学生造成的城市道路拥堵，扩建工程部分设置 2 层地下室，其中地下一层设置地下交通疏导中心。疏导中心面积约 1000m^2，功能为学生接送等候区、家长接送等候区、即停即走区，满足上下学期间的基本功能。

人行流线主入口设置地面非机动车接送区域，在扩建工程部分采用人车分流，车行线沿东西侧校园道路进入地下室，机动车接送在地下室部分完成。

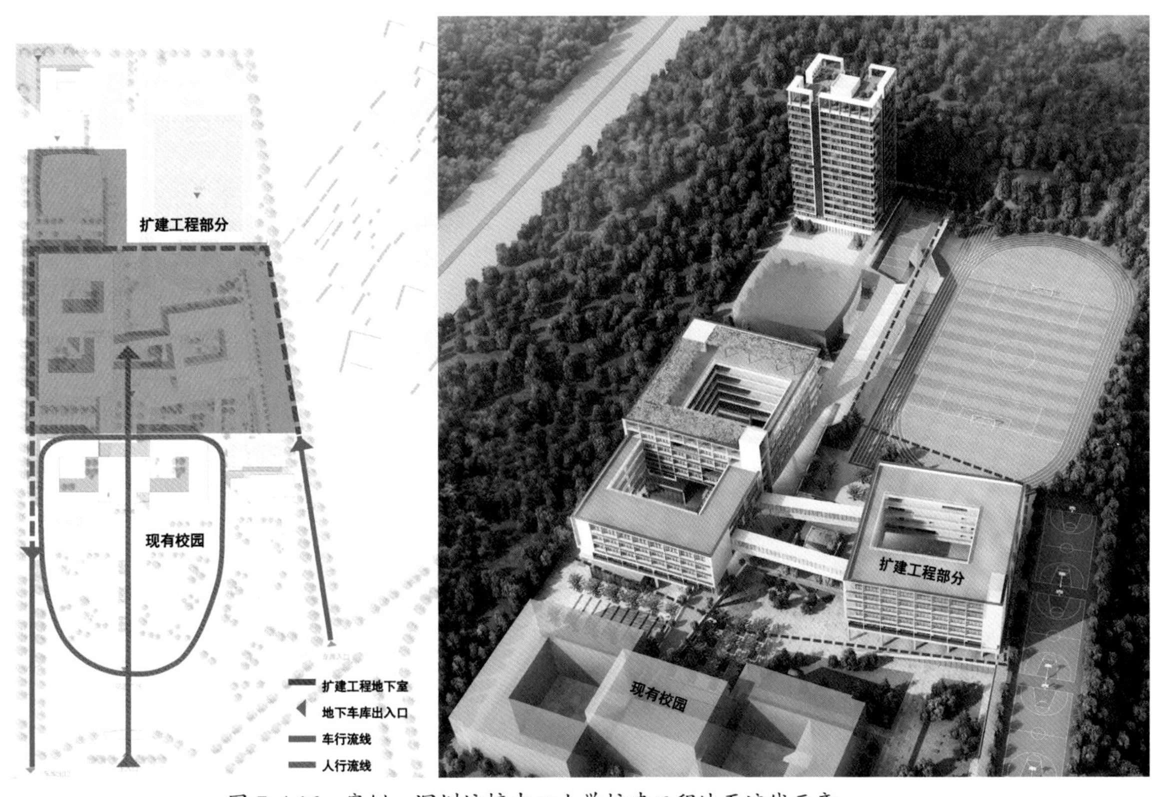

图 7.4-16 案例：深圳坑梓中心小学扩建工程地面流线示意

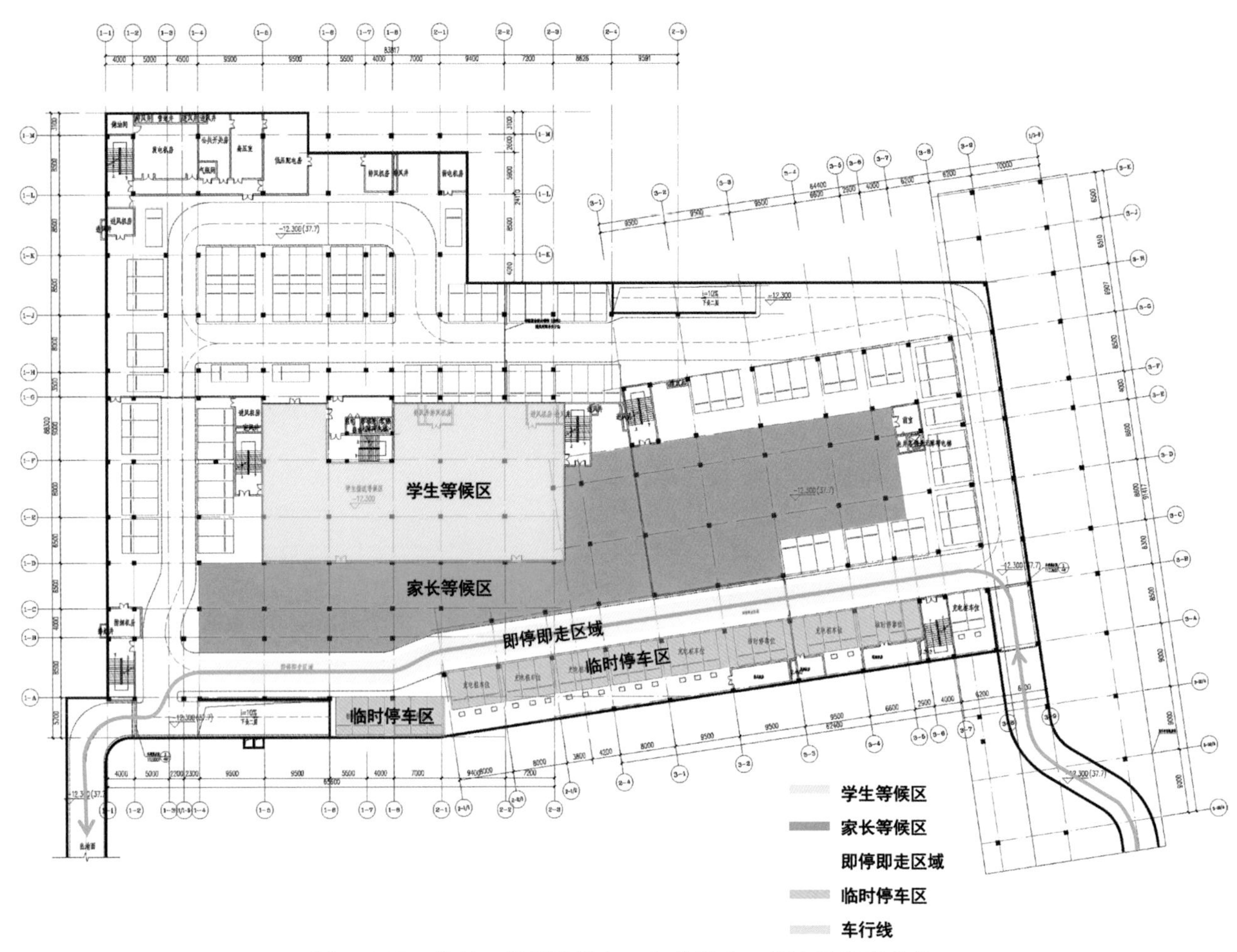

图 7.4-17 案例：深圳坑梓中心小学扩建工程地下流线示意

7.5 校园反恐防范措施

1）反恐部位：学校设置反恐的重要部位包含学校大门外一定区域（50m 范围内）、学校周边、学校出入口、门卫室、停车场出入口、广场、会场等区域。

2）实体防护设置：以下部位应设置实体防护措施（表 7.5-1）

实体防护设施表　　表 7.5-1

序号	项目	安装区域或位置	配置要求
1	围墙或其他实体屏障	学校周边	应设
2	防冲撞隔离设施	学校出入口	应设
3	防盗安全门、金属防护门或防尾随联动互锁安全门	实验室	应设
4		危险品储藏室	应设
5		档案室	应设
6	防盗安全门、金属防护门或防尾随联动互锁安全门	监控中心	应设
7		广播（电视）台	应设
8		财务室、电教室、试卷室	应设
9	人车分离通道	学校出入口	应设
10	钢铁栅栏、实体墙	水电气热等设备间	应设

3）设施配置要求

（1）围墙或其他实体屏障的高度应不低于 2m，并安装防止攀爬装置，不应依傍围墙、围栏搭建额外建筑物。

（2）学校周边应设置相应的安全防控措施，并符合以下要求；

① 学校周边道路交通设施设置应符合《中小学

与幼儿园校园周边道路交通设施设置规范》GA/T 1215—2014 的要求；

② 应在学校大门口两侧 50～200m 道路上设置限速和警告标志；

③ 应在交通流量大的学校门前道路施划减速带、人行横道和交通信号灯；

④ 应在学校大门口及周边 50m 区域设置家长等候区。

（3）学校出入口（临近机动车道）应设置升降式金属柱，无机动车冲撞风险的学校出入口可不予设置。

4）技防组成：学校技防系统包括视频监控系统、入侵和紧急报警系统、出入口控制系统、电子巡查系统、停车库（场）安全管理系统、防爆安全检查系统、访客身份识别系统、访客（可视）对讲系统、公共广播系统、通信显示记录系统和监控中心等。

5）学校技防的建设应符合《中小学、幼儿园安全技术防范系统要求》GB/T 29315—2012 的要求，技防配置如表 7.5-2。

技防配置表 **表 7.5-2**

序号	项目		安装区域或覆盖范围	设置标准
1	视频监控系统	摄像机	学校外围道路交叉口	宜设
2			学校出入口主要道路	应设
3	视频监控系统	摄像机	学生宿舍楼（区）、教学区域出入口	应设
4			学生宿舍楼（区）、教学区域主要通道	应设
5			食堂操作间、储藏室和就餐区	应设
6			图书馆、档案馆、试卷室、电教室、财务室	应设
7			幼儿园教室内	应设
8			网络中心、广播（电视）台	宜设
9			监控中心	应设
10			危险品储存室、实验室	应设
11			停车库（场）出入口及库内	应设
12			广场、会场、运动场	应设
13		人脸抓拍摄像机	学校出入口	应设
14		控制、记录、显示装置	监控中心	应设
15	入侵和紧急报警系统	入侵探测器	学校周界围墙、栅栏等屏障处	宜设
16			档案室、网络中心、广播（电视）台	宜设
17			危险品储存室、实验室	应设
18			食堂操作间、储藏室	宜设
19			水电气热等设备间	宜设
20		紧急报警装置（一键式报警）	门卫室、监控中心	应设
21			学生宿舍楼（区）值班室	应设
22			校（园）长室	应设

续表

序号	项目		安装区域或覆盖范围	设置标准
23	出入口控制系统		学校出入口	宜设
24			危险品储存室、监控中心	应设
25			实验室	宜设
26			学生宿舍（区）主要出入口	宜设
27			图书馆、档案室	宜设
28	电子巡查系统		重要部位和人员密集区域	宜设
29	停车库（场）安全管理系统		机动车出入口	宜设
30	防爆安全检查系统	通过式金属探测门	学校出入口	宜设
31	访客身份识别系统		门卫室	应设
32	访客（可视）对讲装置		门卫室	宜设
33	公共广播系统		广场、会场、运动会、图书馆、实验室	应设
34			学生宿舍楼（区）、教学区域主要通道	应设
35	通信显示记录系统			应设
36	监控中心		—	应设
37	安全管理平台		—	宜设

参考文献：

[1] 中小学校设计规范：GB 50099—2011

[2] 民用建筑设计统一标准：GB 50352—2019

[3] 中小学、幼儿园安全技术防范系统要求：29315-2012

[4] 中小学与幼儿园校园周边道路交通设施设置规范：1215-2014

[5] 深圳地方标准．深圳市普通中小学校建设标准指引．

[6] 深圳地方标准．反恐怖防范管理规范：中小学、幼儿园．

[7] 林焘宇．深圳小学生上学交通特征及方式选择影响因素．

[8] 闫桂峰．北京市小学生通学交通特征分析及校车开行建议．

[9] 李涛．城市建成区学校周边交通拥堵治理的探索与实践．

[10] 刘涟涟．德国促进儿童独立上学的城市交通规划与教育．

[11] 曾菲萍．基于交通影响评价的城市中小学接送．

[12] 林闽琪．城市中小学接送空间设计研究．

[13] 政府报告．天津市 2016 年校车安全管理工作总结和 2017 年工作要点．

8 非正式教学空间设计

深圳市欧博工程设计顾问有限公司　毛　冬

8.1 定义

传统的教学主要集中在教室等固定的教学单元中，可以称为正式教学空间，以老师授课方式为主，老师教、学生学，为单方向的知识传递。非正式学习这个名词最早并非国内原创，而是由学者介绍到国内的，英文名称为 Informal Learning。对于非正式学习的概念，不同的研究者有不同的认识，可谓仁者见仁，智者见智。在众多的概念中，得到学界普遍认同的当属国外学者 Bischoff 在 20 世纪末给出的定义，他认为，非正式学习是相对正规学校教育或者继续教育而言，指在工作、生活、社交等非正式学习时间和地点接受新知识的学习形式，主要指做中学、玩中学、游中学，如沙龙、读书、聚会、打球等。[1] 对于学校的非正式教学空间，则可理解为打破传统教室的框架，教学延伸到校园的其他空间，能进行有关知识分享和学习的各类场所。

8.2 意义

随着中小学教育理念的改革，以教师为中心的独立教学方式转变为以学生为中心的协作教学方式。教学行为的发生场所具有不定性及更加多样性，教学空间已不局限在传统的教室空间，更多元的授课方式及教学需求，演变为处处是教室，随处是课堂。并且教学方式也不再仅是书本的基本知识，教学也不再是老师对学生单方面的授课，师生的交往、合作等都能成为获取知识的途径，因此学校需要创造多维度、多尺度、多样化的非正式教学空间，激发学生自主学习、交流交往等富有活力的行为。

8.3 发展

我国中小学教育初创期（1949～1966 年）、教育迷茫期（1966～1978 年），是追求效率的年代，校园建设主要是教室加走廊的模式，追求经济高效建设。到教育复兴期（1978～1999 年），学校设计中也会有公共空间的设计，主要以交通等开放空间为主。公共空间与实际使用空间的比率不同，所形成的公共性程度不同。在教育转型期（1999～2010 年）、新变革期（2010 年至今），随着教学理念的发展，出现了校园公共空间与教学相结合的模式，公共空间开始设置软性及硬性的活动家具等，成为延展教学可能性的场所。

8.4 模块

非正式教学空间可以分为室内、室外、半室外等。按照私密性分为个人及共享，按照空间类型可以分为走廊连桥、台阶楼梯、中庭边庭、敞厅过厅、露台平台、庭院广场等。可以把这些类型的空间看作模块，通过扩展与组合，实现个性化、差异化、兴趣化、多样化，激发校园空间新的活力，营造校园非正式学习的环境。

8.4.1 走廊

传统的教室以走廊连接，仅作为交通空间。在必要的疏散宽度要求外，可拓展走廊宽度，或将走廊局部放大形成平台，使单一的线性空间变为线面结合，置入休息、交往的座椅，以及读书角等功能，将普通的廊道空间拓展为教学或者交流交往场地。还可以采取双走廊设计，使教室单元两侧都有交流空间（图 8.4-1，图 8.4-2）。

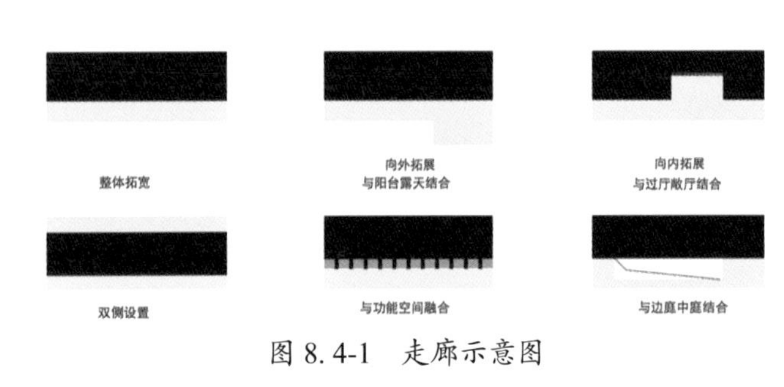

图 8.4-1　走廊示意图

图 8.4-2　高安路第一小学华展校区走廊结合休息与敞厅

图片来源：https://www.gooood.cn/huazhan-campus-of-shanghai-gaoan-road-no-1-primary-school-scenic-architecture-office.htm

8.4.2　连廊

位于二层及以上，联系两栋（座）建筑的水平交通走廊，分有上盖和无上盖架空连廊。[2] 还可以按照围护结构的不同分为室内连廊、室外连廊，可布置活动家具，作为展览、讨论或阅读区。并可结合绿化景观，丰富校园空间层次（图 8.4-3）。

图 8.4-3　北京四中房山校区连廊

图片来源：https://www.archdaily.cn/cn/774271/bei-jing-si-zhong-fang-shan-xiao-qu-open-architecture?ad_medium=gallery

8.4.3　楼梯

楼梯除作为建筑中上下层功能的交通串联外，还可以采用直跑、多跑转折等变化形式，以拓宽平台、扩大梯下活动空间以及梯段结合看台、增加景观空间等，在疏散交通外拓展成为更多元的空间（图 8.4-4）。

图 8.4-4　北京四中房山校区台阶

图片来源：https://www.archdaily.cn/cn/774271/bei-jing-si-zhong-fang-shan-xiao-qu-open-architecture?ad_medium=gallery

8.4.4　坡道

坡道作为漫游路径可以舒缓连接各层，或者作为庭院与教学区的连接，创造出富于变化的交流机会（图 8.4-5）。

图 8.4-5　海口寰岛实验学校初中部坡道

图片来源：https://www.archdaily.cn/cn/928452/hai-kou-huan-dao-shi-yan-xue-xiao-chu-zhong-bu-wu-jie-xian-xiao-yuan-ji-star-jian-zhu-shi-wu-suo-tao?ad_medium=gallery

8.4.5 中庭

将内走廊空间拓展放大，中间形成通高空间，增加上下层的联通性与互动性。并可在中庭布置公共楼梯方便各层联系，创造相遇交流的可能（图 8.4-6，图 8.4-7）。

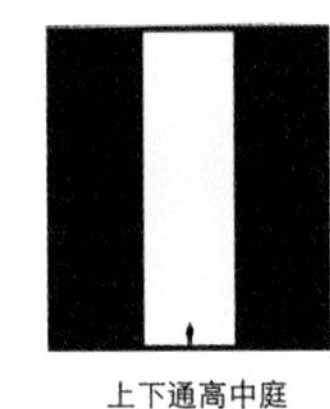

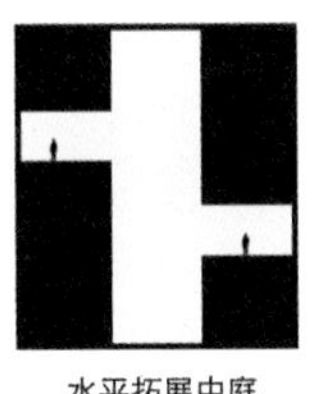

图 8. 4-6　中庭示意图

图 8. 4-7　美国 Lisle 小学中庭

图片来源：https://www.archdaily.com/933383/lisle-elementary-school-perkins-and-will?ad_source=search&ad_medium=search_result_all

8.4.6 边庭

与中庭相比，边庭的特点在于至少有一边向室外开放，因此既能成为上下联系的空间，又能把校园外部活动或者景观引入至室内（图 8.4-8，图 8.4-9）。

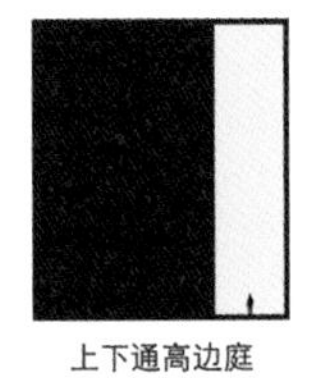

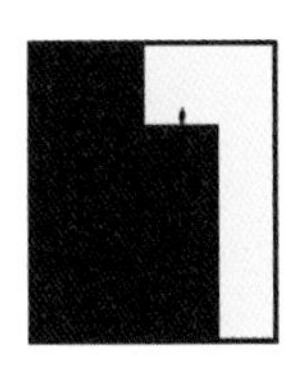

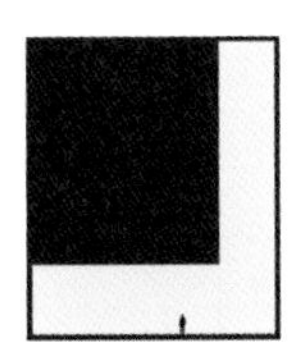

图 8. 4-8　边庭示意图

图 8.4-9　UGR 大学健康科学校区学习中心边庭

图片来源：https://www.archiposition.com/items/a58ebc129f

8.4.7　门厅

门厅作为校园功能的起点，除了肩负与各个功能与流线的联系作用外，还可以与学校的宣传、学生作业展览，甚至便利店等功能结合。可将图书资源数字化，将学校走廊、门厅等闲散空间开辟为阅读场所，提供资料查询和借阅的设备设施（图 8.4-10）。

图 8.4-10　北京四中房山校区门厅

图片来源：https://www.archdaily.cn/cn/774271/bei-jing-si-zhong-fang-shan-xiao-qu-open-architecture?ad_medium=gallery

8.4.8　过厅

传统过厅常常作为缓冲空间（图 8.4-11），新型校园中可以结合室内布置，复合引入展览、休息、游戏等功能家具。通过设置推拉门，开合之间拓展教室空间的含义。

图 8.4-11　瑞典 Tiunda 小学过厅

图片来源：https://www.gooood.cn/new-tiunda-school-by-c-f-moller-architects.htm

8.4.9　敞厅

传统南方建筑中有屋顶、面向天井或庭院部分无外墙且可多功能使用的起居活动空间叫敞厅。不同楼层结合中庭或者庭院布置的敞厅称为多层敞厅。在校园建筑中，敞厅可以理解为走廊中局部放大的过厅，或者边庭无围护结构的敞开，不仅可供上下交流，也可以成为建筑进出风的路径开口（图 8.4-12）。

图 8.4-12　敞厅

图片来源：网络

8.4.10　架空

作为有顶无围护结构的开敞空间，架空是学校活动空间及非正式教学空间的重要组成部分，可以成为体育活动、游戏阅读、展示宣传、分享交流等空间。尤其在南方城市，架空是非常适应气候的空间类型，如深圳已经积极倡导学校架空空间的设置，规定了架空的指标（图 8.4-13，图 8.4-14）。《深圳市普通中小学校建设标准指引》规定：“普通中小学校可根据用地条件及空间需要，将教学及办公区部分建筑物首层架空，架空层建筑面积不宜超过生均 2 平方米。寄宿制高级中学可在宿舍区额外增加架空层建筑面积。”[3]

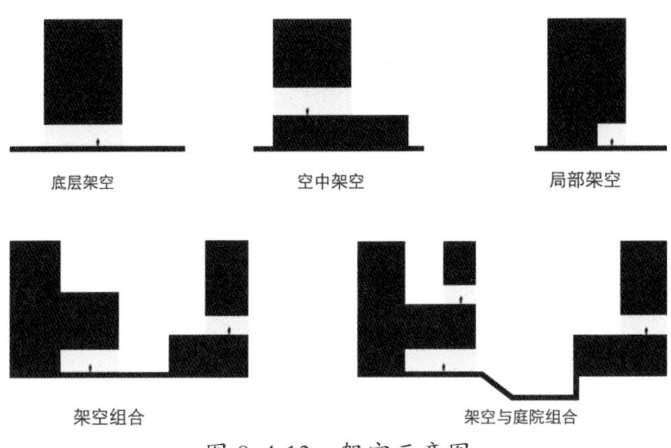

图 8.4-13　架空示意图

图 8.4-14　深圳前海三小（荔湾小学）架空

图片来源 https://www.archdaily.cn/cn/922045/shen-zhen-qian-hai-san-xiao-li-wan-xiao-xue-shen-zhen-da-xue-jian-zhu-she-ji-yan-jiu-yuan-star-yuan-ben-ti-gong-zuo-shi?ad_source=search&ad_medium=search_result_all

8.4.11　骑楼

骑楼是指建筑底层沿街面后退且留出公共人行空间的建筑物。[2] 校园建筑中既可对内也可对外塑造骑楼空间，对外的骑楼还可以成为社区和校园的过渡空间（图 8.4-15）。

图 8.4-15　新沙小学骑楼

图片来源：http://www.archiposition.com/items/20210416102138

8.4.12 露台

通过功能的叠合，建筑二层及以上利用下层屋顶可以形成露台，作为本层户外活动空间的无顶盖室外平台。露台可以拓展校园的地表，形成多层次的学生课间就近的活动空间（图 8.4-16）。

图 8.4-16 美国 Marlborough 小学露台

图片来源：https://www.archdaily.com/893807/marlborough-primary-school-dixon-jones

8.4.13 屋顶

屋顶可结合绿化景观成为科普植物园地，给学生提供生物教学场地或室外种植原地，或者铺设运动场地，拓展校园运动空间（图 8.4-17）。

图 8.4-17 深圳市福田区新洲小学屋顶

图片来源：https://www.archiposition.com/items/20201209083820

8.4.14 阳台

阳台是附设于建筑物外墙，周边设有栏杆或栏板，可供人活动的空间。阳台按其上方顶盖高度分为单层高阳台和多层高阳台。[2] 可以结合教室单元作为教学空间的延伸，或宿舍单元生活空间的补充，如宿舍中个人或小组的晨读空间等。

8.4.15 庭院

院落作为学生的活动主场，可提供多主题的学习和共享空间，围合式具有向心性，半围合式院落可避免空间的封闭性与压抑感，还可以形成开敞的视觉通廊，和城市与自然对话（图 8.4-18）。

图 8. 4-18 Therry Courtyard，St Ignatius College

图片来源：https://landezine.com/therry-courtyard-st-ignatius-riverview-by-arcadia-landscape-architecture/

8.4.16 广场

校园广场更多作为校园的仪式性或者集会性场地，以硬质铺地为主，兼顾学生集体游戏教学、分组活动等。还可以兼顾社区共享、家长接送等功能，成为社区纽带中心（图 8.4-19，图 8.4-20）。

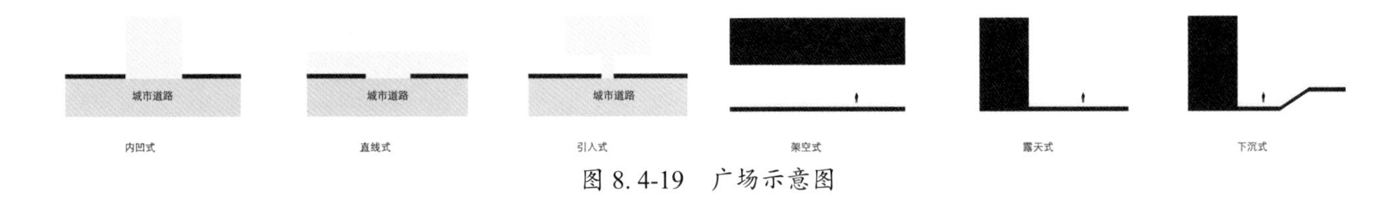

图 8. 4-19 广场示意图

图 8.4-20　深圳香山里小学架空入口广场
图片来源：欧博设计 © 陈冠宏摄影

8.5　模块组合

以上列举的非正式教学空间的模块，可按室内、室外、半室外三者来进行组合演变。比如内部走廊与敞厅、中庭等内部手法结合处理，其次是室内与半室外空间的复合，如走廊与架空、露台等结合，最后室内空间与室外庭院等空间的结合。多种元素的叠加可以形成更丰富的非正式教学空间。

8.6　与功能空间结合

非正式教学空间通过加减法可以与其他功能单元结合设计。

8.6.1　与教学空间结合

所有的模块都可以与教学空间结合，延展成为教学功能单元的非正式教学空间。随着教育改革的不断深入，教室单元内功能的需求更加多样，也对更加多元化的空间提出了要求，拓展多维复合空间成为可能。放大的走廊或过厅，可以结合教室一起设计，利用推拉墙等放大成为扩大教学区，成为合班汇报、小组讨论等模式。再结合楼梯、洗手间等辅助设施，形成更为灵活多用的教学单元模式（图 8.6-1）。

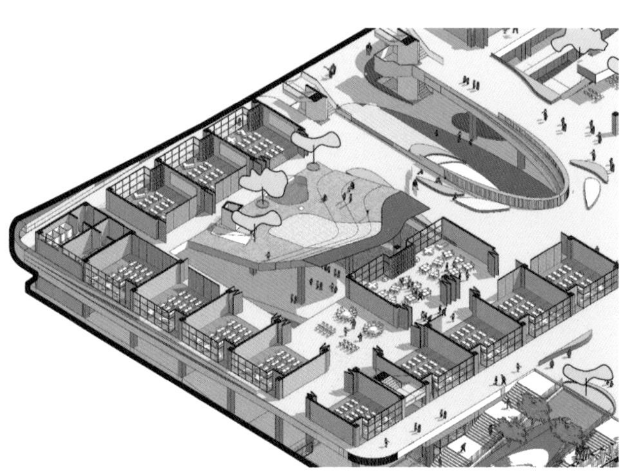

图 8.6-1　教室单元与非正式教学空间结合
图片来源：欧博设计

8.6.2 与运动空间结合

传统的运动区以室外操场、室外运动场地、室内体育场馆等为主。在扩展非正式教学区的情况下，台阶树池可结合运动场地成为景观看台，露台也可以成为室外活动场地。架空区还可以延伸成为半室外的运动场地，如架空篮球场、架空游泳馆，甚至在用地拥挤情况下，操场也可结合架空区一起设计。做好减震措施，屋顶也可以布置篮球场、跑道等（图 8.6-2）。

图 8.6-2　香港法国国际学校运动场地与架空层结合

图片来源：https://www.gooood.cn/french-international-school-of-hong-kong-tseung-kwan-o-by-henning-larsen.htm

8.6.3 与生活空间结合

生活区、宿舍、餐厅等空间，也可以在基本的功能需求之外，叠加公共空间，丰富使用的可能性，打造交流交往的场所，让普通的生活区更多元化。如宿舍区开辟出敞厅等空间，可以结合公共学习区，或者游戏及阅读功能（图 8.6-3）。

图 8.6-3　佛山梅沙双语学校小学宿舍敞厅

图片来源：欧博设计 © 田方方摄影

8.7 与校园空间的融合

校园设计在规模、密度、容积率等高低不同的情况下，非正式教学空间的融合形式可以有不同的变化。可以分为水平型、垂直型、复合型三种类型。

8.7.1 水平型

在非高容高密、用地较为宽松的校园中，以每栋楼为教学单元组合的模式中，非正式教学空间多以水平连接模式来丰富校园空间。

案例：佛山梅沙双语学校[4]

佛山梅沙双语学校以单栋布局形成整体校园建筑功能，非正式教学空间主要以水平游廊串联各栋建筑，结合黄色“活力核”，形成整体的非正式教学空间体系（图 8.7-1）。

项目基地位于佛山市南海区东部，由于远离居住区，并且配套服务功能相对缺乏，因此项目性质在初期就定位为全寄宿制九年一贯制学校。

寄宿学校与普通学校的区别在于，其不仅承载教学功能，还是学生 24 小时生活的场所，学生将在这座校园中生活学习九年，丰富的空间体验和舒适的活动环境显得尤为重要。因此设计提出“游园社区”的设计概念，“学、宿、食、憩、游”等不同的功能空间相互渗透，创造多层级多院落的游园，使学校从简单的教学场所演变成多样体验的游乐场，从传统寄宿学校到寓教于乐、多元复合的文化社区。

采取 4 种设计策略：1）此时此地：建筑既要体现岭南地域特色，也应适应南方气候特征。2）共享联合：功能上中学与小学虽然相对独立，但又联合统一，营造共享中心。3）情景交融：建筑与景观相互融合渗透，立体的连廊将建筑与景观串联成步移景异的游园式校园。4）大园小院：院落作为学生的活力主场，提供多主题的学习和共享空间，并且半围合式院落避免了空间的封闭性与压抑感，形成开敞的视觉通廊，与城市与自然对话。

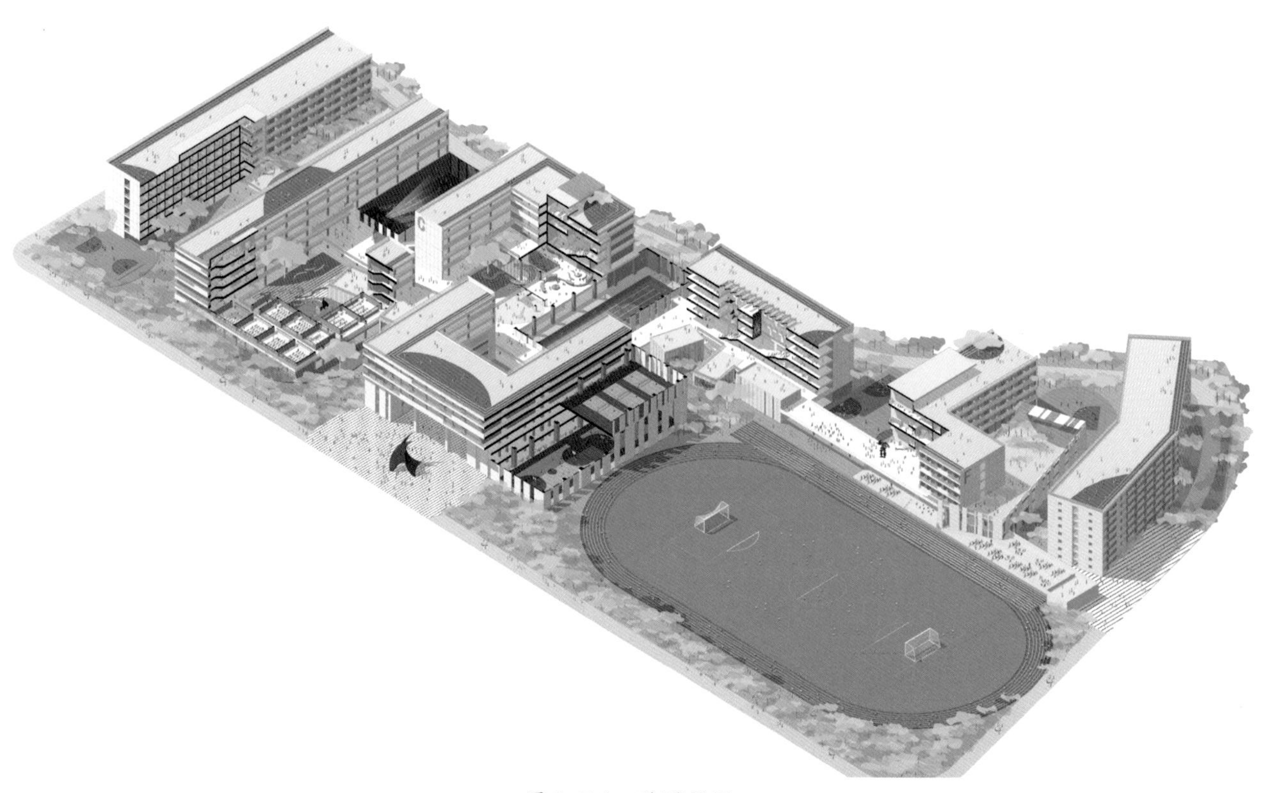

图 8. 7-1 游园社区

图片来源：欧博设计

校园非正式教学空间的营造。首先黄色“活力核”如神经元嵌入作为校园的激活点，打破了室内外空间边界。其次“共享长廊”串联“活力核”，营造立体校园漫游系统。再次，借鉴园林“廊院巷台”组合形式，通过不同尺度屋面平台和庭院联动整个校园，将教室、生活空间、运动场所、景观绿地有机串联，营造出建筑、景观、室内融于一体的无边界空间。

第一步，采用底层公共功能和院子公共活动的空间结构。将大空间共享功能如图书馆、游泳馆、报告厅、食堂穿插在各栋建筑底层，一方面不影响建筑退距，另一方面屋顶平台可提供多层次的室外活动场地，强化垂直方向的空间层次与丰富性，也让庭院更加立体化（图 8.7-2～图 8.7-5）。

第二步，形状空间各异的黄色“活力核”嵌入基本的校园功能空间，作为校园的激活点打破了室内外空间边界。“活力核”首先是链接，与楼梯位置结合，连通庭院、建筑与屋顶花园，鼓励不同年级的学生在此交流。高低错落对望，同时丰富庭院的层次（图 8.7-6，图 8.7-7）。

第三步，以“共享长廊”串联“活力核”，营造校园漫游系统。“共享长廊”是校园中的主要交通空间，将教学单元、生活服务、运动设施、景观绿地等功能联动，营造了一种连续游园式空间体验，激发和承载更多的社交功能和非正式教学活动（图 8.7-8）。

第四步，庭院、连廊、露台和运动场等功能空间再通过共享长廊活动平台串联起来，共同构成一个有机体。共享长廊首层围绕阅读、体验、运动等一系列成长动作展开，并将室内与庭院连接起来，以提供不同的学习活动。多处垂直交通，将首层院落与二层平台紧密地联系在一起。半围合的庭院打通视线通廊，与佛科大及远山互望借景，多层次平台创造学生就近的活动场地（图 8.7-9，图 8.7-10）。

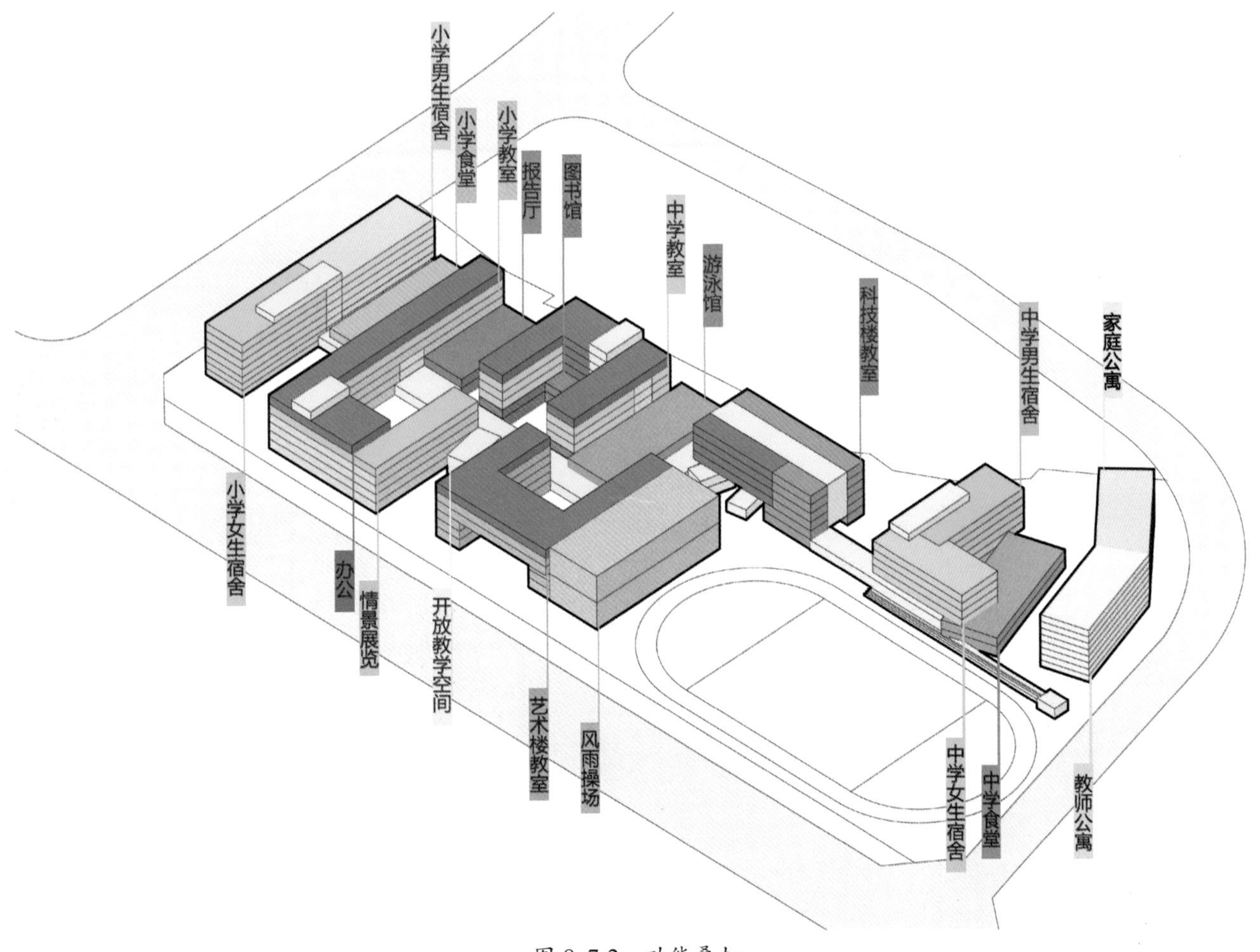

图 8.7-2　功能叠加

图片来源：欧博设计

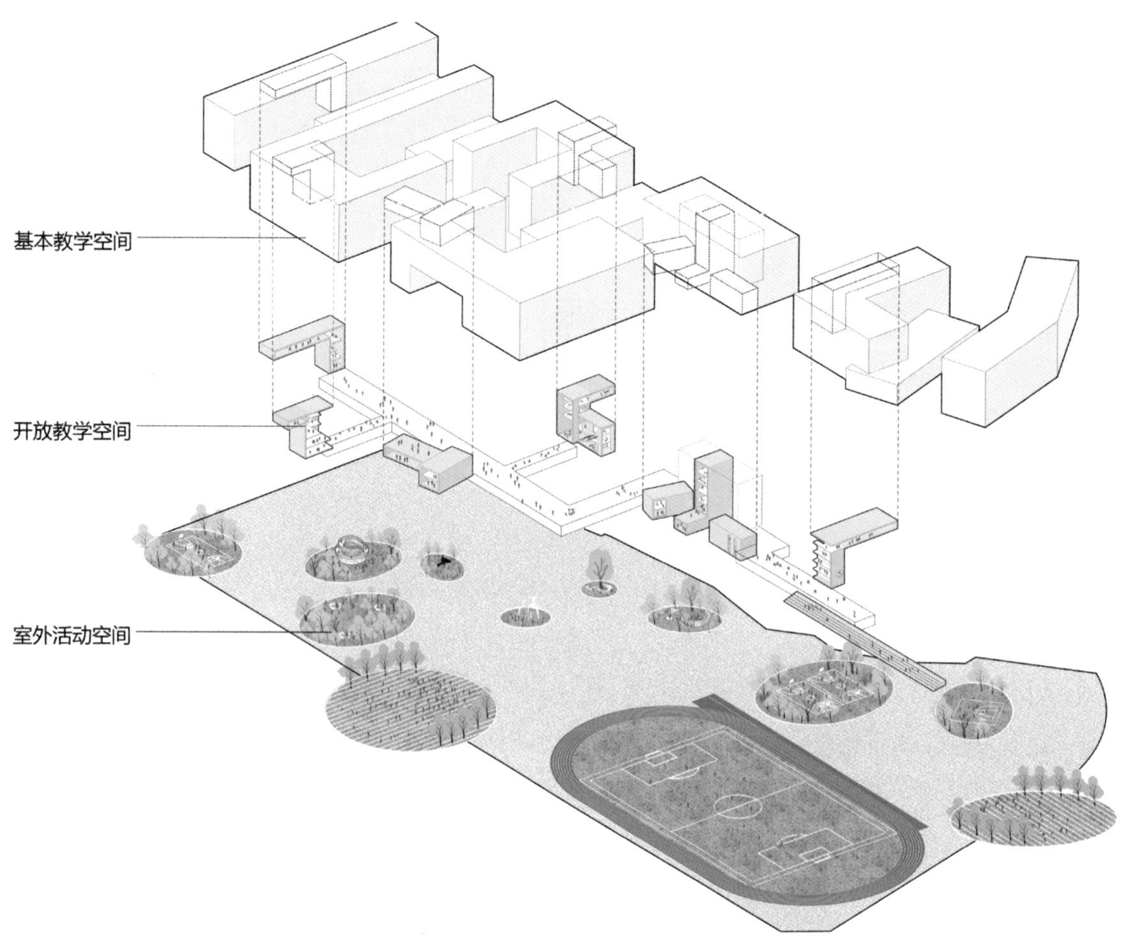

图 8.7-3　多元复合的学习生活场所

图片来源：欧博设计

图 8.7-4 “活力核”嵌入基本的校园功能空间

图片来源：欧博设计 © 田方方摄影

图 8. 7-5 底部的“活力核”为特色功能空间
图片来源：欧博设计 © 田方方摄影

图 8. 7-6 “活力核”高低错落对望，丰富校园庭院空间
图片来源：欧博设计 © 田方方摄影

图 8.7-7 “活力核”形成敞厅，实现自然通风

图片来源：欧博设计 © 田方方摄影

图 8.7-8 漫游系统示意

图片来源：欧博设计

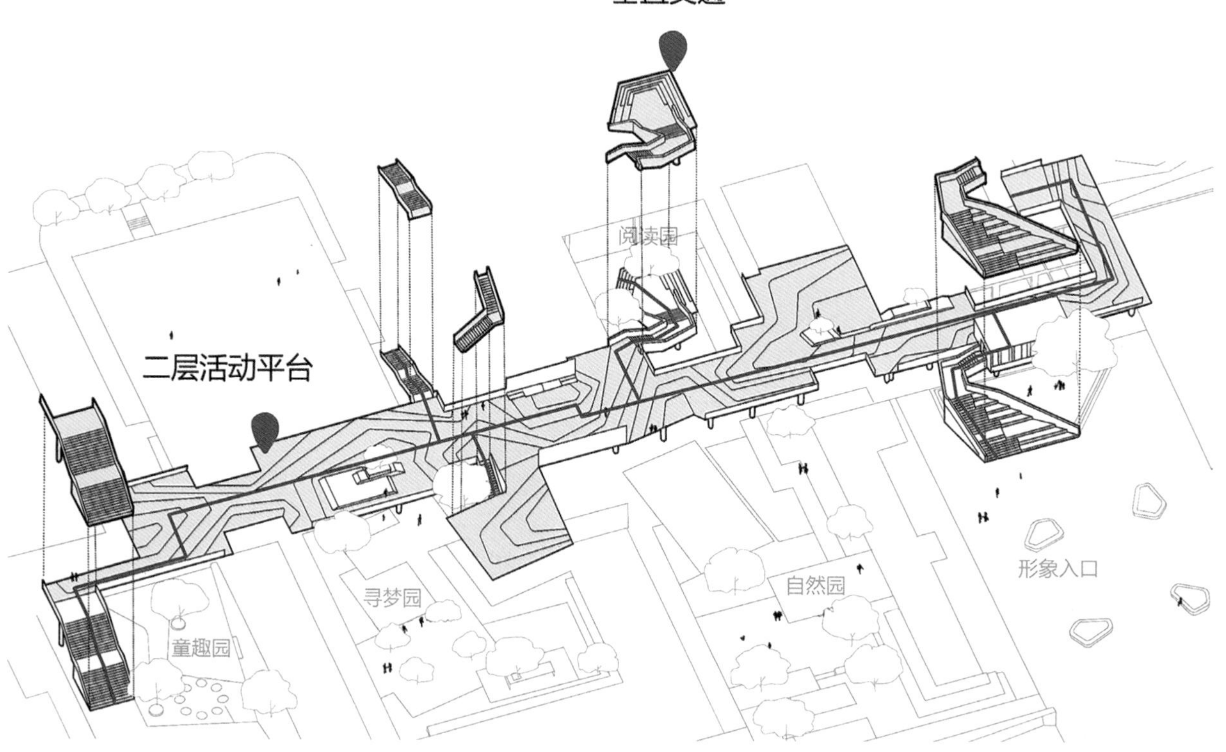

图 8.7-9 廊院巷台的组合

图片来源：GND 杰地景观设计

图 8.7-10 共享长廊

图片来源：欧博设计 © 田方方摄影

整个校园是承载成长记忆的游园社区，随着空间的移动，不同庭院的特征塑造通过匹配各年龄段的天性与教育需求，让学生在九年的生活中能有不同的记忆点。童趣园打造林下活动空间，丰富的器械鼓励孩子们去探索环境，培养各种户外能力。攀岩墙设计，规避建筑山墙不利景观因素，使空间更有层次感。寻梦园以剧场演艺为主题，轻松活泼且丰富了校园空间氛围，为课余活动创造了更多的可能性。阅读园景观和折线台阶一体化设计，变成图书馆阅读空间的外部延伸。竞逐天地丰富的运动器械，实现多元高效健身，鼓励孩子们走进场区进行体育活动和玩耍，成为孩子们日常生活的一部分（图 8.7-11～图 8.7-16）。

图 8.7-11 多处垂直交通联系院落与长廊

图片来源：欧博设计 © 田方方摄影

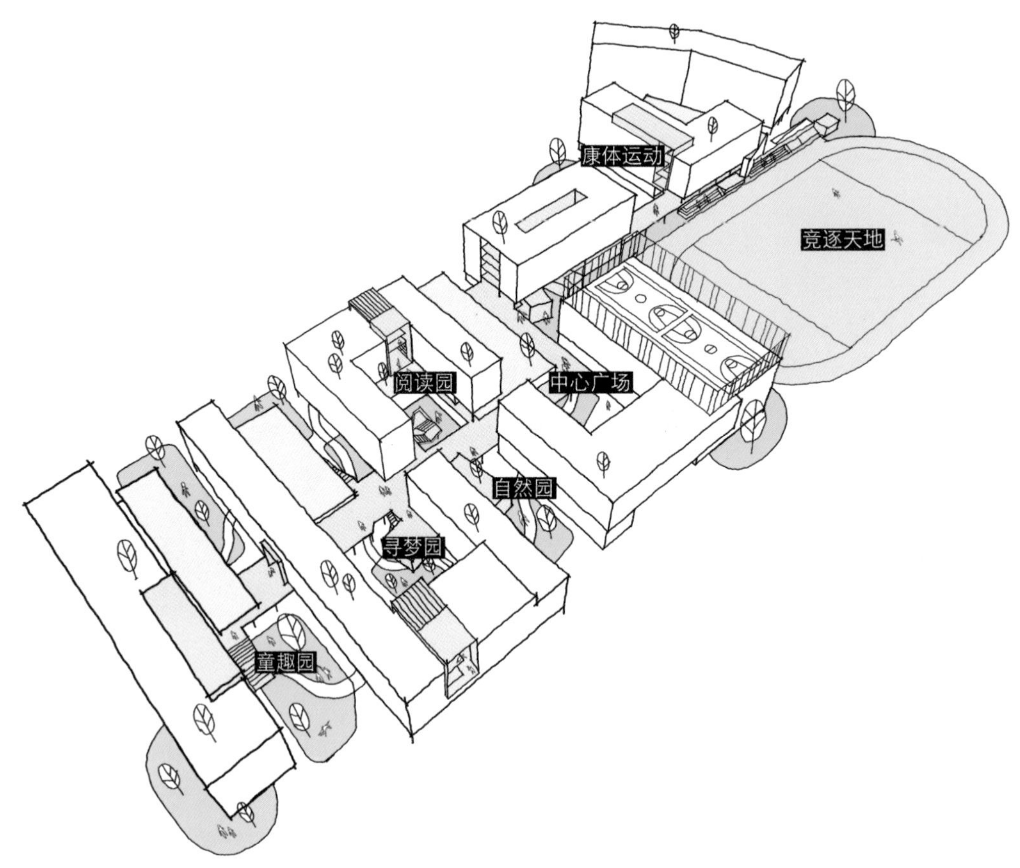

图 8.7-12 各具特色的庭院

图片来源：欧博设计

图 8.7-13 童趣园

图片来源：欧博设计 摄影：田方方

图 8.7-14 竞逐天地

图片来源：欧博设计 © 田方方摄影

图 8.7-15 阅读园、自然园

图片来源：欧博设计 © 田方方摄影

图 8.7-16　阅读园

图片来源：欧博设计 © 田方方摄影

佛山地处亚热带地区，气候炎热多雨，校园设计借鉴岭南园林传统建筑在通风、隔热、防雨、防潮方面的被动节能策略，体现南方高密城市中的新地域性。借用“冷巷、天井、敞厅、庭院”等空间构筑形式，实现气候适应并回应地域文脉。位于上风向的小学教学楼、艺术楼，采用局部架空手法形成底部通廊，设置敞厅，利用风压原理实现教室通风。科技楼的通风序列由天井、敞厅、敞廊和架空层组成，利用天窗良好的通风特性辅以其他不同尺度的开敞空间实现自然通风。中学教学楼，夏季风经过不同标高的庭院，通过中部的敞厅由内廊进入西侧的教室，再进入北侧的敞厅，直接贯穿整个建筑，降低教室温度，提高室内舒适度。小学宿舍与中学宿舍中部，结合公共空间各设置一个“多层敞厅”成为出风口，缩短内廊的导风距离。挑檐、架空、骑楼等创造阴影下的空间应对南方强烈日照，遮风避雨，创造宜人的半室外活动空间（图 8.7-17，图 8.7-18）。

学校不应是压抑天性的“牢笼”，而应成为学习成长的“乐园”。教育建筑应对不断更新的教学理念和模式作出回应。传统单一、固定模式的教学空间已无法满足多样化教学模式和全面培养、发展人才的教育理念。佛山梅沙双语学校构建丰富的非正式教学空间，以一个开放共享、步移景异的“游园社区”承载现代教育功能，为孩子们搭建了一个灵动活泼、富于生机的嬉游乐园。

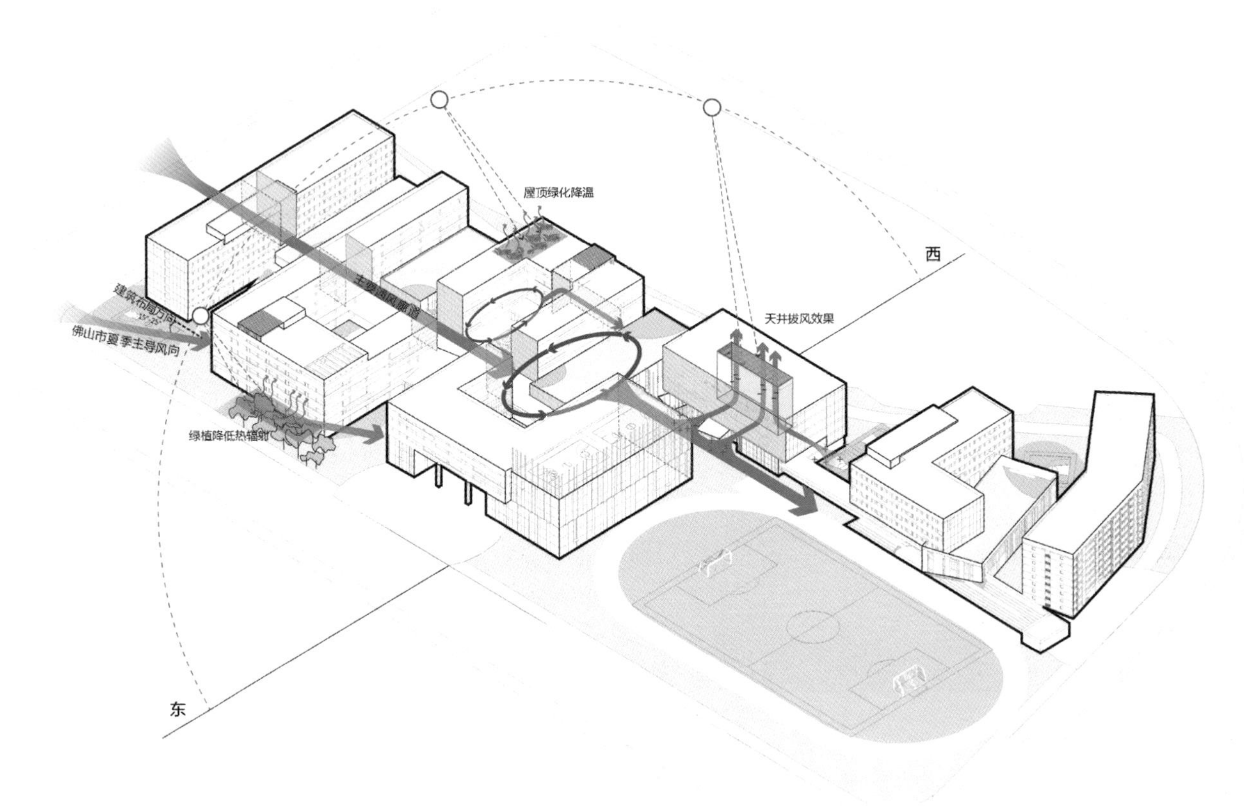

图 8.7-17 气候适应性技术示意图

图片来源：欧博设计

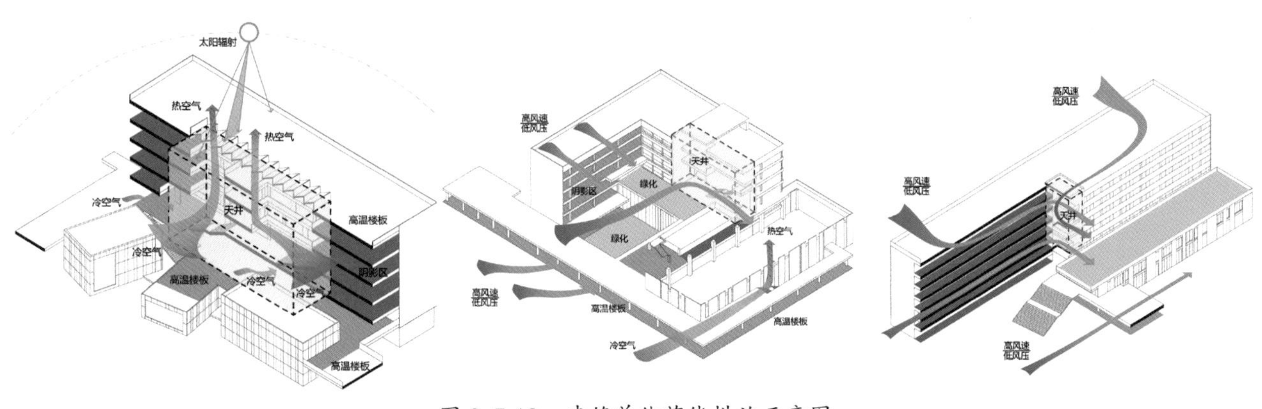

图 8.7-18 建筑单体节能措施示意图

图片来源：欧博设计

8.7.2 垂直型

在用地局促、高容积高密度的校园中，非正式教学空间更多以垂直叠加模式来与正式教学空间相结合。

案例：梅山中学综合楼[5]

在深圳福田区梅山中学扩建综合楼项目中，以“立体游廊”为概念，连接运动与教学、自然与建筑，由地面到屋顶打造一个多层、多维、多尺度的立体游廊，承载课外教学，鼓励学生交往，串联完整的校园空间。

项目位于深圳福田下梅林片区，西南侧为梅山小学，周边有成熟小区梅林一村和梅山苑。占地面积 3.2 万 m^2，现状校舍面积约 2.1 万 m^2，包括教学楼、综合楼、教工宿舍、教工之家。扩建拆除教工之家，操场改建，由原有 36 班扩为 48 班，新建综合楼面积 4.3 万 m^2（图 8.7-19）。

通过梳理优化并充分利用场地，实现原校舍有效链接，提升空间功能性，弥合新旧校园，使建筑与自然有机链接。利用原场地高差，原操场下方设置运动场馆，新建综合楼地下一层设置车库及人防，在尽量不影响原场地的基础上，实现功能复合叠加。在扩充配套资源之余，结合入口改造实现人车分行，保障师生出行安全。

图 8.7-19　从梅林山眺望梅山中学扩建综合楼

图片来源：欧博设计

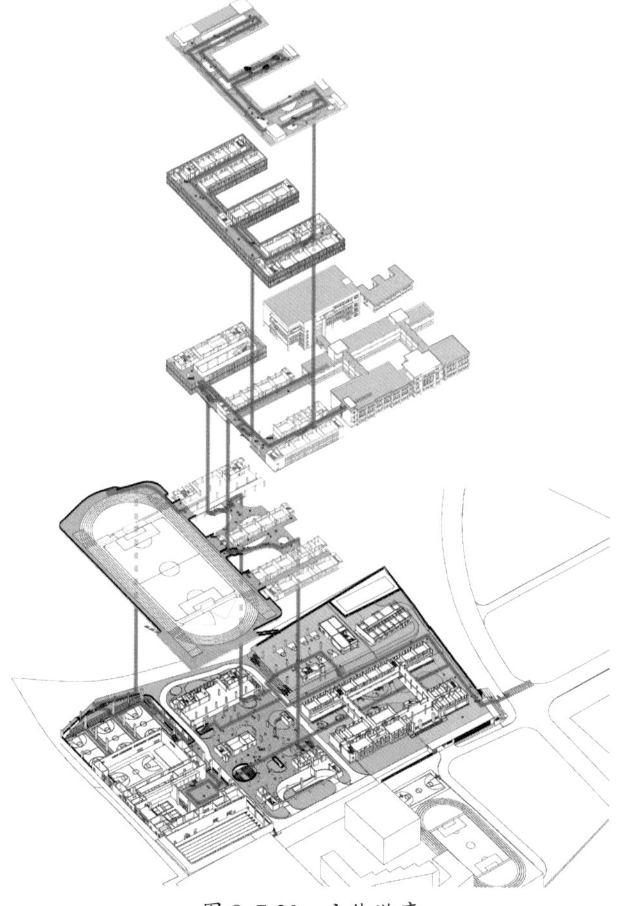

图 8.7-20　立体游廊

图片来源：欧博设计

顺应地形，重新优化校园整体空间格局，营造入口到山体的空间序列，空间层层递进。结合操场的“之”字形地面犹如绿毯将综合楼与原有校园建筑链接起来，营造了一个连续的具有丰富空间体验的立体游廊，联动整个校园，激发和承载多样化的社交交往和非正式教学活动。由底层贯穿至屋顶平台，塑造多层次、全方位、立体化的活动场所，打破室内外空间边界，建筑、室内、景观一体化，鼓励同学们在漫步、玩耍、相遇中学习成长（图 8.7-20～图 8.7-23）。

室内设计打破室内室外的教学边界，注重内部的固定教学单元的复合性、灵活性与可变性，同时将教学空间延展到半室外区域，无处不课堂，处处可交流。外走廊拓宽结合教室入口形成座椅休息区，图书馆阅读空间拓展到走廊及阳台，连廊布置展墙及移动书架沙发等，提供展示交流、小型讨论及流动阅读（图 8.7-24，图 8.7-25）。

室外场所的景观塑造，通过研究中学生行为模式特点，调研老师及学生对环境营造的诉求，外部借景将大自然引入小场地，内部拟态让绿色串联室内户外。提取梅林山为自然绿丘，结合多样性活动，形成自然校园中的“学之丘”。由入口到屋顶打造6个风格各异的室外游园，置入15个活动绿丘，微地形与植物围合成大小不一的场地，分为个人私密、小组亲密、多人社交等类型，便于不同规模的学生团体活动，拓展非正式教学空间，营造多元、复合、可变的外部教学与活动场所（图8.7-26～图8.7-29）。

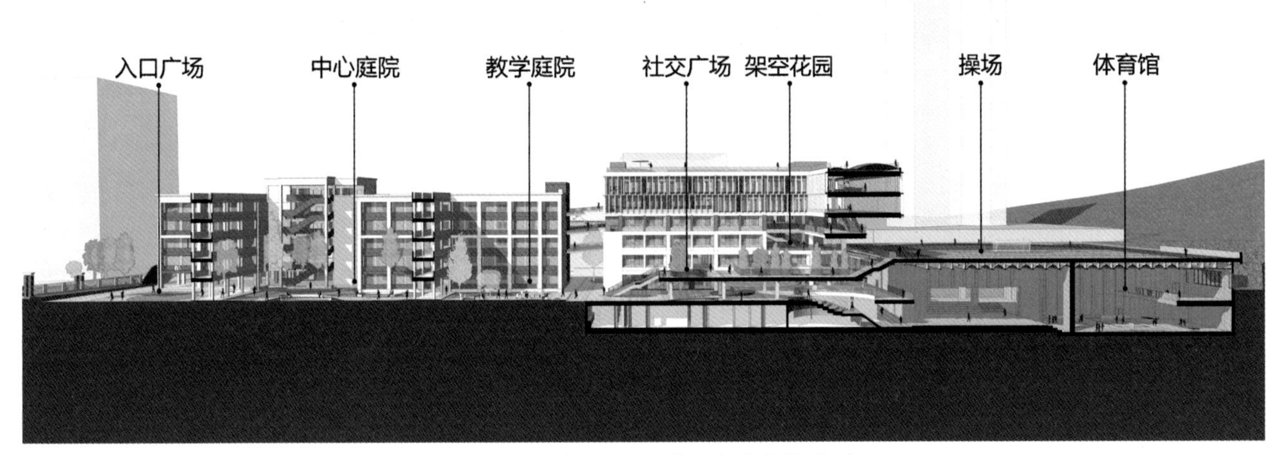

图8.7-21　校园入口到山体的空间序列

图片来源：欧博设计

图8.7-22　图书馆阅读空间拓展到走廊及阳台

图片来源：欧博设计

图 8. 7-23　连廊布置展墙及流动阅读

图片来源：欧博设计

图 8. 7-24　走廊拓展休息讨论

图片来源：欧博设计

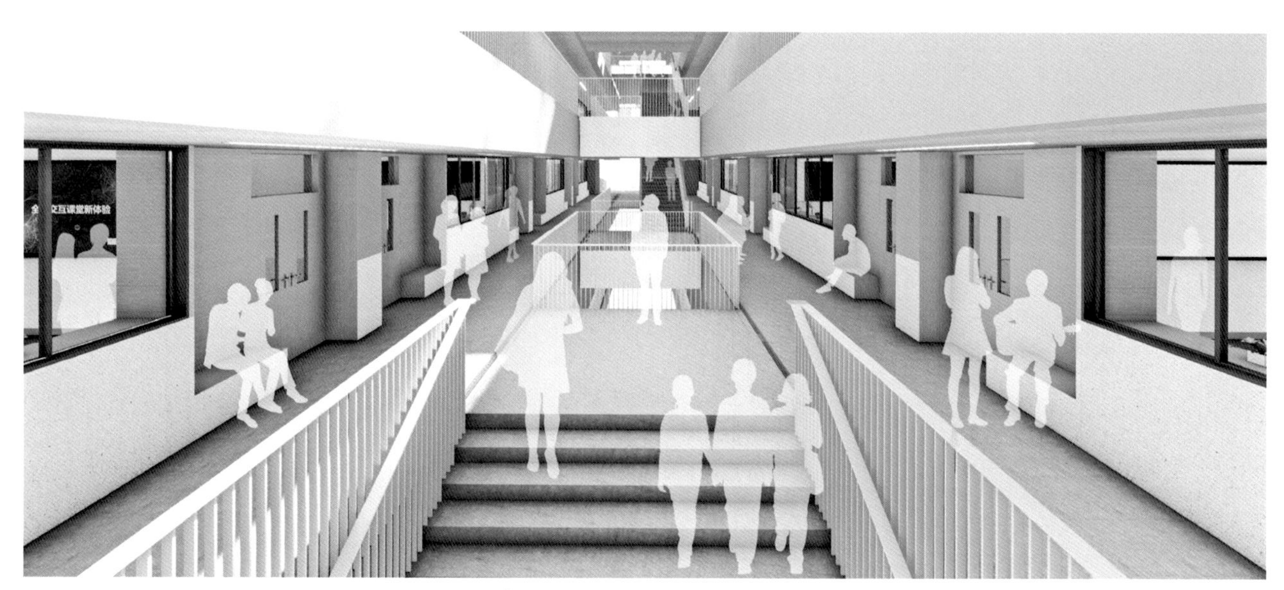

图 8. 7-25　中庭联接各层教室与地面、操场、屋顶

图片来源：欧博设计

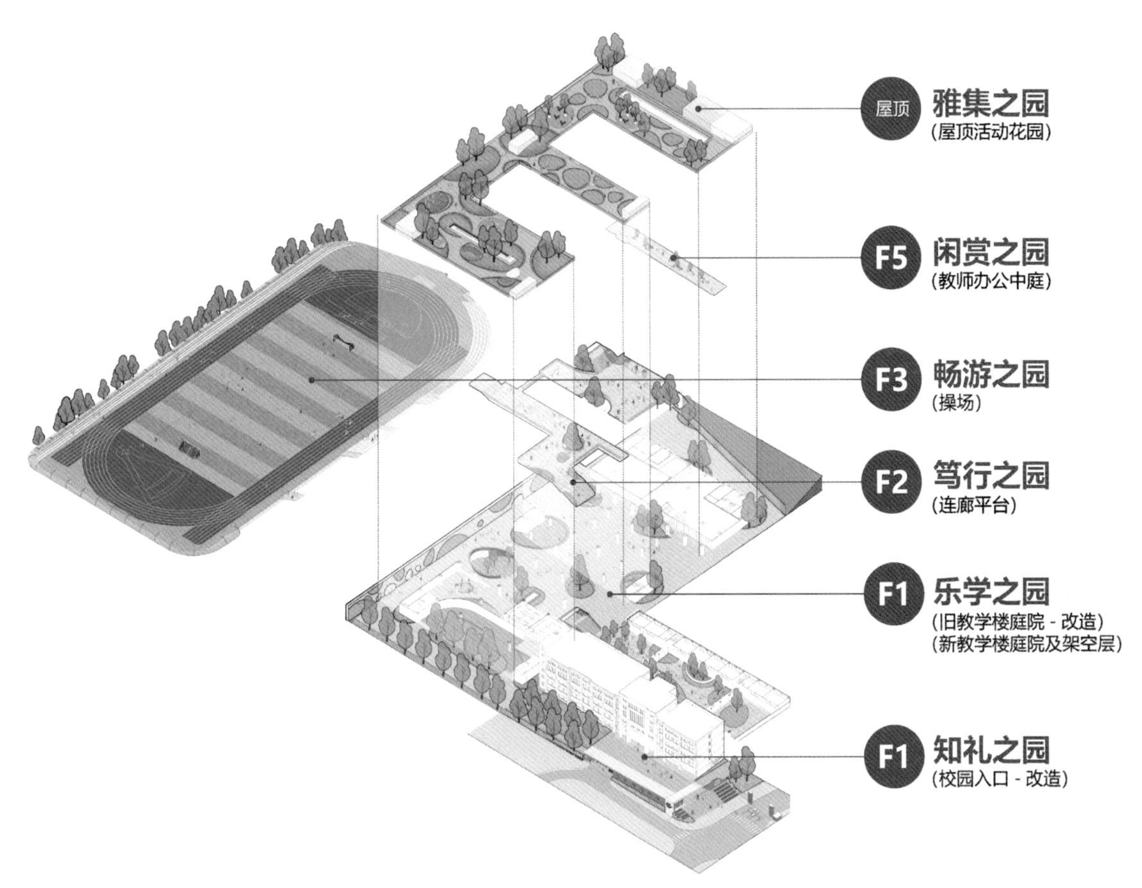

图 8.7-26　6 个风格各异的室外游园

图片来源：欧博设计

01 赏绿之丘
休闲、放松、观景

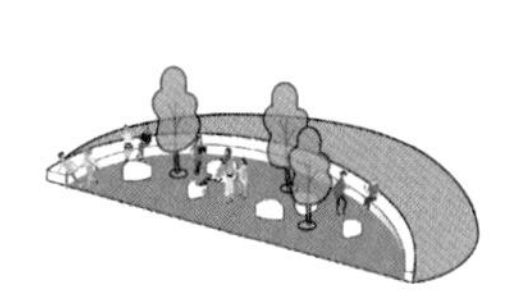

02 伴学之丘
课间活动、交流闲谈

03 求知之丘
学习、讨论、交流

04 勤思之丘
阅读、听音乐、交谈

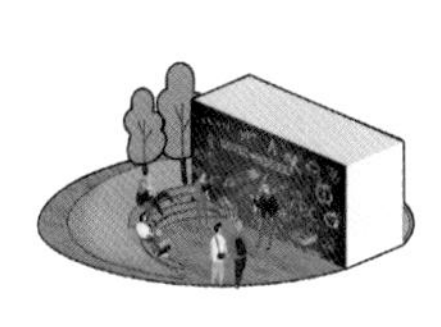

05 启迪之丘
户外微课堂、交流讨论

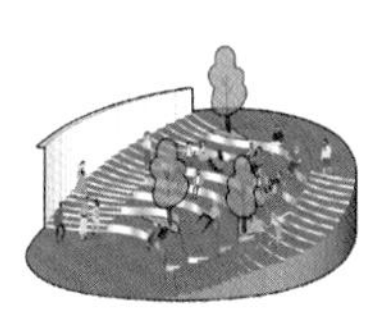

06 创想之丘
户外课堂、文体活动

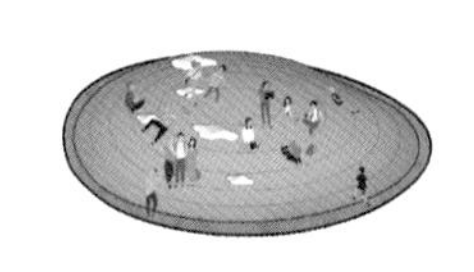

07 自由之丘
假草微地形
休闲放松、阅读学习

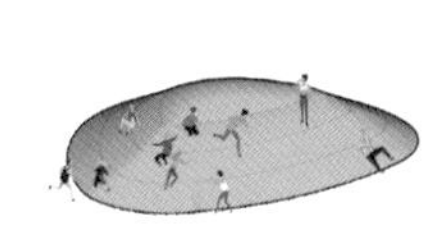

08 活力之丘
塑胶微地形
游戏、娱乐、运动

09 分享之丘
学习、讨论、小组活动

10 欢聚之丘
休闲、聚会、娱乐
(20 人以上)

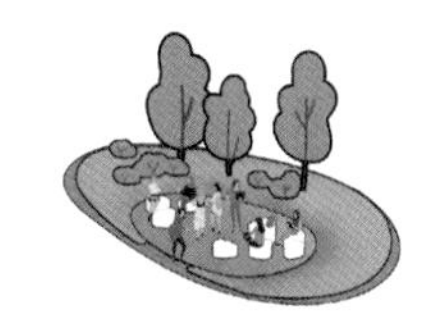

11 探讨之丘
社团活动（5～10 人）

12 集议之丘
社团活动（5～10 人）

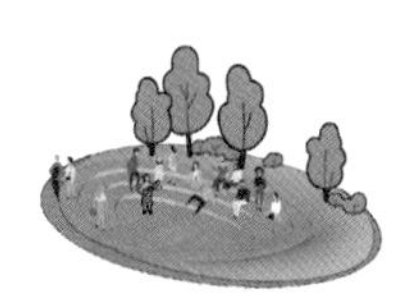

13 交流之丘
社团活动（10～20 人）

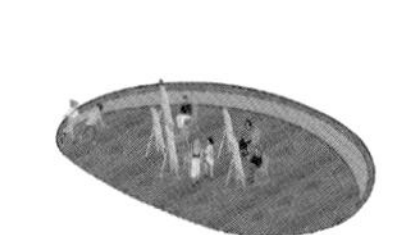

14 观景之丘
社团活动（10～20 人）

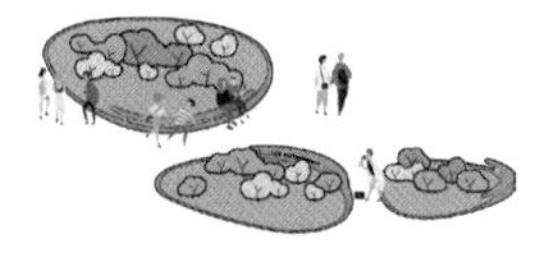

15 游赏之丘
植物认养、
科普、散步、释压

图 8.7-27　15 个活动绿丘

图片来源：欧博设计

图 8.7-28　创想之丘

图片来源：欧博设计

图 8.7-29　乐学之园

图片来源：欧博设计

去往操场下室内运动场馆的下沉庭院，上下连接的台阶两侧通向中间看台，满足交通功能的同时提供户外课堂、小组讨论、小剧场等多种活动空间。围绕绿丘与大树设置尺度各异的环形座椅，高低起伏的桌面串联起多种形式的交流空间，让学生们在自然中学习活动（图 8.7-30，图 8.7-31）。

架空层与户外紧密连接，绿丘向内围合出半私密空间，形成灵动的室外微课堂。山丘形态的释压游乐场，让师生自由地在互动空间里攀爬游戏，放松身心。

梅山中学综合楼通过“立体游廊”非正式教学空间向空中立体延展，连接原校园场地，构建功能单元外的教学场所。

图 8.7-30 释压游乐场

图片来源：欧博设计

图 8.7-31 室外微课堂

图片来源：欧博设计

8.7.3 复合型

除了单一的横向连接，或者垂直向空中延展，在有条件的校园设计中还可以将水平、垂直两种模式结合，形成更立体与多层级复合型的非正式教学空间体系。

案例：前海桂湾九年一贯制学校[6]

前海桂湾九年一贯制学校以“育树成林”为设计概念，将校园比拟为一棵大树：根——共享公共，茎——交流互动，果——单元邻里，营造社区共享型校园，打破室内室外固化空间边界，延展教学由功能单元到整个校园，校园演变为新型学习场所，成为流动一体化的游园社区、成长森林。

项目基地位于前海桂湾四单元，总用地面积 3.7 万 m^2，总建筑面积约 9.5 万 m^2。周边以高层住宅、公寓和办公为主，希望校园成为高楼俯瞰的风景线，融合周边绿地形成更大的开敞空间，如中央公园一般打造前海绿肺，创造更多的游憩场地，不仅是新型的校园也是区域核心（图 8.7-32）。

图 8.7-32　育树成林——前海桂湾九年一贯制学校鸟瞰图

图片来源：欧博设计 &MLA + B.V.

设计提出四个策略：1）开放校园，分时使用。校园位于城市，不应再是自我封闭的单元，不仅塑造良好的教学空间，也应将校园分级分时开放和共享，服务周边社区，参与到城市生活中来。2）松散结构，节能通风。建筑与自然互融，缝隙孔洞通风。架空、露台、骑楼等有顶遮阳半室外空间，创造适应南方气候特征的学校。3）校园课堂，随处学习。单一传统教室内学习已不满足学习的需求，将校园整体作为课堂，创造多维度、多样化的非正式教学空间，激发学生自主学习、交流交往。4）教学模式，单元邻里。结合“走班制”教学模式，将传统公共教学重组为学科单元，传统班级教室为学生家庭单元，教室之间活动隔断，灵活组合各种教学空间（图 8.7-33～图 8.7-35）。

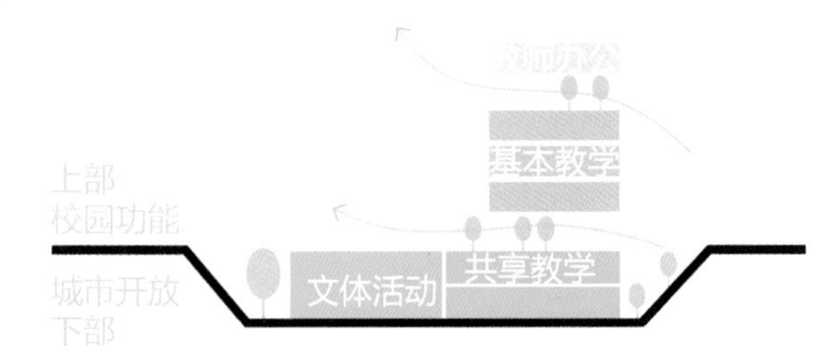

图 8.7-34　松散结构

图片来源：欧博设计 &MLA + B.V.

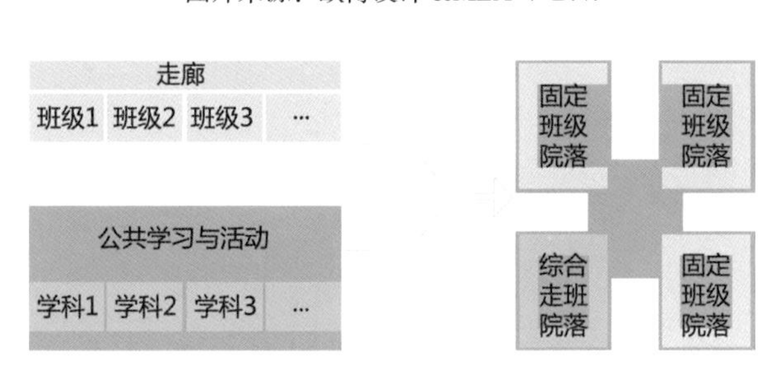

图 8.7-35　走班制模式

图片来源：欧博设计 &MLA + B.V.

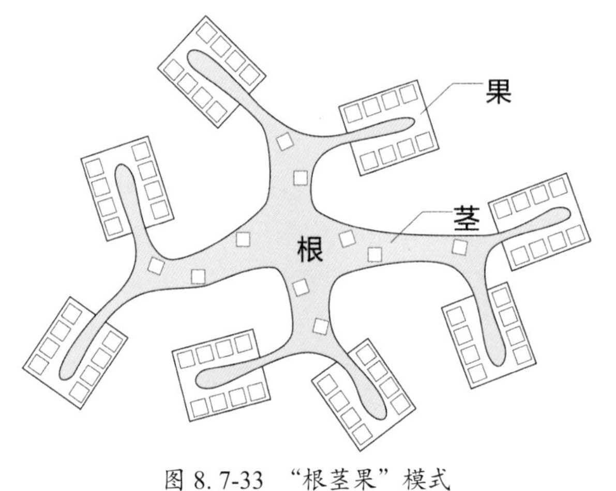

图 8.7-33　“根茎果”模式

图片来源：欧博设计 &MLA + B.V.

功能垂直分区，合理利用项目用地与道路之间 4～6m 的天然地形高差。整个校园均降为多层，教学院落尺度舒适，空间复合多元。底部共享区、中部教学区、顶部办公区三段功能空间由花园连接。地下二层为教师停车及家长接送区，公共教学组团布置于教学区地下一层及地上一层。操场抬升，下方为食堂、剧场、游泳馆、运动架空活动区。北侧单元院落二～四层为小学普通教学区，东侧单元院落二～五层中学普通教学区，西侧单元二～五层为综合科技楼。六层为办公。操场西侧四～六层为教师宿舍。东侧首层操场下方为公交站（图 8.7-36，图 8.7-37）。

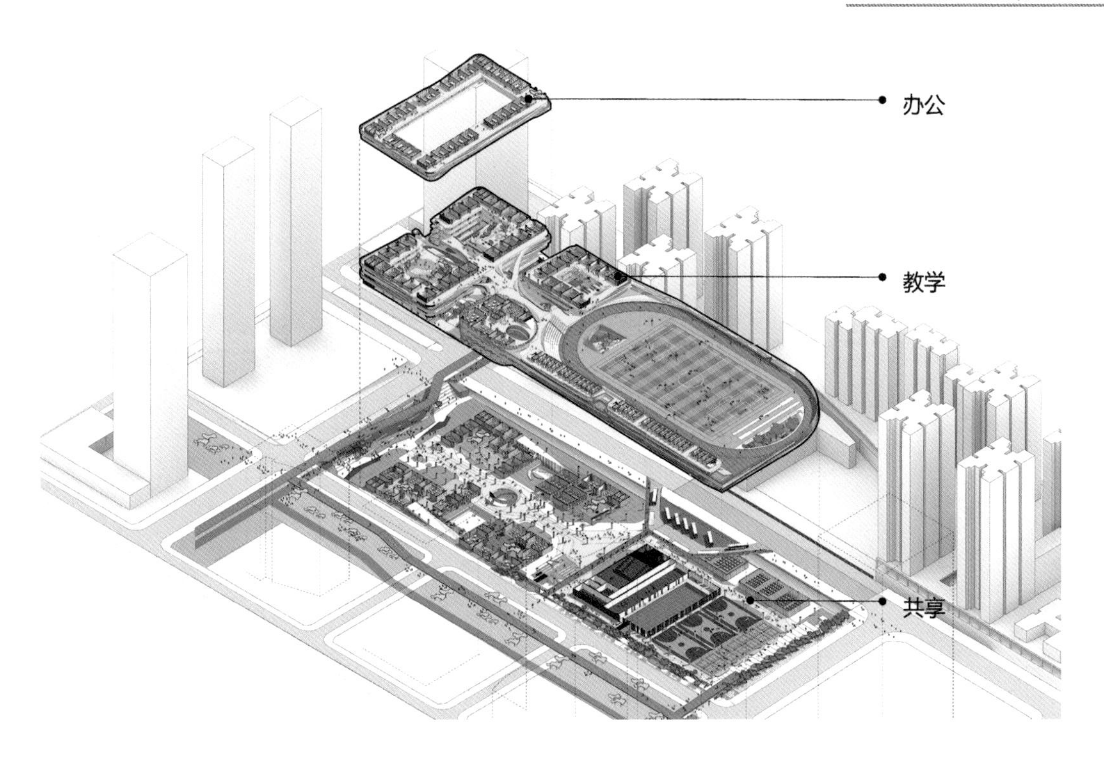

图 8.7-36　功能分区

图片来源：欧博设计 &MLA ＋ B.V.

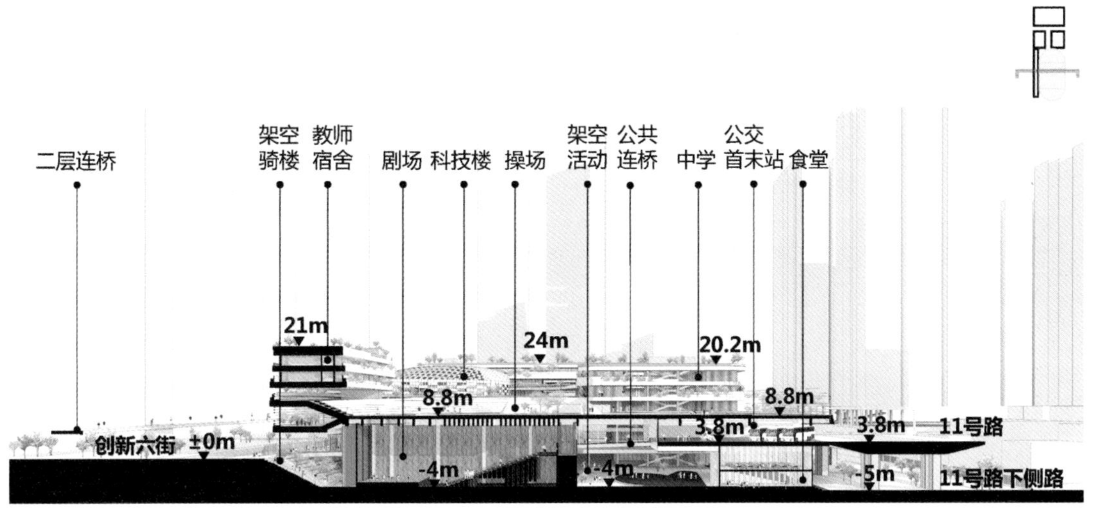

图 8.7-37　场地利用与功能布置

图片来源：欧博设计 &MLA ＋ B.V.

根——共享公共

根是植物的营养器官。将学校的公共功能与社区共享场所比作根，通过功能开放、边界融合、公园开放三种方式将学校与社区融合，这是学校教学的基础，也是为桂湾片区输送养分。利用场地高差，公共功能布置于底层，体育运动、剧场、食堂等大跨空间布置于操场下侧，动静分区，减小结构代价。公共教学单元等布置于地下一层及地上一层，既为学校使用，也可分时开放给社区，创造全生命段的学习场所。一层道路上方布置公交场站及东西穿行公共通道。创新六街首层架空骑楼与台阶看台，利于底层空间疏散也提供更多城市公共界面。南北侧公共花园与操场形成片区公园，分时段公共开放给周边社区。

通过三级门禁系统，校园适度开放、分时管

理，为市民提供文化体验和运动休闲场所。南北两侧景观公园、首层骑楼、公交场站及公共连桥，24 小时开放；架空文体活动区和空中运动场，学生放学和周末，二级开放；公共教学空间可以延伸为培训中心，三级开放（图 8.7-38，图 8.7-39）。

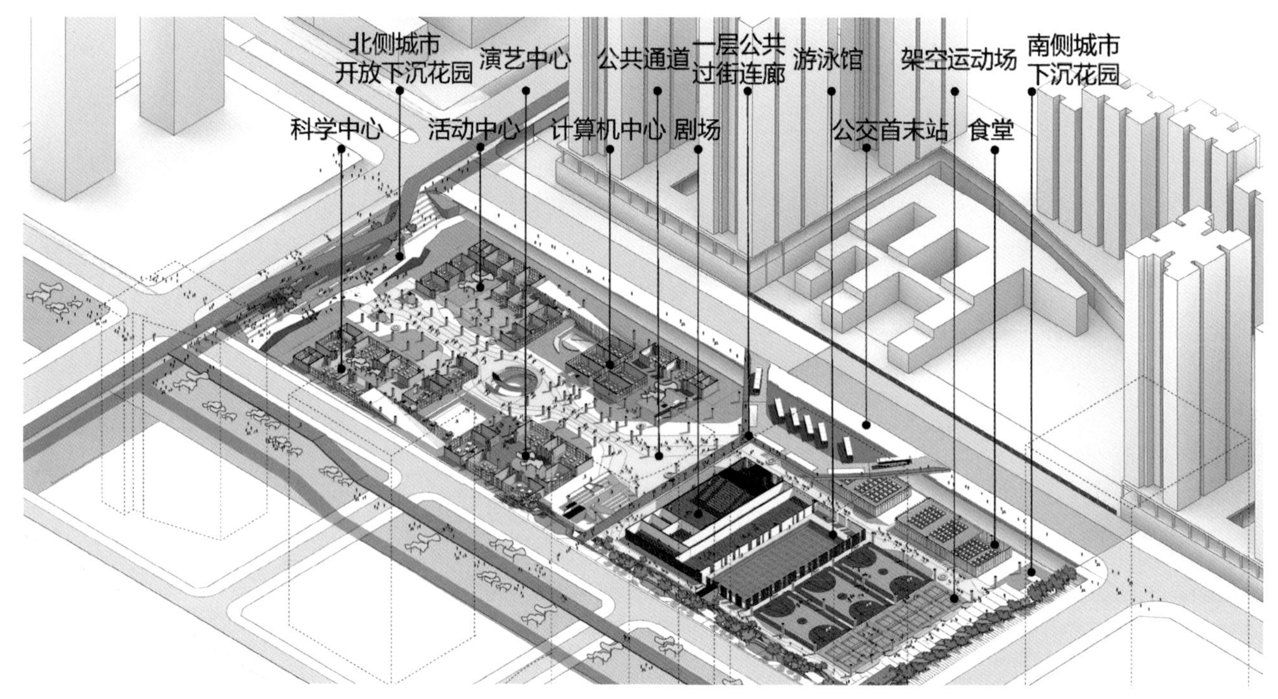

图 8. 7-38　根——共享公共

图片来源：欧博设计 &MLA + B.V.

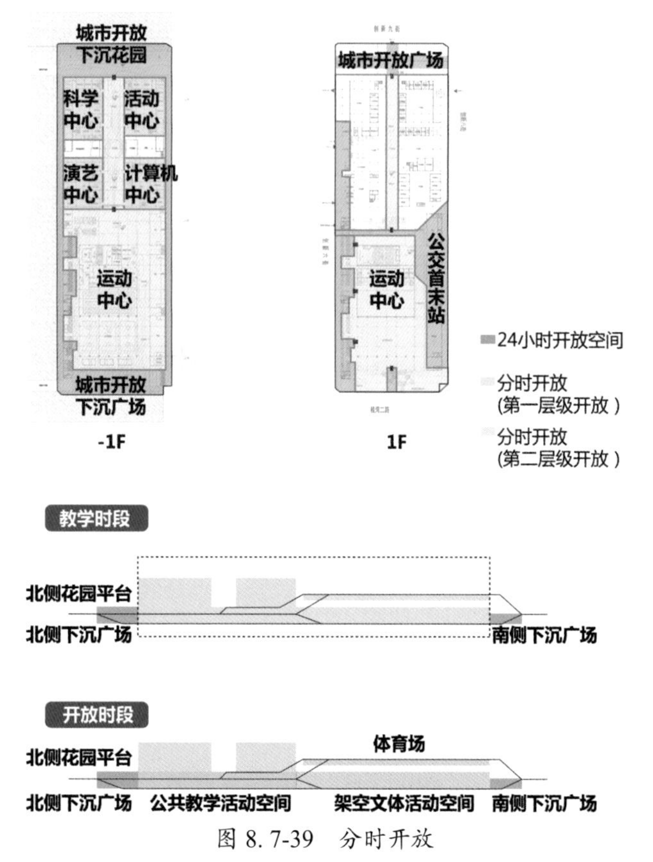

图 8. 7-39　分时开放

图片来源：欧博设计 &MLA + B.V.

茎——交流互动

枝干在植物中起到了输送的作用。十字主轴串联四色庭院及三个立体节点、多重地面形成校园的枝干，水平拉结各功能单元，垂直延展各层平面，成为串联整个学校的非正式教学系统。校园如同社区，庭院、中庭、架空层、门厅、平台、大台阶创造多维度、多样化的非正式教学空间，激发学生自主学习，交流交往（图 8.7-40～图 8.7-46）。

四色庭院：学校四个庭院根据学生的年龄行为特征设计，春夏秋冬四院四色。在学校的九年学习生活就像游戏闯关，每累计三年，就可以解锁新的公共空间与景观，体验具有记忆力的校园节点。

“春”：1～3 年级低年级院落，释放天性。孩子如春天的新芽，需要在阳光下释放天性，自然地形鼓励自由发挥，融合草坡、水磨石、沙坑和弹性网。开阔的视野，也能让老师与家长及时观察孩子们的动态。“夏”：4～6 年级中年级院落，连接与探索。此年龄段的孩子是成长最快的时期，需要引导探索认识世界。安全软垫的坡道，连接了多个楼层，学生们可以找到适合自己兴趣的角落，可以更好地探索校园。“秋”：7～9 年级高年级院落，交流与表达。中学的三年，是学生思维成熟结果的时期，同学们可以在中庭广场演讲、表演、观看，尽情地表达自我。公共区域也布置了多种类型的公共家具，处处都是交流和学习的场所。“冬”：综合科学庭院，综合科技楼是一个多学科、多年龄互动的融汇器。激发创意，实现综合素质的全面发展。教室延伸至公共区域，空间形态自由互通，让专业学科的教学不再为空间所限制。

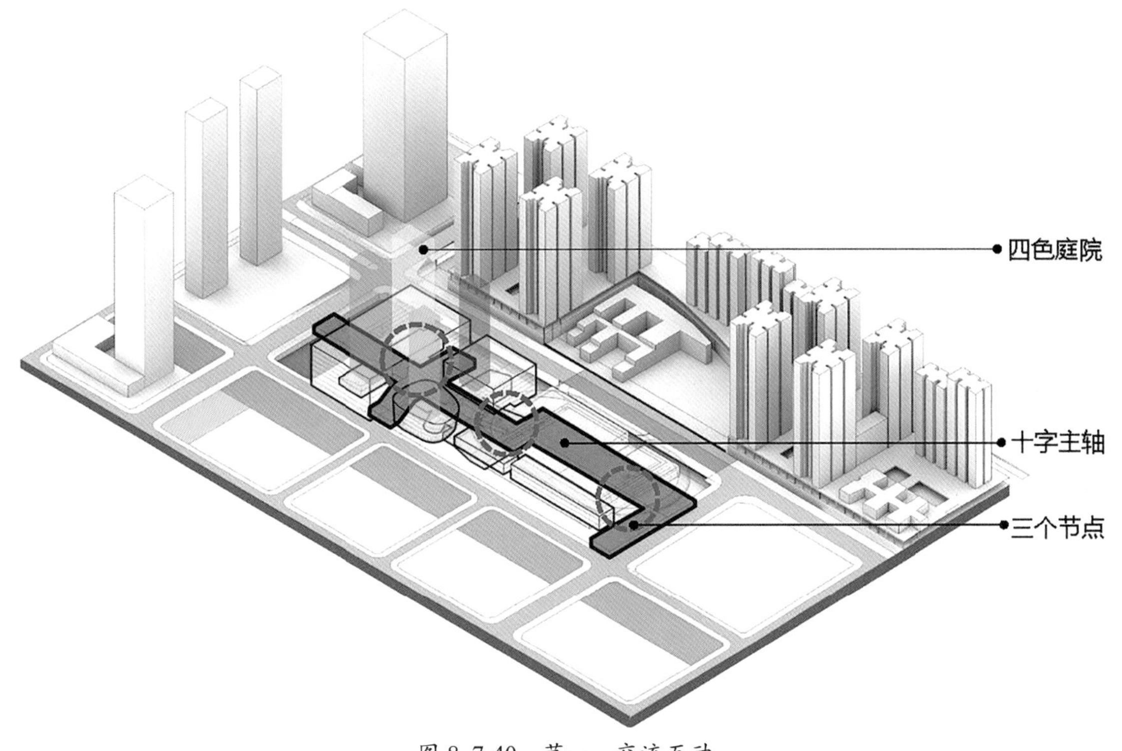

图 8.7-40 茎——交流互动

图片来源：欧博设计 &MLA+B.V.

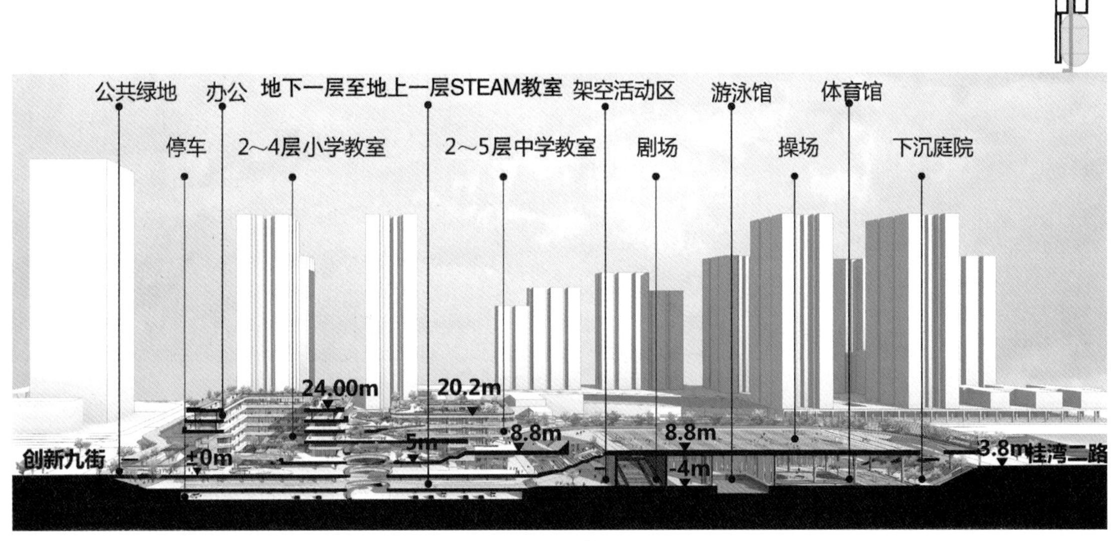

图 8.7-41 多重地面

图片来源：欧博设计 &MLA ＋ B.V.

图 8. 7-42 “春”：1～3 年级低年级院落

图片来源：欧博设计 &MLA ＋ B.V.

图 8. 7-43 “夏”：4～6 年级中年级院落

图片来源：欧博设计 &MLA ＋ B.V.

图 8. 7-44 “秋”：7～9 年级高年级院落

图片来源：欧博设计 &MLA ＋ B.V.

图 8. 7-45 “冬”：综合科学庭院

图片来源：欧博设计 &MLA ＋ B.V.

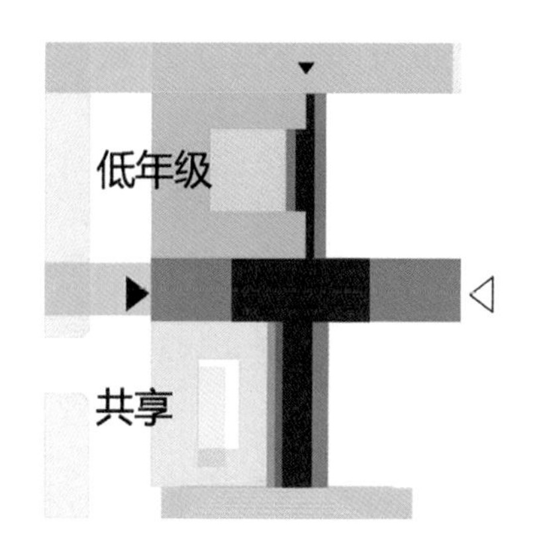

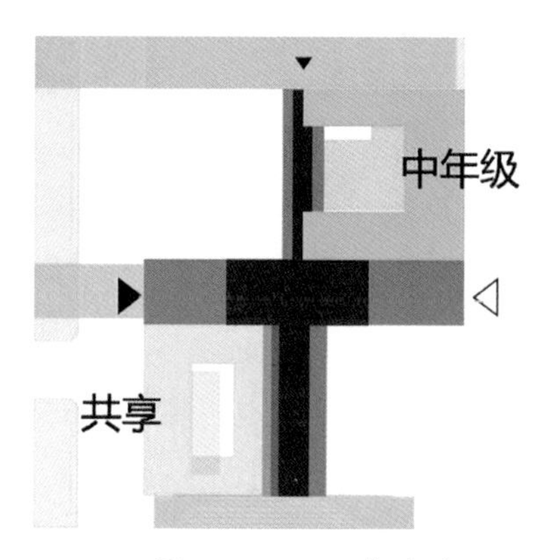

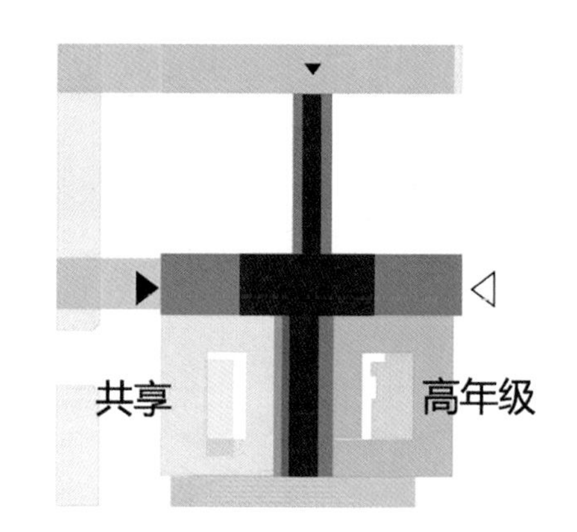

图 8.7-46 四色庭院
图片来源：欧博设计 &MLA + B.V.

三个节点：校园除了各单元院落，由三个主要节点垂直延伸。中心节点位于四个教学院落的中心，是多楼层间转换的重要节点，连续的坡道，方便上下交流及走班教学。操场的洞口串联地上地下的体育空间形成环线。北侧洞口连接校内空间，并创造了许多社交场所。南侧的洞口通过吊桥连接了南侧的架空运动区及公共下沉广场（图 8.7-47，图 8.7-48）。

多层平台：入口广场以亲切的水池与小型感官花园开启立体游园的旅程，多层平台如同张开怀抱欢迎师生。平台不仅连接建筑，方便各年级教学单元与公共教学水平走班，也是老师的户外讲堂、同学聊天玩耍的社交场所。屋顶提供多样化的组合，学习、娱乐、种植和社交，这里不仅是景观花园，也是学生体验与参与耕种的田地（图 8.7-49～图 8.7-51）。

图 8.7-47 中心节点
图片来源：欧博设计 &MLA + B.V.

图 8. 7-48 操场节点

图片来源：欧博设计 &MLA ＋ B.V.

图 8. 7-49 入口广场

图片来源：欧博设计 &MLA ＋ B.V.

图 8.7-50　多层平台

图片来源：欧博设计 &MLA + B.V.

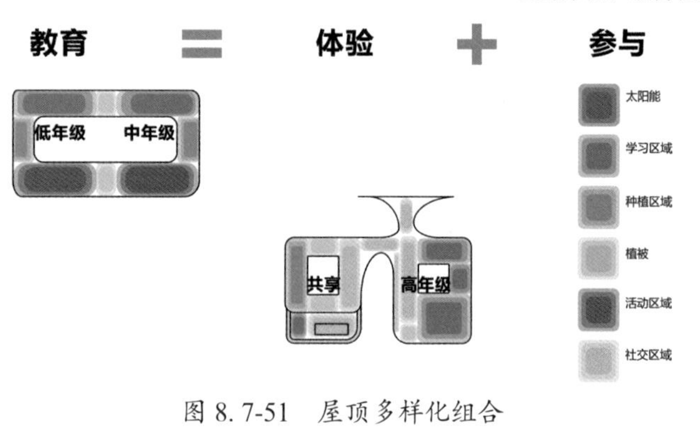

图 8.7-51　屋顶多样化组合

图片来源：欧博设计 &MLA + B.V.

果——单元邻里

将普通教室、开放教室、公共交流、交通辅助等组合成一个水平年级单元，普通教室之间及开放教室之间采用活动隔断，灵活组合各种教学空间。与学科中心水平互联，由中心节点与底层的 steam 垂直互联，方便走班。打破流水线教育典型的“教室加走廊”格局，探索学科中心、族群教学、灵活可变、走班教学等多种模式（图 8.7-52）。

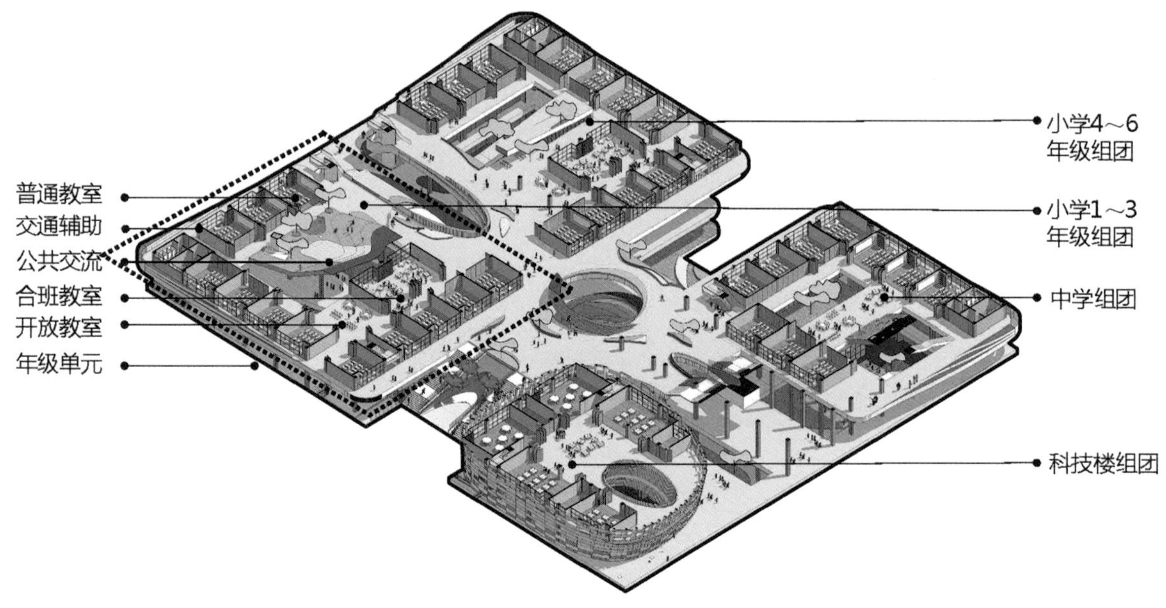

图 8.7-52　果——单元邻里

图片来源：欧博设计 &MLA + B.V.

林——移景育人

生态、自然、环保、融入设计，倡导“教室无边界，自然是课堂”的自然教育。立体多层花园，犹如绿毯贯穿整个校园，并充分调动自然元素：阳光、空气、土壤和雨水，成为前海绿肺。营造渐进变化的景观，随着空间的移动，通过匹配各年龄段的天性与教育需求，让学生可以在九年的成长之中玩乐、学习、种植、社交，也将景观公共空间的教育意义最大化（图 8.7-53）。

景观种植：如同自然中随着海拔高度变化，植被群落组成会有不一样的特点。对应校园多平台的特点，植被从下沉广场到校园平台、立面，再到屋顶花园也会呈现从热带丛林到草甸景观的过渡。

轻盈遮阳：出挑的楼板，弧形线条的退让模拟海浪，回应深圳海洋特色。阳台上的阴影与绿植，适应深圳海洋气候，形成宜人的室内外过渡空间。立面花池细节设计上特别加强防水、蓄水、排水的层面，并在教室外侧利用穿孔板美化遮饰空调主机，在阴影和走廊的遮蔽下，保证立面干净美观的同时轻盈遮阳。

地域生态：采用被动式节能，通过空间组织与布局建立一套岭南院落空间体系，体现南方高密城市中的新地域性。借用“冷巷、天井、敞厅、庭院”等形成多孔道结构，自然通风。挑檐、架空、骑楼等创造阴影下的空间应对深圳强烈日照，创造宜人的半室外活动空间（图 8.7-54，图 8.7-55）。

前海桂湾九年一贯制学校：育树成林——根茎果林活跃宜人，营造新型学习场所；场所记忆——南方地域特色，春夏秋融庭院伴随成长；创新街区——学生活力社区，融入前海的创新街区；城市公园——低矮开阔绿树掩映，前海绿肺城市公园。

图 8.7-53　林——移景育人

图片来源：欧博设计 &MLA ＋ B.V.

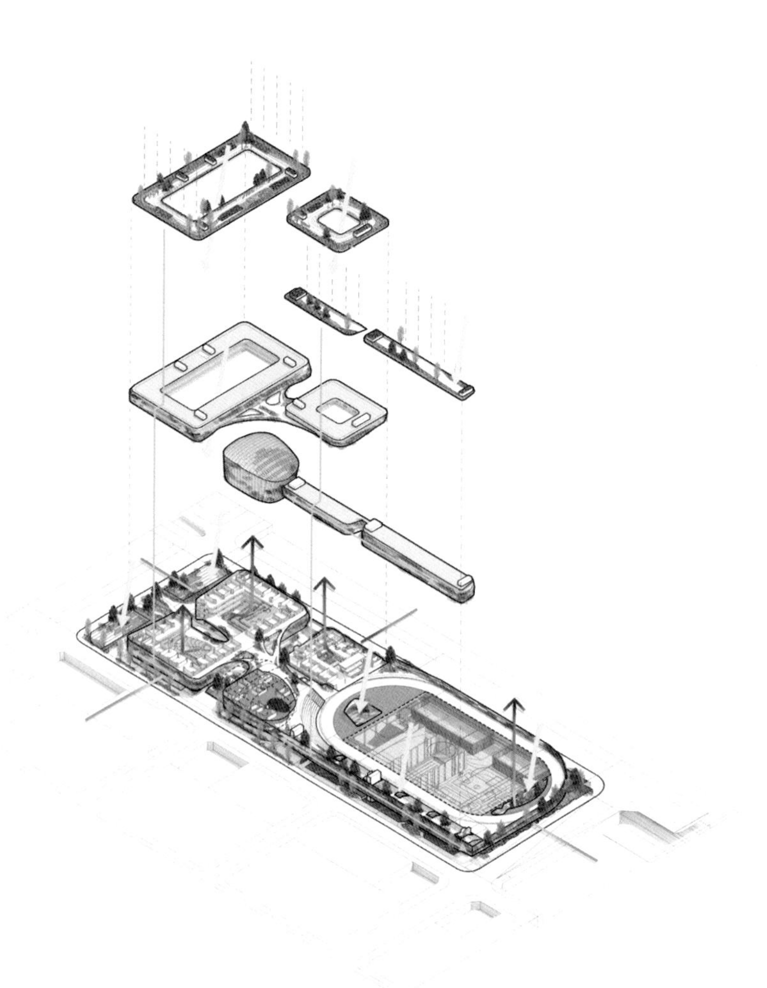

图 8. 7-54　地域生态

图片来源：欧博设计 &MLA + B.V

图 8. 7-55　前海绿肺——前海桂湾九年一贯制学校鸟瞰图

图片来源：欧博设计 &MLA + B.V.

8.8 结语

非正式教学空间是校园内最丰富、最多元、最具有活力的空间，也是最能发挥建筑师创造力的设计突破点。通过模块的组合，与基本功能空间叠加，与校园空间融合形成完整的体系，拓展教学的边界。建筑、室内、景观结合一体化设计，营造适应教育模式与学生心理活动喜好，既具公共性又可延展教学空间的场所，让校园成为师长、伙伴之外的“第三位教师”。

注释：

[1] 宇胜泉，毛芳. 非正式学习——e-learning 研究与时间新领域[J]. 电化教育研究，2005(10).

[2] 深圳市建筑设计规则(20190111).

[3] 深圳市普通中小学校建设标准指引.

[4] 毛冬(主创). 佛山梅沙双语学校. 欧博设计.

[5] 毛冬(主创). 梅山中学综合楼. 欧博设计.

[6] 毛冬(主创，欧博设计)，Martin Probst(主创，MLA + B.V.). 前海桂湾九年一贯制学校. 竞赛方案. 欧博设计 &MLA + B.V.

9 学校教学空间造型设计

深圳市天华建筑设计有限公司 伍颖梅 郭翰平 要瑾华

9.1 研究背景

9.1.1 学校造型变化的影响因素

随着城市化进程的推进，城市人口不断增长，建设用地随着城市开发日益紧张。城市土地资源的紧缺，使得越来越多的中小学校建设选择在开发强度较高的地块，高密度、功能复合的设计策略使得学校的整体形态发生了变化。

在经济方面，公立学校的就读资格往往是与是否购入该学区的住宅房产息息相关。随着城市的发展，土地价值上涨，住宅价格攀升，对于学区对应的中小学校，人们的期望往往也会有所提升。这种期望值不止投射到与教学水平有关的软件方面，也体现在校园建筑等硬件方面，要求新建学校的立面造型品质更高，形式更加新颖。这也导致学校立面上的建筑材料也越发多样和昂贵。

在工程方面，随着装配式的普及，越来越多的建筑项目使用了装配式构件。装配式构件需使用较为统一的单元模式，于是催生了较多单元式的建筑立面风格。

9.1.2 研究对象及范围

1）研究对象

学校根据招收年级的不同可分为：小学、九年一贯制学校、初级中学、高级中学等。根据教室的数目可分为：完全小学及初级中学为12班、18班、24班、30班；完全中学及高级中学为18班、24班、30班、36班；九年制学校为18班、27班、36班、45班。

在学校建筑的面积分配上，功能面积最大的是教学空间，这里集中探讨此部分建筑的空间造型设计。教学空间包括了普通教室和专业教室。由于普通教室和专业教室数量众多，本身还须满足间距、日照等规范要求，因此往往会使用串联式的空间组织方式来联系众多的教学单元和竖向交通空间。加上学校通常是按照年级来分配教室，一般同一个老师需要兼顾同年级好几个班的教学，同层串联走廊式的组织形式便于老师走动和照看学生。

教学空间的走廊式组合是当今中小学建筑最常用的空间组织方式，可细分为北外廊、南外廊、双外廊、内廊等几种组合方式（图9.1-1，表9.1-1）。

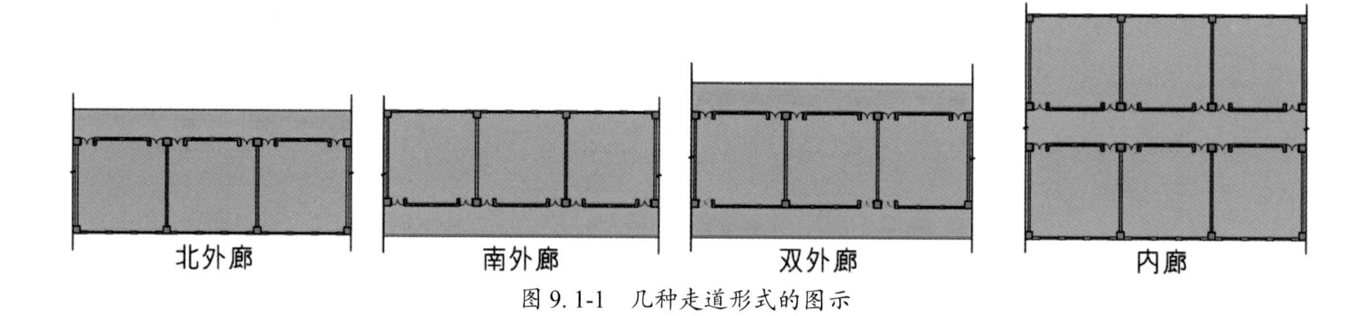

图9.1-1 几种走道形式的图示

几种走道形式的对比　　表 9.1-1

	服务效率	优点	缺点
内廊	效率高	传统的形式，效率高	通风采光较差，噪声大
北外廊	较低	采光通风较佳，教室可以直晒太阳	南面直射阳光影响学生上课、阅读，夏季较热
南外廊	较低	采光通风较佳，北侧采光柔和	无法通过直射阳光为教室消毒
双外廊	低	采光通风较佳，并有足够活动空间	交通空间面积过大

内廊式作为传统的交通组织形式，在北方较为常见，因为该组合的体型系数较小，利于抗风保温，而且交通效率较高。缺点是不利于教室对流通风，走廊内采光较差，走道内噪声会集中回响，使用感受较差。

在南方城市，较常见的是单侧北外廊，教室单元位于南边，有利于直晒太阳，利于杀菌消毒，采光也较佳。但也有观点认为，单侧南外廊较单侧北外廊更佳，因为教室位于北侧时，南侧的走廊能挡住直晒的太阳，有利于夏季遮阳，而且北侧教室窗户的采光也更加均匀舒适。

在南北单侧外廊的基础上，也出现了使用南北双侧外廊的方案。教室有南北两侧走廊，一侧作为主要交通空间供疏散使用，而另一侧则用作课余的活动空间。学生在课间不必下楼就能活动，也不必担心碰撞到在走廊上穿行的人群，同时走廊也起到了很好的遮阳降温的作用（图 9.1-2）。

图 9.1-2　深圳新沙小学的双外廊空间

图片来源：深圳市天华建筑设计有限公司

除了地域需求以外，很多时候为了规避噪声对教学空间的影响，建筑师也常常会把走廊设置在朝向噪声的一侧，同时加以减噪措施，削减不利因素带来的影响。内廊、北外廊、南外廊、双侧外廊均有其存在的价值。而在深圳，由于采光及通风的要求，学校建筑基本上以单侧外廊结构为主，也是这里重点研究的基本组合方式。

2）研究范围

由于教学空间主要由以上几种形式组成，拆解其平面可以总结：它们均是由以下几个主要的立面来构成的：A 外走廊立面，B 教室立面，C 走廊内立面。如北外廊、南外廊均是由 A、B、C 三种立面构成的，内廊是由两个 B 立面构成的，双外廊则由 A、C 立面构成（图 9.1-3）。

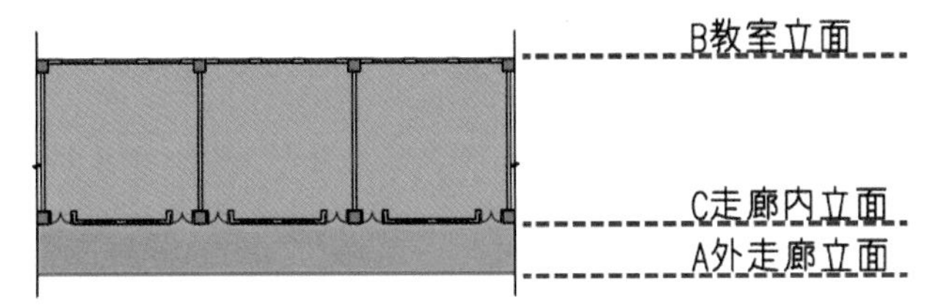

图 9.1-3　拆解主要的立面形式

3）研究内容

学校建筑造型设计除了纯粹美学上的策略以外，还涉及当地的构造做法、节能要求以及是否为装配式建筑等因素制约，同时也要考虑各种设备的遮蔽，例如空调室外机及空调管线、雨水横立管、走道桥架的隐蔽等，下面将逐一展开论述。

9.2 规范及设备约束

9.2.1 与学校建筑有关的建筑规范要求

《中小学校设计规范》GB 50099—2011 中提到，“环境设计、建筑的造型及装饰设计应朴素、安全、实用”，学校建筑造型应该是在满足安全、美观的基础上，兼顾生态环保，易于维护，而且成本可控的。以下为该规范与学校造型设计有关的内容：

1）窗户

“各教室前端侧窗窗端墙的长度不应小于1.00m。窗间墙宽度不应大于1.20m。教学用房及教学辅助用房的窗玻璃应满足教学要求，不得采用彩色玻璃。”前端侧窗窗端墙长度达到1.00m时可避免黑板眩光，而窗间墙宽度的限制则是为了保证光照的均匀度。

“临空窗台的高度不应低于0.90m。二层及二层以上的临空外窗的开启扇不得外开。”考虑到现在孩子平均身高日益提高，常有初中生身高已经超过1.80m，加上中学生好动，笔者建议设计中学公共活动空间时可把窗台提高到1.00m。为保障学生擦窗时的安全，规定开启扇不应外开。

“建筑方案设计时，其采光窗洞口面积应按不低于表9.2.1窗地面积比的规定估算。”教学用房应该创造良好的光环境，充分利用天然光，一般教学用房1∶5的窗地比决定了教室立面的窗户比例不会太低，不适合实墙面过多的立面方案（图9.2-1）。

教学用房工作面或地面上的采光系数标准和窗地面积比

房间名称	规定采光系数的平面	采光系数最低值（%）	窗地面积比
普通教室、史地教室、美术教室、书法教室、语言教室、音乐教室、合班教室、阅览室	课桌面	2.0	1∶5.0
科学教室、实验室	实验桌面	2.0	1∶5.0
计算机教室	机台面	2.0	1∶5.0
舞蹈教室、风雨操场	地面	2.0	1∶5.0
办公室、保健室	地面	2.0	1∶5.0
饮水处、厕所、淋浴	地面	0.5	1∶10.0
走道、楼梯间	地面	1.0	—

注：表中所列采光系数值适用于我国Ⅲ类光气候区，其他光气候区应将表中的采光系数值乘以相应的光气候系数。光气候系数应符合现行国家标准《建筑采光设计标准》GB/T 50033的有关规定。

图9.2-1 标准部分截图

图片来源：《中小学校建筑设计规范》GB 50099—2011

除《中小学校设计规范》GB 50099—2011外，其他规范对教室采光的要求更高。《建筑采光设计标准》GB 50033—2013中提到：“教育建筑的普通教室的采光不应低于采光等级Ⅲ级的采光标准值，侧面采光的采光系数不应低于3.0%，室内天然光照度不应低于450 lx。”（表9.2-1）

教育建筑的采光标准值　表9.2-1

采光等级	场所名称	侧面采光	
		采光系数标准值/%	室内天然光照度标准值/lx
Ⅲ	专用教室、实验室、阶梯教室、教师办公室	3.0	450
Ⅴ	走道、楼梯间、卫生间	1.0	150

而版本更新的《建筑环境通用规范》GB 55016—2021中也提到“普通教室的采光等级不应低于Ⅲ级的要求”。（表9.2-2）

采光等级与采光标准值　表9.2-2

采光等级	侧面采光		顶部采光	
	采光系数标准值/%	室内天然光照度标准值/lx	采光系数标准值/%	室内天然光照度标准值/lx
Ⅰ	5	750	5	750
Ⅱ	4	600	3	450
Ⅲ	3	450	2	300
Ⅳ	2	300	1	150
Ⅴ	1	150	0.5	75

注：表中所列采光系数标准值适用于我国Ⅲ类光气候区，其他光气候区的采光系数标准值应按本条第2款规定的光气候系数进行修正。

在教学空间造型设计过程中应留意教室的采光要求，保证侧窗面积充足、排列规律，保证采光的均匀性。

2）门

“教学用房的门应符合下列规定：除音乐教室外，各类教室的门均宜设置上亮窗；除心理咨询室外，教学用房的门扇均宜附设观察窗。房间疏散门开启后，每樘门净通行宽度不应小于0.90m。”上亮窗是为了增加室内的照度。观察窗的大小、形状以不致影响学生的注意力为原则，常采用的观察窗为圆形，有竖向或水平的窄缝。

3）栏杆

“上人屋面、外廊、楼梯、平台、阳台等临空部位必须设防护栏杆，防护栏杆必须牢固、安全，高度不应低于1.10m。”同时，在《民用建筑设计统一标准》GB 50352—2019中规定：“上人屋面和交通、商业、旅馆、医院、学校等建筑临开敞中庭的栏杆高度不应小于1.2m。栏杆高度应从所在楼地面或屋面至栏杆扶手顶面垂直高度计算，当底面有宽度大于或等于0.22m，且高度低于或等于0.45m的可踏部位时，应从可踏部位顶面起算。公共场所栏杆离地面0.1m高度范围内不宜留空。住宅、托儿所、幼儿园、中小学及其他少年儿童专用活动场所的栏杆必须采取防止攀爬的构造。当采用垂直杆件做栏杆时，其杆件净间距不应大于0.11m。”因此，栏杆高度应以1.2m为准。上人屋面栏杆的高度应从屋面至栏杆扶手顶面垂直高度计算，扶手高度应从可蹬踏部位顶面起计算。考虑到施工时可能会有误差，设计时最好做到1.25m。综上所述，栏杆的高度、净距、可踏面及底部留空情况都是设计时应加以注意的。

4）走道

“教学用房的内走道净宽度不应小于2.40m，单侧走道及外廊的净宽度不应小于1.80m。”“普通教室内应为每个学生设置一个专用的小型储物柜。”在实际设计工作中，有时候也会把储物柜从教室内移到走道上，好处是使教室的使用更加灵活，例如国外比较流行的走班制教学模式，教室利用率可以大大提高，或者教室用于举办社团活动或其他用途时，学生在走廊上取物，不会影响室内的活动。当储物柜放置在外走廊时，它便成为立面的一部分，设计时除了预留充足的走道宽度和取物宽度外，也要考虑到储物柜的设计。

9.2.2 建筑设备的影响

像深圳这样地处亚热带的城市，学校教室一般都会配备空调。比起集中式空调，分体空调使用更加灵活，易于管理维护更换。分体式空调室外机一般安装在教室外墙面上，室外机的冷媒管、冷凝水管都会暴露在外，立面设计需要考虑室外机、冷媒管、冷凝管的设置和遮掩（图9.2-2）。用于学校建筑屋面及外廊雨水排放的立管也常常设置在这一面墙上，众多管线往往会被安排在靠外墙的管井内或在空调位百叶背后，下面将针对具体学校教学空间立面案例进行分析。

教学空间的电桥架一般设置在外走廊的顶棚上，立面设计时需要注意走廊外梁的高度应该足以遮掩电桥架，以免暴露在立面上。走廊的顶棚也可以考虑用格栅或者全吊顶来遮盖电桥架及其他管线（图9.2-3，红岭实验小学及新洲小学）。也有故意把管线暴露在外的做法（图9.2-3，深圳国际交流学院），管线经过合理的排布，呈现质朴的美感，既节约投资，也便于检修。

图9.2-2 各种隐藏空调室外机的设计手段

图片来源：深圳市天华建筑设计有限公司、Archdaily网站

图 9. 2-3　红岭实验小学、新洲小学、深圳国际交流学院的走廊吊顶
图片来源：深圳市天华建筑设计有限公司、Archdaily 网站

9.3　立面造型详解

9.3.1　外墙面饰面材料

建筑立面承担了教学室内外空间转换的功能，在渲染校园气氛中可起到极其重要的作用，其美学也是学生素质教学的重要一环。必须考虑最基础的外墙面材料的安全性、耐久性、观赏性以及成本与施工维护等。表 9.3-1 列举了几种传统与近年常见的外墙面材料。

常见外墙面材料　　表 9. 3-1

材料分类	
外墙饰面材料	涂料、面砖、陶砖、穿孔铝板、石材、金属及复合材料饰面板
外墙材料	素混凝土、有色混凝土

涂料和面砖是学校建筑外墙最常使用的饰面材料，其施工工艺简单成熟、价格较为便宜。涂料施工工期短，易于更新，可以精准做出各种墙面颜色效果，尤其适合在小学校园建筑中营造轻松活泼的校园氛围（图 9.3-1，深圳新洲小学）。面砖比起涂料，质地坚硬、耐久性更好，表面可刷洗、易于清洁，适合使用在公共活动空间，小面砖通过不同的拼贴组合和颜色搭配，可轻松塑造出传统的学院风的造型（图 9.3-1，深圳中学泥岗校区）。

陶砖、干挂石材、干挂金属板等也是目前常用的饰面材料。陶砖、干挂石材一般多用于基座，耐脏而且风格偏稳重，如深圳新沙小学。金属板及穿孔铝板等材料的使用能使建筑显得干练挺拔，品质较高，如深圳东海小学（图 9.3-2）。

图 9. 3-1　深圳新洲小学使用的彩色涂料和深圳中学泥岗校区采用的面砖材料
图片来源：深圳市天华建筑设计有限公司、Archdaily 网站

图 9. 3-2　基座使用了陶砖的深圳新沙小学和使用了穿孔铝板及金属饰面板的深圳东海小学
图片来源：深圳市天华建筑设计有限公司

素混凝土近年来也开始受到建筑师的青睐。相比其他建筑饰面材料，素混凝土本身既有结构和围护作用，其天然生成的粗糙纹理又可形成独树一帜

的立面肌理。素混凝土能做出雕塑感极强的建筑造型，跟柔和的涂料等材料形成反差（图 9.3-3，深圳新沙小学）。过去人们认为小学校园建筑应该用彩色、柔和的立面材料，但是随着教育理念的更新，给予孩子丰富的、触感截然不同的材料体验也许才是更高层次的美学教育。

图 9.3-3 深圳新沙小学，素混凝土塑造的阳台挑板和使用了彩色混凝土的保安室

图片来源：深圳市天华建筑设计有限公司

9.3.2 外走廊立面的处理手法

外走廊立面主要由外走廊的横梁及围蔽构件组成，围蔽构件可以是竖向金属栏杆、栏板、穿孔铝板等材料。从人视点一般只能看到一小部分的“C 走廊内立面”，甚至完全被遮挡而看不到。相比之下，“A 外走廊立面”更为突出，其主要处理手法如图 9.3-4。

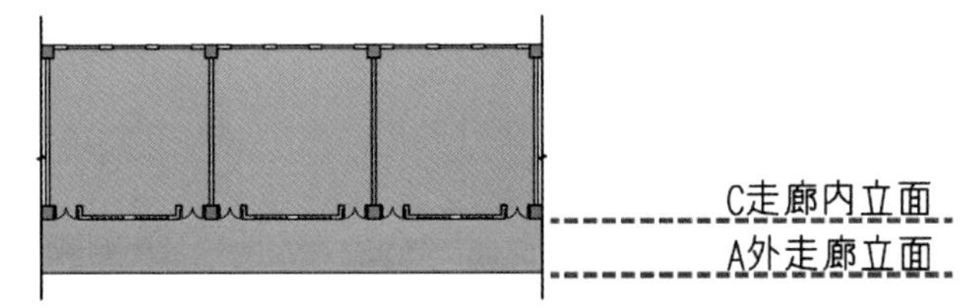

图 9.3-4 走廊图示

走廊立面的典型处理手法有以上几种，下面针对其中几种手法进行详细解析（表 9.3-2）。

表 9.3-2

走廊立面造型归类			
网格式	教室单元	外廊的梁和柱子是构图的主要元素，形式传统，成本较低	
水平线条式	教室单元	外廊的梁是构图的主要元素，柱子通过材料区别进行弱化，或者走廊上不设柱子，整体风格轻盈	
横向体量式	教室单元	外廊的梁和栏板是主要元素，塑造出强而有力的雕塑感	
垂直线条式	教室单元	外廊的柱子和竖向墙体是主要元素，用于风格化的立面造型较多，如学院风立面	
整体式	教室单元	通过墙体或穿孔铝板等材料把外廊塑造成完整体量的造型	

图片来源：Archdaily 网站

1）金属栏杆的使用——水平线条式

竖向金属栏杆是外走廊上最常用的构件，其坚固耐用，又能保证视线通畅，也有利于教室在南北方向的通风对流（图 9.3-5）。如果在走廊平面上稍加处理，如对外走廊平面进行一定圆角处理，通过在人视点产生的透视变形，就能产生很不错的视觉效果（图 9.3-6）。

2）栏板的使用——横向体量式

相比通透的金属栏杆，栏板更适合在北方地区使用，遮挡风沙，减少冬季热量流失。对于儿童来说，栏板也给人以心理上的安全感。栏板能塑造具有体量感的阳台体块，如果再加上平面上的曲线处理，就能产生曼妙的变化（图 9.3-7，无锡蠡园中学）。如果觉得栏板统一高度太刻板，也可以进行折线变化，安全高度不足的地方由玻璃栏杆来补充（图 9.3-8，苏州高新区第四中学）。还有结合栏板和金属栏杆的做法（图 9.3-7，深圳荔湾小学）。

3）竖向墙面或者其他构件——整体式

前面提到的两种构件手法都是横向线条的营造，相反，利用外走廊上的实体墙面则能做出整体体量的感觉来，弱化因处理不当造成的枯燥不变的横向感觉。除了传统的水泥墙面，随着装配式的普及，穿孔铝板也是很好的材料，它既有金属栏板的通风透气特性，又具备栏板的遮蔽效果，能很好地隐藏空调位及冷凝管（图 9.3-9，图 9.3-10，深圳南山外国语学校科华学校，深圳锦龙学校）。

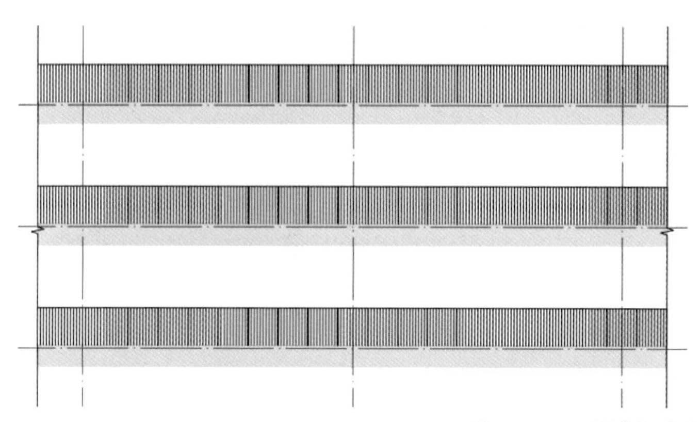

图 9.3-5　深圳新沙小学的外走廊

图片来源：深圳市天华建筑设计有限公司

图 9.3-6　越南西宁 IGC 学校的外走廊处理

图片来源：Archdaily 网站

图 9.3-7 使用栏板的无锡鑫园中学和使用水泥栏板和金属栏杆的深圳荔湾小学

图片来源：Archdaily 网站

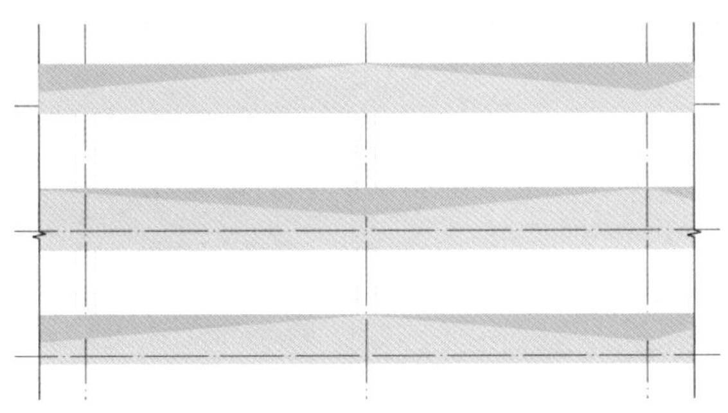

图 9.3-8 使用水泥栏板和玻璃栏板的苏州高新区第四中学

图片来源：Archdaily 网站

图 9.3-9 使用实体外墙的宁波杭州湾滨海小学和使用穿孔铝板的深圳南山外国语学校科华学校

图片来源：Archdaily 网站

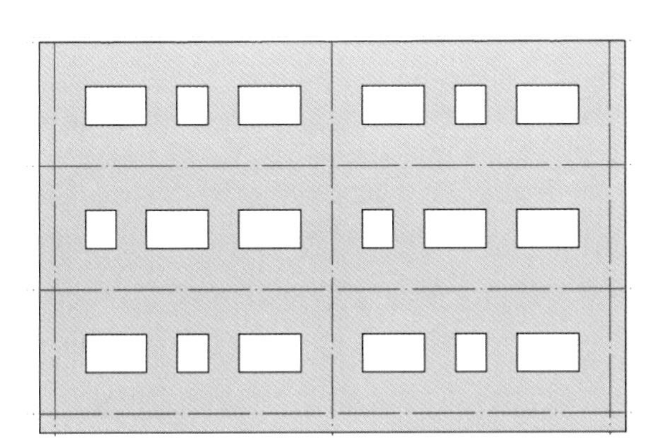

图 9.3-10 使用穿孔铝板的深圳锦龙学校

图片来源：Archdaily 网站

9.3.3 教室立面的处理手法

靠外窗的教室立面是学校建筑的主要立面，也是教室的主要采光面，会出现大量外窗。在通常情况下，空调室外机和空调管以及排水的立管都会布置在这个立面，立面设计应当对它们加以遮蔽，同时又保证便于检修。相比外走廊自带的遮阳楼板，靠外窗的教室立面面对东晒或者西晒，就需要利用遮阳构件来减少直射阳光（图 9.3-11，表 9.3-3）。

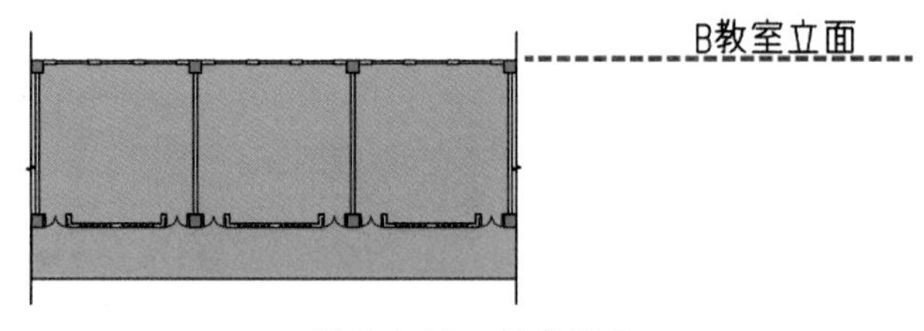

图 9.3-11 教室图示

教室立面造型归类 表 9.3-3

常规网格式	教室单元	横向空调百叶与大面积窗户构成的方整构图	
元素错动式	教室单元	固定尺寸的空调百叶和窗户，通过错动构成整体立面	
外加构件式	教室单元	通过水平和垂直遮阳构件或其他装饰性构件	
整体式	教室单元	用统一的手法设计教学楼的各个立面，可以是通过材料，也可以是通过立面元素	

图片来源：Archdaily 网站，深圳市天华建筑设计有限公司

1）常规网格式

由于教室有一定的窗地比要求，同时窗台高度也有限制，因此教室立面上往往会出现大面积的横向玻璃窗。但是，空调室外机和冷凝水管以及屋面的排水管也常常被安排放置在此。常用的立面处理手法会在这个面上开横向长窗，窗上的梁底出挑 0.6m 进深的混凝土板来放置空调室外机，空调板边缘固定横向百叶或者穿孔铝板来遮挡空调室外机。但是往往过多的横向窗户和百叶会导致视觉疲劳，而且排水立管容易暴露（图 9.3-12）。可以考虑加入竖向元素，比如在窗户之间加上窗间墙，窗间墙外侧用纤维水泥板塑造出凸出体块，纤维水泥板背面放置空调管及排水立管（图 9.3-13）。

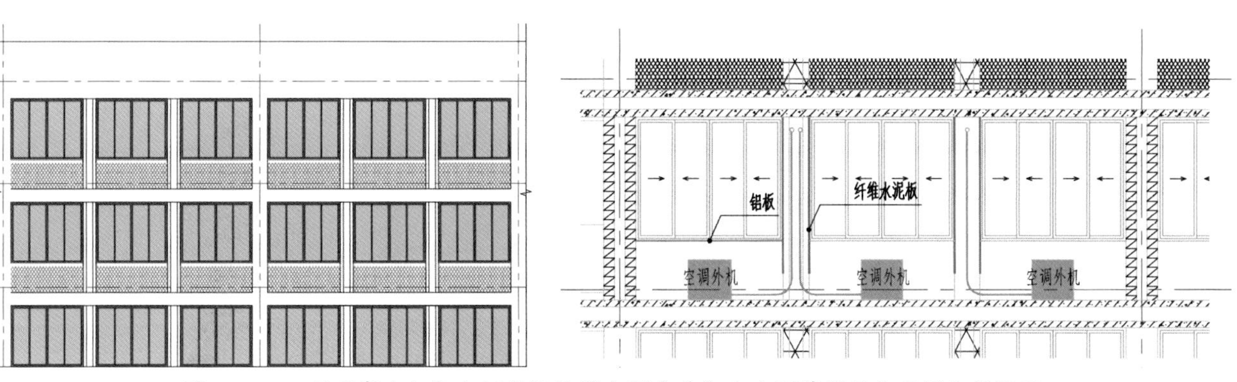

图 9.3-12 利用穿孔铝板和纤维板隐藏空调室外机和空调管线的立面图和拆解图

图 9.3-13 深圳库坑中学

图片来源：建筑师钟乔

2）元素错动式

在过去千篇一律的与柱网对齐的开横窗方式不同，窗户在满足间隔要求（不超过 1.20m）的基础上，可以设置为几个固定的窗户单元，单元窗户的间隔是相等的，与建筑边缘的距离也是固定的，加上窗台及层线的细部处理，就能设计出既规整又有变化的立面来（图 9.3-14）。空调位也能成为立面设计元素，外凸的空调位用彩色铝合金百叶进行遮挡，与单元化的窗户形成错动（图 9.3-15），空调的管线和排水立管藏在百叶背后。

3）外加构件式

校园建筑中常用的遮阳手法主要分为水平遮挡和垂直遮阳，其构件可以是混凝土挑板、栏板，或者是金属穿孔板、金属遮阳百叶等。也可以在一个立面上同时使用这两种遮阳手段（图 9.3-16）。为了强化构件的体量感，可以把水平挑板截面做成斜梁样式，金属穿孔铝板形成的三角体块既起到遮阳作用，又可消减来自于校外城市道路的噪声。利用横向混凝土板的遮挡，使得人视角度看不到空调室外机，冷凝水管等则藏在空调室外机背后室内的水管井中。

图 9. 3-14　深圳东海小学

图片来源：深圳市天华建筑设计有限公司

图 9. 3-15　新洲小学

图片来源：深圳市天华建筑设计有限公司

图 9. 3-16　新洲小学立面

图片来源：深圳市天华建筑设计有限公司

4）整体式

立面处理手法也可以不必拘泥于到底属于外走廊立面还是教室立面，用一种手法去统筹整体立面也是一种思路。比如把外走廊的手法套用在所有外窗立面上，在外窗外出挑窄进深阳台，加上同样的栏杆，既能作为绿化空间，也能隐藏空调室外机（图 9.3-17）。或者把穿孔铝板应用在外廊及教室立面等全部立面之中（图 9.3-18，深圳南山外国语学校科华学校），而装配式的出现，也促使教室立面的处理手法更加整体化（图 9.3-18，深圳锦龙学校）。

5）其他风格化立面造型

风格化的学校立面大多是中式或者欧式学院风，前者以黑白灰色调为主，后者以面砖为主要饰面材料塑造出偏暖色的古典立面。两者相似的地方是一般都用了三段式的手法：庄重结实的基座，统一中带有变化的中段，略为收回的屋顶。外廊主要依靠假窗或者柱廊来进行风格模仿，而窗户立面则用相近的窗户装饰外框、格子窗框等来达到效果。整体比例上也需要通过分段、样式变化和重复等方法来靠近该风格（图 9.3-19）。

图 9. 3-17 深圳新沙小学立面
图片来源：深圳市天华建筑设计有限公司

图 9. 3-18 深圳南山外国语学校科华学校与深圳锦龙学校
图片来源：Archdaily 网站

图 9. 3-19 泰州中学、深圳中学泥岗校区
图片来源：Archdaily 网站

9.3.4 走廊内立面的特征和常用手法

走廊内立面在这里指的是位于教室与走廊之间，站在疏散走廊上能看得到的立面部分。不管是内廊式还是外廊式平面布局，走廊内立面的主要元素都是教室的窗户和门（图 9.3-20）。

对于小学来说，为了避免教室外的干扰，教室窗户窗台可稍高于正常窗台高度。为避免窗户开启时碰到走廊上的学生，可采用推拉窗的形式（图 9.3-21，深圳新洲小学）或者是上部设置开启扇的形式（图 9.3-21，深圳新沙小学）。

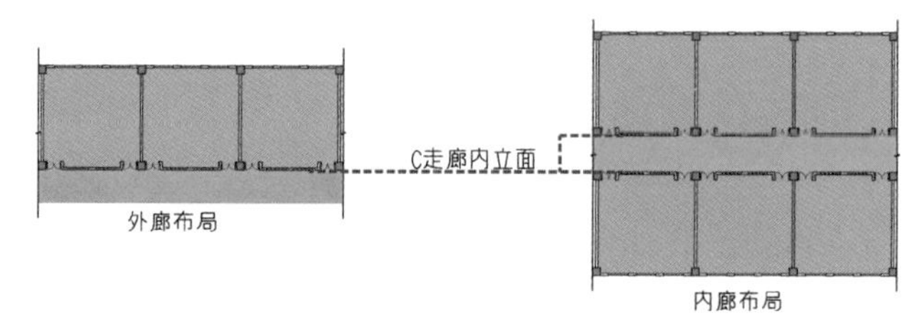

图 9. 3-20　拆解主要的立面形式

图 9. 3-21　新洲小学与新沙小学

图片来源：深圳市天华建筑设计有限公司

而对于中学学校来说，由于中学生身高较高，坐下以后的视线高度也较高，为了避免走廊上的干扰，朝向走廊的教室窗户可考虑设置为高窗（图 9.3-22）。窗户下方的墙面可放置学生储物柜或者书柜。

图 9. 3-22　库坑中学走廊

图片来源：深圳市天华建筑设计有限公司

内廊空间可考虑局部放大，作为学生课余时间的交流空间。具有雕塑感的楼梯和趣味交流空间都能为枯燥的学习生活带来一丝惊喜（图 9.3-23）。

图 9. 3-23　库坑中学空间

图片来源：深圳市天华建筑设计有限公司

图 9.3-24 新沙小学、新洲小学
图片来源：深圳市天华建筑设计有限公司

9.3.5 岭南地区教学空间的立面特征和常用手法

岭南，是我国南方五岭以南地区的概称。现在提及岭南一词，特指广东、广西、海南、香港、澳门等地，亦即当今华南区域范围。岭南的大部分地区属亚热带湿润季风气候，多数地区夏长冬短，终年不见霜雪。岭南地区太阳辐射量较多，日照时间较长，建筑设计应当充分考虑夏季防晒防热的需求。

针对岭南地区高温多雨的气候特征，校园教学空间设计应当充分考虑气候适应性设计，尽可能使用被动式、非机械化的方法来改善小环境气候条件。被动式措施在某种程度上能对其外在气候条件产生一定的制约，从而减少设备对环境的调节需求，较好地应对岭南地区特殊的气候条件，达到遮阳、通风、降温、除湿等目的，营造出舒适的校园教学空间。岭南地区的教学空间的立面设计特点和手法有如下几个方面：

1）岭南地区的教学建筑大多体型轻盈，局部通透，有利于通风降温

相对于北方校园建筑多用内廊走道，岭南地区的教学建筑多由外走廊来组织交通，外廊更有利于建筑通风降温。在建筑构件上，外走廊栏杆多采用镂空的金属栏杆，竖向的金属栏杆既能避免攀爬，栏杆之间的缝隙也有利于室外空气穿透教室。由于镂空的金属栏杆弱化了栏杆的存在，水平向的外廊楼板强化了横向线条。因此，岭南教学建筑常常会出现这种由水平楼板和梁构成的横向线段，给人轻盈通透的感觉（图 9.3-24）。

随着中小学校容积率的提升，建筑单体的体量也随之攀升，常常会出现大面宽、大形体的建筑形态。这不仅仅在视觉上造成外部空间的压抑感，同时也会影响整个校园区域的空气流动，从而对校园外部环境造成负面影响。针对此问题，可以考虑教学楼底部架空或者上部开洞的做法，两者都能很好地达到减少风阻的目的，同时也为学生创造大量的半室外活动空间。首层架空便于学生在校园内通行，对于高温多雨的岭南地区具有很好的适用性，而架空或者上部开洞的做法也可给建筑立面带来丰富的光影变化（图 9.3-25）。

2）岭南地区的教学建筑颜色大多明朗淡雅，也有部分教学建筑采用了仿红砖饰面

笔者选取了近几年深圳的几个“网红”校园的照片（图 9.3-26）。由图片可见，大多数学校都选用白色或浅灰色作为学校的主色调，少数校园采用陶砖或仿红砖涂料来模仿红砖饰面。红砖是一种传统的建筑材料，但为了保护耕地，现已禁止使用，人们转而使用陶砖或涂料来仿制传统的红砖建筑。仿红砖立面能营造出浓郁的学院风氛围，与教学楼的气质高度相符。

图 9.3-25　底层架空和局部开洞的新洲小学

图片来源：深圳市天华建筑设计有限公司

图 9.3-26　从左到右、从上至下分别为：新洲小学、新沙小学、库坑中学、荔湾小学、红岭实验小学、深圳国际交流学院、南山外国语学校科华学校、深圳中学泥岗校区、深圳同心外国语学校

图片来源：深圳市天华建筑设计有限公司、Archdaily 网站

除了深圳中学泥岗校区、深圳同心外国语学校以外，其他的“网红”学校建筑都不约而同选用了白色或浅灰色作为学校的主色调。浅色表皮有利于建筑减少蓄热、降低能耗，白色、灰色等冷色调能产生清凉的感觉，让人心情放松，营造宁静的气氛。在冷色调的基础上，局部加入饱和度极高的颜色能带来很好的视觉冲击。这些鲜艳的颜色也是少年儿童喜欢的，尤其对于低龄儿童来说，是很好的

色觉教育。如深圳市新洲小学，连接校内主要活动平台的楼梯栏板都覆上了鲜艳的黄色，色彩使得交通载体变得具有导向性（图 9.3-27）。而深圳市锦龙学校则在走廊和楼梯等公共空间中使用了蓝色和黄色涂料，设计师故意把路径与走廊区域标记为蓝色，停留与社交空间标记为黄色（图 9.3-28）。在立面颜色的暗示下，学生对公共空间的功能自然熟悉。

3）岭南地区的教学建筑应当考虑遮阳，外廊遮阳可用穿孔铝板、遮阳百叶、垂直绿化等手段

前面提到，教学空间主要分为教室立面和外走廊立面两大类。教室立面对光线有一定要求，因此遮阳构件不能正面遮挡教室视野。相比之下，外走廊立面由于没有光线照度要求，可以灵活采用各种遮阳手段，如穿孔铝板或垂直绿化都能应用其中。例如深圳市锦龙学校，建筑师选择了穿孔铝板作为外走道的第二层皮，这一层皮与走廊的结构和栏杆之间留有少量空间，空调室外机及其管线得以隐藏在内，从而使得教室的立面可以做得平整干净，同时也保证室外空气的对流。类似的做法还有深圳南山外国语学校科华学校的外走廊立面处理（图 9.3-29）。

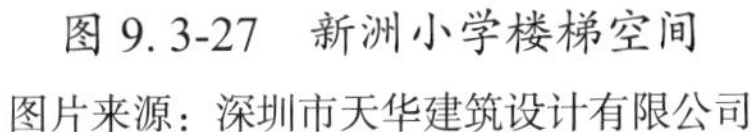

图 9. 3-27 新洲小学楼梯空间

图片来源：深圳市天华建筑设计有限公司

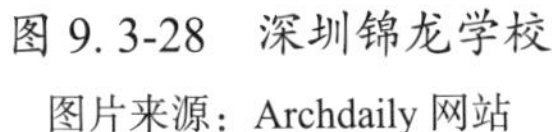

图 9. 3-28 深圳锦龙学校

图片来源：Archdaily 网站

图 9. 3-29　深圳锦龙学校、深圳南山外国语学校科华学校

图片来源：Archdaily 网站

深圳国际交流学院的外廊立面是所有这些立面案例里最大胆的（图 9.3-30），植物的自然生长造成了立面的不可预测性，也给人们带来了极大的惊喜。种植箱、空调室外机与金属网、排水立管都出现在这一立面上，肆意攀爬在金属框架系统上的植物与走廊顶棚上裸露的设备管线，无不让人联想到工业建筑。除了外廊金属框架本身，立面上的植物对于直射阳光的遮挡和室外温度的调节作用巨大。教学楼的双向外廊设计形成了自遮阳系统，也减弱了南侧炫光对教室的影响。

4）岭南地区教学建筑中教室立面的遮阳手段主要为固定外遮阳措施

教室立面遮阳措施大致可以分为三大类：外置的活动及固定遮阳措施、中置的可调遮阳设施（如中空玻璃夹层可调内遮阳）、可调内遮阳设施（如百叶或窗帘）。影响建筑立面的遮阳手段主要为外置的活动遮阳和固定遮阳措施，考虑到学校建筑经济实用的原则，应当选择耐久性更好的固定遮阳措施。

固定遮阳措施一般为混凝土挡板或者金属百叶，由于教室需要保证采光不受影响，因此挡板或者百叶一般设置在窗户侧面或者上侧，避免对视野造成遮挡。水平遮阳措施用于遮挡来自较高角度的直射阳光，垂直遮阳措施一般用于遮挡来自较低角度的从侧面射入的阳光。合并两种遮阳手段，综合式能更好地遮挡来自上方及侧面两边的直射阳光（图 9.3-31）。

图 9. 3-30　深圳国际交流学院

图片来源：Archdaily 网站

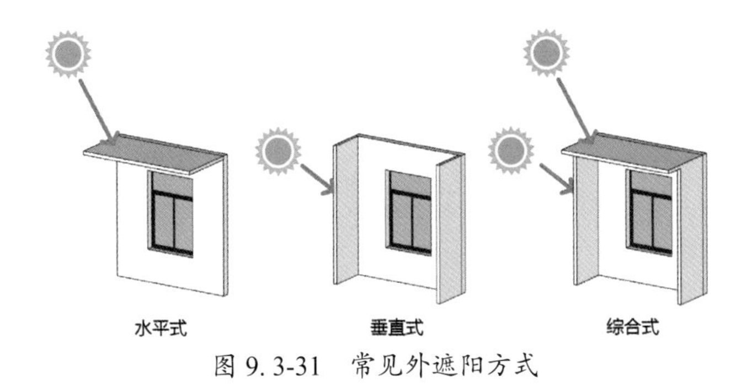

图 9.3-31 常见外遮阳方式

在实际应用中，深圳新洲小学的朝南教室立面就使用了综合式的遮阳手段。当太阳高度角较大的时候，水平式混凝土板遮挡了来自窗外上方的直射阳光，同时不影响教室采光和视线（图 9.3-32 左图）；而当太阳高度角较小的时候，垂直式的绿色穿孔铝板有助于遮挡侧方直射阳光，较少西晒的影响（图 9.3-32 中图）；窗户下方的横向混凝土板则遮挡了来自道路方向的噪声（图 9.3-32 右图）。

有学者做过相关研究①，计算窗外遮阳板需要做到多大的尺寸才能完全遮挡直射阳光。例如广州某建筑物外窗，窗宽 1.5m，窗高 2.0m，采用综合式遮阳挡板，水平遮阳板需出挑 1.2m，垂直遮阳板出挑 0.76m，才能完全遮挡该地区 10 月中旬的直射阳光。由此也能推断出，在学校立面设计中，一般在教室窗户上方设置的出挑 0.6m 的空调板是不足以用作遮阳之用的。以深圳新洲小学为例，为了达到遮阳的目的，水平方向的遮阳板出挑尺寸达到了 1.2m，而垂直方向的遮阳穿孔铝板的出挑也达到了 0.95m（图 9.3-33）。在具体项目设计中，我们应当充分考虑当地气候条件、结构实施的经济性、场地空间条件、遮阳板自身材料性能、建筑美观性等，经过严谨的计算来决定外立面遮阳构件的尺寸。

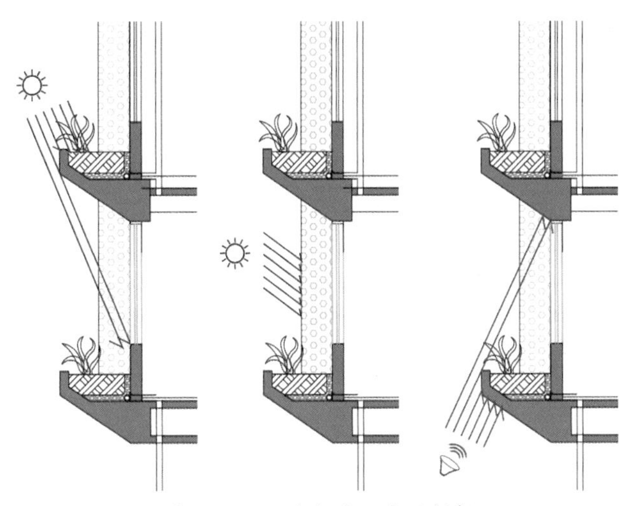
图 9.3-32 综合遮阳手段解析

图 9.3-33 新洲小学
图片来源：深圳市天华建筑设计有限公司

① 张杰，吴保华，王世礼．窗口遮阳构件尺寸的计算研究［J］．四川建筑科学研究，2006，32（5）：188-191.

9.4 结语

学校教学空间由于平面布局与结构形式影响，其立面形式往往是单元式重复的。千篇一律的教室或走廊立面加上端部的楼梯体量，再覆以成本不高的涂料，便是我们印象中的传统教学空间形象。但从上面提及的多个案例可以看出，随着高密度高容积率校园建筑的出现，从整体规划到立面雕刻，建筑师们为了解开这些“难题”倾尽心血，教学空间造型设计的提升超乎人们的想象，其立面水准不比一个小型重要公共建筑差。从整体体量塑造、管线和设备的隐藏、遮阳节能与立面构件细部的考虑、地域特色的融合等，校园教学空间的造型都给我们带来了惊喜。

10 中小学室内管线综合设计解析

深圳大学建筑设计研究院有限公司 曾小娜

10.1 现状与问题

近年来，随着我国城市化的推进，在高密度城市环境的影响下，大量配套的中小学校需要新建、改扩建。

改扩建学校通过扩建暂时缓解学校教学的迫切需求，但无法根治旧校区空间小及管线老化的问题；随着城市的不断发展和教育水平的持续提高，各种专业管线逐渐增多，拆除重建、翻新修缮等诉求也就越发迫切。

在建设过程中，中小学校普遍都存在层高问题，校方力求最大化提高建设规模，增加建设楼层数，设计则须考虑如何在符合规范基本要求基础上，满足使用单位需求。其中，如何在有限的建筑空间中科学合理地布置各类管线，满足使用功能用房的净高要求，做好管线设计尤为重要。

10.1.1 未经综合裸露管线

南方地区中小学校公共空间普遍采取开放式设计，将大量的设备管线暴露在外，如何处理这些管线是方案后期深化的一大难点。

一般建筑室内的管线主要有七类，分别是给水、污水、雨水、燃气、热力（或空调）、强电、弱电。中小学建筑有自身的特点。首先，室内吊顶内一般没有燃气管道；其次，污水横管很少，不必下太大功夫思考；再次，给水管线主要是喷淋管道和消火栓管道，生活给水管道横管极少，不必投入太多精力。去掉这三类管线的干扰，思路会更轻松一些。需要重点考虑的管线主要是：1. 喷淋管道；2. 消火栓管道；3. 空调风管及排烟、送风管道；4. 强电桥架；5. 弱电桥架；6. 空调冷却水管。

普通教室及其走廊无吊顶，容易因喷淋管或吸顶机空调管线外露或管线走位不合理而造成不美观（图 10.1-1～图 10.1-4）。

图 10. 1-1 荔园学校 普通教室

图 10. 1-2 红岭小学 普通教室

图 10. 1-3 教学楼走廊

图 10.1-4　教学楼架空空间

10.1.2　检修困难

日常定期对管线，包括中央空调管道、电线管、卫生间给排水管等的检查与维护，都需要通过检修口。

检修口是用于检修吊顶内部管道的检修孔，或称上人孔。设计、施工过程中未合理设置检修口是全吊顶空间的通病。检修口尺寸不规范，检修空间不够（层高限制或管线排布导致）将造成管线检修难度大、运维困难。尤其设备管线复杂繁多的空间，不合理的设计将会导致二次整改、工程成本超支、工程整体延误（图 10.1-5）。

图 10.1-5　教学楼图书馆顶棚

10.1.3　教学楼层高限制

相关规范中关于中小学建筑层数与建筑高度的规定如下：

（1）《深圳市普通中小学校建设标准指引》（深发改〔2016〕494 号）

第五章　学校主要建筑标准

第二十三条　普通中小学校的教学、办公用房宜设计成多层建筑。小学主要教学用房应设置在四层及以下；中学主要教学用房应设置在五层以下。在满足消防疏散、通风采光和加强安全管理的前提下，可以适当增设楼层，增设部分建筑功能仅用于教学辅助用房和行政办公用房。教学辅助用房、行政办公用房和宿舍可以根据实际需求适当提高建筑高度，但宜控制在 50 米左右。

（2）《中小学校设计规范》GB 50099—2011 第 4.3.2 条：

4.3.2　各类小学的主要教学用房不应设在四层以上，各类中学的主要教学用房不应设在五层以上。

条文说明：

经医学测定，当学生在课间操和体育课结束后，利用短暂的几分钟上楼并立刻进入下一节课的学习时，4 层（小学生）和 5 层（中学生）是疲劳感转折点。超过这个转折点，在下一节课开始后的 5～15min 内，心脏和呼吸的变化会使注意力难以集中，影响教学效果，依此制定本条。中小学校属自救能力较差的人员的密集场所，建筑层数不宜过多，制定本条还旨在当发生突发意外事件时，利于学生安全疏散。

（3）《中小学校设计规范》GB 50099—2011 第 7.2.1 条：

中小学校主要教学用房的最小净高应符合表 7.2.1 的规定。

主要教学用房的最小净高（m）　　表 7.2.1

<table>
<tr><th>教室</th><th>小学</th><th>初中</th><th>高中</th></tr>
<tr><td>普通教室、史地、美术、音乐教室</td><td>3.00</td><td>3.05</td><td>3.10</td></tr>
<tr><td>舞蹈教室</td><td colspan="3">4.50</td></tr>
<tr><td>科学教室、实验室、计算机教室、劳动教室、技术教室、合班教室</td><td colspan="3">3.10</td></tr>
<tr><td>阶梯教室</td><td colspan="3">最后一排（楼地面最高处）距顶棚或上方突出物最小距离为 2.20m</td></tr>
</table>

规范中有关中小学建筑高度及层数的规定，不利于解决建设规模问题。如何“解决”不超 24m（多层）且主要教学用房不超 4（小学）/5（中学）层，教学用房“满足”最小净高等要求成为设计中的首要问题。

10. 1. 4 未来拓展性

随着城市的不断发展和教育水平的逐步提高，各种新技术不断应用于建筑中，如智能化系统、智慧校园、一体式实验室等，功能设备不断增加，各种专业管线也逐渐增多。纵横交错的管线需占用更多的空间。

同时，建筑的外部造型、内部装饰也是日新月异，设计师总是尽可能地将空间让给使用方，满足其功能和美观要求，而不断缩小机电管线占用空间，这无疑增加了管线综合的难度。

10. 2 管线空间类型

这里汇总并整合实际踏勘、校方访谈、施工方等获取的资料，根据建筑设计专业知识及使用者反馈，初步总结现状中小学在建筑设计中的设计亮点与不足之处，给同类项目作借鉴参考之用。

主要包括：给排水专业管线、空调通风专业管线及电气专业管线。其中给排水管线主要包括生活给水管（其中又分高、中、低区生活给水管）、排（雨、污、生活废）水管、消防栓给水管（高、低区）、喷淋管（高、低区）以及生活热水管、蒸汽管等；空调通风管线主要包括空调通风管、平时排送风管、消防排烟管、空调冷冻水管、冷凝水管，以及冷却水管等；由于电气专业管线占用空间较少，因此在设计综合管线时只是将动力、照明等配电桥架和消防报警及开关联动等控制线桥架纳入涉及范围。

10. 2. 1 全吊顶管线空间

本着以上设备管线安装原则，立管在竖向管井中布置，横向管线布置在有吊顶区域，管线应尽量减少交叉布置，所有管线均沿板底、梁底或墙角平行均匀布置。末端设备宜成线，平行、对称、均匀规律性布置。设备管线隐藏于管井、吊顶中，既能保证空间的工整性，又能保证使用空间的净高及整体的美观性（图 10.2-1，图 10.2-2）。

图 10. 2-1 前海三小 走廊吊顶图

图 10. 2-2 前海三小 普通教室全吊顶

吊顶不仅可增强室内空间装饰效果，还可以起到一些必要的功能性作用，如隐藏设备管线、空调内机、灯具以及弱化梁体等。走廊吊顶是管线密集的区域，通过吊顶装饰可使该区域吊顶更整洁、美观，整体性更强（图 10.2-3）。

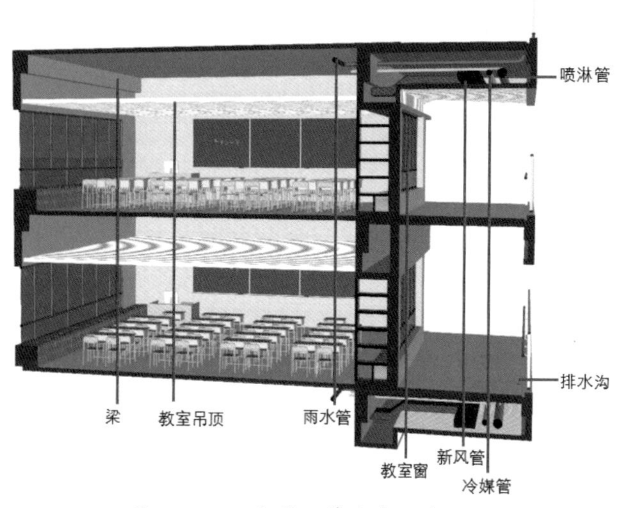

图 10. 2-3　全吊顶管线空间截面图

图 10. 2-5　上海德富路中学　走道无吊顶管线

图片来源：http://www.360doc.com/content/

10. 2. 2　无吊顶管线空间

针对无吊顶空间，设备管线可贴边布置，并使其表面颜色与相邻墙体颜色协调，保证室内空间的美观。消防管或给水管线遇到梁时，优先考虑穿梁布置。当无法穿梁布置时，管线宜紧贴梁结构外表面轮廓上翻。在保证风管截面面积、宽高比等参数符合相关规范的前提下，采用宽扁型风管界面形式，并尽可能在梁间紧贴地板布置和安装，可节省空间，提高室内净高。在管线不多的情况下，管线排布整齐的房间可采用无吊顶提升室内净高（图 10.2-4，图 10.2-5）。

图 10. 2-4　福民小学　教室无吊顶管线图

10. 2. 3　局部吊顶管线空间

针对局部吊顶的空间，将设备综合管线安装于有吊顶的位置，做好无吊顶区域与吊顶区域的衔接。对于有通风需要的空间，局部吊顶区域适合装新风系统、中央空调 / 新风机送回风口等，再利用灯光的局部照明和点式照明来加强空间感（图 10.2-6，图 10.2-7）。

图 10. 2-6　局部吊顶管线 1

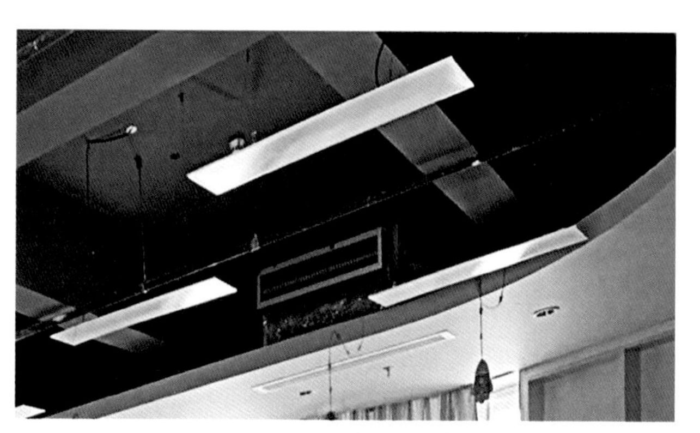

图 10. 2-7　局部吊顶管线 2

10.3 变通创新节点及案例

在现代化、未来化的新教育需求下，各种功能设施趋于自动化。建设过程中管线相应增加，集中在建筑物的某一个区域，须系统地进行综合管线设计。

综合布置技术可以实现管线平衡管理，避免管线的交叉、碰撞，提高建筑质量，避免二次整改，加快工期。

《中小学校设计规范》GB 50099—2011 对中小学校建筑设备专业提出要求如下：

1）建筑电气

1 教室黑板应设专用黑板照明灯具，其最低维持平均照度应为 500 lx，黑板面上的照度最低均匀度宜为 0.7。黑板灯具不得对学生和教师产生直接眩光。

2 教室应采用高效率灯具，不得采用裸灯。灯具悬挂高度距桌面的距离不应低于 1.70m。灯管应采用长轴垂直于黑板的方向布置。

3 坡地面或阶梯地面的合班教室，前排灯不应遮挡后排学生视线，并不应产生直接眩光。（《中小学校设计规范》GB 50099—2011 第 10.3.3 条）

4 中小学校的建筑应预留电气管井，层配电设备应设置在电气管井内。

5 室内线路应采用暗线敷设。（《中小学校设计规范》GB 50099—2011 第 10.3.2 条及条文说明）

2）采暖通风及空气调节

在夏热冬暖、夏热冬冷等气候区中的中小学校，当教学用房、学生宿舍不设空调且在夏季通过开窗通风不能达到基本热舒适度时，应按下列规定设置电风扇：

1 教室应采用吊式电风扇。各类小学中，风扇叶片距地面高度不应低于 2.80m；各类中学中，风扇叶片距地面高度不应低于 3.00m。

2 学生宿舍的电风扇应有防护网。（《中小学校设计规范》GB 50099—2011 第 10.1.11 条）

中小学校内各种房间的采暖设计温度不应低于表 10.1.7 的规定。（《中小学校设计规范》GB 50099—2011 第 10.1.7 条）

表 10.1.7 采暖设计温度

房间名称		室内设计温度（℃）
教学及教学辅助用房	普通教室、科学教室、实验室、史地教室、美术教室、书法教室、音乐教室、语言教室、学生活动室、心理咨询室、任课教师办公室	18
	舞蹈教室	22
	体育馆、体质测试室	12～15
	计算机教室、合班教室、德育展览室、仪器室	16
	图书室	20
行政办公用房	办公室、会议室、值班室、安防监控室、传达室	18
	网络控制室、总务仓库及维修工作间	16
	卫生室（保健室）	22
生活服务用房	食堂、卫生间、走道、楼梯间	16
	浴室	25
	学生宿舍	18

3）给水排水

实验室化验盆排水口应装设耐腐蚀的挡污箅，排水管道应采用耐腐蚀管材。（《中小学校设计规范》GB 50099—2011 第 10.2.8 条）

中小学校的植物栽培园、小动物饲养园和体育场地应设洒水栓及排水设施。（《中小学校设计规范》GB 50099—2011 第 10.2.9 条）

化学实验室的废水应经过处理后再排入污水管道。食堂等房间排出的含油污水应经除油处理后再排入污水管道。（《中小学校设计规范》GB 50099—2011 第 10.2.13 条）

中小学校的用水器具和配件应采用节水性能良好、坚固耐用，且便于管理维修的产品。室内消火栓箱不宜采用普通玻璃门。（《中小学校设计规范》GB 50099—2011 第 10.2.7 条）

根据管线综合考虑的六个因素，管线综合一般应遵循以下原则：

1）先布置管径较大的管线，后布置管径较小的管线。遇管线交叉时，小管径由于安装所需空间较少，易于安装，且一般造价较低，宜避让大管径。

2）电气和弱电管线宜布置在输送液体管道上

方，以免管道渗漏时损坏电缆造成事故。

3）没有压力的重力流管道应先行布置。压力管道区别于重力管道的重要特征是可以爬升。重力管道内介质仅受重力作用，由高往低流。污水、废水、雨水等管道属于重力流管道，其主要特征是有坡度要求且排放水流多，力求管线短，避免过多转弯，以保证建筑物的使用空间及排水流畅。

4）强弱电管需要考虑磁性干扰，两者布置宜有一定的距离。

5）消防设备和管线需严格按照相关规范要求布置。

6）水平管线布置上下平行时以上下二层为主。

7）管线上下布置层数不宜超过二层，遇管线冲突时应排除或利用上下层交错予以分开。

8）管线以直管布置及最短距离为原则，尽量排除弯折或绕道的方式。

9）管线布置时考虑使用过程中增加管线的需要和日常维修保养的空间。

10）冷水管避让热水管，热水管需要保温且造价较高。

11）可弯曲管避让不可弯曲管。

12）金属管避让非金属管。一般情况下金属管较易切割、弯曲和连接。

13）附件少的管道避让附件多的管道，以有利于施工操作和维护与更换管件。

在保证使用功能不变的情况下，新建建筑或旧改建筑秉承美观实用、便于维修的原则，在有限的空间内整合管线排布，采用多种模式，释放更多的可利用空间，使设计更合理。针对不同的项目需求，在经济合理的情况下，建筑设计对设备综合管线做出以下变通创新。

10.3.1 全吊顶——局部穿梁

1）主梁穿梁形式

教室的室外走廊空间是管线布置比较集中的地方，对于这个空间的净高要有一定的控制，可利用桥架将管线集中后穿梁，利用主梁的高度来减少对走廊空间的占用，提高走廊的净高，再加上吊顶的遮挡以及桥架分段可拆卸的性质，可以遮蔽凌乱的管线，也方便后期的检修维护。

若一栋楼按6层多层建筑设计，5层教学用房，1层教学辅助用房考虑。在不超24m建筑高度情况下，首层考虑架空活动空间层高按5m，标准层层高按3.8m。标准教室柱跨常规在8.4～10m，梁高控制在主梁高700mm，次梁高500mm，走廊管线考虑300mm安装空间，吊顶150mm安装空间。不考虑穿梁情况，标准层公共空间管线安装完成净高可达到2.65m。考虑穿梁的情况，标准层公共空间管线安装完成净高可达到2.95m（图10.3-1，图10.3-2）。

图10.3-1 深圳香山里小学 走廊管线穿梁

图片来源：https://www.tlaidesign.com/

图10.3-2 深圳福华小学 走廊管线穿梁

2）斜梁结构

改造、新建的中小学校建筑常将走廊设计为斜梁结构（原设计初衷是为了增加走廊空间的净高），但外高内低的斜梁，对于行走在走廊的人视觉效果不佳。

当管线布置在走廊时，利用斜梁倾斜的高差空间排布管网桥架，再加吊顶遮挡，既可解决室外空间裸露管线问题，又可提高走廊空间的整体性和美观性（图 10.3-3）。

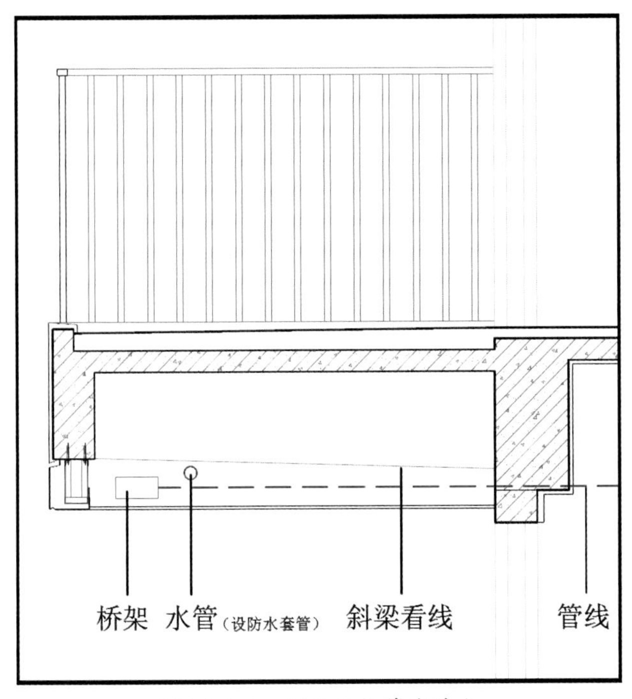

图 10. 3-3 斜梁结构管线节点

10. 3. 2 全吊顶——结合花池管廊

1）走廊花池管廊

学校走廊设置花池，种植各种攀缘植物，用绿化美化建筑与城市，为外立面增添一抹新的色彩，可同时解决功能性管线的排布。

立面色彩和功能性管线的增加，对走廊的空间和净高提出了要求。将花池底板抬高，利用花池底部空间和走廊的外边梁构成的空间来安置管线，节省出一定的空间。充分利用有限的空间布置管线、解决花池排水管线问题，再结合吊顶布置隐藏管线，可保持走廊的净高与吊顶的整洁美观（图 10.3-4）。

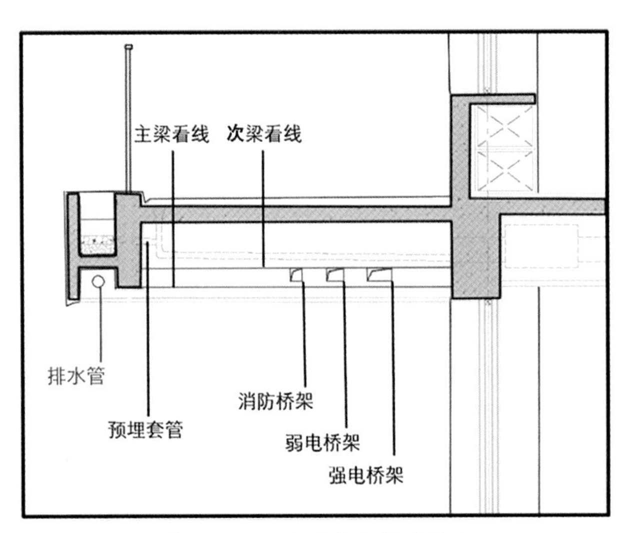

图 10. 3-4 走廊花池管廊节点

2）屋面女儿墙花池管廊

通向屋面的管网经常是直接铺设在屋面上方，造成屋面空间的杂乱无序和利用效率的低下。可将屋面下方的管线，布置到靠近女儿墙的位置，再穿屋面板而上，利用女儿墙的支撑作用，将管线集中布置在女儿墙的挑板下方，其余屋面空间可作为农田科普教学、组团活动、绿化、休闲、运动等，有效解决场地不足的问题（图 10.3-5）。

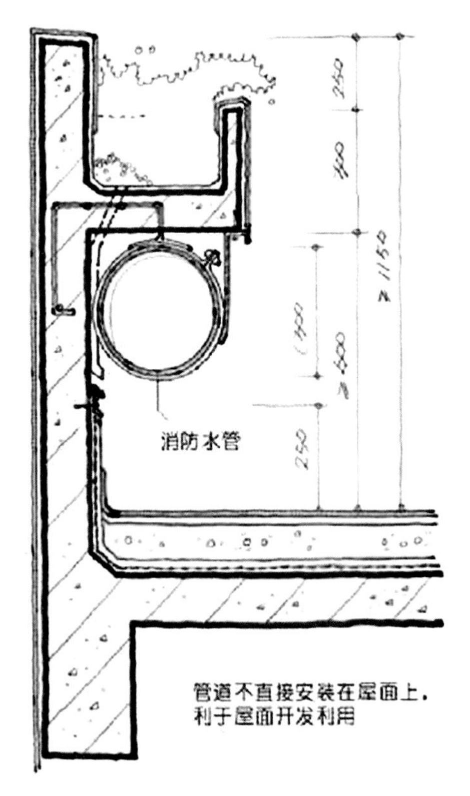

图 10. 3-5 屋面女儿墙花池管廊节点

图片来源：深圳防水图集

10.3.3 无吊顶——窗顶管廊

教室室外走廊窗顶设置管廊，综合管线集中排布在管廊中，管廊外侧为可拆卸防雨铝合金百叶，方便后期管线检修维护。

大多数建筑管线桥架、消防管都是直接吊装在走廊吊顶梁底，无任何遮挡，影响走廊净高同时会造成吊顶底部杂乱无章，后期检查维修也极其不方便。增加窗顶的管廊设计，不仅能将管线整齐有序地排布在管廊中，同时让整个走廊能保持良好的净高，保证吊顶的整洁美观。

对于竖向设备管线，在教室内设置竖向管道，将雨水管、给排水管等综合隐藏于管道中并预留检修门。保证室内空间的规整性，提高室内空间质量（图 10.3-6，图 10.3-7）。

图 10.3-6 裸露管线图

图 10.3-7 窗顶管廊图

图片来源：http://www.360doc.com/content/

10.3.4 无吊顶——廊桥管廊

在走廊设置廊桥管廊，不仅能将竖向设备管线隐藏于其中，同时也能结合整体装修风格设计不同造型，增加整体空间的活泼灵动感（图 10.3-8）。

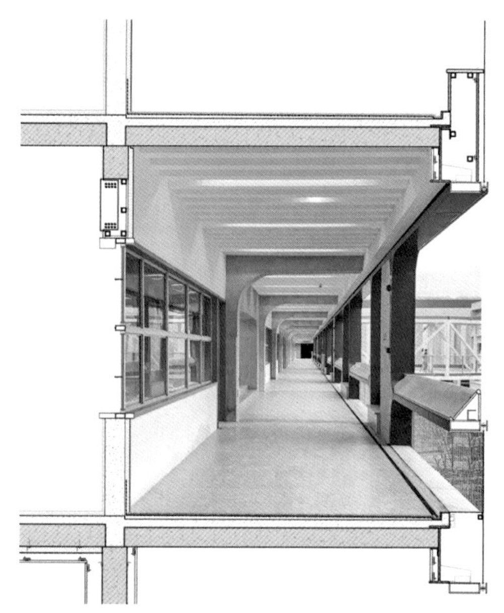

图 10.3-8 廊桥管廊节点

图片来源：httpwww.360doc.comcontent
2101131531943675_956671891.shtml

整体建筑通过走廊廊桥管廊与教室室内窗顶隐藏式桥架相结合，将整体管线隐藏其中，不仅可增加室外空间的丰富多样性，保持室内空间的干净整洁，同时可保留最大的空间净高，提升整体空间质量（图 10.3-9，图 10.3-10）。

图 10.3-9 走廊暗线敷设
（上海徐汇区高安路第一小学华展校区）

图片来源：https：//www.360doc.com/content/
21/0113/15/31943675_956671891.shtml

图 10. 3-10 教室暗线敷设
（上海徐汇区高安路第一小学华展校区）
图片来源：https：//www.360doc.com/content/21/0113/15/31943675_956671891.shtml

学校通常以外廊及内廊作为交通连接、疏散通道，因此设计廊桥管廊时，可将走廊外墙结合书包柜与廊桥齐平设计，既保证走廊空间的完整性也保障师生行走通畅、安全。

10. 3. 5 教室内设备管线

根据不同功能教室的布局，在合适的位置设置水电竖向管井。将给排水管、污水管、消火栓管道、空调冷却水管、冷冻水管安装在水井中；强弱电桥架安装在电井中。所有竖向管井检修门表面材质与相邻墙体相同，以隐形门形式与室内空间形成整体（图 10.3-11）。

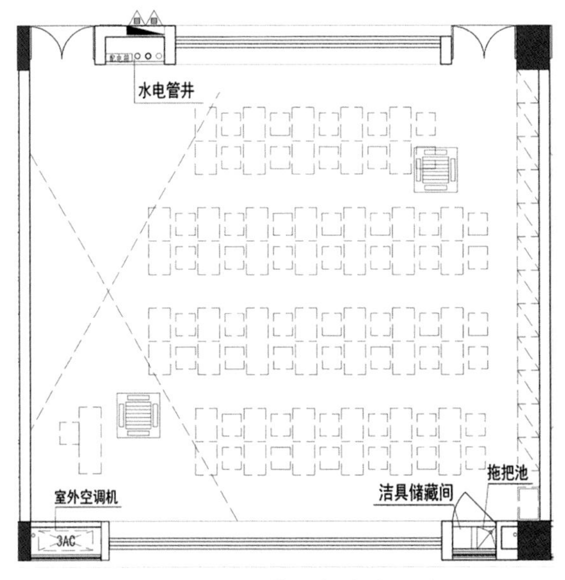

图 10. 3-11 普通教室平面图

考虑到教室平时需要打扫卫生（扫地、拖地、擦窗户等需求），在教室的墙角结合教室的布局设置拖把间，拖把间内有拖把池，拖把桶，壁挂拖把、扫把、抹布等工具，同时将拖把间门设计为隐形门与墙体融为一体。如图 10.3-12 所示，经过建筑设计的变通创新，一个规整、干净、舒适的学习空间就形成了。

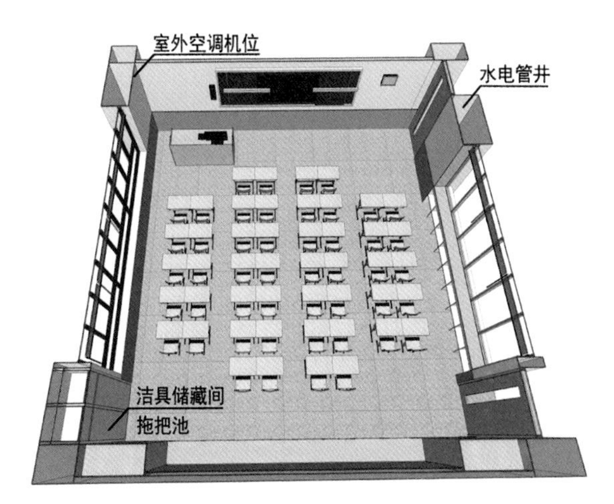

图 10. 3-12 普通教室剖视图

10. 3. 6 大型空间设备管线

中小学除教学楼、办公楼、宿舍外还存在一些大型空间，如体育馆、游泳馆等。这些大型空间的特点就是空间跨度大，对通风要求高，且吊顶通常沿用原有结构吊顶，不做二次精装修，因此对于综合管线的要求极高。

针对这类空间层高有限的情况，可采取将新风设备侧面设置或者布于吊顶、管线穿梁等措施节约层高（图 10.3-13，图 10.3-14）。

图 10. 3-13 体育馆新风侧布式
侧面设置（华润小径湾贝赛思国际学校）
图片来源：张超建筑摄影工作室 cargollective.com/ZCSTUD10

图 10. 3-14　体育馆新风管道穿梁
（香港法国国际学校）
图片来源：https：//www.archdaily.cn/cn/904765

针对这类空间层高较高且采用钢结构屋顶的情况，通过建筑的变通创新，对钢结构桁架进行优化，将新风设备管线及灯具、电线管等敷设于钢结构桁架中，综合管线表面颜色混同于钢结构桁架，形成一个整体，保证吊顶的规整与美观（图 10.3-15，图 10.3-16）。

图 10. 3-15　体育馆新风设顶面设置
（江苏省苏州实验中学科技城校）
图片来源：https：//www.archdaily.cn/cn/958205

图 10. 3-16　体育馆新风管道穿梁
图片来源：httpswww.tlaidesign.com

10. 4　结语

经细致处理后得到的管线综合布置优化调整，必须注意某些管道的特定要求，如电气管线不能受湿，尽量安装在上层；排污管、排废水管、排雨水管有坡度要求，不能上下移动，所有其他管道必须避开；给水管宜在上方等。接着要根据结构的梁位、梁高和建筑层高及安装后的高度要求，在管线密集交叉或管线安装高度有困难的地方画安装剖面图，同时调整各管道的位置和安装高度。

经过建筑手法的变通创新，让改造、新建建筑无论是经济性、实用性还是美观性，都得到质的提升。节点的创新设计，对于提高建筑质量具有很大意义。

11 环境设计——垂直绿化

深圳市同济人建筑设计有限公司　顾　锋

随着学校建设的发展，校园中的建筑密度不断增大，而绿化空间不断减少。同时，由于经费有限，许多学校都面临着发展建设矛盾，而垂直绿化则是缓解这一矛盾的有效方法。垂直绿化可适应城市化建设的需要，弥补地面绿化面积的不足，极大丰富教学环境中的绿化层次，适度美化建筑，使得建筑与环境更加富有生命力，使学术更好地融合在自然与人文的协调统一之中。

作为校园环境设计的一部分，一幢绿色的建筑物代表的不仅仅是环境保护的成果，也象征着我们回归自然、重新发现自然和谐之美的努力，让环境与学校所独有的文化气质相渗透，形成有自身特色的校园植物绿化景观。

11.1 垂直绿化在校园景观建设中的重要性

校园内大面积的建筑立面墙体可能会带来视觉上的空白。尤其在西侧，建筑立面开窗较少，墙体面积较大，白色墙体在太阳光的强烈照射下产生反光，危害学生视力。教室及楼道内的绿化较少，形式也较为单一，在校园整理绿化中处于被忽视的状态。建设校园立体垂直绿化是解决校园绿化现存问题的有效途径。

垂直绿化作为校园景观的一部分，应该结合于校园建设的整体规划之中，从各个方面推动它的发展。在植物园艺方面，应与植物学有关学科合作，加强植物研究，研究培育适应性更强的优良新品种。在景观设计方面，与园林设计学科合作，整体规划设计，使绿化与建筑、人和谐统一，使环境更具美感。在基础建设方面，提前考虑垂直绿化的需要，将垂直绿化融入建筑物设计的总体考量之中。

部分学校响应建设校园立体绿化的号召，利用闲置的屋顶建造屋顶农场，开辟劳动教育实践基地、植物栽培实验实践基地、学前环境保护实践基地等，帮助学生开拓知识面，已经获得了一定的成效。部分学校对于无法满足上人荷载的屋面也进行了简易式屋顶绿化，积极加入到海绵城市的建设当中。但对屋顶的使用功能以教学为主，并不具备休憩功能，未能融入师生的日常校园生活当中，对环境设计的垂直绿化资源的利用还有待多方面的开发。

11.1.1 校园垂直绿化的发展

校园立体绿化是指除平面绿化以外的所有绿化。除了屋顶绿化之外，还有墙面绿化、檐口绿化、阳台绿化等。面对城市飞速发展带来寸土寸金的局面，面对绿化面积不达标，空气质量不理想，城市噪声无法隔离等难题，发展立体绿化将是校园绿化发展的新趋势。而在校园进行立体绿化，也是打造环境友好型和资源节约型学校的重要措施。多样的立体绿化形式等待我们去发现、应用，设计师应探索校园立体绿化模式的更多可能，推进海绵城市的建设。

11.1.2 垂直绿化方式及植物的选择与应用

垂直绿化的形式很多，在选择植物时首先应当充分利用当地植物资源，这不仅因为从生态适应性而言，这些植物最适于本地生长，而且从园林艺术角度考虑，极易形成地方特色；其次要考虑攀缘习性的不同即攀缘能力的强弱、观赏特性的不同，以及被绿化物与植物材料的色彩、形态、质感的协调。考虑到单一种类观赏特性的缺陷，在垂直绿化中，应当尽可能利用不同种类之间的搭配以延长观赏期，创造出四季景观。如爬山虎在夏季和秋季景观秀美，尤其是秋季红叶甚为宜人，但冬季一片萧索，如能与络石合栽，则在爬山虎的生长季节，络石生于爬山虎叶下，满足了络石喜荫的生态特性，而在冬季又可弥补爬山虎的不足。在考虑种间搭配时，重点应利用植物本身的生态特性，如常绿与落叶、阴性与阳性、快生与慢生之间的搭配。

11.2 垂直绿化在校园景观建设中的意义

11.2.1 改善生态环境——净化空气

屋顶绿化能够有效地过滤与吸附雾霾中的SO_2、氮氧化物与可吸入颗粒，进而减少空气中的雾霾颗粒，达到清新空气、排放氧气的目的。相关研究报道，$1m^2$的草坪能够在每年的光合作用过程中吸收146kg的CO_2，吸收0.0031kg的SO_2，吸附可吸入颗粒0.01kg，释放105.85kg的O_2，储蓄水分27kg。由此可见，屋顶绿化有助于净化大气。在建筑与交通密集的区域，墙面覆盖的植物能大幅降低光滑水泥墙面对强光与噪声的反射，并能吸附一部分粉尘。同时，大面积的绿色能影响人群的心理，改善情绪，因此，垂直绿化对于城市人居环境有很大的现实意义。

11.2.2 改善生态环境——建筑节能，缓解城市热岛

夏天屋顶植被对太阳辐射起到隔热作用，冬天屋顶植被及含有空气层的基屋可显著减缓热传导作用，有效缓解城市热岛效应，从而大幅度地提高建筑节能的效果。屋顶绿化好的城市夏季整体温度可降低1～2℃，单体建筑室内温度可降低3～5℃。对不同屋顶绿化的统计表明，通常每年每平方米可以节约1～2L燃料油，同时减少污染物的释放。而由于植被的保护，屋面结构不易被破坏，可有效延长建筑寿命。

11.2.3 展示特色校园文化

学校可以以校园立体绿化为载体，传达、展示校园文化特色。在教学楼中庭做小型立体绿化亭廊，可展示学生作品、宣传学院文化等。可定期更换展览内容，给师生一个展示教学成果的平台，同时也体现学校的教学特色。通过垂直绿化，还可以美化建筑外观、软化建筑物的刚性轮廓，柔和隔离物线条，使建筑与地表绿化融为一体，或独立成景，塑造“水晶帘动微风起，满架蔷薇一院香”“庭中青松四无邻，凌霄百尺依松身”的优美园林意境，实现多层次的立体绿化，丰富美化校园景观，营造出与学校气质相匹配的校园文化内涵。

11.2.4 拓展完善教学体系

从灌输式教学到体验式教学，教学条件越来越多元化。垂直绿化可以实现绿色校园建筑立体绿化、生态循环理念与科技的结合，植物灌溉与养护需要的电源、水源都取于自然，并用于自然。绿色校园将逐步结合立体绿化的现场教学、系列立体绿植的评估和专题测试开展一系列的校园建筑绿色改造后续跟踪实验。

11.2.5 丰富师生课余生活

可实现校园土地集约利用，活动场地增多，场地功能更丰富，为师生课余生活带来更多选择。以国外某幼儿园为例，一个连续的可耕种的绿色屋顶，为孩子们提供粮食种植等农业生产的体验，同时也提供一个安全的户外活动场地。小孩能在其中穿梭游玩，体验自然生态，跟自然建立起亲密的关系。

11.3 垂直绿化在校园景观中的应用

11.3.1 科普课堂

在屋顶花园设置科普课堂，既是对课堂教学的补充，也是对课堂教学的有效延伸，有助于德智体美相互渗透、融合促进学生全面、健康发展。

11.3.2 实验式农场

通过一系列的屋顶种菜实践活动，让学生直接参与劳动过程，并有目的、有计划、有步骤地观察农业生产过程，提高学生发现问题、解决问题的能力，培养正确的劳动情感、态度和价值观，养成学生吃苦耐劳、艰苦奋斗的精神。

11.3.3 休闲空间

建造一个绿色屋顶花园，为孩子们提供一个安全的户外活动场地。小孩能在其中穿梭游玩，体验自然生态，跟自然建立起亲密的关系。

11.3.4 生态垂直绿墙

采用室外垂直绿墙结合不同材料表现“云·帆·山·林”的设计主题，形式新颖，校园氛围充满活力。室内生态绿墙具有体量小、可移动、易于管理等特点，可放置在图书馆、会议室、办公室等位置提升校园整体绿化环境。植物画框可挂放在教室、走廊、洗手间等位置。多样化的室内生态绿墙可极大丰富校园绿化形式。

11.3.5 立柱式垂直绿化

立柱式垂直绿化是针对电线杆、路灯柱、广播柱等一系列立柱而进行的绿化。常用的立柱式绿化，不是让攀缘植物向上生长，而是逆反运用，利用种植容器种植藤蔓或软枝植物，凌空悬挂，使其花枝、蔓藤自然披散下垂，形成立体绿化景观。

11.3.6 屋顶绿化

屋顶绿化是在建筑物屋顶建设园林花园、铺设草皮等，是目前比较常见的绿化方式，它为在高层建筑中工作、生活的人提供一片绿色清新，提供优美的休息环境，可有效降低城市水泥建筑屋顶的热岛效应。夏天阳光直射时，有植被的屋顶花园的温度比裸露屋顶温度要低20℃以上。

11.4 垂直绿化植物材料的选择与应用

11.4.1 垂直绿化植物的应用原则

1）适当选材，适地栽种

选择植物材料总的原则是充分利用当地植物资源，适地适栽。注重生物多样性，兼顾共生的原则，充分满足绿化与观赏性需要，减少植物间的过度竞争，降低立面环境对技术条件和后期养护的要求，减少植物养护与建设的成本。例如屋顶及立面向阳部位，白天和夜晚的温差相对较大，就需要选择耐受极端温度能力比较强的植物。

2）创造意境，协调环境

在攀缘植物应用时，要同时关注科学性与艺术性两个方面，在体现植物自然美的同时，注重意韵美的利用。很多传统的观赏植物富有意蕴美，已成为某种社会文化、价值观的载体，是历来文人墨客垂青的对象。在这方面较为典型的藤本植物有紫藤、凌霄、木香、迎春、忍冬等，由于具有一定的传统文化载体功能，这些植物在自然形态美的基础上又具有丰富的意境和内涵。

3）进行合理的种间搭配

在考虑种间搭配时，重点应利用植物本身的生态特性，如速生与慢生、草本与木本、常绿与落叶、阴性与阳性、深根与浅根之间的搭配，同时还要考虑观赏期的衔接。在攀缘植物造景中，应尽可能利用不同种类之间的搭配以延长观赏期，创造出四季景观。

11.4.2 垂直绿化中攀缘植物习性分类

缠绕类植物。茎细长，主枝幼小时螺旋状缠绕其支持物向上生长。常见的有紫藤属、忍冬属、铁线莲属、牵牛属等种类。缠绕类植物的攀缘能力很强。

卷须类植物。此类植物依靠其特有的卷须攀附其他物体向上生长。根据卷须的性质，可分为茎卷须，如葡萄属类植物；叶卷须，如炮仗藤和香豌豆的部分小叶变为卷须；花序卷须，如珊瑚藤等。

吸附类植物。它们依靠吸盘或气生根分泌粘胶将植物体粘附在其他物体上而向上生长。如最常见的爬山虎、中华常春藤、凌霄等，均属吸附类植物。这类植物攀附能力极强，能在光滑、垂直的墙面攀缘，具有很强的垂直绿化功能。

蔓生类植物。此类植物没有特殊的攀缘器官和自动缠绕攀缘功能，需要通过一定的栽培配置方式发挥其细柔蔓生枝条的攀缘习性，来形成垂直绿化造景。如蔷薇属、叶子花属、胡颓子属等种类。此类植物攀缘能力弱，在校园景观中常用做悬垂布置或地被布景。

11.5 后期管养

“三分靠种，七分靠养”，植物在高层中应用更需要精心养护，在养护过程中需要做到以下几点：

11.5.1 牵引

牵引的目的是让攀缘植物的枝条沿拉索不断生长，在栽植初期加强人工牵引，攀缘植物发芽后做好植物生长的引导工作，使其向指定方向生长。

11.5.2 灌溉

及时合理地浇水，使土壤保持湿润状态。夏天灌溉安排在清晨或傍晚，而冬天浇水则尽可能在15：00前，以防止晚上寒害。定期对滴灌设施进行周密检查，如发现滴头堵塞、管道漏水等情况应及时更换、维修，保证每株植物的水分供给持续、均匀。

11.5.3 施肥

施基肥在秋季植株或春季发芽前进行；使用的有机肥必须经过腐熟；叶面喷肥在早晨或傍晚进行，或结合喷药一并喷施。

11.5.4 修剪

修剪植物的目的是防止枝条脱离依附物、保持植株通风透光、防止病虫害以及形成整齐的造型。

11.5.5 病虫害防治

采取“预防为主，综合防治”的措施。立体绿化植物病害主要分为两大类，即非浸染性病害和浸染性病害。非侵染性病害是由非生物因素引起的，如营养元素缺乏、水分不足或过量、低温冻害等，而侵染性病害则是由生物因素引起的，具有一定传染性。一般来讲，炭疽病、叶斑病、锈病、白粉病、叶枯病等是立体绿化的多发侵染性病害类型。着重于植物群体的预防，因地因时根据作物病害的发生症状、爆发规律，采取综合防治措施。

11.6 深圳国际交流学院立体绿化实例（图 11.6-1，图 11.6-2）

图 11.6-1 深圳国际交流学院鸟瞰图

图 11.6-2 深圳国际交流学院实景图

深圳国际交流学院（Shenzhen College of International Education）是英国剑桥考试院（CIE）、国际学校委员会（CIS）和爱德思国家学历与学术考试机构（Edexcel）授权的全日制国际高中，简称深国交，创立于2003年。该校由深圳市福田教育局开发建设，基地位于福田区安托山片区。基地东侧为安托山六路，南侧为规划的侨香二道。

项目总用地面积21802.32m^2，总建筑面积102875.92m^2。容积率3.88，属于典型的超高密度学校。学校建筑群为零退线设计，通过立体垂直绿化，最终绿化覆盖率达到30.33%。

11.6.1 中心庭院场地绿化

深圳国际交流学院的最大特点就是部分突破规范的限制，彻底打破传统校园固有的形式，超级集约化的空间利用，采用空间立体的设计，将教学、运动、生活三大功完全融为一体，同时充分利用地域气候特点，将立体绿化提升到重新塑造建筑形象的高度，形成与亚热带国际化大都市匹配的极具视觉冲击力的立体绿色新校园（图11.6-3～图11.6-10）。

图11.6-3 深国交校园中心庭院鸟瞰图

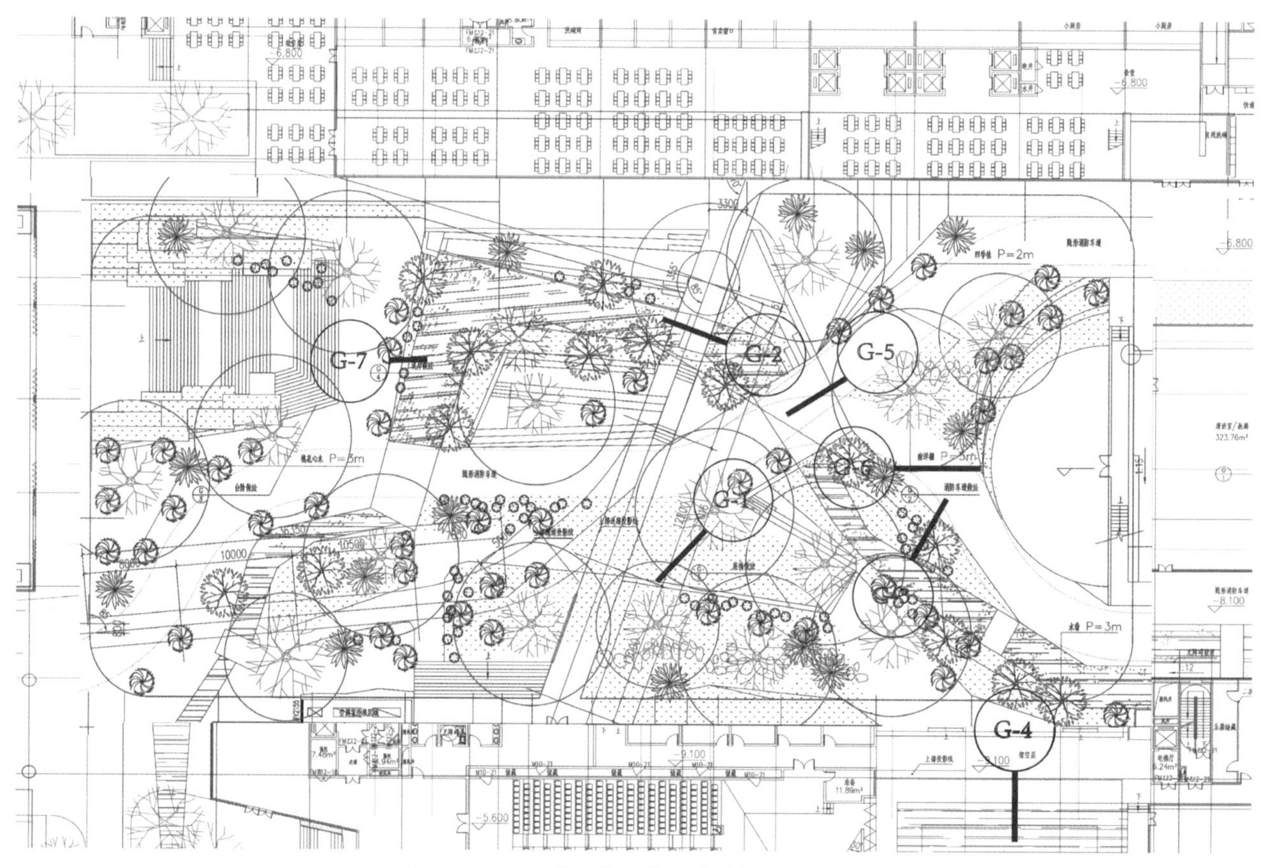

图11.6-4 深国交校园中心庭院绿化平面图

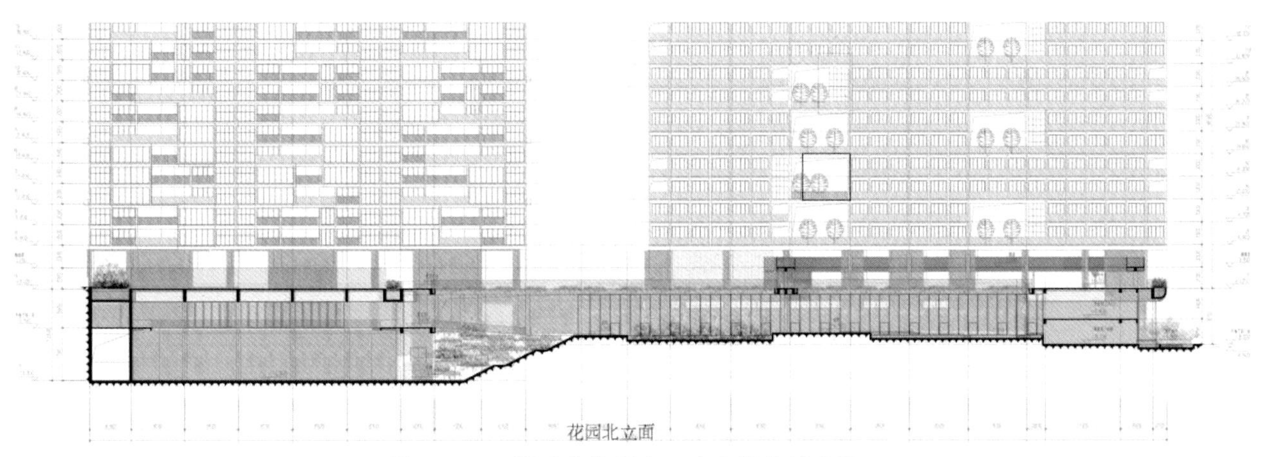

图 11.6-5 深国交校园中心庭院绿化剖面图 1

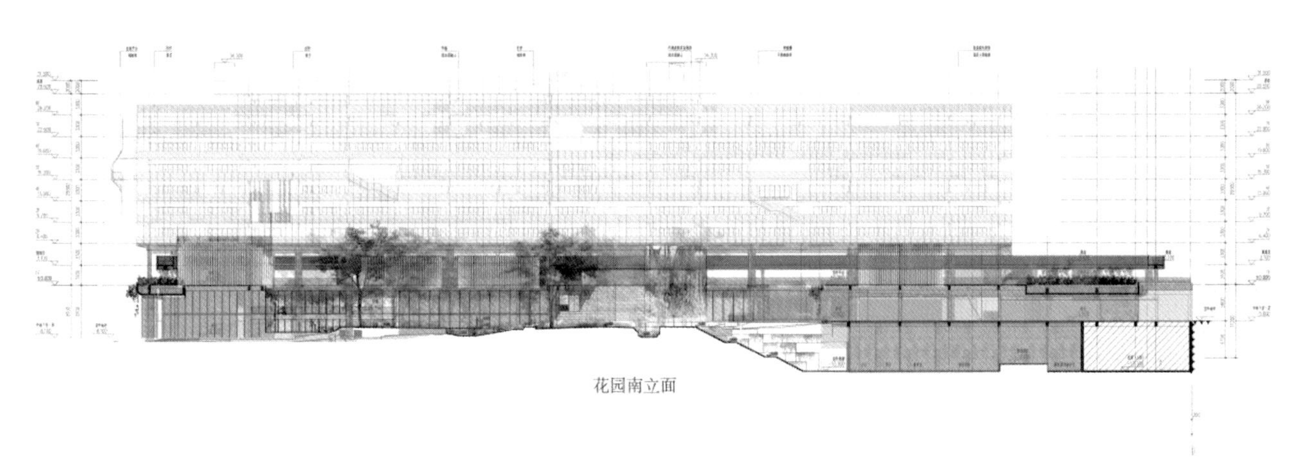

图 11.6-6 深国交校园中心庭院绿化剖面图 2

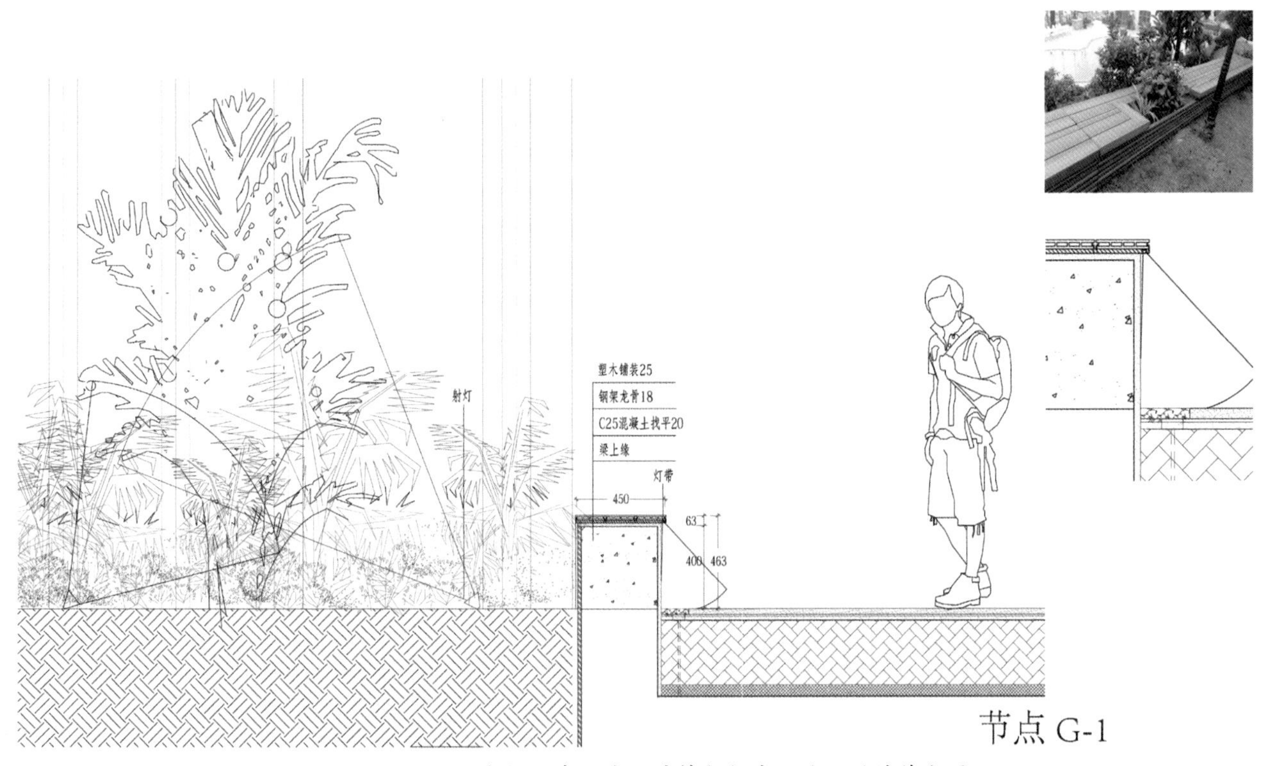

图 11.6-7 深国交校园中心庭院座椅与灯光一体化设计节点图

图 11.6-8 深国交校园中心庭院 1

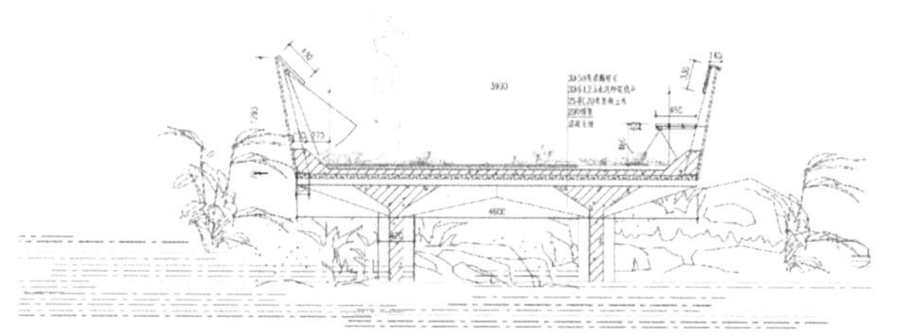

图 11.6-9 深国交校园中心庭院 2

图 11. 6-10 深国交校园连廊绿化

校园内部分为南北两区，其中南区是教学区，北区为生活区。教学区与生活区通过连廊联系起来，连廊除交通功能以外还有大体量空中图书馆布置其中。

深国交打破常规，节约土地资源，采取地上建筑零退线并且取消传统意义上的操场，是利用基地西侧最高点与东侧城市道路 10m 高差，为学校创造一个承载日常活动的“平台层”，并在“平台层”上增加一条贯通生活区与教学区的“悬浮”于地面的“空中跑道”，莘莘学子流动健美的身影为现代化国际学校增添了无限活力。（图 11.6-11～图 11.6-14）

11. 6. 2 教学楼立体绿化

设计将城市生活与校园生活在垂直维度上分离，即将主要教学空间放在上部，以保证教学环境不受城市的干扰，同时将底层空间打开，通过视线的联系使校园的氛围能够积极地渗透到城市当中，提高下部的空间活力。

校园外围采用新一代立体绿化设计，利用不规则花池与无墙体框架式攀爬系统形成独具特色的校园形象，并成为校园与城市的软屏障；沿人行道两侧，由公共平台层下方出挑形成大尺度出檐为市民提供散步纳凉的休闲空间。平台下利用坡地高差布置观演厅、体育馆、舞蹈和音乐排练厅，同时形成充分利用自然采光通风的宽敞院落。

图 11. 6-11 深国交校园空中跑道 1

图 11. 6-12 深国交校园空中跑道 2

图 11.6-13　深国交校园空中跑道 3

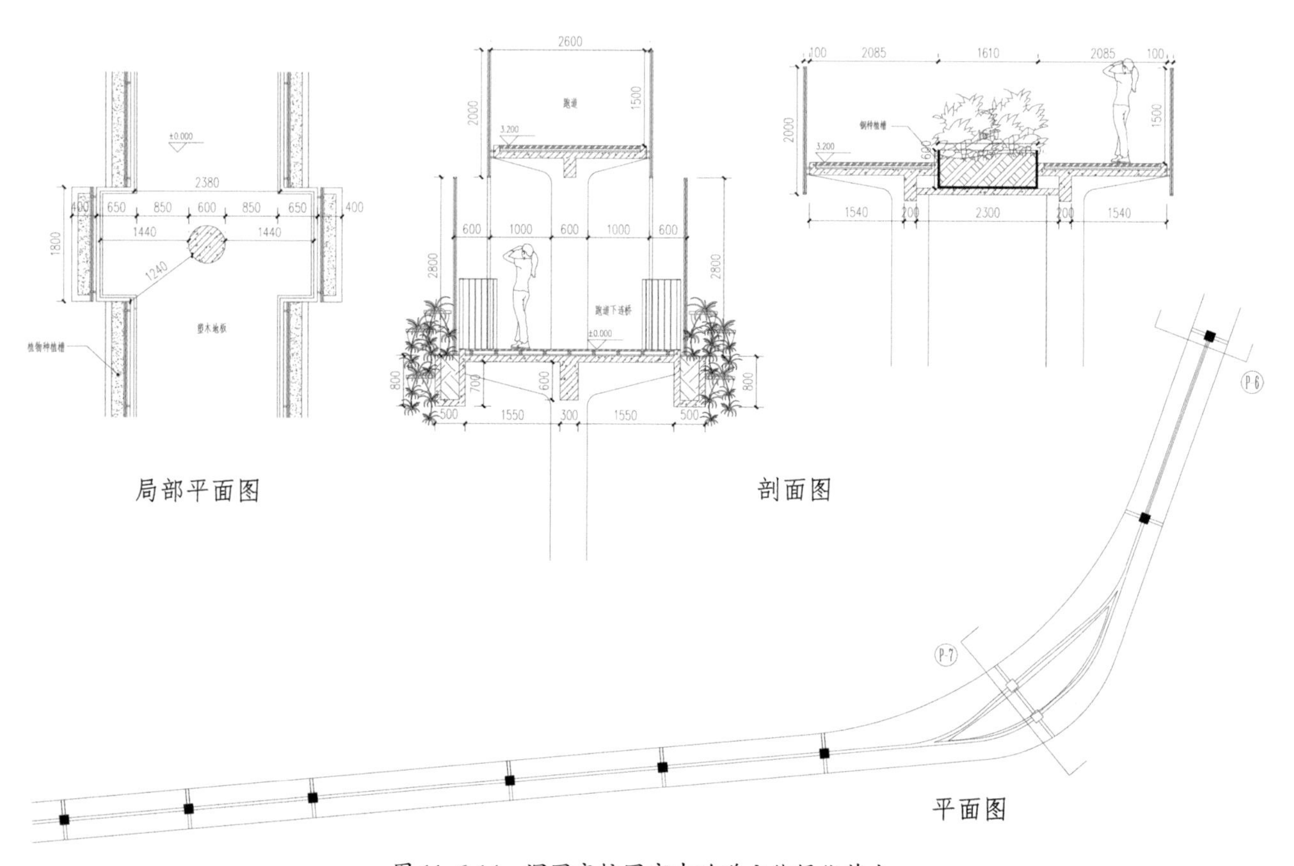

图 11.6-14　深国交校园空中跑道立体绿化节点

深国交最引人注意的就是遍布教学楼外立面的框架式牵引攀爬绿化，也是深国交作为国际化大都会知名国际学校的独特名片。深国交框架牵引式植物墙由金属框架、金属网构成，为植物攀爬提供牵引和支撑。

框架牵引式植物墙的特点是成本低、现场施工快及成活率高，但如果想要达到较高的绿化覆盖率，需要两年以上时间。此外可选择的植物品种少，不能构成多变的植物图案。框架牵引式植物墙的植物选择以多年生常绿的藤蔓植物为主，如蒜香藤、炮仗花、凌霄、地锦类、薜荔、紫藤、常春藤、络石、藤本月季等（图 11.6-15）。

图 11.6-15 深国交立体绿化实景

牵引式钢框架由 3.0m×0.6m 的单元式框架组成，其水平面与楼层平面垂直，其可拆卸连接在教学楼框架结构上，装饰框架结构呈矩形，其外侧上下端均设有安装板，安装板卡接在装饰框架结构上，其一侧设有连接件，连接件分别与安装板及装饰框架结构之间采用活动连接，其下表面设有加固装置，加固装置与安装板及装饰框架结构之间均采用活动连接。

牵引式钢框架构件装饰性能强，便于进行安装，具有良好的加固性能，连接更加紧密，可大大提高整体牢固性，更好地适用于不同的墙面体。

牵引式钢框架由工厂加工后运抵现场。框架内部的牵引攀爬护栏网使用低碳钢丝为原材料，制作过程为将选好的钢丝连接机器，自动化电焊机器会将钢丝都焊接成网片。框架护栏网的网面分为两个部分：网片和框架。当网片焊好以后制作焊接框架。使用规定尺寸的角钢，测好尺寸，将角钢切割，随后将 4 个边的角钢焊接起来。网面将网片铺在框架上，随后工人用电焊将网面焊好。

安装的重点是将牵引式钢框架每格作为一个独立的由预制构件组成的吊装单元与结构楼板可靠连接。施工时，只需将一个个模块化的钢结构预制构件吊装单元由低到高如“堆积木”一般码放在指定位置，然后再用高强度螺栓将其同已布置好的预埋钢结构构件连接（图 11.6-16）。

根据实际条件的不同，连接节点分为有花池承板和无花池承板两种情况。有花池承板采用 U 型钢构件在墙体一侧固定安装连接装置，所述连接装置上设有若干安装螺孔，牵引式钢框架通过螺钉和安装螺孔固定在 U 型挂板一侧。无花池承板采用 H 型钢构件在墙体一侧固定安装连接装置，牵引式钢框架通过螺钉和安装螺孔固定在 H 型钢构件上下两侧。

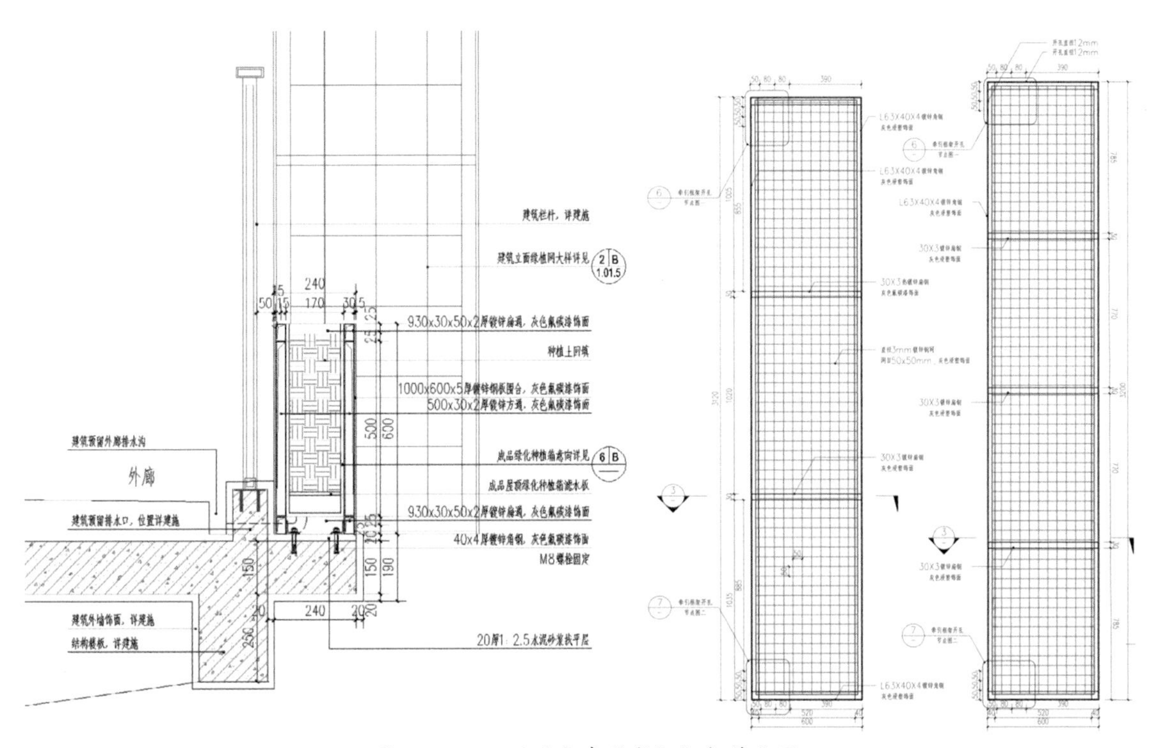

图 11.6-16 深国交牵引式钢框架节点图

U型钢构件、H型钢构件和连接装置的外部均涂覆有防水耐蚀涂层，可有效防止连接结构腐蚀对墙体造成的损害。上连接板上螺杆连接支撑柱处设有安装垫片，避免上连接板安装时对支撑柱造成过度挤压。螺杆和钢构件为一体化结构，方便更换拆卸。通过设置U型钢构件、H型钢构件和连接装置即可实现建筑钢结构与墙体连接，结构简单，既不会损坏墙体结构，还可加强墙体的强度（图11.6-17～图11.6-20）。

图11.6-17　深国交牵引式钢框架实景与示意图1

图11.6-18　深国交牵引式钢框架实景与节点示意图2

图11.6-19　深国交园林植物攀爬装置实景

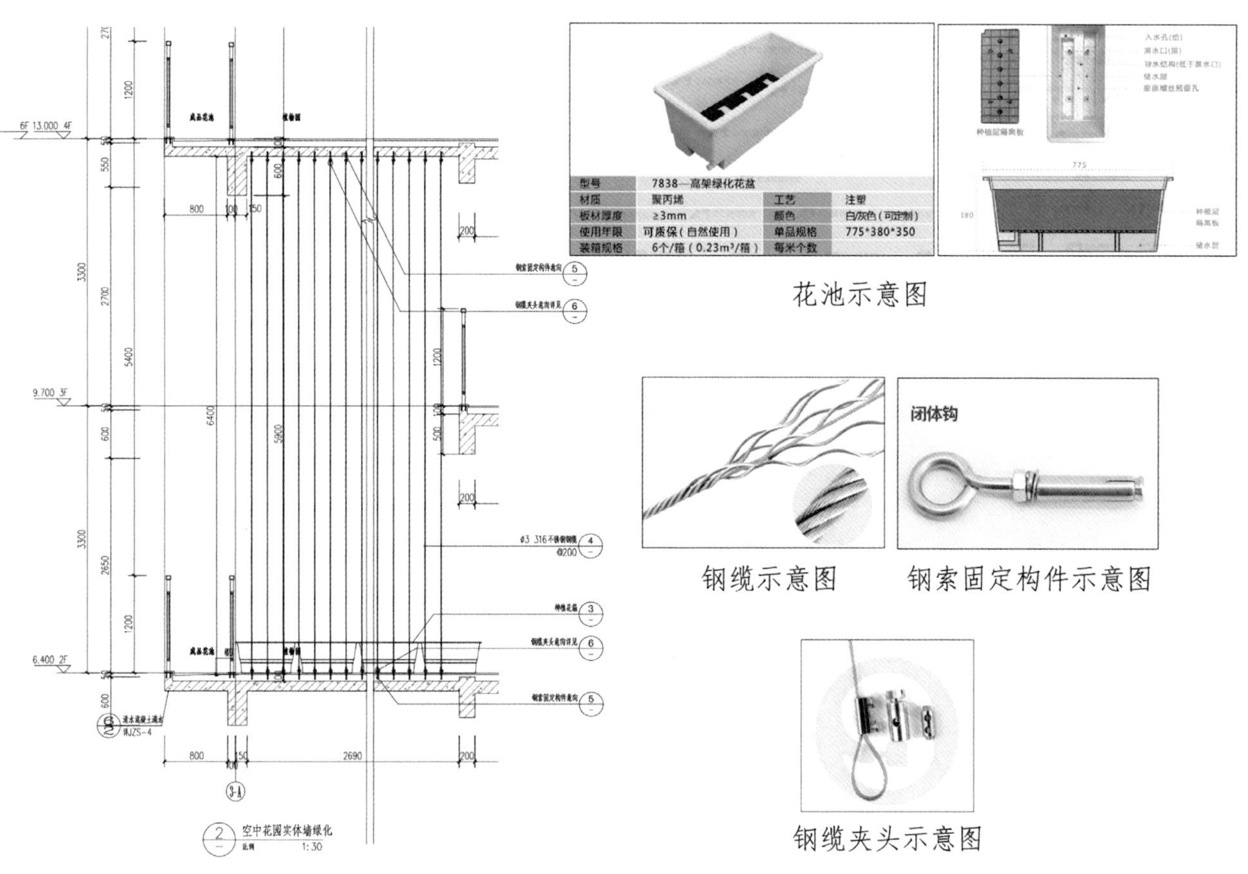

图 11. 6-20 深国交园林植物攀爬装置节点示意图 1

深国交在部分建筑架空层，空中联廊山墙面设置园林植物攀爬装置，包括侧杆、基座、横杆、撑杆、攀爬网和攀爬杆。侧杆一凹状端部活动连接于基座上，侧杆另一凹状端部与横杆的球状端部活动连接；撑杆凹状端部卡接于横杆上，用于固定支撑横杆；攀爬网包括通过滚珠活动连接的上攀爬网和下攀爬网，攀爬网端部的连接杆卡接于相邻两横杆间；攀爬杆固定于相邻两侧杆上。侧杆与地面形成的角度为 30° ～90° 。基座上设有球状轴承，用于活动连接侧杆凹状端部。上攀爬网下表面和下攀爬网上表面设有供滚珠滚动的滑轨。侧杆、横杆和撑杆均为可伸缩杆体。侧杆、横杆、撑杆、攀爬网和攀爬杆的材质均为不锈钢。植物攀爬装置侧杆与地面倾斜设置，其倾角为 30° ～90°，可根据植物生长情况，实时调整倾角，进而调节整个装置的占地面积（图 11.6-21，图 11.6-22）。

图 11. 6-21 深国交园林植物攀爬装置实景

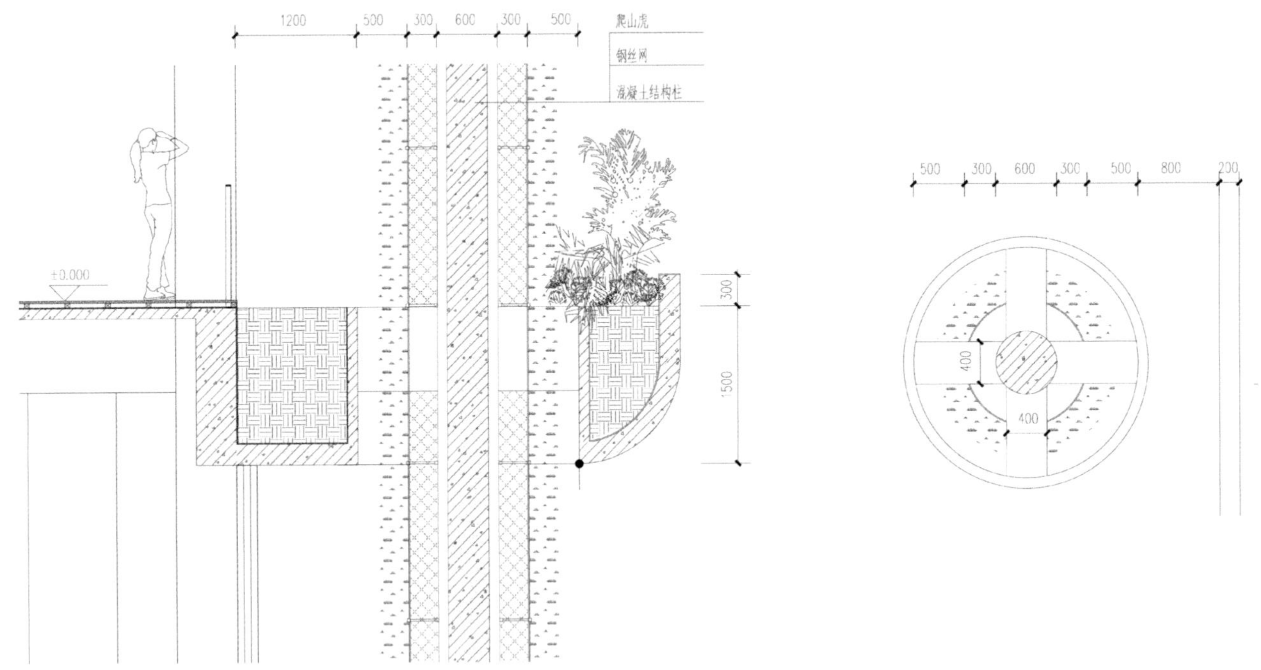

图 11.6-22　深国交园林植物攀爬装置节点示意图 2

11.6.3　庭院与立体绿化植物选型

校园绿化树木能够起到生态平衡和环境保护作用，是园林绿化工程中不可缺少的。景观设计根据气候环境条件选择适于栽培的树种，以我国大部分温带地区为例，推荐使用乔木类金叶槐、垂枝榆、金丝垂柳、黄山栾树等，灌木类花叶锦带、水麻、园艺八仙、海滨木槿、红花大叶醉鱼草等。根据深圳市的土壤环境条件选择适于生产栽培的树种，如杜鹃、茶花、红花木、金叶女贞、含笑等喜酸性土树种。此外还要根据树种对太阳光照的需求强度，合理安排生产栽培用地及绿化使用场所，以发挥深圳独特的生理优势，丰富园林绿化的层次空间，提高环境生态效益（图 11.6-23，图 11.6-24）。

垂直绿化植物的选择必须从深圳国际交流学院的总体环境出发，首先考虑到满足植物生长的基本要求，然后才能考虑到植物配置艺术。由于建筑墙面夏季气温高、风大、土层保湿性能差，冬季则保温性差，植物墙应选择耐干旱、抗寒性强的植物。还要考虑到墙面特殊地理环境和承重的要求。植物应尽量选用耐阳喜阳性植物。植物墙建筑墙体的种植层较薄，为了防止根系对建筑结构的侵蚀，应尽量选择浅根系及耐瘠薄的植物种类。尽量选用乡土植物，适当引种绿化新品种。植物墙乡土植物对当地的气候有高度的适应性，在环境相对恶劣的时候，选用乡土植物有事半功倍之效。针对特殊生存环境条件，室外垂直绿化植物的选择应以耐旱、耐热、耐寒、耐强光照、抗强风和少病虫害的植物为主（特殊条件除外），而且，以生长特性和观赏特性稳定、可粗放管理、滞尘控温能力较强为佳。选择垂直绿化的植物品种时，应以生长迅速、四季常绿、具有较高观赏价值，能够快速形成景观效果的为优选品种。植物应根据环境功能、绿化方式和目的等选择合适的品种，浅根、耐旱、耐寒的强阳性或强阴性的藤本、垂吊植物是垂直绿化的首选（图 11.6-25）。

图 11.6-23 深国交园林乔木植物选型示意图

图 11.6-24 深国交园林灌木与攀爬植物选型示意图

图 11.6-25 沐浴在朝阳中的深圳国际交流学院

攀缘植物有特殊的气生根，适合于楼房和砖质院墙的墙体绿化，主要有爬山虎、常春藤、凌霄花、美洲凌霄花、扶芳藤、紫花络实、络实、珍珠莲、薜荔等。缠绕藤本借助茎本身的缠绕特性向上攀缘，适合花架、开放式曲廊、栅栏式围墙的绿化，主要有单叶铁线莲、山木通、木通、鹰爪枫、鸡血藤、常春油麻藤、宁油麻藤、南五味子、清风藤、千金藤、蝙蝠葛、忍冬、中国双蝴蝶、圆叶茑萝、茑萝等。蔓生藤本是指茎无卷须，靠茎的蔓生向上攀缘的植物。深国交采用钢结构及钢丝网等牵引框架，在深圳亚热带气候条件下，还需考虑遮阳系统（如建筑自遮阳系统）等，避免午间温度过高对植物造成灼伤。

根据当地气候特征及场地条件，校园立体绿化应考虑夏季多雨时节植物适应性，选择适宜的植物种类，如深圳市颁布的地方标准《海绵城市设计图集》DB 4403/T 24-2019 附录 F 中深圳市城市生态设施中适宜的苗木类型。

11.7 结语

深圳国际交流学院的实例展示了垂直绿化塑造独特校园形象的能力。利用各种技术手段，使花草植物由地面改为生长在垂直的立体墙面上，其实施是一个非常复杂的系统，包括自动控制、温度湿度感应与预警、生长基滴灌与施肥、叶面给水微喷、远程监控等，涉及的学科也很多，包括植物、园艺、土壤、病虫害、机械、自动控制、信息技术等。高端的绿化方式因其实施与养护成本高昂，技术复杂，对建筑本身的设计要求较高等原因，目前仍不是校园垂直绿化的主流与方向。校园绿化仍应因地制宜，以成本小、养护方便简单的攀缘植物覆盖为主，结合园林景观小品，综合考虑环境景观与植物的协调，构建“连片成景，层次分明、风格统一、清新简约”的校园环境风貌。

部分图片来自网络

部分技术支持　深圳风会云合生态环境有限公司

12 绿色校园实践

建学建筑与工程设计所有限公司深圳分公司　于天赤　王　军

12.1 绿色校园设计

12.1.1 气候、人对建筑的影响

1） 气候特点对建筑的影响

我国气候区划分为五大气候区，分别为严寒地区、寒冷地区、温和地区、夏热冬冷地区、夏热冬暖地区，每个气候区都有各自的气候特点。气候区的特点决定了该气候区建筑的特点，例如广东地区属于夏热冬暖地区，年平均温度约为22.8℃；冬季十分短暂，大约只有40天左右，平均温度都在10℃左右；夏季漫长炎热，在一年中有200多天，平均温度都在28℃左右，最高温度可达39℃。由此广东地区建筑更加注重建筑的通风和隔热，如采用灰墙灰瓦来减少阳光反射，设置骑楼空间遮阳避雨等，具有代表性的是广州陈家祠。学校属于气候敏感性建筑，根据不同的气候特点，应采取不同的措施，让建筑适应当地气候特点。

2）人对建筑的影响

设计中我们常常提到“以人为本”，设计的使用人群是谁？人群的需求是什么？这些问题的答案准确与否往往是一个设计成败的关键。人群可分为固定人群和流动人群，固定人群相对集中体现在住宅、学校等建筑，流动人群则集中体现在办公、酒店、商业等建筑；固定人群往往对建筑本身环境的舒适性要求高。就拿中小学校来说，中小学学校分为非完全小学、完全小学、初级中学、九年一贯制学校和高级中学，针对不同的学校除具有相应的设计标准外，还应针对小学生、中学生、高中生不同年龄的行为特点和心理，进行人性化的设计。绿色建筑的本意就是为人们提供健康、适用、高效的使用空间，最大限度地实现人与自然和谐共生。

12.1.2 绿色校园设计及应用

1）设计概述

2019版《绿色建筑评价标准》重新定义了绿色建筑，从原来的“四节一环保”修订为“安全耐久、健康舒适、生活便利、资源节约、环境宜居”，称为“绿色建筑五性”。2019版《绿色建筑评价标准》共有110条条文，其中涉及建筑设计、景观及室内设计的条文共56条，占比超过50%，其他为结构、设备、管理等相关的条文，绿色建筑应以设计为主导。

2）设计步骤

绿色校园设计总的来说可以分为三个步骤：被动式设计、高效设备、模拟与设计并行。

（1）被动式设计即为采用建筑设计手法及措施来达到相应绿色建筑的要求。如保温隔热、建筑外遮阳、绿化、自然通风采光、雨水回收等。

（2）高效设备即为选用满足要求的节水器具和节能产品，以及利用可再生能源，如节能电梯、太阳能热水、变频风机等。

（3）模拟与设计并行即为采用不同的软件模拟来验证设计是否能达到节能和舒适度的要求，如风环境模拟分析、光环境模拟分析、噪声模拟分析等。

3）设计应用

2019版《绿色建筑评价标准》总体上可归纳为条件项、绿色设计项、运营管理项。

（1）条件项即为由相关规范和项目场地先决条件已经确定，无法再做大的改变的内容。如条文第4.1.1条提到“场地应避开滑坡、泥石流之类危险地段，易发生洪涝地区应有可靠的防洪涝基础设施”以及第6.2.1条“场地出入口到达公交交通站点步行距离不超过500m”，类似这些条文在场地选址的时候已经确定。

（2）绿色设计项即为可以采用设计的手法来达到《绿色建筑评价标准》相应要求的内容。如第6.2.5条中“室外健身场地面积不少于总用地面积的0.5%”。

（3）运营管理项即为绿色建筑在运行过程中需要设置的部分，如分项计量、智慧运行、物业管理等（表12.1-1）。

分类与对应条文数量　　表12.1-1

条文对应数量占比表								
分类	相应条文数量							
	安全耐久	健康舒适	生活便利	资源节约	环境宜居	创新与提高	合计	占比
条件	3	1	5	3	2	0	14	12.72%
绿色设计	8	19	4	25	13	10	85	77.27%
运营管理	0	0	10	0	0	1	11	10.00%

针对绿色设计，总结为六字方针：“绿”“荫”“透”“水”“材”“能”，并以此贯穿“绿色建筑五性”，在总条文中占比约60%（表12.1-2）。

绿色设计应用占比　　表12.1-2

绿色设计应用在《绿色建筑评价标准》条文中的占比表										
分类	条文数量（项）		绿色建筑应用措施条文数量（项）							
			绿	荫	透	水	材	能	合计	占比
安全耐久	控制项	8	0	0	0	0	2	0	2	25.00%
	评分项	9	0	0	0	0	6	0	6	66.67%
健康舒适	控制项	9	0	2	4	1	0	0	6	77.78%
	评分项	11	0	3	3	3	1	0	10	90.91%
生活便利	控制项	6	0	0	0	0	0	0	0	0.00%
	评分项	13	1	0	0	3	0	1	5	38.46%
资源节约	控制项	10	0	1	0	1	2	5	9	90.00%
	评分项	18	0	1	0	4	5	5	15	83.33%
环境宜居	控制项	7	1	1	1	1	0	0	4	57.14%
	评分项	9	4	1	1	2	0	0	8	88.89%
创新与提高	10		1	0	0	0	1	1	3	30.00%

（1）绿：庭院、绿化

与环境结合，与园林、庭园结合，通过立体的、多层次的绿化设计构成立体庭园，以改善区域微气候，降低环境温度，减少热岛效应，美化环境。

2019版《绿色建筑评价标准》已经将绿化从二维平面转向三维，引入了“绿容率”的概念，从二维的绿化覆盖面积转向三维绿化空间。在现在高密度校园的趋势下，城市校园设计应充分挖掘校园剩余空间进行绿化设计，激活校园内的实土绿地，注重乔木、灌木、植被的多层次利用，提升校园整体绿容率。设计中充分利用好屋顶绿化、架空绿化、实土绿地、垂直绿化可有效缓解热岛效应、改善空气质量、降低噪声以及降低建筑能耗。

（2）荫：朝向、遮阳

规避不利朝向，通过遮阳措施阻挡直射的阳光，设置架空空间达到隔热、防晒以及避雨的作用，改善建筑的室内环境。

（3）透：采光、通风

通过在水平、垂直方向对建筑进行通风、引风、拔风处理，促进空气流动；将自然光引入建筑的内部及地下空间，减少能耗，改善建筑的室内环境。

（4）水：节水、渗透

加大地面雨水的渗透能力，可以涵养土地、减小对环境的冲击；将水景与建筑结合，不但可以创造优美的环境，还可以改善区域的微气候。

（5）材：本地、高效

尽量采用本地材料和植物，降低运输成本，提高材料性能，减少材料浪费。

（6）能：低能耗、可再生

灯具均采用节能灯具，在设计、施工、运营阶段采用全过程BIM设计，以达到智能管理的目标。屋顶采用太阳能光电系统。

12.2 绿色校园设计实例

12.2.1 汤坑第一工业区城市更新配套学校

1）项目概述

项目占地 10799.71m^2，总建筑面积 43070m^2，地上 6 层，地下 2 层，建筑容积率 3.3。设计目标是新国标国家二星级绿色建筑。

项目场地平整，南北约有 2m 高差；周边主要为超高层住宅区，以及高新开发区，未来整个片区将为超高层密集区域，而学校为多层建筑，犹如大厦中的一间小屋（图 12.2-1）。

2）绿色设计

（1）绿

因为学校容积率高达 3.3，可利用绿地空间严重不足，设计中充分利用剩余空间，在地下室接送区设置绿化，采用喜阴植物结合枯山水进行设计。因为学校场地局限性，学生活动空间少，充分利用学校的屋顶空间设计植物园和童年游戏场地，同时考虑到学生的安全设计 2m 高的栏杆。设计下沉广场绿化、架空平台绿化、屋顶绿化等多层次绿化空间（图 12.2-2，图 12.2-3）。

图 12.2-1　整体鸟瞰图

图 12.2-2　屋顶植物园

图 12.2-3　屋顶花园

（2）荫

教学用房均为南北朝向，并结合“书架”的造型设计水平遮阳，保证教室的光环境，同时也解决了空调室外机安放的问题；东西朝向设实墙，阻挡东西日晒；东西朝向宿舍均设计阳台及挑檐遮阳。城市道路一侧出挑的运动场，为城市提供了遮阴、避雨的人行公共空间（图 12.2-4，图 12.2-5）。

图 12.2-4　沿街立面效果

图 12. 2-5 球场效果图

（3）透

将运动场抬高 2 层，一二层布置为非主要教学空间及架空活动空间，保证通风流畅，通过风模拟，在通风不够流畅的部位设置空调及慢速风扇。教学楼前后错位布置，可以引入南向风，改善室内环境，在建筑中设采光井及下沉广场，将光线引到地下室，保证整个学校室内环境健康明亮。（图 12.2-6～图 12.2-9）

图 12. 2-6 架空层

图 12. 2-7　架空层局部

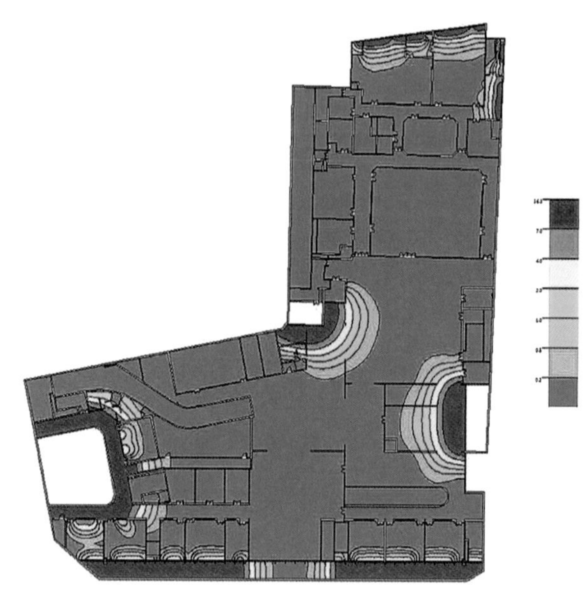

图 12. 2-8　半地下一层采光系数

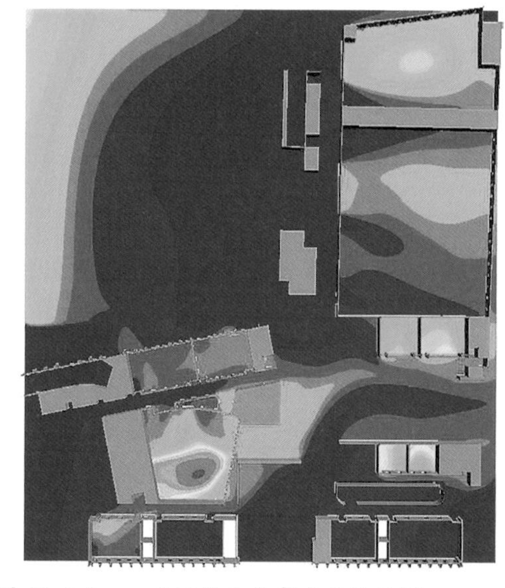

图 12. 2-9　一层场地人行高度空气龄图

（4）水

所有卫生间器具均采用一级节水器具；设置雨水回收系统，收集部分道路和屋面雨水，全部用于绿化灌溉、洗车、道路和车库冲洗；充分利用场地自然条件，设置下沉式绿地、渗透渠、雨水收集回收系统、透水铺装和屋顶绿化，满足海绵城市设计年径流总量控制率（70% 以上）。

（5）材

此项目室内设计与土建设计同步进行，缩短施工工期的同时也大大降低二次施工造成的资源浪费。所有建筑材料均采用深圳及周边地区材料。建筑出入口及平台、公共走廊、电梯门厅、卫生间、室内外活动场所等均满足防滑等级要求；楼梯设置防滑条且防滑等级符合现行行业标准的要求；植物选用本土植物，适应深圳环境（图 12.2-10）。

（6）能

所有灯具均采用节能灯具，在设计、施工、运营阶段采用全过程 BIM 设计，以达到智能管理的目标。由于地下室有采光、通风井，本项目是小学，白天很多空间不使用，不用开灯和空调，这样可以大大降低能耗。宿舍采用太阳能光热系统。

3）人性化设计

设置从地下二层一直到地上六层的疏散坡道，为了满足无障碍设计要求，并体现人文关怀，缓坡坡度设为 2%～3%，坡道正前方设计隔断式休息座椅，既有效保证通风及采光，缓解坡道下行速度，又有效规划学生的行走路线（图 12.2-11）。

绿色设计方法，通过在设计过程中的绿建模拟配合，使得该项目在完成设计之后，很容易就到了 78 分，达到国家二星级绿色建筑的目标。

图 12. 2-10　图书馆

图 12. 2-11　坡道

12.2.2 南湾实验小学

1）项目概述

南湾实验小学位于深圳市龙岗区南湾街道，项目用地面积 9213m²，总建筑面积 22856m²，容积率 2.5，是一所高容积校园，项目于 2021 年 1 月 28 日竣工，现已投入使用。

项目设计之初采用的是 2014 版《绿色建筑评价标准》，并且取得了绿色建筑二星级设计标识。2019 年 8 月 1 日住房与城乡建设部发布了 2019 版《绿色建筑评价标准》，当时项目已经开始施工，为贯彻新的绿色建筑理念，我们平衡该项目的特点，决定重新按照新的 2019 版《绿色建筑评价标准》进行绿色评价。而新的《绿色建筑评价标准》里面的二星相当于 2014 版的三星，技术的提升变化大。（图 12.2-12）

2019 版评价标准各专业条文数量 110 条，整合了 2014 版评价标准部分条文，条文数量相对有所减少；同时将 2014 版的部分评分项，调整为控制项；并且将全装修和绿色建筑技术要求纳入绿色建筑评价标准体系的必备项；学校建筑需达到公共部位精装修的交付标准，全装修工程质量、选用材料及产品质量应符合国家现行有关标准的规定（表 12.2-1，表 12.2-2）。

图 12.2-12 南湾实验小学航拍图

2014 版评分项变为 2019 版控制项一览表 表 12.2-1

条文内容	2014 版条文	2019 版条文
场地出入口 500m 内应设有公共交通站点或增加专用接驳车	4.2.8	6.1.2
空调系统应进行分区控制	5.2.8	7.1.2
公共区域照明系统应采用分区、定时、感应等节能控制	5.2.9	7.1.4
垂直电梯、自动扶梯采用节能控制措施	5.2.11	7.1.6
用水点水压控制	6.2.3	7.1.7
设置用水计量装置和节水器具	6.2.4 6.2.6	7.1.7
采用预拌混凝土、预拌砂浆	7.2.8 7.2.9	7.1.10
设置独立控制的热环境调节装置	8.2.9	5.1.8
地下车库设置与排风设备联动的一氧化碳浓度监测装置	8.2.13	5.1.9

一星级、二星级、三星级绿色建筑的技术要求　　表 12.2-2

	一星级	二星级	三星级
围护结构热工性能提高比例，或建筑供暖空调负荷降低比例	围护结构提高 5%，或负荷降低 5%	围护结构提高 10%，或负荷降低 10%	围护结构提高 20%，或负荷降低 15%
严寒和寒冷地区住宅建筑外窗传热系数降低比例	5%	10%	20%
节水器具用水效率等级	三级	二级	
住宅建筑隔声性能	——	室外与卧室之间、分户墙（楼板）两侧卧室之间的空气隔声性能以及卧室楼板的撞击声隔声性能达到低限标准限值和高要求标准限值的平均值	室外与卧室之间、分户墙（楼板）两侧卧室之间的空气隔声性能以及卧室楼板的撞击声隔声性能达到高要求标准限值
室内主要空气污染物浓度降低比例	10%	20%	
外窗气密性能	符合国家现行相关节能设计标准的规定，且外窗洞口与外窗本体的结合部位应严密		

资料来源：王清勤，韩继红，曾捷．绿色建筑评价标准技术细则［M］．北京：中国建筑工业出版社，2019：10.

因当时设计之初就将绿色设计贯彻到了整个项目，在通过初步评估后，图纸调整工作并不多，仅进行了简单的修改，增加造价约 300 万。其中需调整的控制项有 7 项，分别为安全耐久 3 条，健康舒适 2 条，环境宜居 2 条（图 12.2-13）。

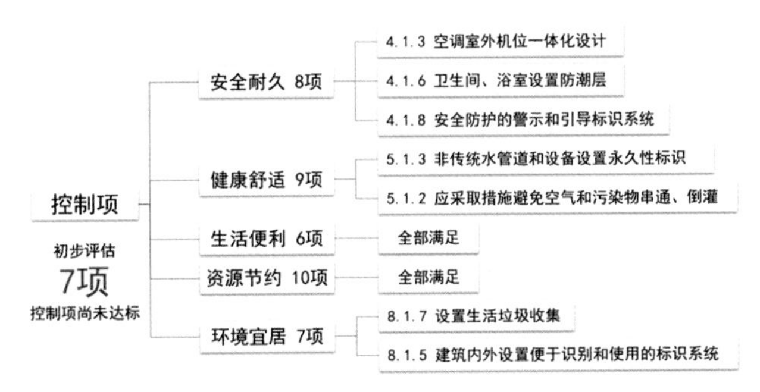

图 12.2-13　未达标控制项分析图

而新增加的 15 项得分项，其中建筑 7 项，设备 6 项，景观 1 项，未涉及图纸修改，能有此上佳效果，与绿色设计理念融入设计中息息相关（图 12.2-14）。

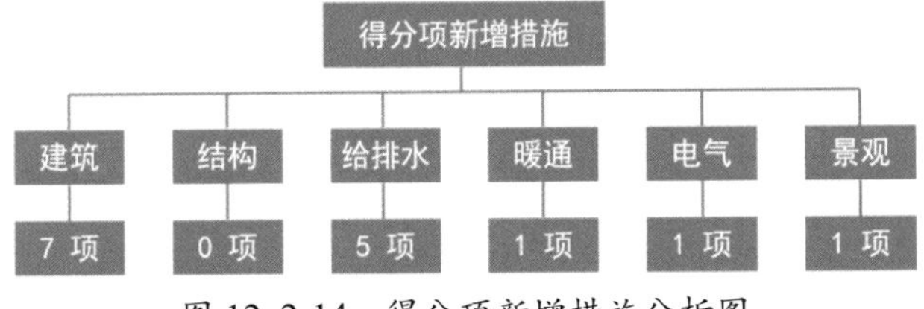

图 12.2-14　得分项新增措施分析图

2）相应修改条文与成果

（1）控制项条文

① 4.1.3 条：外遮阳、太阳能设施、空调室外机位、外墙花池等外部设施应与建筑主体结构统一设计、施工，并应具备安装、检修与维护条件。

该条文主要考虑的是外部设施需要定期检修和维护，为保证安装、维修、检修人员的安全，需设置相应的检修通道。本项目原有设计设计了空调室外机位，但未考虑便捷的安装、检修与维护条件，因此在室内空调位位置增加空调检修门，便于空调的安装和检修（图 12.2-15～图 12.2-17）。

图 12.2-15　平面示意图　图 12.2-16　空调室外机位　图 12.2-17　空调检修门

② 4.1.6 条：卫生间、浴室的地面应设置防水层，墙面、顶棚应设置防潮层。

原有设计地面和墙面已经做了防水，修改构造做法，对顶棚增加防潮层。评价时需提供项目防水和防潮相关材料的决算清单、产品说明书以及检测报告等。

③ 4.1.8 条：应具有安全防护的警示和引导标识系统。

本条文主要是针对必要场地与建筑公共场所等处，提醒人们注意安全。原设计未说明，修改增加说明，指导施工单位增设警示。本项目在栏杆处设置禁止攀爬的提示牌，在楼梯等空间也设置相应的提示标牌（图 12.2-18）。

图 12. 2-18　警示和引导标识系统

④ 5.1.2 条：应采用措施避免厨房、餐厅、打印复印室、卫生间、地下车库等区域的空气和污染物串通到其他空间；应防止厨房、卫生间的排气倒灌。

本条文值得注意的是打印复印室。在我们常规的设计中，很多打印复印室和办公空间是结合来设计的，本条文要求单独设置，合理分隔，在不能自然通风的情况下，应采用合理的排风系统，使打印复印室内产生的污染物不扩散到其他空间。本项目修改办公室分隔，单独设置文印室，且设置机械排风。

⑤ 8.1.5 条：建筑内外均应设置便于识别和使用的标识系统。

本条文主要是需要设置导视系统，便于人们寻找到所需要的功能房间。标识系统应注意的特点是辨识度高，安装位置合适，便于被发现和识别。学校应在主入口位置设置总平面布置图，标注出楼号及建筑主入口等信息，各楼层也需要设置楼层导视图（图 12.2-19，图 12.2-20）。

图 12. 2-19　各楼层标识系统

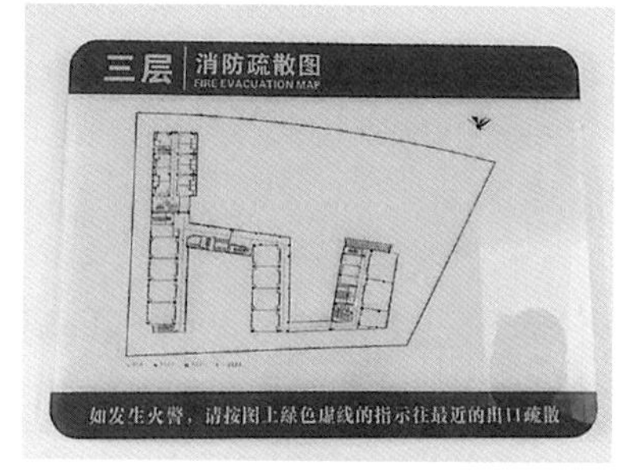

图 12.2-20　消防疏散标识

⑥ 8.1.7 条：生活垃圾应分类收集，垃圾容器和收集点的设置应合理并应与周围景观协调。

本条文设置并不难，需要注意的是设置位置应是运送车辆比较便捷，同时对校园环境不受影响的位置，并且结合景观设置。本项目设计之初未考虑生活垃圾分类收集，设计补充垃圾收集点位置（图 12.2-21）。

图 12. 2-21　垃圾回收

（2）评分项条文

① 4.2.3 条：采用具有安全防护功能的产品或配件，采用具有安全防护功能的玻璃；采用具备防夹功能的门窗。

本条第一款要求玻璃门窗采用安全玻璃，室内的玻璃隔断和玻璃栏杆等采用夹胶玻璃。第二款是出于安全考虑，尤其是学校等地，门和窗都应该设置防夹条和延时器（图 12.2-22，图 12.2-23）。

② 4.2.4 条：室内外地面或路面设置防滑措施。

图 12.2-22 延时闭门器 图 12.2-23 门设置防夹条

原设计未在说明中注明防滑要求，增加说明。评价时应提供防滑材料有关的检测检验报告。

③ 5.2.5 所有给水排水管道、设备、设施设置明确、清晰的永久性标识。

本项目在说明中增加永久性标识说明，现场对消防管道、生活给水管、污水管等均设置明确、清晰的永久性标志。

④ 5.2.8 条：充分利用天然光。

此条文主要应用是引入自然光。本项目根据地形设计半地下空间，同时设计采光井和下沉广场，将自然光引到地下室，让运动场下方体育馆、图书馆、报告厅等都均有良好的自然采光。评价时需提供公共建筑内区及地下空间采光系数计算书或者检测报告、动态采光计算书（图 12.2-24）。

图 12.2-24 采光井

⑤ 7.2.11 绿化灌溉及空调冷却水系统采用节水设备或技术。

此条文要求绿化灌溉应采用喷灌、微灌等节水灌溉方式。本项目因为绿化灌溉采用的是雨水收集系统收集的雨水，为避免微生物传播，不采用喷灌而采用微灌。评价时提供相关产品说明书和检测报告。

⑥ 7.2.13 条：使用非传统水源进行绿化灌溉、车库及道路冲洗、冲厕等。

本项目设置雨水回收系统，收集部分道路及屋面雨水，全部用于绿化灌溉、道路和车库冲洗等。

⑦ 8.2.4 条：室外吸烟区位置布局合理。

此条文为送分项，学校全面禁烟。注意相应区域设置禁烟标志。

⑧ 8.2.5 条：利用场地空间设置绿色雨水基础设施。

本项目中庭采用透水地面，可增强地面水渗透能力，改善生态环境，减少净流量。同时设计下沉式绿地、渗透渠和屋顶绿化，满足海绵城市设计年径流总量控制率（70% 以上）。评价时需提供绿地及透水铺装比例计算书（图 12.2-25）。

图 12.2-25 生态庭园

⑨ 8.2.8 条：场地内风环境有利于室外行走、活动舒适和建筑的自然通风。

此条文主要通过室外风环境的模拟分析进行设计，根据模拟分析得出空间的风环境，调整相应的设计。本项目通过模拟得出部分空间风速过大，采用景观手法增加绿色植物来改善风环境。项目设计时已经考虑了建筑的通风效果，将“透”贯彻到设计中，利用地形的高差关系，将运动场抬高至二层，一、二层采用架空的手法设置活动空间，保证庭院空间的通风流畅，因此只是增加部分植物便可达到要求。评价时应提供室外风环境模拟分析报告（图 12.2-26）。

⑩ 8.2.9 条：采取措施降低热岛强度

此条主要考虑人活动环境的舒适性，利用景观手法来降低建筑热岛效应；除植物外，首层架空构筑物及室外构筑物都可计算在阴影面积内。本项目设计了大量的平台绿化、屋顶绿化以及架空空间，架空空间采用出挑设计，为建筑提供更多的遮阳，同时也为学生提供更多遮风避雨的活动空间，可有效改善热岛效应。评价时需提供日照分析报告，户外活动场地计算书及遮阴面积比例计算书，行道遮阴及高反射面积比例计算书，屋面绿化、遮阳及高反射面积比例计算书（图 12.2-27，图 12.2-28；表 12.2-3）。

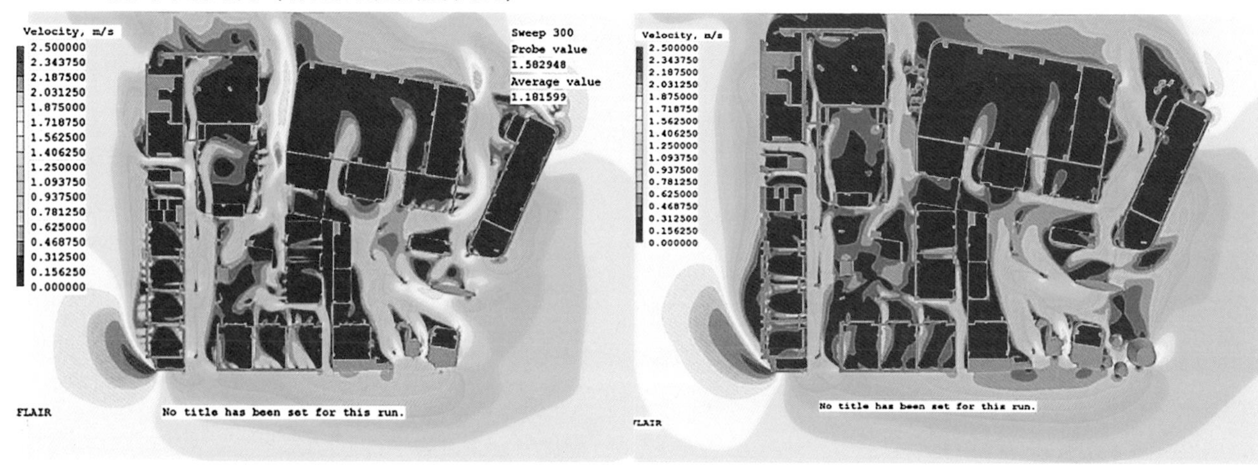

图 12.2-26　二层风环境对比图

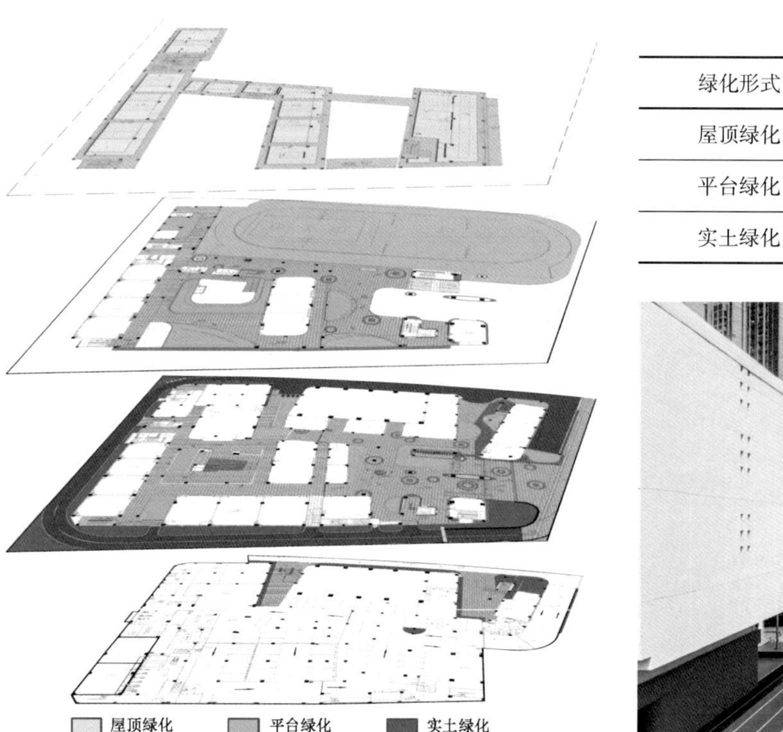

图 12.2-27　分层绿化图

绿化形式占比分析表　　表 12.2-3

绿化形式	面积 /m^2	占比 /%
屋顶绿化	1226.80	41%
平台绿化	1079.17	37%
实土绿化	664.66	22%

图 12.2-28　挑檐遮阳

⑪ 进行建筑碳排放计算分析，采取措施降低单位建筑面积碳排放强度。

建筑碳排放计算分析包含建筑固有碳排放量和标准运行下的碳排放量，重点应分析后者，计算范围包含空调、生活热水、照明、可再生能源、电梯以及建筑碳汇系统在建筑使用期间的碳排放量。本项目应用了太阳能系统，属于降低单位建筑面积碳排放强度的措施。评价时应提供建筑碳排放计算分析报告。

3）现场验收及评审

2020 年 12 月，各专业设计负责人在竣工前多次去到现场，查验绿色建筑措施落实情况，对于未落实处，督促施工方进行整改。2021 年 1 月 6 日，龙岗区工务署组织绿色建筑专项验收。新国标中很多条文需要以检测报告作为证明材料。本项目涉及检测报告共 30 项，对应条文 26 项，而施工方对相关绿色建筑检测送检情况并不熟悉，整个检测送检过程需事先列出清单，施工方实际实施，这个过程持续了 2 个多月，多次反复。

2021 年 4 月 26 日，深圳市绿色建筑协会邀请中国城市科学研究会绿色建筑评审中心专家、深圳市绿色建筑专家在南湾实验小学召开南湾实验小学绿色建筑专家评审会。专家们对于绿色设计所达到的自然通风、采光、安全耐久，以及对学生细致入微的关怀给予了高度评价，认为这是一所小巧、美丽、绿色的学校，评审顺利通过（表 12.2-4）。

南湾实现小学绿色建筑评分表　　表 12.2-4

得分情况	控制项基础分值 Q0	安全耐久 Q1	健康舒适 Q2	生活便利 Q3	资源节约 Q4	环境宜居 Q5	加分项 QA
评价分值	400	100	100	100	200	100	100
自评得分	400	49	44	36	119	69	25
总得分 Q	74.2　　≥ 70						
自评星级	二星级						

4）绿色感知

2021 年 4 月 14 日，在南湾实验小学投入使用半年之际，我们对学校进行了回访调查。采用线上与线下两种问卷方式进行调查，一共回收了 51 份问卷。受访者以老师和学生为多数，其中女生占大多数（66.67%）。（图 12.2-29～图 12.2-32）

图 12.2-29　回访调查现场 1

图 12.2-30　回访调查现场 2

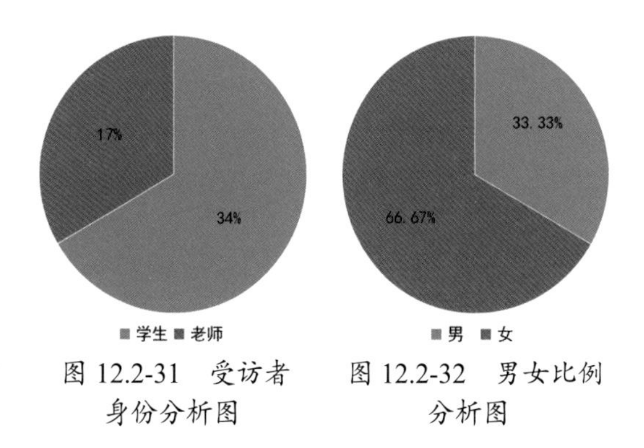

图 12.2-31　受访者身份分析图　　图 12.2-32　男女比例分析图

在受访者中，43.1%的人对绿化很满意，41.1%的人对绿化比较满意。其中，学校绿化生态环境满意原因主要有绿化面积多、绿植品种丰富、绿植养护好和有空中花园或屋顶花园等（图 12.2-33，图 12.2-34）。在学校室外环境舒适性方面，23.5%的人非常满意，62.8% 的人认为舒适。据分析，学校室外环境舒适，感受最明显的一点为室外环境有良好自然通风，92.2% 的人都选了此项。其次，夏天有足够的遮阴区域（如树荫、架空层、连廊等）和安静、无明显噪声影响也是感知比较明显的选项。对学校室内教学、办公、住宿环境舒适性的总体满意度，33.33% 的人非常满意，52.94% 满意。其中，感受度最高的三个选项为自然采光充足、视野好，自然通风良好和有空调、风扇。

通过以上的后评估，发现对整个建筑的“绿、荫、透、材”四方面的感知度比较高，对“水、能”的感知度较低。这一方面说明大家对显性的、直观的绿色效果评分感受度高，另一方面也是由于学校建筑出于安全考虑，少做水景，“水”和“能”的感知需要靠“机感”的二次感知，没有直观显示的手段，大家无法感知（图 12.2-33～图 12.2-38）。

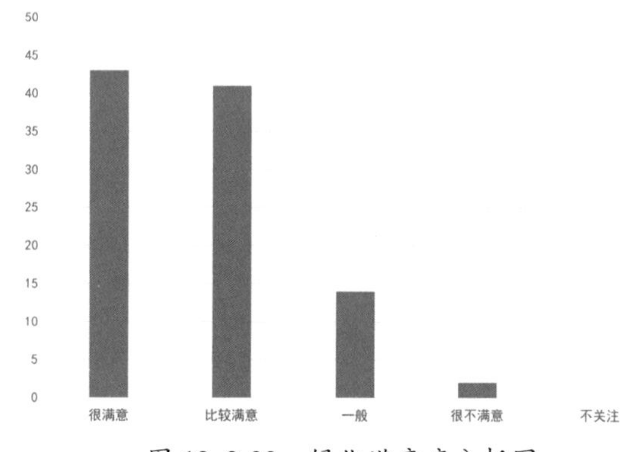

图 12. 2-33　绿化满意度分析图

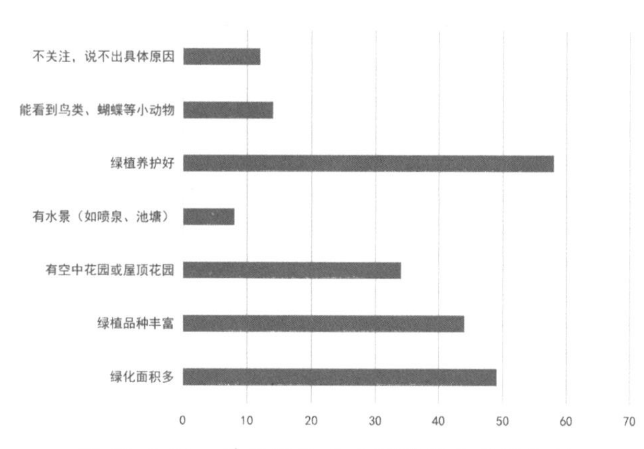

图 12. 2-34　学校绿化生态环境满意原因分析

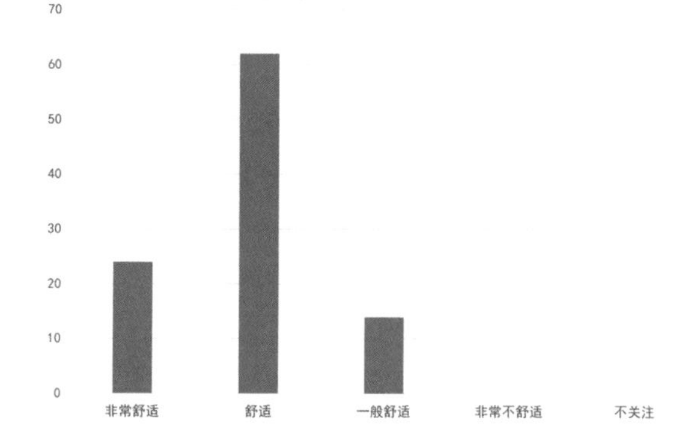

图 12. 2-35　学校室外环境舒适性评价分析

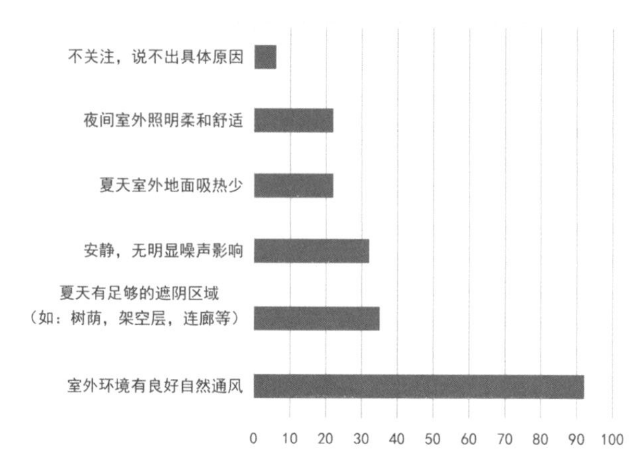

图 12. 2-36　学校室外环境舒适的原因分析

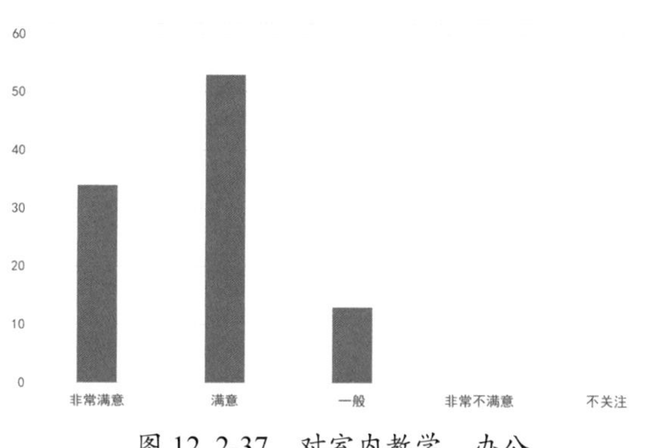

图 12. 2-37　对室内教学、办公、住宿环境舒适性的总体满意度

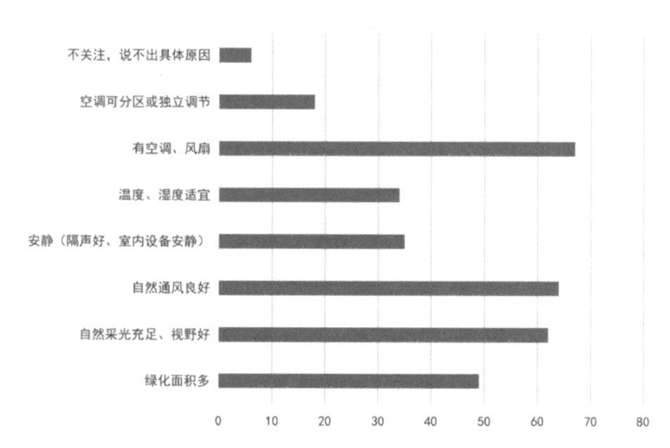

图 12. 2-38　对室内教学、办公、住宿环境舒适性满意原因分析

13 轻型腾挪校舍设计

深圳市建筑设计研究总院有限公司 章海峰 廉大鹏

13.1 轻型建筑发展

13.1.1 轻型建筑的定义与分类

"建筑是凝固的音乐"，人们通常认识的建筑一般是永恒的、厚重的、固定的。然而，随着社会发展和环保需求，一些临时的、轻盈的、可移动的轻型建筑越来越多出现在我们身边。如：新冠疫情之下的武汉火神山、雷神山临时医院；遍布社区的集装箱社区消防站；街头临时摆放的便民警务站、献血站等。这些建筑普遍用钢框架结构和轻型集成板材等质量较轻的材料，在较短的时间内便捷搭建，满足临时性的使用需求。在使用过程中不仅可以增减模块构件或改变形式以适应需求的变化，更可以在使用后完整拆解回收、恢复场地原状。因此，这些建筑可以被统称为"轻型建筑"。

与普通建筑相比，轻型建筑除了重量更"轻"外，也泛指用更少的材料、更低的能耗、更便捷的方式来建造的建筑物，它们能够以最小的代价、与自然和谐共生的方式来实现其完整的生命周期。轻型建筑并不追求建筑的永恒性，而更关注对建筑材料与能耗的降低，通常以最简便的方式建造，往往具有暂时性、可移动性、可变性等特征；轻型建筑也具有生态属性，使建筑对所处自然环境的干预最小，甚至如同生物一样可以消解变化乃至重复利用。

轻型建筑的概念绝不仅仅局限于满足抗震救灾、应急抢险等突发性建设需求的建筑物，广义的轻型建筑概念应包含临时建筑、可移动建筑、可变建筑、小型集成建筑、被动节能建筑等。而根据其主要材料、拼装方式、应用场景等，又可以简单划分出不同的类型及特征（表 13.1-1～表 13.1-3）。

按主要建筑材料的不同分类　表 13.1-1

分类	定义	实例
木、竹、纸、毡布	以轻型自然材料及其初加工品建造	蒙古包 日本板茂纸筒简易住宅
钢材、铝合金	结构为高强金属框架加围护体系	商业化轻钢别墅
蒸压混凝土轻质板材	高压蒸汽养护而成的多气孔混凝土成型板材	宁波城市建设档案馆
膜结构	以拉索或充气支撑的膜结构体系	慕尼黑 1972 奥运会场馆 北京奥运水立方

按使用场景的不同分类　表 13.1-2

分类	定义	实例
自然灾害与突发事件	地震、水灾、海啸等；疫情、事故	武汉雷神山医院、火神山医院
极端环境下	宇宙空间站、极地科考站、海洋观测	南极科考站
野外中长期	路桥建设、地质勘测、文物考古、旅行探险	巴萨罗那隔离舱小屋（木结构研究隔离仓）
城市中短期	商业快闪店、户外演出、消防、公卫、垃圾转运等市政临时建筑	深圳消防应急站、地铁临时用房

按拼装方式的不同分类　表 13.1-3

分类	定义	实例
模块堆叠式	集装箱式、箱型房	深圳未来学校·无限6（集装箱单元式学校）
抽拉变形式	拖车住宅、餐厅、舞台等，充气建筑	德国法兰克福木结构模块式临时校园（木结构模块工厂预制）
板材搭接式	轻质板材直接搭接，围合出空间界面	纽约万豪酒店（板材模块化酒店）
集成装配式	梁柱骨架、板材、部品部件拼接装配	苏黎世模块学校

13.1.2 轻型建筑的发展历程

最早的轻型建筑可以追溯到远古时期搭建的“帐篷”。随着人类社会的发展，建筑材料逐渐变成木材、石材、砖瓦、钢材等，建筑寿命也变得越来越长，尤其西方的石制教堂、东方的石窟陵墓等纪念性建筑，强调厚重、耐久、永恒的形象。“坚固、实用、美观”成为建筑评判的主要标准，建筑因而比较笨重。

19世纪初，建筑开始了由“重”向“轻”的进化过程，在钢筋混凝土盛行的20世纪，轻型建筑是一种新兴的建筑理念。1922年美国建筑师R.B.富勒率先提出了“少费多用”的建筑设计理念，从自然结构中寻求设计思路，并且运用工业化材料实现最便捷有效的建筑设计；1940年德国著名工程师弗里兹·里昂哈特提出了“轻型建筑——时代的需求”；1954年德国建筑师弗雷·奥托发表了“悬挂屋顶”的论文，提出“不要像以往的方式来建造我们的房屋”，追求采用更少的材料、更少的能耗，用更少的消耗创造更多的东西。

第二次世界大战之后，作为轻型建筑的主要领头人之一，弗雷·奥托开创了张拉膜结构、索网结构、网结构等诸多新型的轻型建筑形式，反映建筑材料、构造以及结构的多样性，并以其独特的生态主义建筑、设计技术进步和可持续使用的轻量级结构闻名于世，为后人打开了新的轻型建筑发展通道。

20世纪后半叶，伴随人类工业制造水平的提升，结合装配式建筑与生态建筑理念的发展，轻型建筑思想在瑞士、英国、日本以及北美等国家和地区都有较广泛的传播，发展出许多如轻钢和轻木框型建筑系统、模块化轻型建筑系统和箱式可移动建筑系统等不同的轻型建筑系统。在日本，自1971年引入英国CLASP体系与美国SCSD体系等建造体系后，不断发展演变，最终形成了日本特色的SI住宅体系；同时轻型建筑所主张的更少消耗的生态主义建筑理念，也孕育出坂茂、隈研吾等一批建筑师，发展出纸建筑、轻木建筑等不同种类的轻型建筑形式。

在国内，随着工业化装配式建筑尤其是钢结构建筑的快速发展，轻型建筑逐渐获得关注与研究。以往轻型建筑设计实践主要集中于灾后重建和援建领域，近年来逐渐往学校、住宅和大型会展建筑领域方面发展。虽然发展相对滞后，但随着建筑工程技术的发展和社会对降低建筑能耗的迫切需求，轻型建筑必将迎来跨越式发展。

13.1.3 轻型建筑的研究价值

轻型建筑所强调的轻量、节材、低能耗、可持续、自然生态等核心要素，对当下建筑行业乃至国家发展而言意义重大。

轻型建筑的理念高度契合国家节能减排的宏观政策。2020年在联合国大会发言中，习近平主席提出我国力争在2030年实现碳达峰、2060年实现碳中和的减排目标。而当前，我国建筑行业总产值约占GDP的25%，但碳排放量却占全国总量的40%，其中建筑材料生产、建筑施工阶段的碳排放量约占全国总量的17%。可见在不远的未来，轻型建筑将大有可为。

近年来国家政策大力推动装配式建筑，结合EPC等建设模式以及BIM技术的广泛应用，建筑方式日渐转变为工厂化集约生产、现场机械化安装，这些技术与建造都与轻型建筑自身所追求的轻量性、节约性、可持续性有着千丝万缕的联系。

此外，随着我国逐渐进入高水平的城市化阶段，社会需求也在发生变化，建筑所承载的功能也变得更多元；建筑将不仅能承担稳定的使用功能，还可以通过灵活的可变性满足不断变化的使用需求；非纪念性建筑将可以快速建造与拆除，实现城市空间和土地的更高效利用。结合智能建筑的发展和材料技术的进步，未来建筑更加接近“生命体”，会通过感知系统改变自身形态而与使用者产生适应性互动，建筑成为自然循环中的一环，来自自然也最终回归自然。这一建筑发展趋势正是轻型建筑的核心研究方向。

13.2　轻型校舍建筑案例

学校是人类传递文明的重要场所，也是各个历史时期被普遍大量建设的公共建筑，校舍建筑也会反映出不同历史时期的建筑设计思潮与材料技术水平。

轻型建筑的理念在校舍建设中也多有研究与实践，如：为应对地震、水灾和疫情等突发性紧急需求的简易过渡校舍；为缓解大型城市的人口增长过快或人口密度过高所导致的校园空间供求不平衡，利用城市零碎空间快速搭建的过渡性校舍；以及对更加生态化、低碳零能耗的绿色校园建设的追求，等等。轻型校舍建筑也是学校建筑发展的必然趋势之一。

13.2.1　案例一　成都华林小学

建设背景：地震后急需过渡性校舍
建造体系：纸木结构
特点分析：创造性的“纸”建筑，建造快速

2008 年 5 月 12 日汶川大地震对我国西南地区造成了极大的破坏，传统的钢筋混凝土校舍建筑悉数损毁。震后，如何在缺少常规建筑材料与施工设备的情况下，保证 9 月开学后中小学校能恢复正常的教学活动显得非常急切。

当时，日本知名建筑师坂茂携团队抵川，为成都东郊成华区的华林小学无偿提供了纸管过渡校舍设计和施工技术指导。在中日志愿者团队协作下，仅用 33 天便为 400 名小学生建造了 3 座“纸”校舍。

坂茂本人与弗雷·奥托有过合作，受到轻型建筑思想的影响。坂茂在“纸”建筑上的研究由来已久，华林小学的设计便是在之前非洲建造纸管救灾居住板房的经验上的提升。坂茂首先在原址上铺 200mm 厚细石混凝土层，水泥砂浆抹平后再用膨胀螺栓固定倒 T 型钢固件作为基础，为纸管柱木插件结点插件提供强固支撑；结构采用了 6m 的纸管框架跨度，外径 240mm 的纵横纸管通过木构结点连接，利用可调金属拉杆、拉结铆钉、旋口螺钉、穿孔轻质角钢等工业成品构件的连接调节功能，形成具有一定弹性和伸展度的结构体系；墙体采用的是成品塑钢门窗、硅钙板和泡沫板；屋面采用半透明波纹板、泡沫板和木夹板三层叠加，白天可利用室外天光。

华林小学由纸管、木质结点、钢拉索以及各种工业化成品构件组成，连结方式直接方便，极易操作并易于维护，结构具有一定的弹性和伸展度，成了一个可拆卸的装配式建筑。这一案例在其材料的环保性、建造的快速性上都极大体现出轻型校舍建筑对于临时性需求响应的巨大优势。（图 13.2-1，图 13.2-2）

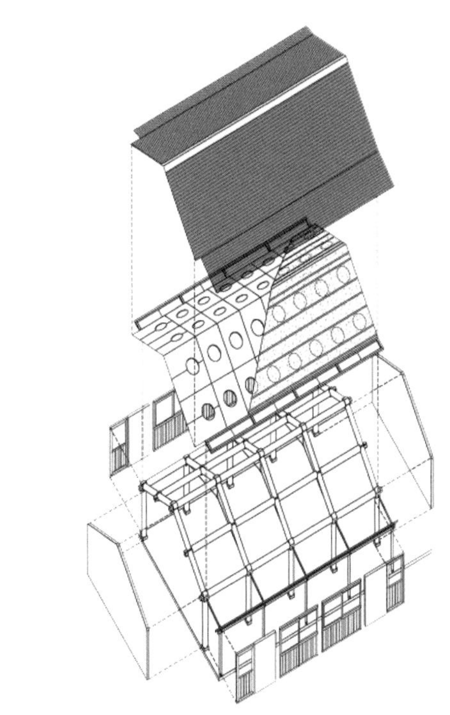

图 13. 2-1　结构体系

图 13. 2-2　小学室内

13.2.2 案例二 瑞士苏黎世模块化校舍

建设背景：社会人口激增带来的校舍需求
建造体系：轻钢结构与木制板材
特点分析：模块化组合，多次迭代成熟产品

Schulpavillons 模块化体系是苏黎世校舍建设历史上不可或缺的一部分，该体系最早起源于“一战”期间军校的营房，因其搭建的简易性以及可拆卸性，“二战”结束后，面对战后大量的重建工作，在城市建筑大师 Albert Heinrich Steniner（1905～1996 年）的领导下，被大量运用于苏黎世的校舍类建筑（图 13.2-3）。

图 13.2-3 模块化校舍

最初的 Schulpavillons，更多是作为常规校舍的功能补充，直至 20 世纪 90 年代，随着苏黎世人口的激增，以及对传统学校设计理念的更新，Schulpavillons 迎来了它真正意义上的第一代产品 ZM-Pavillon 1.0，功能更趋完善，包含两个 69m^2 的教室、一个卫生间以及一个材料室，而产品的使用寿命也得到了进一步延长。

作为临时性校舍，ZM-Pavillon 在面对学生人数周期性波动方面发挥了非常积极的作用。2012 年，第二代产品 ZM-Pavillon 2.0 面世，并一直沿用至今。相比一代，二代的面积扩大了 10%，每层改由 10 个模块组成，并发展成一个三层建筑，几乎已经达到了一个小型校舍的建设标准。新一代的 ZM-Pavillon 采用轻型钢结构体系，板材则用木制板替换了早期混凝土模板。整个建筑不仅变得更“轻”，也适应了欧洲越来越高的环保节能标准。同时，苏黎世所处的瑞士，是阿尔卑斯山上的一个山地国家，森林资源丰富，当地传统建筑亦多以木材为主料。放弃混凝土转而使用木材未尝不是轻型建筑呼应本土传统建筑文化的一种尝试（图 13.2-4～图 13.2-7）。

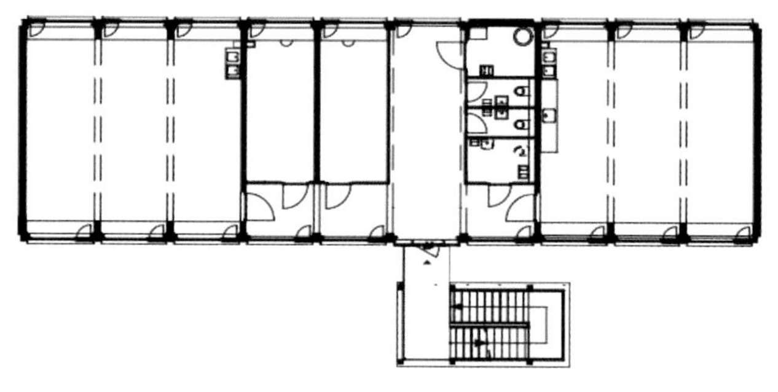

图 13.2-4 校舍平面布局

图 13.2-5 模块化建筑立面

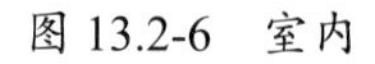

图 13.2-6 室内

图 13.2-7 立面一侧

13.2.3 案例三 High tech high Chula Vista 学校

建设背景：轻型校舍的“被动式”探索
建造体系：轻钢模块化体系
特点分析：高效节能的轻型校舍

学校位于美国加利福尼亚州圣地亚哥第二大城市丘拉维斯塔，紧迫的时间迫使设计团队采取了模块化的轻型建筑体系。团队尝试让建筑以最低的能耗来保证学校的正常运转，打造一个“被动式”的校园。

设计的初衷不仅仅是创建一所在建筑层面上轻质的学校，更希望在日后的使用过程中，体现出对能源消耗的“轻”，对自然环境的“轻”。因此该建筑最开始的选址就是为了最大限度地捕捉太阳能发电，同时充分利用冷却的盛行微风来实现内部的换气降温。在具体措施方面，校园基本采用了模块化的建设方式，选用了高回收性能的建筑材料；过道被遮蔽形成了阴巷，利用冷热气流循环的基本原理，塑造内部的微气候循环条件，以最大程度地带走建筑表面所吸收的热量；朝西一侧的墙壁则最大限度地减少了受热面，减少太阳长期辐射导致的温度持续升高的问题；屋顶则被统一设计成朝南略微倾斜，上设光伏板，以最大限度地利用当地丰富的太阳能资源（图 13.2-8，图 13.2-9）。

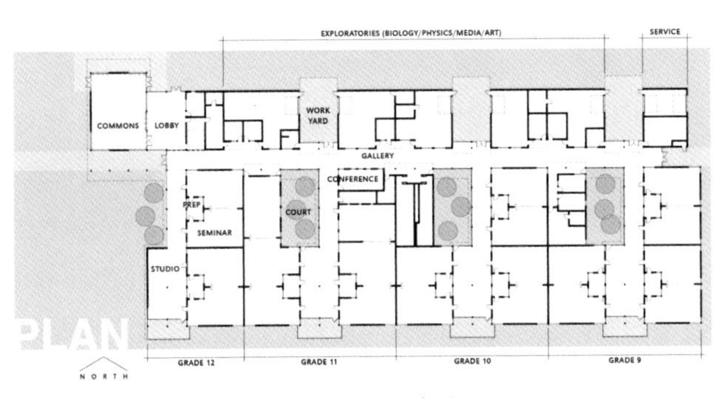

图 13. 2-8 设计平面

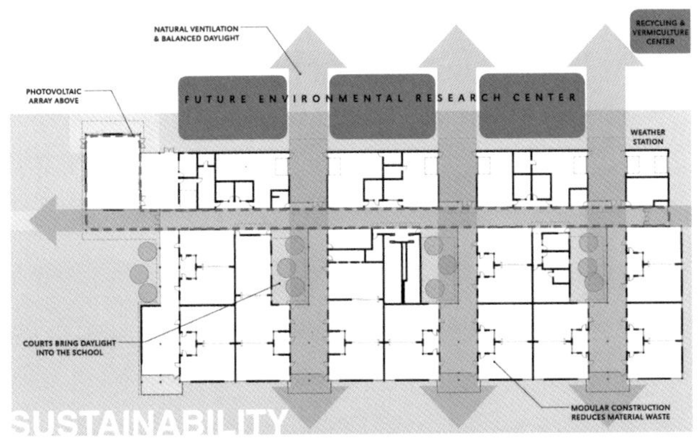

图 13. 2-9 平面分析

通过这些措施，High tech high school 的光伏系统承担了学校 80% 的用电需要，场地灌溉 100% 由再生水实现，86% 的建筑可以仅依靠自然采光就满足照明需求，88% 的建筑可以通过门窗实现通风和冷却，最终建筑的节能水平更是比当地的节能标准超出了 54%。

13. 3 校舍腾挪建设需求

近年来，随着城市化进程及户籍制度放开，中国人口持续向一、二线大城市及区域中心城市快速集聚，大城市既有的医疗、教育、安全等基础配套设施迫切需要增加与提升。其中，各地校园不足的矛盾尤为突出，学位不足涉及教育公平，更是重大民生问题。以深圳为例，2019 年在校学生数达到 2244070 人，招生人数达到 612735 人，为弥补中小学适龄人口巨大的学位缺口，到 2022 年新改扩建 146 所公办学校，增加学位 21 万个，公办学位增幅达 25%。

同时，大城市土地资源非常紧张，用地供给匮乏。尤其是城市建成区因人口密度大，导致学位需求量也进一步增大，但却缺乏完整校园建设用地且拆迁成本大，造成土地供需的极端矛盾。

即便是学位不紧张的区域，教育模式的改革也带来了校园空间的多样化需求，既有校园无论在总体布局、空间关系还是在功能设置、组织流线上都有待改进，普遍需要改建或扩建。然而在原校址上拆改扩建，会造成“一边教学一边施工”的局面，严重干扰教学秩序且存在安全隐患。

为破解这一难题，政府创造性提出了“异地腾挪”的模式，即在待扩建学校附近寻找城市零星闲置用地，通过租赁或行政命令获得 2～4 年的土地临时使用权，在其上以装配式建筑体系快速建设过渡性校舍，全体师生在老校园改扩建期间全部迁至过渡校园，待老校园扩建完成并将全部师生迁回后，拆除过渡性校舍并返还土地使用权。这种“以空间换时间”的方式可盘活城市现有资源，巧妙且有效化解城市发展的燃眉之急，也催生出对装配式“腾挪校园”的需求。

但要在短时间内以装配式模式建造一所可满足

正常使用的学校校园谈何容易，其中隐含诸多设计挑战：（1）如何才能低成本又快速地在规定的时间内建造完成？（2）临时性的建筑能否满足学校这类公共建筑对高品质的要求，腾挪期间孩子们的安全、健康、舒适性能否保障？（3）过渡期后临时校舍如何处置，是否会造成资源浪费或临时用地的土地污染？

总结下来，低成本快速建造、确保安全健康、舒适性好、避免资源浪费，这几点成为“腾挪校园”建筑设计必须回答的问题，也恰恰是轻型建筑的优势所在，于是轻型腾挪校舍体系应运而生。（图 13.3-1，图 13.3-2）

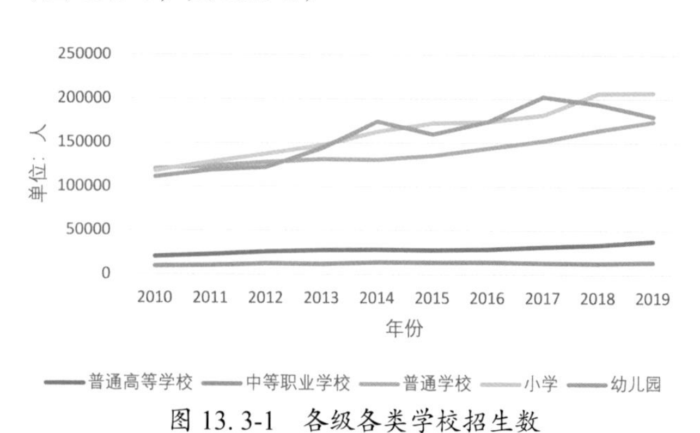

图 13.3-1　各级各类学校招生数

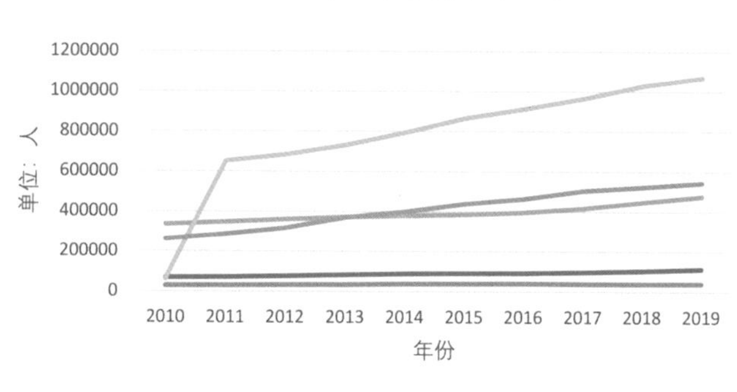

图 13.3-2　各级各类学校在校学生数

13.4　轻型腾挪校舍体系

13.4.1　设计原则

“轻型腾挪校舍体系”是在城市发展过程中诞生的一种新型体系，它的应用必定与相应的社会背景相吻合。由于轻型建筑自重较轻，在选址上面有得天独厚的优势，同时，轻型建筑有可拆卸重复使用的特点，能有效降低建造成本。轻型建筑设计时需要遵循一定的设计原则：

（1）轻量化：通过对建筑结构、材料和形式的处理来弱化建筑内部的结构荷载和外部的体量感设计，轻型化建筑都具有较轻的重量和很高的承载力，通过结构设计可以在用材上降低对能源的消耗，努力做到对环境的最小破坏。

（2）模块化：进行模块化设计的目的就是为了形成统一的标准，按照这个标准最终形成统一的设计、生产和组装逻辑。模块化具有从二维平面到三维一体的标准组成单元、同时具有灵活的拼装方式。

（3）集约化：“轻型腾挪校舍”作为一种解决学校过渡期使用的产品，必须在有限的空间内去实现学校的功能布局，在功能布置上会更加紧凑高效。

（4）实用性：形式追随功能，“轻型腾挪校舍”不仅要在形式上体现“轻”，还需要满足学校各种功能的需求，各项指标均要符合学校的规定和要求。同时，轻型建筑也要带给使用者安全和舒适的体验感。

13.4.2　基础模块

模块化来源于模数化。模数化设计最初是为了适应工业的发展，模数化使所有构件遵循相同的模数关系，减少差异与特殊带来的建造难度，缩短工期。轻型建筑采用模块化的方式进行设计、生产和组装，其采用的固定尺寸和比例是经过仔细推敲的，从平面和竖向都能很好地满足各种功能间的转换。模块的搭建离不开基本单元，基本单元离不开各个标准的组件。

（1）基本单元：建筑平面上，采用（2400mm×2400mm）+（2400mm×6600mm）+（2400mm×2400mm）的纵向三跨为基准跨，组合成 2400mm×11400mm 的基本单元，基本单元采用 8 根柱子作为竖向支撑。以 2400mm 作为基准尺寸主要是考虑标准楼板的尺寸为 600mm×2400mm，楼板能够满足所有基本单元的拼装要求而不需进行切割。

（2）模块空间：模块空间由基本单元组成，把四个基本单元横向拼合，结合角部垂直向剪力框架，可以形成 9600mm×11400mm 的通用模块化空间。从功能上分析，这个模块空间可以作为一个独立的使用空间，例如办公空间，也可以组合成一个使用空间和一个单边走廊，还可以组合成一个使用空间和一个双侧走廊。模块空间组合方式灵活，适用于多种空间的组合（图 13.4-1）。

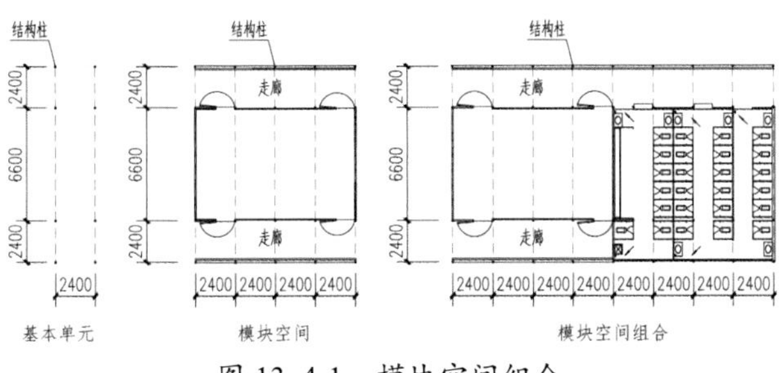

图 13. 4-1　模块空间组合

（3）功能空间组合：建筑的模块空间创建完后，重复就成了功能空间组合的最基本特征之一，只需根据整个校园的布局把模块拼接起来，可以根据使用要求灵活地分隔空间。利用插入不同位置的轻质隔板墙和家具布置，模块化单元空间既可以是教室，也可以是办公，还可以是卫生间等各种使用空间。轻质隔板墙体也是采用模块化设计，整合了装修面层、保温隔声、防水、防火层和结构层的预制大型复合板式构件，均以标准构件形式在现场直接进行拼装组合，灵活分割空间。整个校园建筑平面布局都是利用这一模块化单元空间简单复制、组合而成（图 13.4-2，图 13.4-3）。

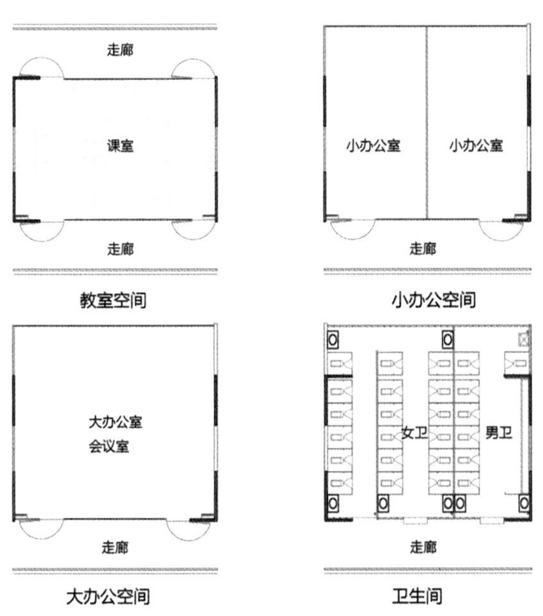

图 13. 4-2　功能空间

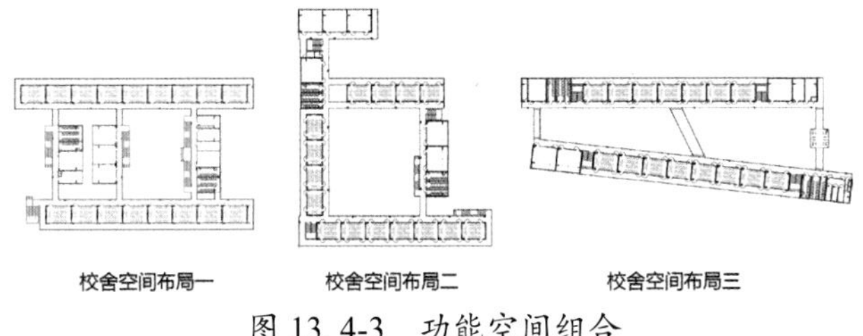

图 13. 4-3　功能空间组合

13. 4. 3　结构体系

以一段教室单元结构模型为例，教室两侧及外廊密柱柱距采用 2.4m×2.4m，教室四角以纵横垂直剪力框格围成 6.6m×9.6m 大空间，成品楼板下设置交叉斜拉索以提高平面内刚度，剪力框格与交叉拉索共同作用承担水平荷载，其他竖向构件与剪力框铰接，均为二力杆，仅承担竖向力。这样垂直力流与水平力流分离，各结构构件分工明确、各司其职。同时超静定结构的剪力框格加铰接二力杆的受力模式也达到了极简、极致的状态。采用最简单的力学原理，是对建筑结构安全性最稳妥的保证。

除了结构坚固性之外，考虑到这种钢结构自身重量轻，而深圳处于沿海地区，常有台风，抗风设计尤为重要。设计在风吸力计算时，针对性增加风荷载至标准值的 1.5 倍验算，在传力路径内，构件连接按 2.0 倍风荷载复核，并利用基础配重方式抵抗风吸力。该体系曾受过 16 级台风“山竹”的正面袭击，通过了严格考验，事实验证了这种轻型结构的安全性和可靠性（图 13.4-4～图 13.4-10）。

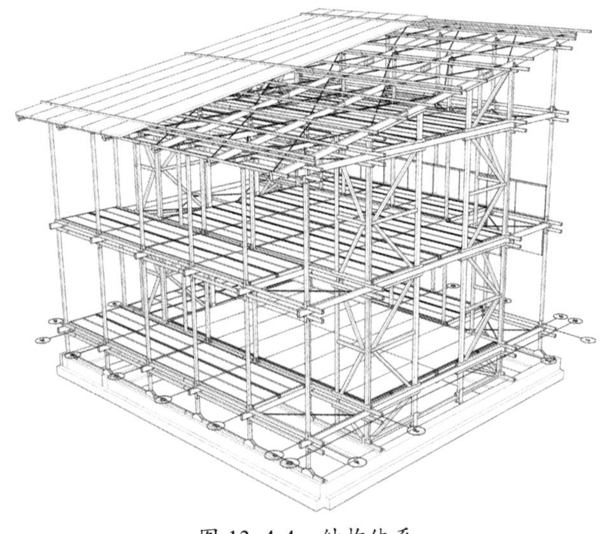
图 13. 4-4　结构体系

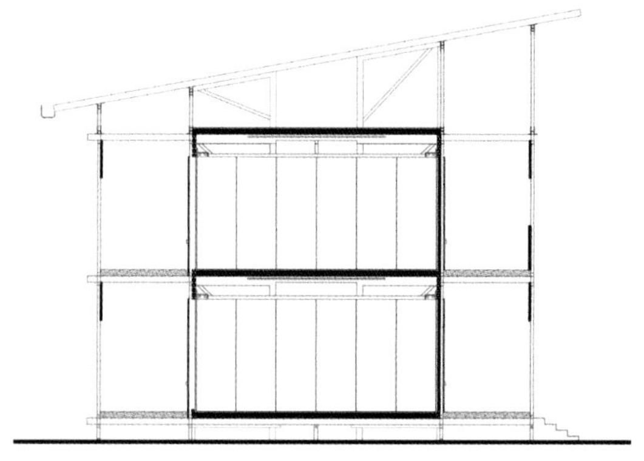

图 13.4-5　结构体系侧面

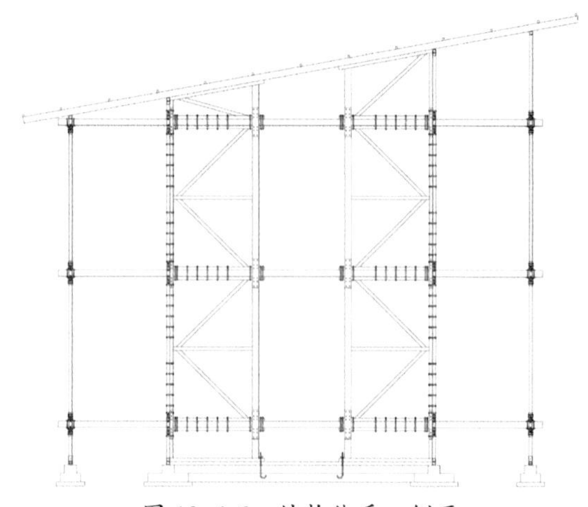

图 13.4-6　结构体系一侧面

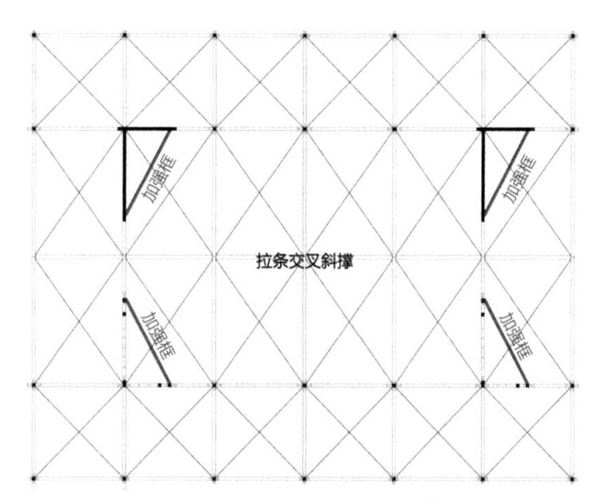

图 13.4-7　结构体系分析

图 13.4-8　应用案例

图 13.4-9　应用案例室内

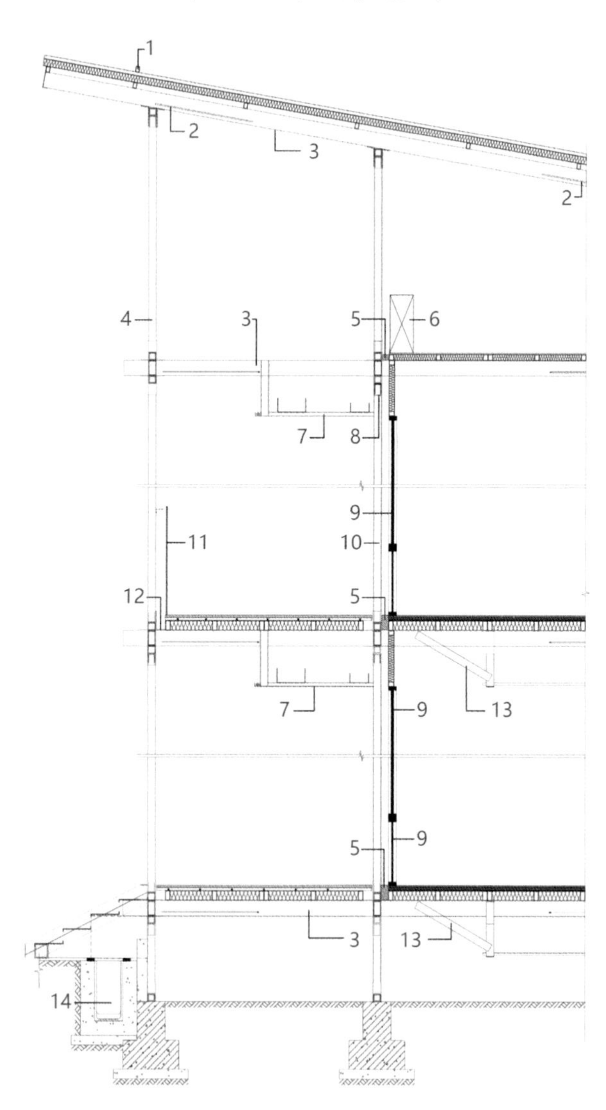

1钢管压梁 2斜拉 3主梁 4柱 5主梁 6防火材料封堵 7空调外机 8桥架 9三角形连接件 10玻璃隔断墙 11结构柱 12玻璃栏板 13成品排水沟 14下旋拉杆构件

图 13.4-10　剖面图

13.4.4 材料构造

1）屋顶设计

“轻型腾挪校舍”屋顶采用双重屋面的设计手法，平屋面主要作为建筑的围护结构，满足屋顶的隔热、防水、隔声等功能要求，坡屋顶就如同建筑的一顶“帽子”，在美化第五立面的同时，也为建筑提供了遮阳和防雨功能。两重屋顶之间夹层的空气流动，可带走屋顶太阳辐射的热量，大大降低空调的能耗（表 13.4-1，图 13.4-11）。

屋顶构造　　表 13.4-1

面层（兼防水）	1.5mm 厚增强型 TPO 高分子防水卷材（必须满足人工气候加速老化实验要求）
平屋面结构板（钢复合预制屋面板）	1. 1mm 镀锌板喷防火涂料（单面喷） 2. 60mm×50mm×3mm 镀锌管龙骨内填 60mm 厚 A 级防火岩棉板，长方向龙骨间距不大于 450mm，短方向龙骨间距不大于 2400mm 3. 1mm 镀锌板喷防火涂料（单面喷）
夹层（兼做设备层）	注：该夹层为空调室外机设备夹层，同时兼做隔热层，高度为 1200 ～ 2400mm
坡屋面结构层	75mm 厚白色彩钢玻璃纤维夹芯屋面板，波峰高 35mm，1mm 镀锌板喷防火涂料

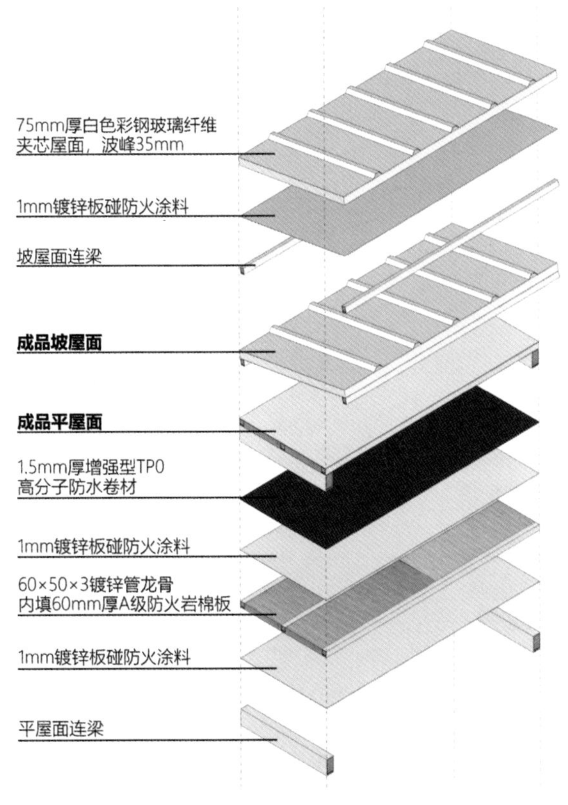

图 13.4-11　屋面构造图

2）外墙设计

外墙主要由外饰面层、结构层、内饰面层三部分组成，这三部分均为独立的模块单元，保温隔热由内饰面模块和结构层模块承担，防水由外饰面模块承担。同时内饰面模块和结构层模块还分别满足防火的要求（表 13.4-2）。

外墙构造　　表 13.4-2

内饰面	1. 5mm E0 级环保墨绿色单饰面板 2. 9mm 阻燃定向结构刨花板，聚氨酯胶粘接 3. 40mm×40mm×3mm 镀锌管龙骨内填 40mm 厚岩棉板，每一模块外周一圈龙骨，内部横竖龙骨间距不大于 500mm 4. 9mm 阻燃定向结构刨花板，聚氨酯胶粘接
保温隔热层	1. 结构层 100 厚 A 级岩棉板 2. 内饰面层 40 厚岩棉板
结构层（钢墙板）	1. 1mm 镀锌板喷薄型防火涂料 2. 100mm×40mm×3mm 镀锌管龙骨内填 100mm 厚 A 级岩棉板，每一模块外周一圈龙骨，内部横竖龙骨间距不大于 500mm 3. 1mm 镀锌板喷薄型防火涂料 4. 100mm×80mm×8mm 结构柱
防水层	3mm 厚自粘型改性沥青防水卷材（含铝膜）一道
外饰面（外挂铝板）	1. 3mm 镀膜铝板，大单元尺寸 1055mm×1480mm，小单元尺 1055mm×285mm，每块单元四周翻边 20mm 2. 通长 C 型铝滑槽固定，垂直间距 300mm

3）内墙设计

内墙主要由两侧饰面层和中间结构三部分组成，内墙面层需采用无毒、无味的环保材料，具有可擦洗的功能。内部填充材料需要满足隔声、防火的要求（表 13.4-3，图 13.4-12）。

内墙构造　　表 13.4-3

内饰面	1. 5mm E0 级环保天空蓝单饰面板 2. 螺钉固定 12mm 纤维石膏板，表面抹腻子打磨 3. 40mm×60mm 镀锌钢龙骨内填 60mm 厚防火岩棉板，每一模块外周一圈龙骨，内部横竖龙骨间距不大于 500mm（木龙骨防火处理） 4. 9mm 阻燃定向结构刨花板，聚氨酯胶粘接；螺钉固定 12mm 纤维石膏板，表面抹腻子打磨
结构层	1100×80×6mm 结构柱
内饰面	1. 5mm E0 级环保天空蓝单饰面板 2. 螺钉固定 12mm 纤维石膏板，表面抹腻子打磨 3. 40mm×60mm 镀锌钢龙骨内填 60mm 厚防火岩棉板，每一模块外周一圈龙骨，内部横竖龙骨间距不大于 500mm（木龙骨防火处理） 4. 9mm 阻燃定向结构刨花板，聚氨酯胶粘接；螺钉固定 12mm 纤维石膏板，表面抹腻子打磨

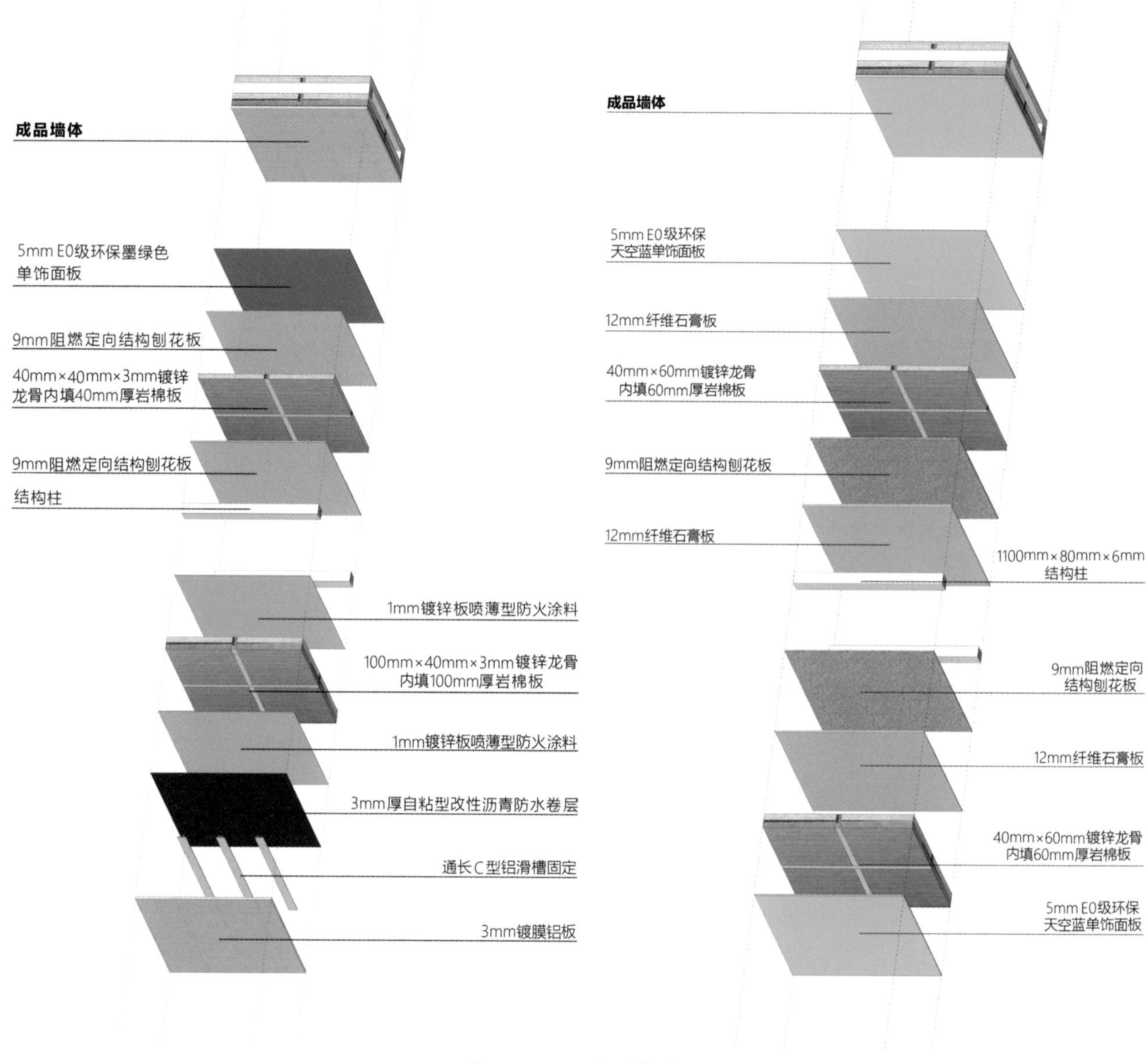

图 13.4-12　内墙构造

4）楼板设计

学校建筑的楼板需要满足学生活动带来的隔声隔振问题，楼板结构采用工厂预制的成品钢楼板，内部填充防火材料，同时兼顾隔声功能；装饰层需要采用柔性材料来解决隔振隔声问题。卫生间楼板需要采用防水涂膜进行处理（表 13.4-4，表 13.4-5；图 13.4-13，图 13.4-14）。

楼板构造（不带防水功能）　　表 13.4-4

面层	专用胶水黏结 2mm 环保 PVC 同质透心卷材地板

续表

保温隔热层（38mm 保温复合预制木楼板）	1. 9mm 阻燃定向结构刨花板（欧松板） 2. 40mm×20mm 镀锌钢龙骨内填 20mm 厚 A 级防火岩棉板，每一模块外周一圈龙骨，内部横竖龙骨间距不大于 500m 3. 9mm 阻燃定向结构刨花（欧松板）
隔音减振层	铺设 11mm 防弹垫
结构层（预制结构钢楼板）	1. 1mm 镀锌板喷防火涂料（单面喷） 2. 100mm×50mm×3mm 镀锌管龙骨内填 100mm 厚 A 级防火岩棉板，长方向龙骨间距不大于 450mm，短方向龙骨间距不大于 2400mm 3. 1mm 镀锌板喷火防火涂料（单面喷）

楼板构造（带防水功能） 表 13.4-5

面层	300mm×300mm 黑色通体防滑卫生间地砖，堵漏剂填缝；黑色美缝剂勾缝
防水层	1. 1.5mm 厚聚氨酯防水涂膜三道（四周上反 300mm） 2. 15mm 厚聚合物水泥砂浆找平层 3. 50mm C25 混凝土垫层 4. 2mm 厚自粘聚合物改性沥青防水卷材（N 类高分子膜，PY 类），上反到墙面 1200mm 高
结构层（预制结构钢楼板）	1. 1mm 镀锌板喷防火涂料（单面喷） 2. 100mm×50mm×3mm 镀锌管龙骨内填 100mm 厚 A 级防火岩棉板，长方向龙骨间距不大于 450mm，短方向龙骨间距不大于 2400mm 3. 1mm 镀锌板喷火防火涂料（单面喷）

2mm环保PVC
同质透心卷材地板
9mm阻燃定向
结构刨花板（欧松板）
40mm×20mm镀锌钢龙骨
内填20mm厚A级岩棉板
11mm放弹垫
1mm镀锌板碰防火涂料
1mm镀锌板碰防火涂料
100mm ×50mm ×3mm
镀锌钢龙骨内填20mm
厚A级岩棉板
1mm镀锌板碰防火涂料
成品楼板

图 13.4-13 楼板构造图 1

5）门窗设计

轻型建筑把每一种构件都设计成模块，是为了方便生产和安装，节省周期和成本，同时也能更好地满足功能和质量要求。门窗作为外围护的组成部分也结合了墙体模块化的要求，门窗采用 1200mm×2850mm 的模块化尺寸，框料采用隔热金属型材。为了满足遮阳隔热的要求，玻璃材料选用 6mm（透明）+ 12mm Low-E（空气）+ 6mm（透明）中空安全玻璃，太阳得热系数取值为 0.35，传热系数为 2.6W/（m^2·K），可见光透射比为 0.62。

13. 4. 5 生产流程

钢结构制作工艺流程如下：

钢材订购 - 详图设计 - 制孔 - 构件组装 - 镀锌 - 包装和发运。

钢材订购：订购是工程实施的重要环节，是工程质量控制和进度控制的源头。钢材订购前应根据

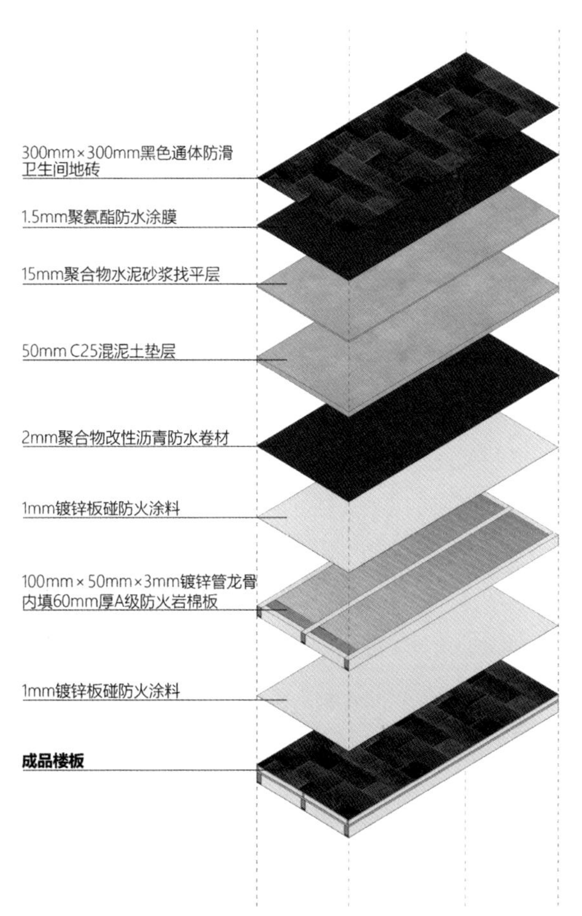

图 13.4-14 楼板构造图 2

设计图纸制订采购计划并进行考察工作，保证材料按时、保质保量进行供应，满足钢结构制作及现场施工需要。

详图设计：即根据设计施工图、计算书等相关资料，运用专业的详图设计软件，建立三维实体模型，消除构件碰撞隐患，对结构构造方式、工艺做法和工序安排等进行优化调整，使钢结构构件的生产制作具备可实施性。

制孔：按照模块化和标准化的原则，孔洞、凿口均在同一位置预留，梁、柱构件均为相同规格的标准构件，极大方便现场施工安装。

构件组装：根据施工详图，检查各零部件的标识、规格、形状等，确认合格后按组装顺序将零部件归类，有序组装。

镀锌：钢结构的防腐涂装设计，应综合考虑结构的重要性、所处腐蚀介质环境、涂装图层使用要求和维护条件等。本工程为了使构件标准化，均在同一位置预留相同大小的孔洞，内腔无法封闭，因此，本项目所有构件均采用热镀锌钢管，以实现未封闭区域的防腐要求。

包装和运发：产品包装应保证产品完好无损。产品在运输过程中应绑扎牢固，避免松动，不得产生构件变形，不得损伤涂层等。

13.4.6 建造逻辑

建造方式上，借鉴传统木构的“层摞层”建造方式，即先铺设完成每层楼面，形成施工平台，再搭建本层的柱、梁、墙板、屋盖（即上层楼面），如此反复层层向上搭建。

这种“层摞层”的建造方式，使结构构件的设计成为关键。通过结构计算，学校可选择的是80mm×80mm的轻型方钢柱，梁截面为80mm×160mm，最大杆件仅重132kg。所有构件进行精细化设计，复杂且体型较大的构件均在工厂分解成若干个可以拼装的小而轻型的构件。构件分解后重量大大减轻，工地几乎不需要大型的吊装机械设备，还有很多构件通过人工就可以搬运操作。不同于常规钢结构建筑节点焊接连接方式，所有结构构件均采用栓接的方式连接，施工工人只需把构件起吊就位、螺栓锁紧即可。现场近似“搭积木”的全装配式施工方式，无湿作业、无浇筑、无切割、无焊接，极为方便。

“搭积木”的全栓接方式，对结构节点受力分析及构造设计提出了较高要求，以外立面梁柱栓接的主要节点为例：沿建筑纵向布置的两道梁连续穿过节点，横向梁在两道纵向梁之间，纵向梁增加同等规格加肋板，纵向梁与横向梁通过L型连接件用螺栓相连接，形成稳定的平面框架；节点处的柱子上下并不贯通，通过L型连接件用螺栓与横向梁相连接。节点可以拆卸成各种小零件，组装方便，实现了“搭积木”式施工（图13.4-15，图13.4-16）。

图 13.4-15　层摞层建造

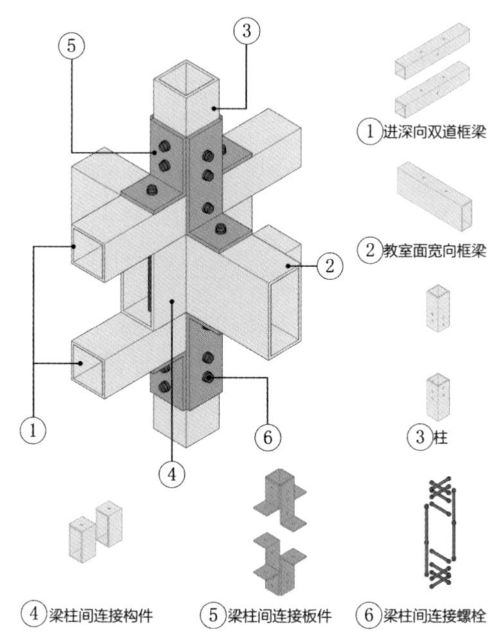

图 13.4-16　搭积木式施工

13.4.7 运营维护

轻型钢结构建筑因长期暴露在空气中，没有任何包裹，随着时间的推移，钢结构会出现腐蚀（电化腐蚀）的情况，对结构的受力有很大的影响。因此，要定期对钢结构进行监测、检查和保养，一般情况下钢结构每3年左右需要进行一次维护保养（表13.4-6～表13.4-8）。

定期的结构变形受力检测　　表13.4-6

检测类别	检测方法	处理方法
应力检测	1. 过载 2. 长时间承受动力荷载冲击 3. 非人为因素导致的影响 4. 人为使用不当	应力检测，如发现存在问题，需要进一步检查，发现是否存在变形和裂缝
变形检测	1. 目测结构是否有变形 2. 用仪器对钢结构受力构件进行检测 3. 对小型连接构件可采用直尺靠近的方法进行比较测量	1. 对于变形不太大的杆件，可用扳钳或整直器进行矫正 2. 对于板式构件或有死弯变形的杆件，可用千斤顶来矫正，条件允许时可用氧乙炔火焰烤后矫正 3. 如果钢结构工程出现整体变形（如柱子倾斜、屋架扭曲），除及时矫正变形外，还应根据变形成因采取合理的加固补强措施
裂纹检测	1. 目测法：当发现在油漆表面有成直线状的锈痕，或油漆表面有细而直的开裂、周围漆膜隆起、里面有锈沫等现象时，可初步断定此处有裂纹，并应将该处的漆膜铲除作进一步详查 2. 敲击法：指用包有橡皮的木槌敲击构件和各个部位，如果发现声音不脆、传音不均、有突然中断等现象发生时，可断定构件有裂纹	1. 先在裂纹的两端各钻一个直径与钢板厚度相等的圆孔，并使裂纹的尖端落入孔中，这样做的目的是防止裂纹继续扩展 2. 对两钻孔之间的裂纹要进行焊接，并保证焊接质量 3. 如果裂纹较大，对构件强度影响很大时，除焊合裂纹外，还应进行加固处理

定期的防腐防锈保养　　表13.4-7

防腐防锈处理原理	处理方法	特点
让金属表面的性质尽量均匀，减少各部分之间的电位差	金属表面预处理工艺，除去刚才表面的锈和轧制氧化皮，以及将其化合成保护膜	
抑制微电池两极中任一级的反应	采用锌粉类的金属涂料进行涂刷	价格较高，用于有特殊要求的重要结构
使金属表面钝化	采用含碱性铅颜料作涂料进行涂刷	效果好，价格低廉，实用性强，不受构件的大小形状影响，是最常用和最普遍的保养方法
通过在金属表面覆盖一层电阻高的物质，即在微电池两极间加入高的电阻，达到使电流变小的防锈效果	采用金属覆盖进行处理	

定期的防火处理保养　　表13.4-8

方法	材料选择及处理方法	特点
采用实体防火材料进行封闭包裹	采用混凝土、砂浆、砌块进行封堵包裹	强度高、耐冲击、效果好，但占用空间大，施工不便
涂抹防火涂料	直接进行防火涂料涂抹，有厚涂和薄涂	施工简单、容易操作，能用于各种复杂部位，经济性好，容易破损，现在普遍使用较多
外包轻质防火板	一般采用水泥纤维板、石膏板、硅酸钙板、蛭石板进行包裹	防火隔热性好，质量轻，表面平整，装饰性强且占用空间小，可结合防火和装修一起进行
包裹柔性毡状隔热材料	采用隔热毯、隔热膜等柔性材料进行包裹	隔热性好、施工简单方便，造价低，不能受水及潮湿环境影响

其他病害的定期检查及维护：

焊缝、螺栓、铆钉等连接处是否出现裂缝、松动、断裂等现象。

构件间的拉索是否有松动现象，对模块的整体性有无影响。

各杆件、腹板、连接板等构件是否出现局部变形过大，有无损伤现象。

整个结构变形是否异常，有无超出正常的变形范围。

13.4.8 体系优势

近年来，中国城市化的不断深入、人口结构的政策性调整以及对建筑节能环保的日益注重，对现有的校园建设提出了不少挑战，如果用一句话来总结，可以概述为如何用标准化、高效化的校园建设体系来灵活应对学生人口基数的周期性变动，同时应避免过度建设带来不必要的社会资源浪费。由此，反观“轻型腾挪校舍体系”，可谓是校园建设长远发展的一个必然趋势，尤其体现在以下几个方面：

1）工业化程度高

高水平的工业化是“轻型腾挪校舍体系”的基石，它保证了校舍产品的标准化，就如同流水线生产汽车一般，使得单个项目的建设周期有了极大的优化空间。

2）场地适应性强

“轻型腾挪校舍体系”采用模块化的构筑单元，使得建筑功能可以根据不同场地的特性自由组合，使其面对不同场地的灵活性上跟传统建设体系几乎无异，且周期更短。

3）建筑更轻质化

“轻型腾挪校舍体系”的“轻”并不仅仅是体现在质量的“轻”，更是结构的“轻”、“能耗”的轻，它从建筑的本源上使得建设的过程更加便利、高效且纯粹。

4）重复利用率高

得益于上述三点，“轻型腾挪校舍体系”中的“腾挪”便得以体现。当代社会，建筑使用寿命往往远超使用者本身的需求，而可重复利用、可快速搬迁的体系，意味着轻型校舍能更有效地直面这一矛盾。

13.5 轻型校舍应用案例

13.5.1 梅丽小学

图 13.5-1 梅丽小学立面

项目概况：基地位于广东省深圳市福田区梅林片区，东侧为中铁六局地铁 10 号线项目部；南侧为驾校训练场地；西侧为梅康路；北侧为林丰路。人行主要出入口位于梅康路，建筑总用地面积 7473.98m^2，总建筑面积 5275.03m^2，共 2 层，设有 31 个班，层高 3.6m，建筑总高度为 9.74m。梅丽小学采用标准单元模块化布局，建筑沿东西向贴建筑红线布置，共设置有 5 栋单体建筑，单体之间通过连廊连接，形成 2 个围合的庭院空间（图 13.5-1）。

特点：梅丽小学是一所腾挪校舍，在新校舍改扩建过程中满足原有师生使用要求，校舍使用了环保优质、可拆卸回收的轻型建筑产品。梅丽小学腾挪校舍工程从发标到交付使用仅 5 个月，建设周期大幅缩短，建造效率大幅提高，很好地解决了过渡期学生入学难的问题，过渡期使用完后产品将搬迁到其他有需求的学校进行循环使用（图 13.5-2，图 13.5-3）。

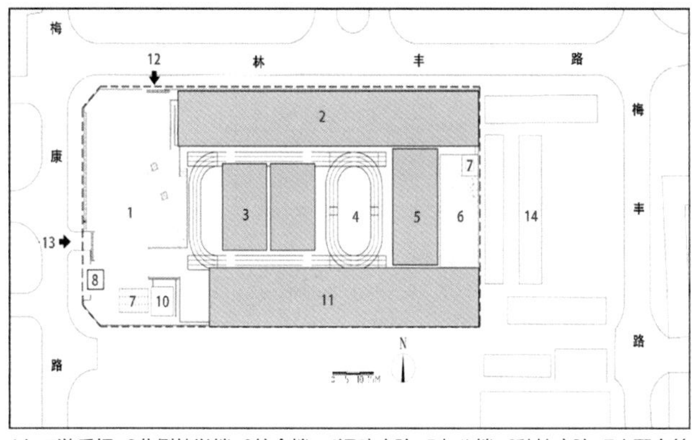

1入口游乐场 2北侧教学楼 3综合楼 4运动庭院 5办公楼 6种植庭院 7变配电箱 8门卫室 9消防水箱 10水泵房 11南侧教学楼 12次入口 13主入口 14临时用房

图 13.5-2 平面图

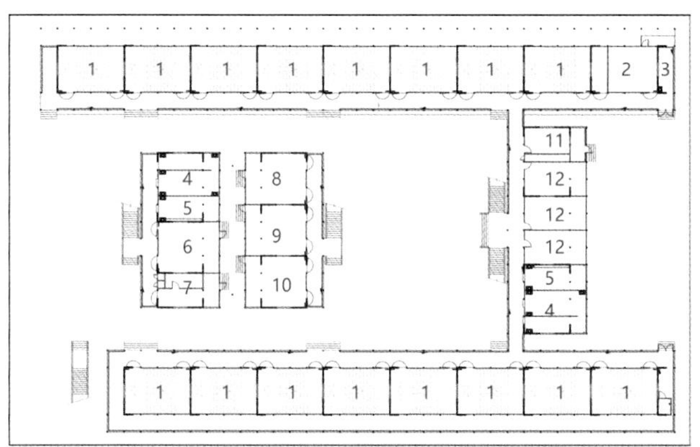

1普通教室 2配餐室 3保健室 4女卫生间 5男卫生间 6计算机室 7网络中心 8音乐教室 9美术教室 10计算机室 11广播室 12教师办公室

图 13.5-3 功能排布

13.5.2 龙华三小

项目概况：项目位于深圳市龙华区，基地东侧为梅苑新村，南侧为沿河路，西侧为工业路，北侧为梅苑新村。项目总用地面积为 5797.51m^2，总建筑面积为 5483.45m^2，共 2 层，设有 28 个班，层高 3.6m，建筑总高度 9.74m。整个校园建筑采用围合式的布局形式（图 13.5-4）。

特点：项目在解决用地紧张的同时还集成了多种被动式节能策略。首先，双侧走廊及首层和屋顶架空设计回应了深圳湿热的亚热带地区气候；走廊外侧悬挂遮阳板，进一步减少室内夏季防热防雨问题（图 13.5-5，图 13.5-6）。

图 13.5-4 龙华三小俯瞰

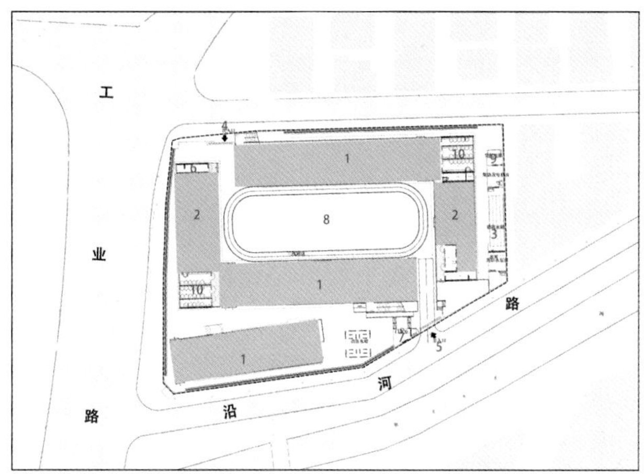

1教学楼 2办公区域 3消防水箱 4次入口 5主入口 6监控室 7门卫室 8运动庭院 9变电箱 10卫生间

图 13.5-5 龙华三小平面图

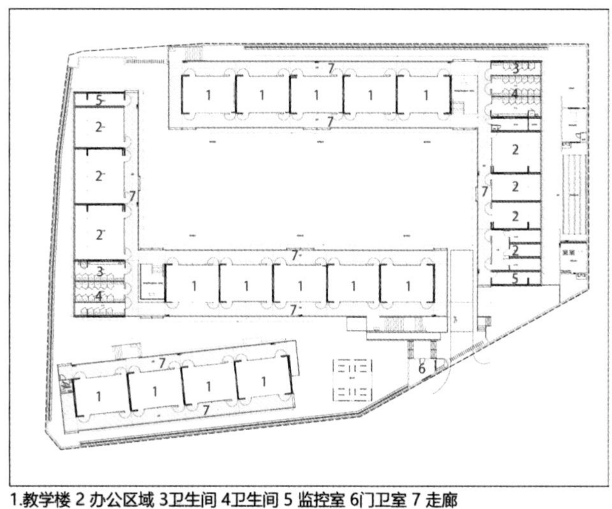

1.教学楼 2 办公区域 3卫生间 4卫生间 5 监控室 6门卫室 7 走廊

图 13.5-6 龙华三小功能排布

13.5.3 莲塘小学

项目概况：莲塘小学位于罗湖区莲塘国威路北侧，用地原为公园用地，面积 8232.25m²，学校总建筑面积 6814m²，共 2 层，设有 36 个班，层高 3.6m，建筑总高度为 9.74m（图 13.5-7）。

图 13.5-7　莲塘小学

特点：项目位于一高地上，与周边道路高差较大，需要通过较长坡道和台阶进行连接，同时场地内部还有涵道通过。如何解决 36 班制小学的设计目标与场地高差之间的矛盾便成了设计的主要问题。得益于“轻型校舍体系”的“轻”，这一矛盾得以有效解决。设计团队将场地周围的土坡做了硬化与支护处理后，使得台地的范围得以通过平台向外延伸，而轻质的校舍只需要按照正常的处理方式“搭建”在平台上即可。这一方法简单有效地解决了用地矛盾，同时还为师生争取了更多的户外活动空间（图 13.5-8，图 13.5-9）。

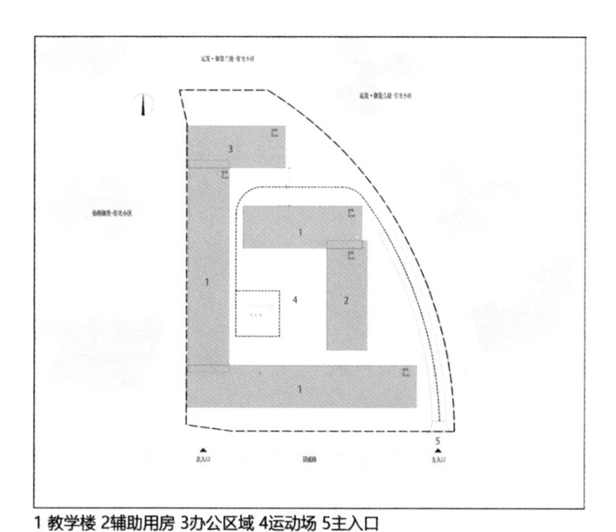

1 教学楼 2辅助用房 3办公区域 4运动场 5主入口

图 13.5-8　莲塘小学平面图

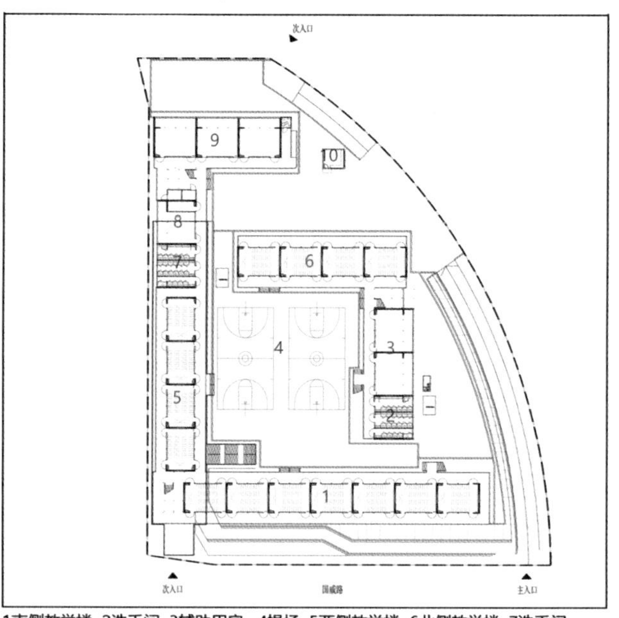

1南侧教学楼 2洗手间 3辅助用房 4操场 5西侧教学楼 6北侧教学楼 7洗手间
8辅助用房 9办公室 10门卫室

图 13.5-9　功能布置

13.5.4 红岭小学

项目概况：红岭小学位于罗湖区红桂路与宝安南路交汇处东南侧，用地原为停车场，面积为 4192.05m²，学校总建筑面积为 3267.85m²，共 2 层，设有 18 个班，层高 3.6m，建筑总高度为 9.74m（图 13.5-10）。

图 13.5-10　红岭小学

特点：罗湖区作为深圳市老城区，存在建筑拥挤的普遍问题。周边现状比较复杂，四周被高层建筑包围，场地形状不规则。在现有条件不足的情况下，轻型校舍采用模块化能够灵活地进行布局，根据楼宇间的间距来适时调整模块单元的数量，在满足通风采光的同时做到模块数量的最大化，提高用地使用率（图 13.5-11，图 13.5-12）。

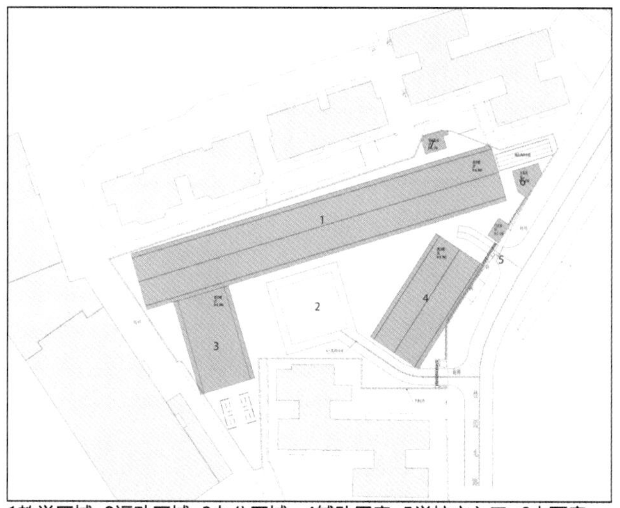

1教学区域 2运动区域 3办公区域 4辅助用房 5学校主入口 6水泵房 7配电房 8 学校次入口

图 13. 5-11 平面图

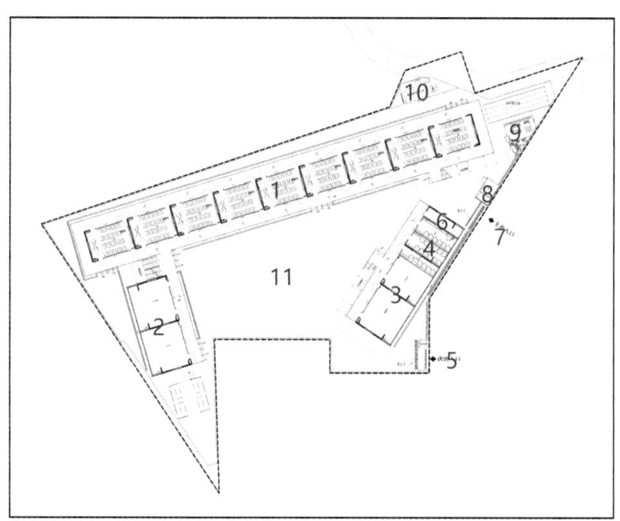

1教学区域 2教师办公楼 3辅助用房 4卫生间 5学校次入口 6设备间 7学校主入口 8门卫室 9 消防水泵房 10配电房 11运动区域

图 13. 5-12 功能布置

13. 5. 5 龙津学校

项目概况：深圳市龙华区龙津学校位于油松路和工业路交叉口，紧邻油园新村，占地面积 9552m^2，总建筑面积 5839m^2，共 2 层，设有 30 个班，层高 3.6m，建筑总高度为 9.74m。根据用地情况，建筑沿场地长边展开布置成两排，中间通过连廊连接（图 13.5-13）。

图 13. 5-13 龙津学校

特点：轻型建筑的一大特点就是能够适应各种用地条件下的校园布局，可以是方形、长形、多边多角等用地情况。龙津学校所选的就是窄长用地，如采用其他常规的构造模式，则不具备相应的建造条件；校园被道路划分为西侧的运动区域及东侧的教学区域，两栋长条形双层教学楼沿长边线形布置，通过竖向绿化的搭配，获得差异性的视觉乐趣（图 13.5-14，图 13.5-15）。

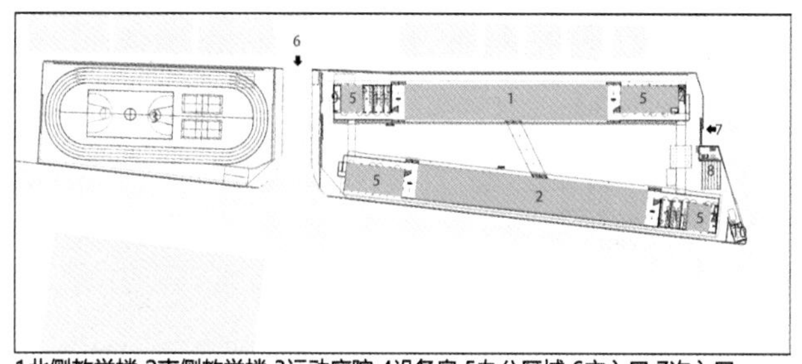

1北侧教学楼 2南侧教学楼 3运动庭院 4设备房 5办公区域 6主入口 7次入口 8消防水箱 9门卫室 10变电箱 11卫生间

图 13. 5-14 平面图

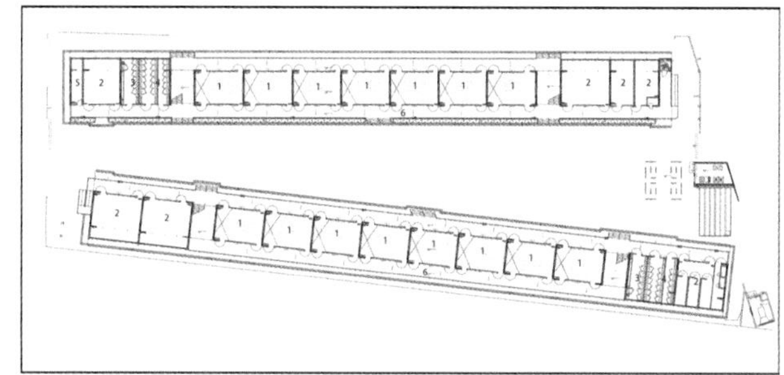

1 南、北教学楼 2办公室 3卫生间 4卫生间 5门卫室 6走廊

图 13. 5-15 功能布设

参考文献：

1. 1　祝新新．弗雷•奥托建筑作品的轻型化解析．2016.

1. 2　德文菲尔德•奈丁格．轻型建筑与自然设计——弗雷•奥托作品全集．2021.

1. 3　宋昀．坂茂作品中的轻型设计思想与手法研究．2015.

1. 4　Franziska Martin, Anette Höller (AHB). Schulpavillons. 2017.

1. 5　ArchDaily. High Tech High Chula Vista / Studio E Architects. 2011.

2. 1　https://www.archdaily.com/

图 13.8、图 13.9

2. 2　*Schulpavillons*

图 13.3、图 13.4、图 13.5、图 13.6、图 13.7

2. 3　https://www.sohu.com/a/253537011_172567

图 13.2

2. 4　http://www.ikuku.cn/project/sichuan-dadizhen-yuanjian-xiaoshe

图 13.1

2. 5　张超摄影

图 13.29、图 13.32、图 13.41

图片来源：

除以下所列，本章节所有图片均来自深圳建筑设计研究总院有限公司

轻型腾挪校舍体系由香港中文大学朱竞翔教授提出，深圳建筑设计研究总院有限公司共同研发。

14 建筑师负责制下的EPC学校建设

深圳市华阳国际工程设计股份有限公司 唐志华 朱鸿晶

14.1 深圳EPC学校发展背景

深圳仅用40年的时间，就实现了由一座落后的边陲小镇到具有全球影响力的国际化大都市的历史性跨越。然而在快速发展的背后，深圳有着不可回避的硬伤：从“跨境学童”到不到半数的普通高中录取率，深圳的教育问题一直以来都是这座城市的一大问题。

教育资源的配置情况逐渐成为人才在选择城市时最重要的考虑要素之一。深圳的这块短板不仅把数以万计的人才挡在了门外，也把拉动产业再次升级的活力挡在了门外（图14.1-1）。

图14.1-1 深圳夜景

表14.1-1是深圳历年在校学生数量：

“十一五”、“十二五”期间：2006年深圳在校小学生56.5万名，中学生25.7万名（含高中生），合计共82.2万名学生。2015年在校小学生和中学生分别增长至86.5万名、38.5万名，在校学生总数合计共125万名，比2006年增加了42.8万名。2006～2015年，深圳需要新增学位数量42.8万个，实际增加18.9万个学位，缺口是23.9万个，政府只提供了学位总需求量的4成多（44%）（表14.1-1）。

2001年后我国各阶段学生人数 表14.1-1

年份		在校学生人数/人		
		普通高等学校	普通中学	小学
“十五”时期	2001	18743	126190	363657
	2002	26778	150654	415097
	2003	32106	179628	469682
	2004	41251	211224	526419
	2005	45314	240508	566278
年均增长速度/%		26.3	17.6	12.5
“十一五”时期	2006	51220	256630	564891
	2007	58910	279180	575160
	2008	64675	298939	585852
	2009	66952	316024	589481
	2010	67324	334752	618459
年均增长速度/%		8.2	6.8	1.8
“十二五”时期	2011	70004	346942	651307
	2012	75570	359643	683058
	2013	82401	371735	730232
	2014	87674	378690	793178
	2015	90511	385221	864841
年均增长速度/%		6.1	2.8	6.9

2020年，全市各级各类学校（含幼儿园）2713所，比2019年增加71所，增长2.69%。各级各类在校学生总数242.16万人，比2019年增加9.91万人，增长4.27%。毕业生54.41万人，比2019年增加2.93万人，增长5.69%。招生66.23万人，比2019年增加2.26万人，增长3.53%（表14.1-2）。

深圳学校所面临的多、快、好等问题，对学校建设提出了新的挑战。

2012 ~ 2020 年各类教育招生、在校生和毕业生人数及增长速率　表 14.1-2

年份	招生数		在校生数		毕业生数	
	万人	同比增长率 /%	万人	同比增长率 /%	万人	同比增长率 /%
2012	44.27	4.16	151.84	5.79	34.64	11.17
2013	48.14	8.73	164.13	8.09	36.75	6.07
2014	52.99	10.07	175.33	6.82	38.65	5.19
2015	52.71	−0.53	187.72	7.07	41.69	7.87
2016	55.34	4.99	195.86	4.34	44.24	6.12
2017	60.08	8.56	208.27	6.33	45.77	3.46
2018	63.63	5.91	220.92	6.08	50.02	9.28
2019	63.97	0.54	232.24	5.12	51.49	2.92
2020	66.23	3.53	242.16	4.27	54.41	5.69

14.2　深圳 EPC 学校

14.2.1　深圳 EPC 学校

深圳正以国际视野开启先锋变革。快速建造与品质建筑如何协调，是布局优质教育高地的切实需求。教育建筑身处社会变革浪潮中，随着教育形态和模式的创新，将成为“新基建”的重点应用场景。如何在有效时间内快速实现学校增量目标？

深圳目前提出了多样化的解决方案：

（1）城市高密度条件下新型校园

（2）原址改扩建存量发展

（3）EPC 学校快速建造

这里特别介绍 EPC 工程总承包模式。这种模式已是发达国家广泛使用的工程管理模式，国内相关做法也日趋成熟。工程总承包整合了设计管理、计划管控、采购管理、专业管理、资源整合等五大能力，未来能真正适应建筑市场，实现项目高速高质量发展。

伴随着《建设项目工程总承包管理规范》、《房屋建筑和市政基础设施项目工程总承包管理办法》、《建设项目工程总承包合同（示范文本）》(2020 版）等一系列法律法规、示范文本的发布及实施，EPC 工程总承包已成为国家推动建筑行业改革的重要政策导向，将是未来建筑行业的大趋势。

同时随着《深圳市建筑师负责制试点工作实施方案》《北京市建筑师负责制试点指导意见》逐渐落地，建筑师负责制将会在未来的建筑行业中抢占一席之地，这将对建筑师提出更全面的要求。

华阳国际持续解题深圳模式，以建筑师整体把握全项目设计建设，以不断的产品迭代和产业模式革新，以 EPC 建造模式，回应民生工程和土地集约开发模式的时代诉求。

1）什么是 EPC

EPC（Engineering Procurement Construction）是指公司受业主委托，按照合同约定对工程建设项目的设计、采购、施工、试运行等实行全过程或若干阶段的承包。通常公司在总价合同条件下，对其所承包工程的质量、安全、费用和进度进行负责，包括工程（Engineering）、采购（Procurement）、建设（Construction）。

2）EPC 的工作内容（图 14.2-1）

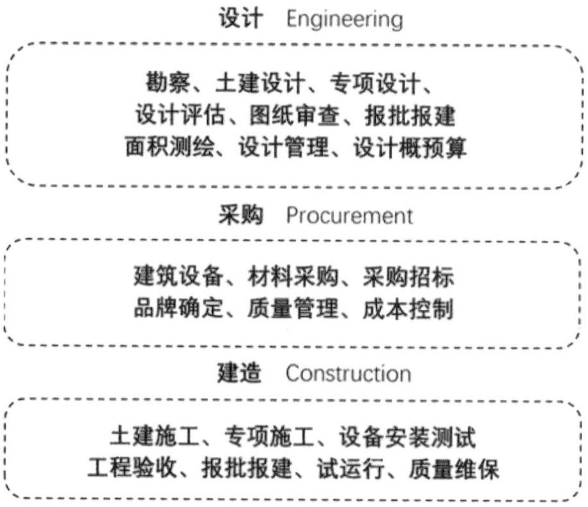

图 14.2-1　EPC 工作内容

EPC 的工作内容包括但不限于：设计方面，地质勘察、方案、初设、施工图（建结水暖电总）、施工配合、面积测绘、室内、景观、幕墙、泛光、标识、停车划线、装配式、BIM 设计、二次深化设计、专项研究咨询、市政设计、竣工图、第三方审图等；报批报建方面，用地方案图、贡献用地移交、用规、专规修改、用规修改、人防征询、建筑物命名、工规、消防设计审查、施工许可、燃气、用水排水、用电报装等；设备材料采购方面，主要材料、设备的采购、安装；施工总承包方面，建设工程的施工及相关手续办理、红线范围内所有新建、改建工程（含红线范围内所有管线迁改），竣工检测、验收备案等，以及为完成全部工程而需执行的可能遗漏工作等；其他方面，如负责与业主沟通、组织联络项目回迁业主，维护周边业主及企事业单位关系等（图 14.2-2，图 14.2-3）。

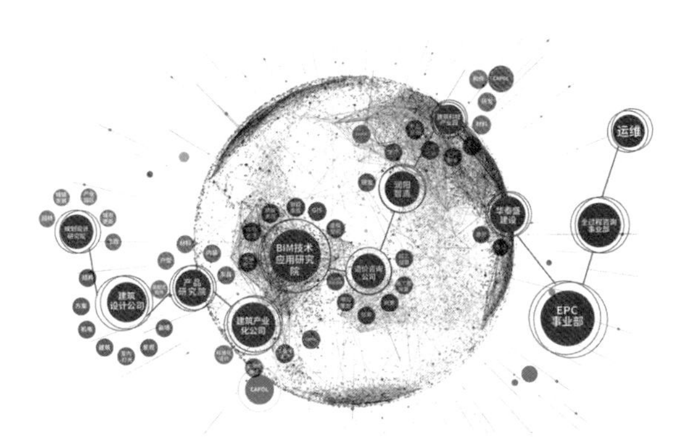

图 14.2-2　EPC 工作内容

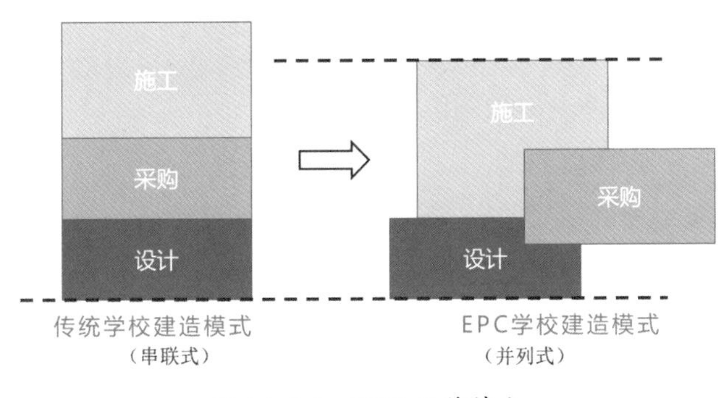

图 14.2-3　EPC 工作特点

对建筑设计企业，建筑师负责制是推动建筑设计核心作用发挥的关键制度，全过程工程咨询和工程总承包也是建筑师负责制落地实现价值的业务模式。

建筑师负责制发挥行业优势，成为产业链协调者、统筹者的关键制度，对建筑设计行业在整个产业链中，起到统领和总控的作用。

14.2.2　EPC 学校特点

设计与采购、施工合理交叉；将采购和施工的因素前置在设计阶段考虑。

EPC 学校优势如下：

1）缩短工期

设计采购成本施工一体化，设计初考虑施工便利性，采用便于施工的最优设计方案。

工作范围清晰、责任主体统一。由设计单位全面负责项目质量、进度、投资和管理，更有利于设计与施工之间的有效衔接、融合。

由于设计单位在项目设计之初就对项目进行了全过程的规划和思考，可根据项目的发展和具体情况制定出切实可行的实施方案，有利于项目的全过程推进。

2）设计效果

以设计牵头的 EPC，更容易达到理想的设计效果与美学实现。在项目实施过程中，设计单位能充分理解业主所要表达而未表达清楚的设计理念和意图，站在业主的角度严控项目，以项目整体施工效果及完成度为首要目标。

设计完成度及整体性，造价与美学的兼容，建筑、机电、景观、室内、装配式等各子项的全方位效果呈现。

设计质量是工程质量的根本，清晰明确的设计意图、表达精准的设计图纸、经济合理的设备材料，并结合工程的设计施工，可提前预判，尽可能减少后期的设计变更。

3）提高效率

设计阶段前置考虑材料及设备采购，提前启动采购工作；由设计单位牵头，充分发挥 EPC 总承包优势，实现设计、采购、施工的一体化和集成化，减少因项目理解偏差或设备采购不同步，而造成图纸变更及工程反复。

设计规划进度与实际施工进度的协调统一是保障工程顺利进展的重要前提条件之一。设计、采购、施工高度融合，设计阶段根据项目情况制定合理的整体计划，确保实施节点的同时分阶段出图。施工与设计可交叉同步进行，合理控制整体进度。

4）节省造价

设计优化，结合施工经验选用合理合适的材料；降低变更率；设计牵头可从源头上把控图纸及产品质量、总体的布局方式、土方及开挖工程成本，以及时间周期成本。规范项目实施中各种实际问题产生的变更、增补问题，减少反复无效工作。

设计质量的好坏对工程造价有直接影响。将造价控制融入设计环节，推行概算、预算、决算等设计，在建设全周期跟进技术服务，动态优化，最大程度保证项目成本可控，注重项目可实施性。

14.3 华阳国际 EPC 学校项目

近年，华阳国际与各合作单位组成的 EPC 联合体，中标多所学校建设工程，集 15 年教育产品研究经验，依托全产业链，打通“设计 - 生产 - 建造”全流程，以设计牵头 EPC 总承包模式，实现高品质教育建筑产品快速落地。

下面以近年实操案例探讨 EPC 学校建设的基本落实情况。

14.3.1 装配式立面的极致美学——龙华区教育科学研究院附属实验学校

项目概况：龙华区教育科学研究院附属实验学校位于深圳市龙华区民治街道。项目总用地 20399.93m^2，总建筑面积 48080m^2，容积率为 2.0，建筑密度为 65%，绿地率为 30%。在 2021 第 9 届 A ＋ Awards 公布的特别提名作品（Special Mention）名单中，该校荣获细节类 - 建筑＋立面特别提名（PLUS-DETAILS-Architecture ＋ Façades-Special Mention）。

本项目对未来学校的模式进行了讨论。未来学校的教育模式并非一成不变，它会随着科技和社会的车轮一同前进。互联网时代，网络与虚拟提供了移动性和新的学习方式；而知识的传授和获取也不仅局限在传统课堂的一对多模式，网络学习、社交学习、自主学习等复合型教育是大势所趋；同时未来学生将在校园的每个角落随时学习，学习空间将越来越分散化、自主化和开放化。因此本项目立足于现代教育发展趋势以及对未来教育的思考，服从于学生、老师和家长的使用以及交往需求，营造一所符合深圳自然气候以及场地环境关系的自然书院。

在设计之初，设计师即以 EPC 设计逻辑为出发点，分析现有场地环境与时间规划，合理有效地将采购与施工前置于设计考虑，从而实现高质高效完成任务的目标。设计师通过合理组织施工、装配式时间可控、标准化的立面美学等三个方面，解读 EPC 在设计中的应用。

合理组织施工。学校场地周边有正在建设中的塔楼，为了减少对周边项目的影响、达到共同作业、互不干扰的目的，在总平面布局中将教学楼布置在远离主要建筑群的位置。

装配式时间可控。建筑西立面与大门采取装配式设计，大大缩短施工时间，同时通过协调吊装等施工进程，有效控制施工时间。（图 14.3-1～图 14.3-11）

图 14.3-1　龙华区教育科学研究院附属实验学校田径场方向立面

图 14.3-2 龙华区教育科学研究院附属实验学校沿街立面

图 14.3-3 龙华区教育科学研究院附属实验学校鸟瞰图

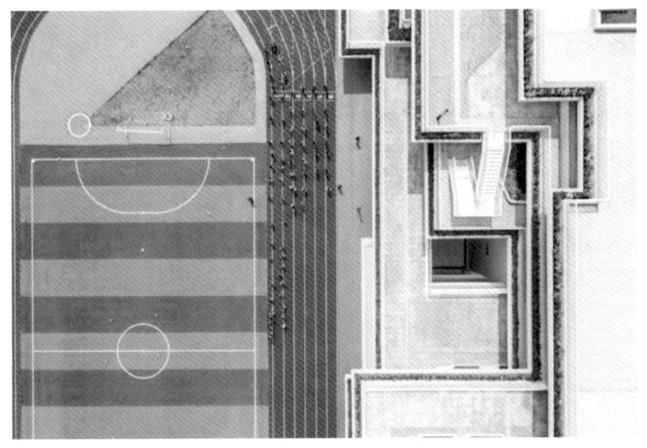

图 14.3-4 立面退台处理

图 14.3-5 顶部航拍

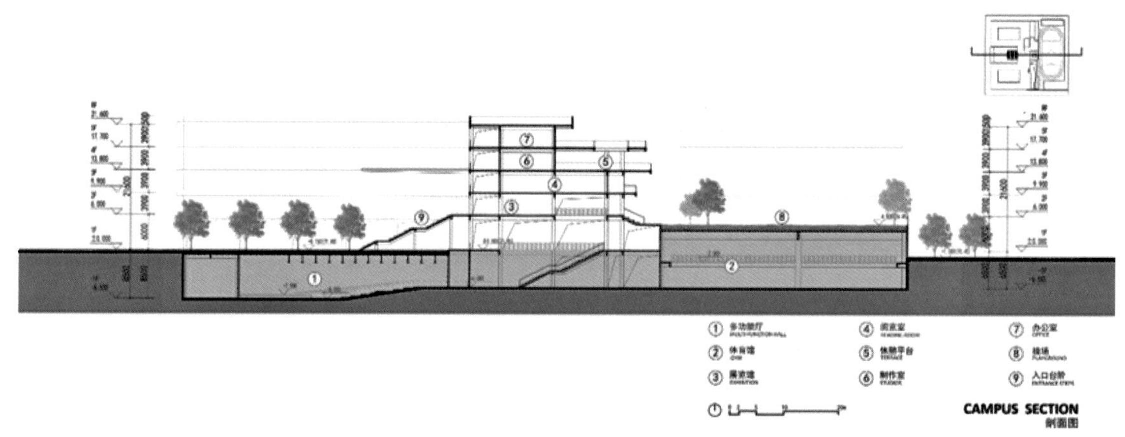

图 14.3-6 龙华区教育科学研究院附属实验学校剖面图

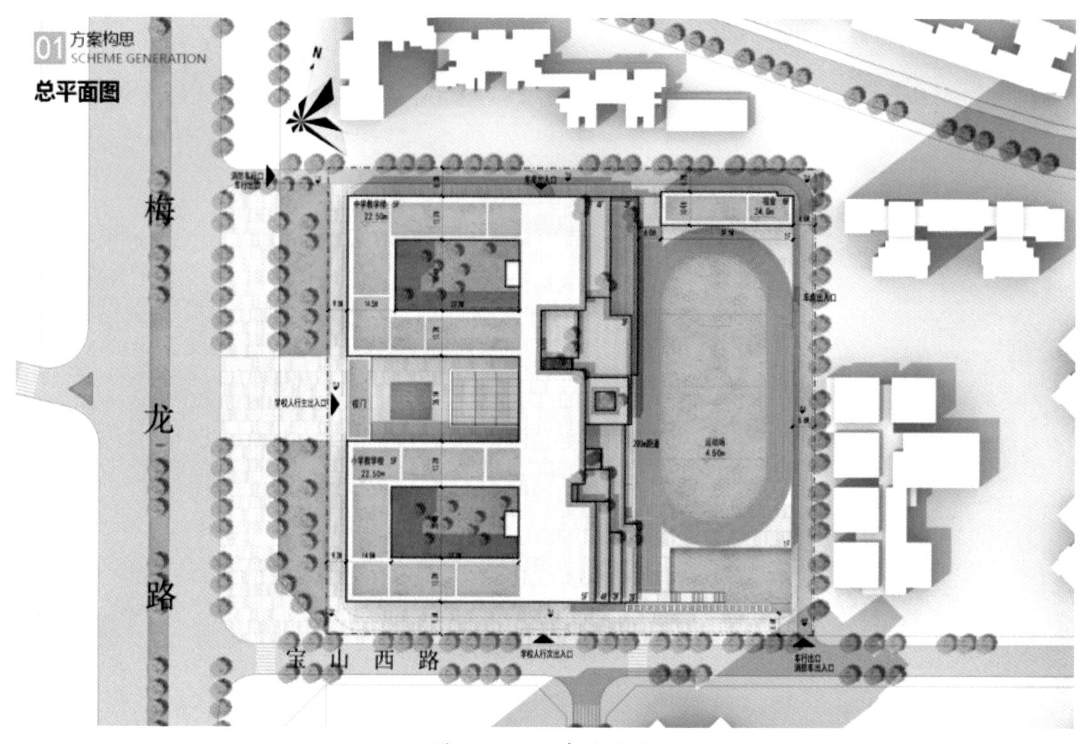

图 14.3-7 总平面图

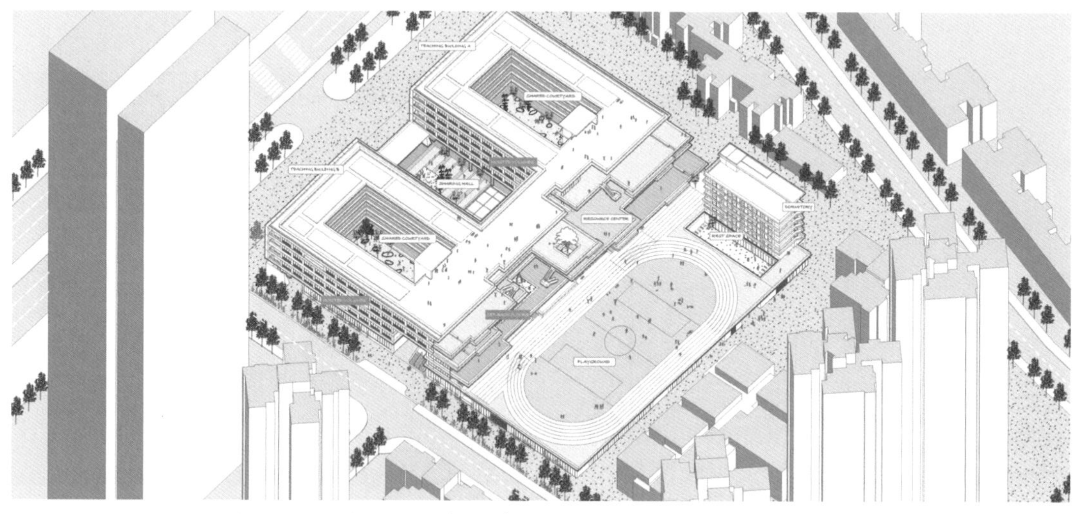

图 14.3-8 龙华区教育科学研究院附属实验学校轴测效果图

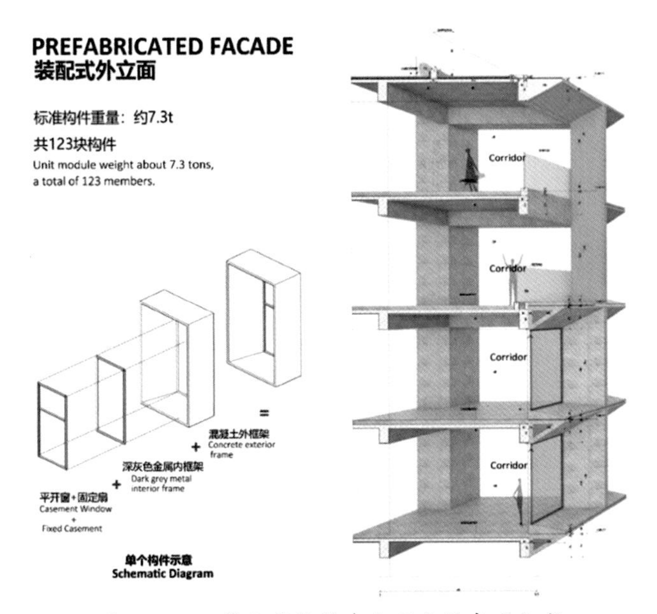

图 14.3-9 装配式构件在立面上的表现方式

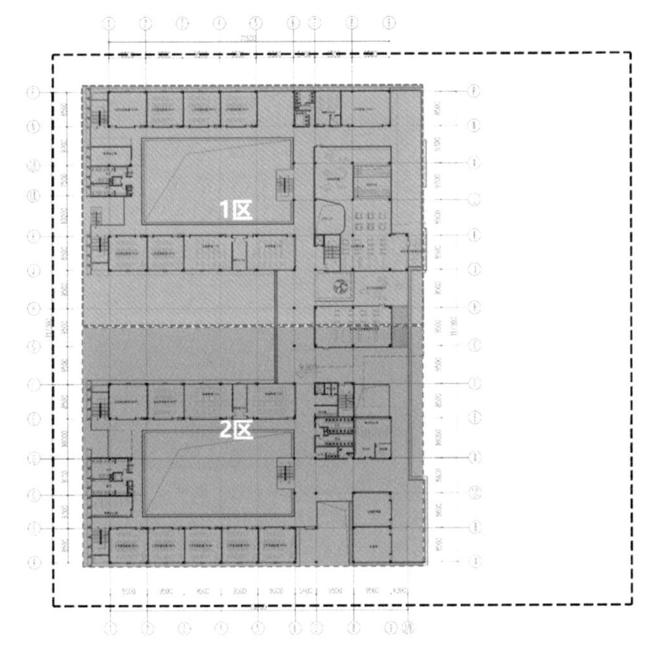

图 14.3-10 施工分区平面图

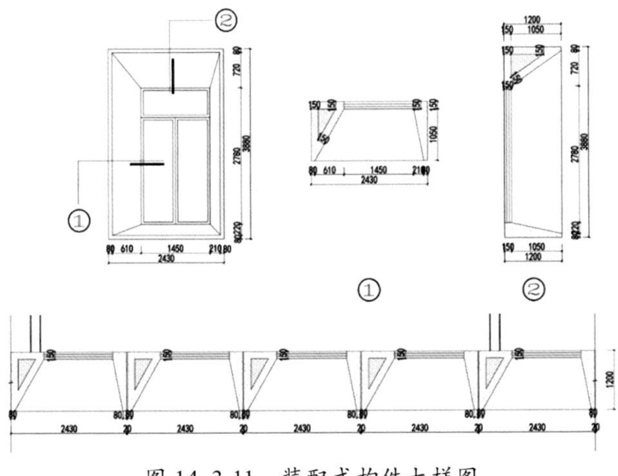

图 14.3-11 装配式构件大样图

标准化的立面美学。考虑到临近成华大道一侧存在噪声影响的问题，因此在建筑的西立面设计中更多地采用了封闭界面，结合装配式立面的标准化设计，完美地呈现了工业美学所独有的震撼效果。而朝向操场一侧的立面，则采取欢迎开放的设计理念，形成了一个包容且充满活力的内部空间。

在对功能分区的进一步细化中，将学校主要的功能块合理地分开。教学区采用传统高效的组织方式；资源中心设计概念则取自书山叠翠，层层叠起的书本相互错动形成了丰富的空间变化。设计师将这一空间关系运用到设计中，得到了一个空间有趣的资源中心设计方案，相信这里将成为未来学校的活力中心。

在本项目方案设计阶段，设计师就充分考虑了立面的标准化设计。将竖向每层设为一个标准的立面单元，每个单元中构件重复率高，具有采用工业化的先决条件。其中西立面外墙标准化程度较高，且为城市主要展示界面，在施工中采用预制清水混凝土构件以保证最终呈现的效果。外墙以2450mm为模数，采用装配式内浇外挂体系，外墙构件不参与结构主体受力，构件顶板线性连接，下部角码固定，安装方便快捷。

在连接节点的选择中，后挂式节点与现浇式节点各有利弊。在对比分析之后，从设计与后期维护角度出发，本项目采用了现浇式节点做法。

在构件尺寸与成本的优化方面，综合考虑每个窗单元的尺寸与重量，采用轻质自隔热混凝土在较大程度上减少构件重量，将构件尺寸由1200mm优化至800mm，减少施工难度，有效降低成本。同时考虑立面效果与施工工艺，将每个窗单元划分为一个整体，避免将窗单元拆分为四块所带来的施工工艺复杂、延长工期、影响室内空间与立面效果等问题。

根据每种构件的重量与尺寸，通过计算综合分析对比塔吊与汽车吊方案，从成本角度最终选择汽车吊方案。根据施工安排将平面从南北方向分为两个施工区，可实现1区和2区相互间的交叉作业，有效缩短工期（图14.3-12）。

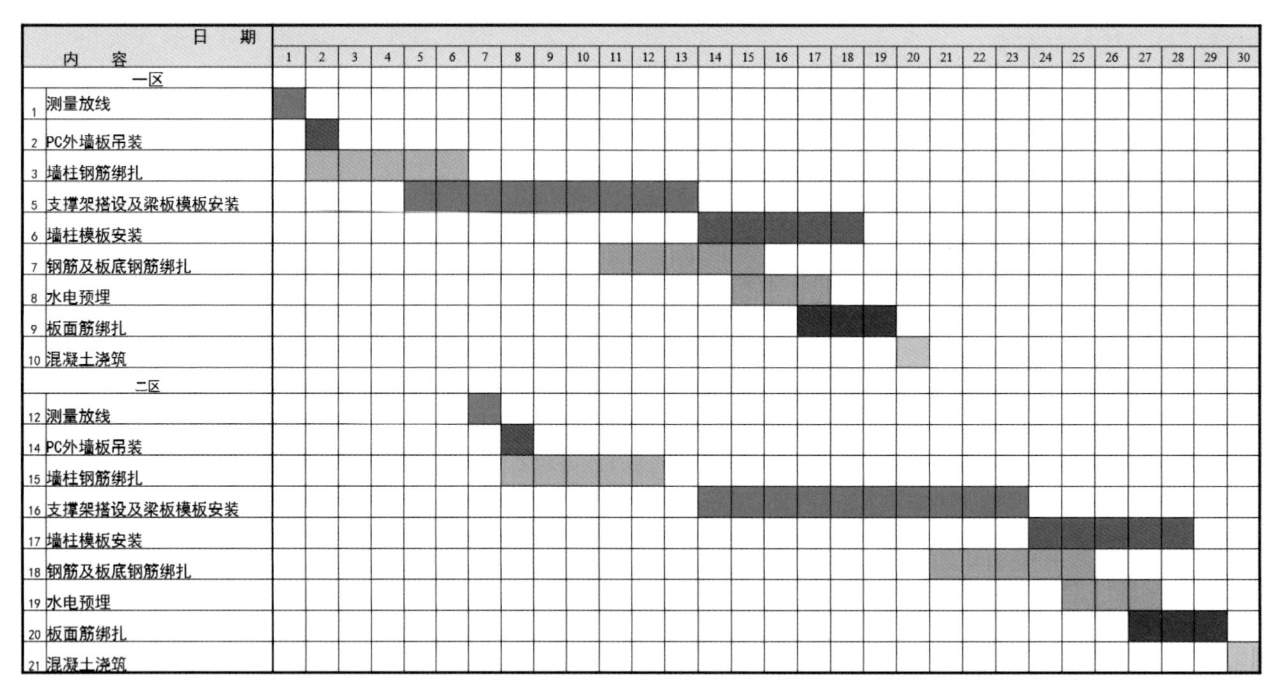

图 14. 3-12 施工工期安排

14. 3. 2 如何在保留校园运作的同时做 EPC 快速建造——龙华区观澜中学

项目概况：龙华区观澜中学位于深圳市龙华区观澜街道育才路 1 号。用地面积 73827.38m²，总建筑面积约 132825m²（含保留建筑面积约 21000m²），计容面积约 106199m²。本期建设 60 班寄宿制高级中学，学位数 3000 个。项目设计时间为 2020 年 4 月，容积率 1.67，建筑密度 52%，绿地率 30%。建设单位是深圳市龙华区建筑工务署；深圳市龙华区政府投资工程项目前期工作管理中心，设计单位是华阳国际设计集团，施工总承包单位是深圳市市政工程总公司。

设计理念：观澜，日月有明，容光必照焉，观水有术，必观其澜，截取观澜水之意境，取水墨体现学校文化气息，结合百年老校文化积淀，取水流不同形态呼应观水之澜，贯穿本案主要空间立面。取水流滚滚而下之于教学楼立面，暗喻逆水行舟不进则退之意，警醒学子争分夺秒，取漩涡之势于图书馆立面，提醒学子如漩涡般汲取书中养分，暗喻书中自有黄金屋，知识改变命运。取水面起伏于体育馆立面，暗喻水可柔和可激荡，激发学生运动激情，取涓涓细流之于宿舍楼立面，营造恬静氛围。

本项目场地中原有一系列拥有百年历史的建筑，在设计中得以保留。在古建筑的轴线方向，设计师以圆形的多功能厅和图书馆，与保留建筑中的方形钟塔遥相呼应。一条百年历史的文脉就此延续，形成了一段跨越时间与空间的对话，这是对于历史的传承，也是立于新时代的发展。

观澜中学于 2021 年 9 月开学，从设计到开学只有短短的一年半时间，但这一问题并没有难住设计师。设计师们以 EPC 思维指导总平面规划布局，巧妙地解决了一系列影响工期的问题。本项目的场地高差较大，最高处与最低处相差近 16m。场地北侧存在待拆除建筑，场地南侧为标高最高处的山顶运动场。经过分析，场地中原有山顶运动场场地平整，具有良好的施工条件，将此处设计为教学楼，可以保证学校的开学时间。而场地北侧存在钉子户等拆迁周转问题，同时此处场地高差较大，不利于施工，将操场安排在这里可以最大程度减少场地的不利因素对于工期的影响。在设计中将运动场抬高，与学校其他部分做平，便于师生使用操场（图 14.3-13～图 14.3-21）。

图 14.3-13 观澜中学百年风貌

现状建筑

现状建筑面积：21000 ㎡
建筑名称：振能楼、励行楼、弘知楼、学生公寓

新建区域

新建建筑面积：115583 ㎡
建筑名称：高中部

学校规模

规划班级：初中 36 班、高中 60 班
规划建设面积：150297 ㎡

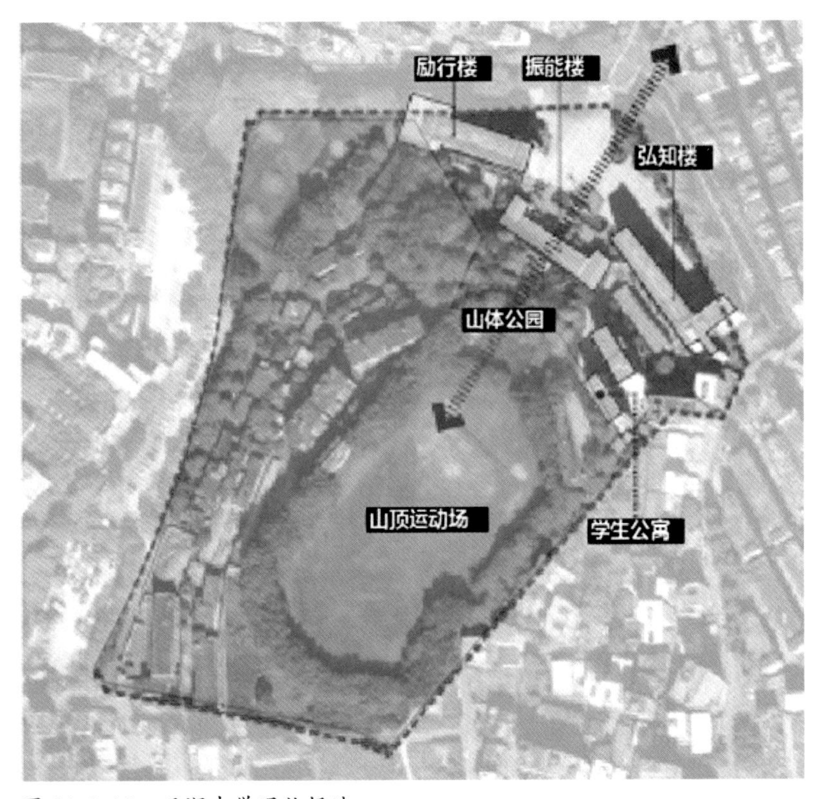

图 14.3-14 观澜中学现状场地

图 14. 3-15　观澜中学鸟瞰图

图 14. 3-16　观澜中学内部效果图

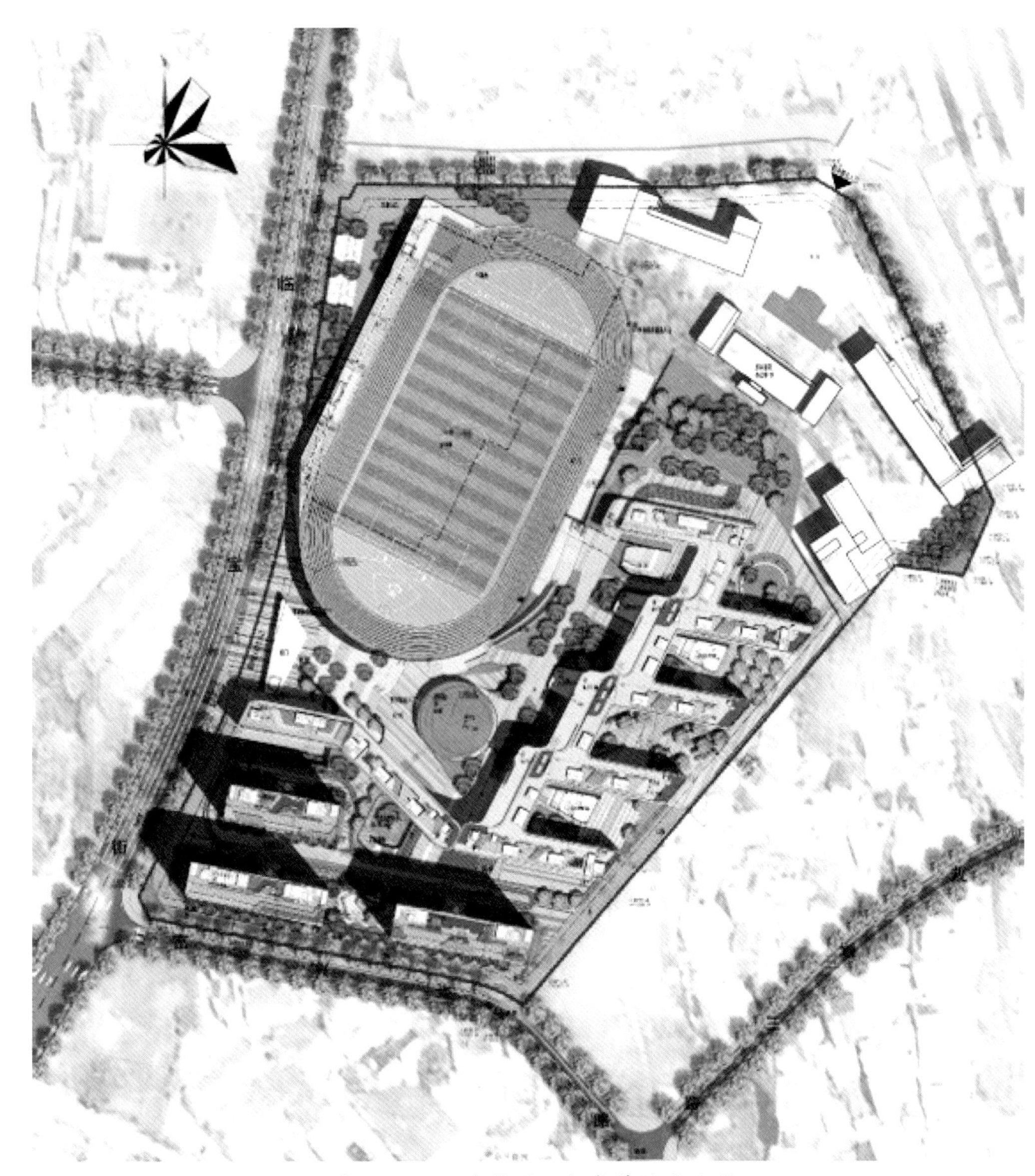

图 14. 3-17 龙华区观澜中学总平面图

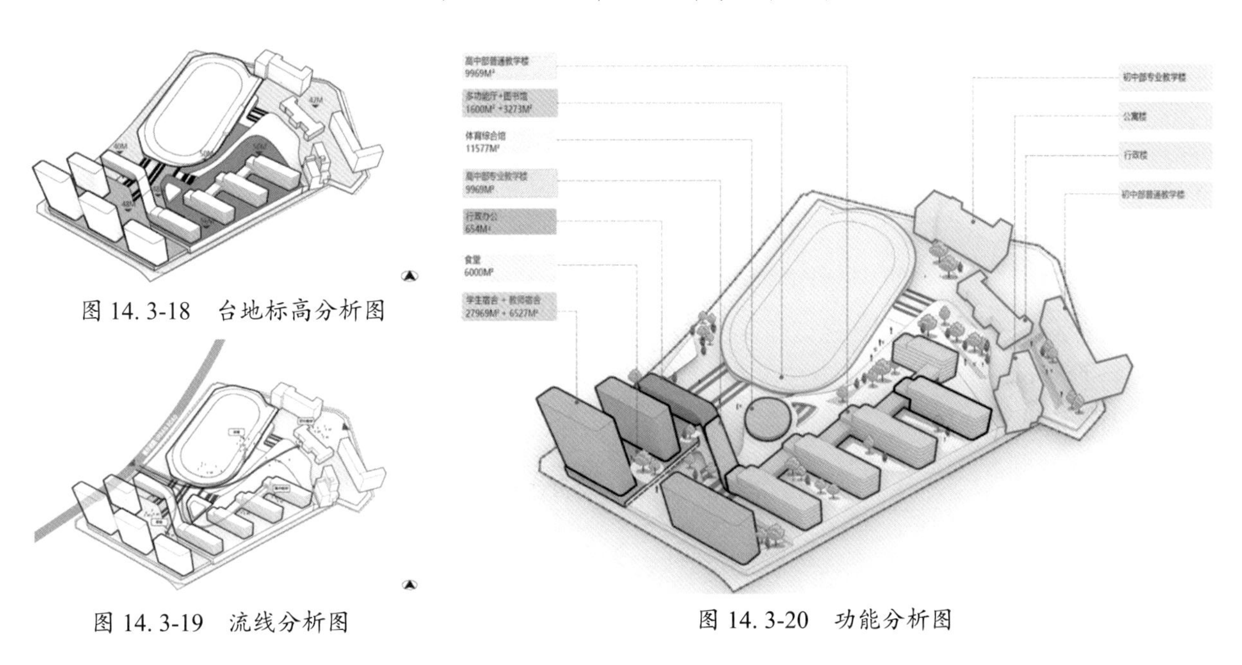

图 14. 3-18 台地标高分析图

图 14. 3-19 流线分析图

图 14. 3-20 功能分析图

图 14.3-21　观澜中学沿街效果图

14.3.3　因地制宜、多维资源整合——深圳外国语学校宝安校区设计

项目概况：深圳外国语学校宝安校区位于沙井，用地面积 44849.17m²，总建筑面积 108267m²，设置 102 班（小学 36 班和九年制 66 班），容积率 2.37/1.78，建筑密度 60%，绿地率 30%。本项目对于九年一贯制学校进行讨论，其优点在于方便中小衔接，缓解升学压力、集中地区优势，合理利用教育资源、节约土地等；但同时也存在学生年龄跨度大、管理不便、教学资源分配困难、环境长期相对固定、学生的适应能力缺乏锻炼等问题。在设计中充分考虑到九年一贯制学校的优缺点，制定适合于本项目的规划策略与空间策略。

本项目中小学部相对独立，共享资源。两个学校位于道路两侧，在城市设计角度，入口广场及资源中心居中后退，成为校园核心。减少两个学校的相互遮挡，打开城市界面，围绕轴线形成设计核心。通过将学校入口分开设置的方式，有效避免道路拥堵。南北地块均围合出一个活力核心，相互呼应。由活力核心放射出的轴线形成双十字轴，与市政道路相结合，形成丰字型空间格局。

在设计中破除用地切分限制，地上、地下全方位拉结两块用地，资源共享。在二层设置约 2278m² 的跨街连板，将两个地块完全连通。跨街架空平台提供南北共享的活动空间，使南北地块有效连接，平台下方可布置遮风避雨的接送区。将小学操场与九年一贯制合并使用，充分发挥土地利用效益。宿舍与风雨操场整合设计打开城市界面。

小学庭院设计，采用“鲁班锁”概念，以现代手法演绎中国传统文化。设置层层退台，增加高楼层活动空间，将自然元素引入校园。互相咬合的楼层活动空间，通过简单的变化丰富庭院空间。开阔的绿地设计，为举行大型活动提供可能。教学空间和户外活动空间形成虚实对比，用减法处理自然生成有仪式感的立面形象和空间丰富又充满仪式感的城市界面（图 14.3-22～图 14.3-28）。

图 14.3-22　项目场地航拍

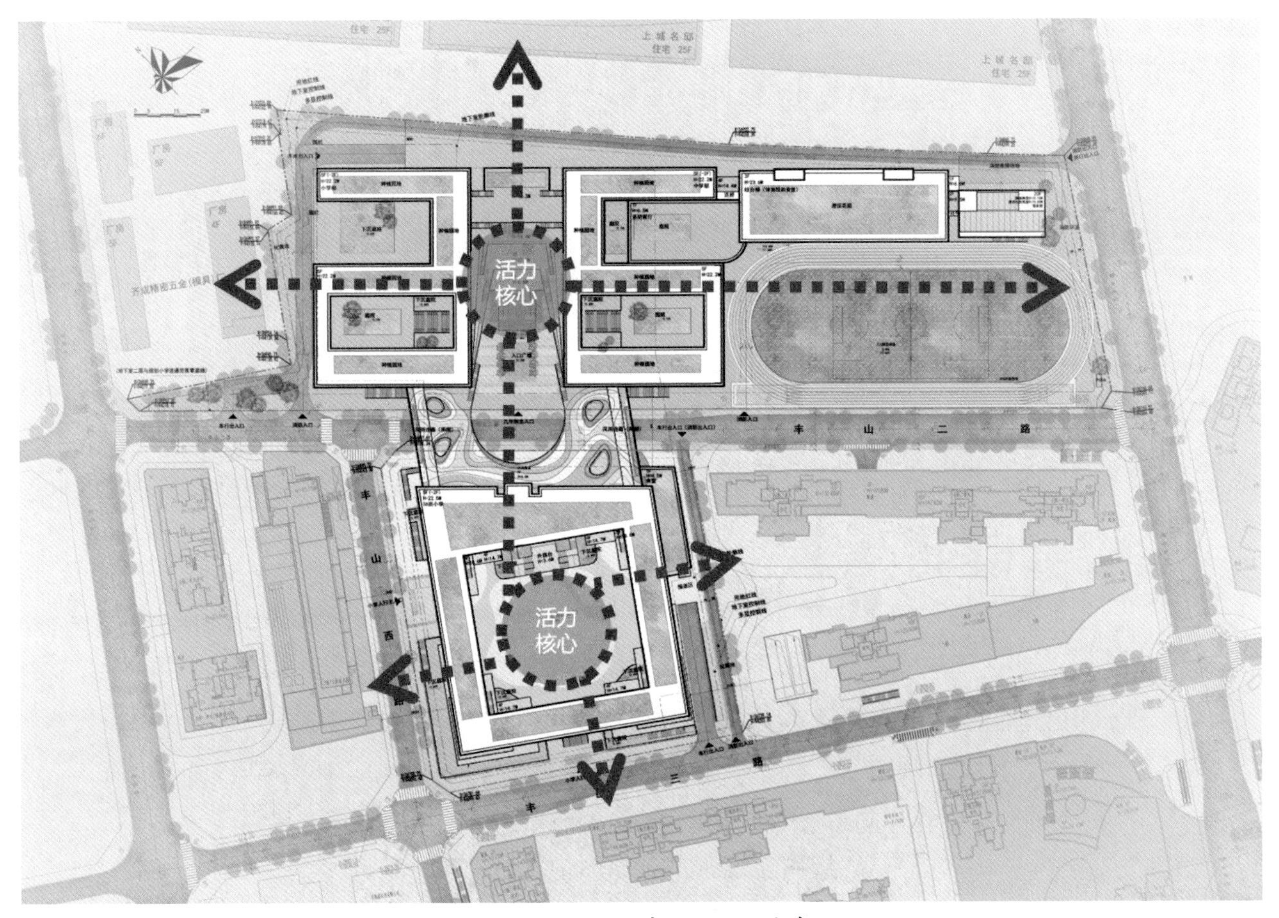

图 14.3-23　双十字轴，双活力中心

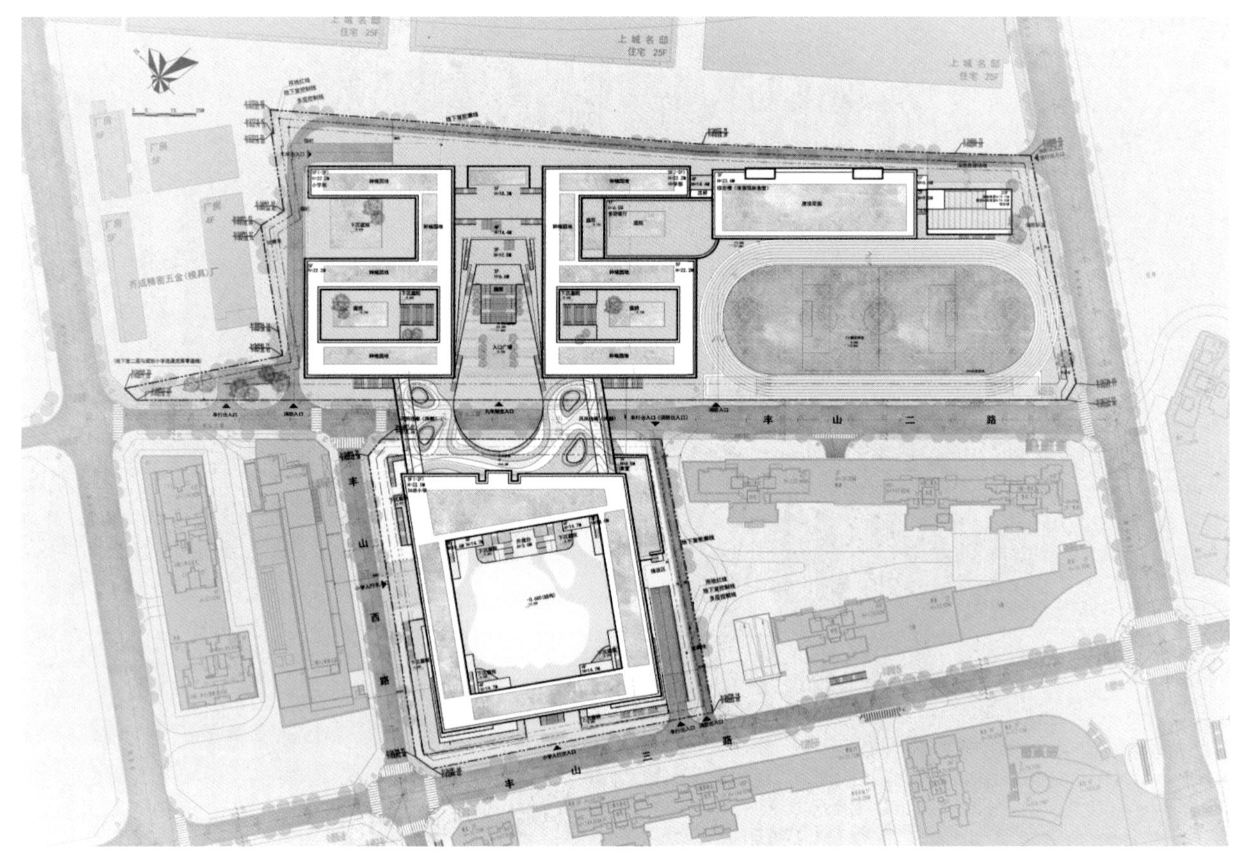

图 14.3-24　深圳外国语学校宝安校区总平面图

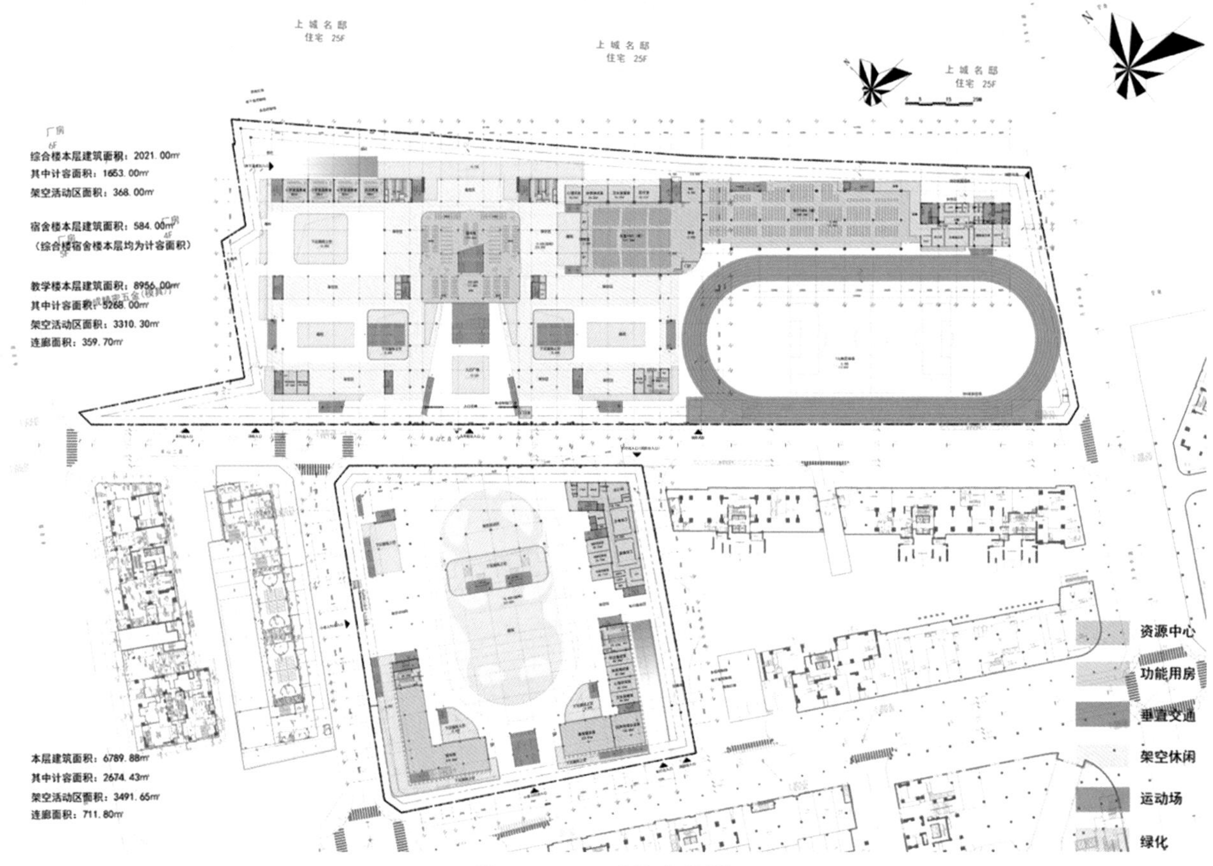

图 14.3-25　功能分区图

图 14.3-26 跨街架空平台

图 14.3-27 深圳外国语学校宝安校区立面设计

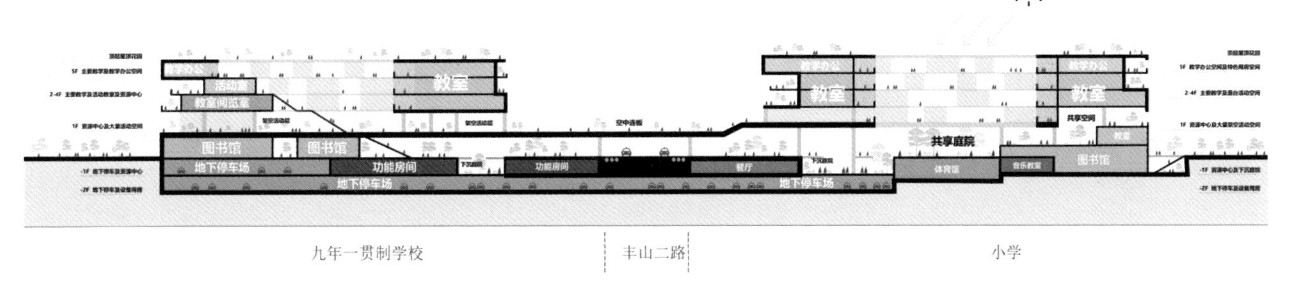

图 14.3-28 深圳外国语学校宝安校区剖面图

14.3.4 EPC思维下的综合开发与资源共享——龙岗坪地高中园

项目概况：目前深圳市规划建设4个高中园，坪山区、龙岗区、光明区、深汕特别合作区各一个，计划于2022年前后建成，解决约10万个学位。龙岗坪地高中园位于坪地GQ07-09地块。用地面积200978m^2，总建筑面积307374m^2，容积率1.15，建筑密度15.6%，绿地率35%。项目场地交通便利，场地东侧的深圳外环高速为高架快速路。场地东侧和南侧的环坪路和盐龙大道均为城市次干道。北侧与西南侧分别为长坑水库与黄竹坑水库，景观资源优越。

共享是高中园的应有之义，同时也是EPC思维下资源集约、高效利用的充分表达。通过EPC的思维方式指导高中园的设计，三所高中共享公共资源，实现缩短工期、提高效率、节省造价的目的，减少重复投资。三所高中既独立又共享，功能可分可合。

设计理念：1）枕流：文星门，《世说新语·排调》："所以枕流，欲洗其耳；所以漱石，欲砺其齿"；2）半学：讲堂，《尚书·说命篇》"惟教半学"；3）春深：藏书阁，《白鹿洞二首·其一》，"读书不觉已春深，一寸光阴一寸金。"通过分级共享、弹性分区、立体生态、寓教空间等设计策略，打造以学生为中心，安全、高效、共享、融合、寓教于景的校园环境。通过学苑大道与学术大街串联三所校园及周边山水脉络。通过寓教于景的手法，将“立德树人、日知勤学”的教育理念融入校园的景观设计中。连山接水，活力中轴。

每所高中教学区、生活区、运动区呈三角形布置，形成高效的校内动线。运动场地隔绝外环高速的影响，保证了教学环境的安全性。教学区借鉴传统书院的格局，形成各年级的院落空间。各功能区通过风雨连廊体系有机串联，通过设计使每所学校的主要功能空间相对平整。按照“三明治”结构组织校园的竖向功能。“三明治”底部的校内共享空间在有需要的情况下可以与其他校园共享，形成弹性的校园边界。通过“弹性边界”这一策略，校园首层空间既可以开放共享又可独立管控（图 14.3-29～图 14.3-33）。

54 班文史：建筑风格：典雅、沉浸、质朴；立面设计策略：对称、三段式、均衡、厚重感。

48 班艺术：建筑风格：自由、变化、轻盈；立面设计策略：流动空间、丰富色彩、线条感。

60 班理工：建筑风格：理性、秩序、科技；立面设计策略：几何图形、网格化立面、韵律。

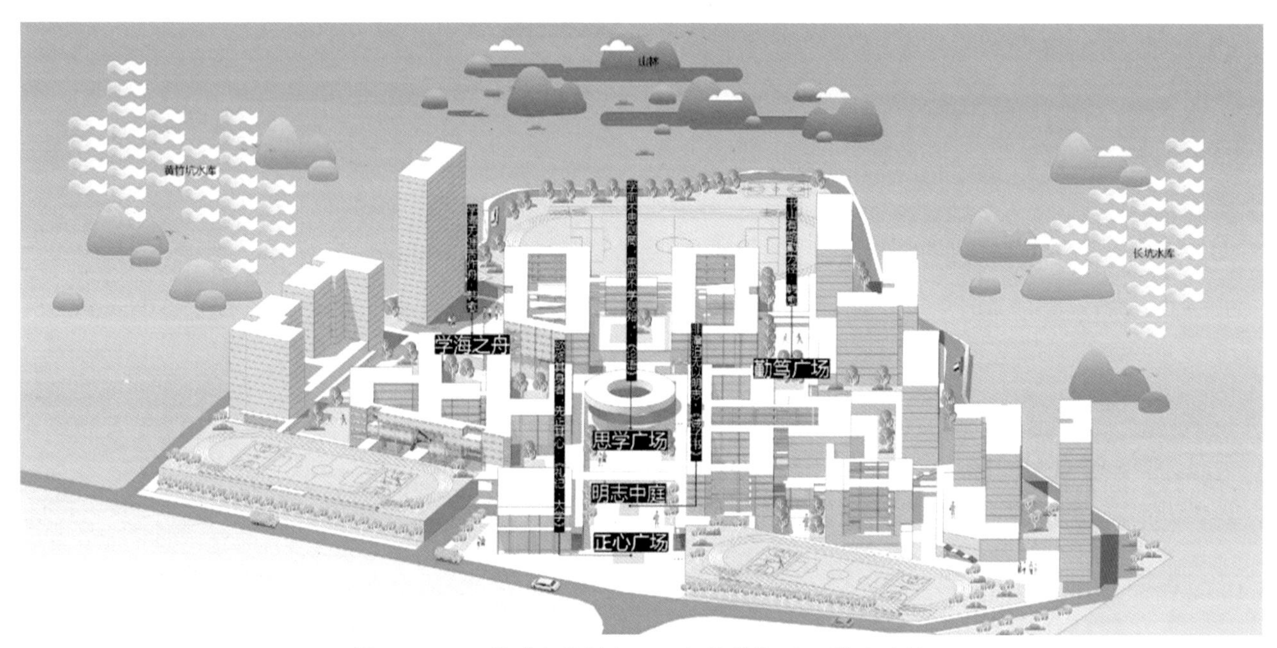

图 14. 3-29　将“立德树人，日知勤学”融入景观设计

图 14. 3-30　鸟瞰效果图

图 14.3-31 龙岗坪地高中园效果图 1

图 14.3-32 龙岗坪地高中园效果图 2

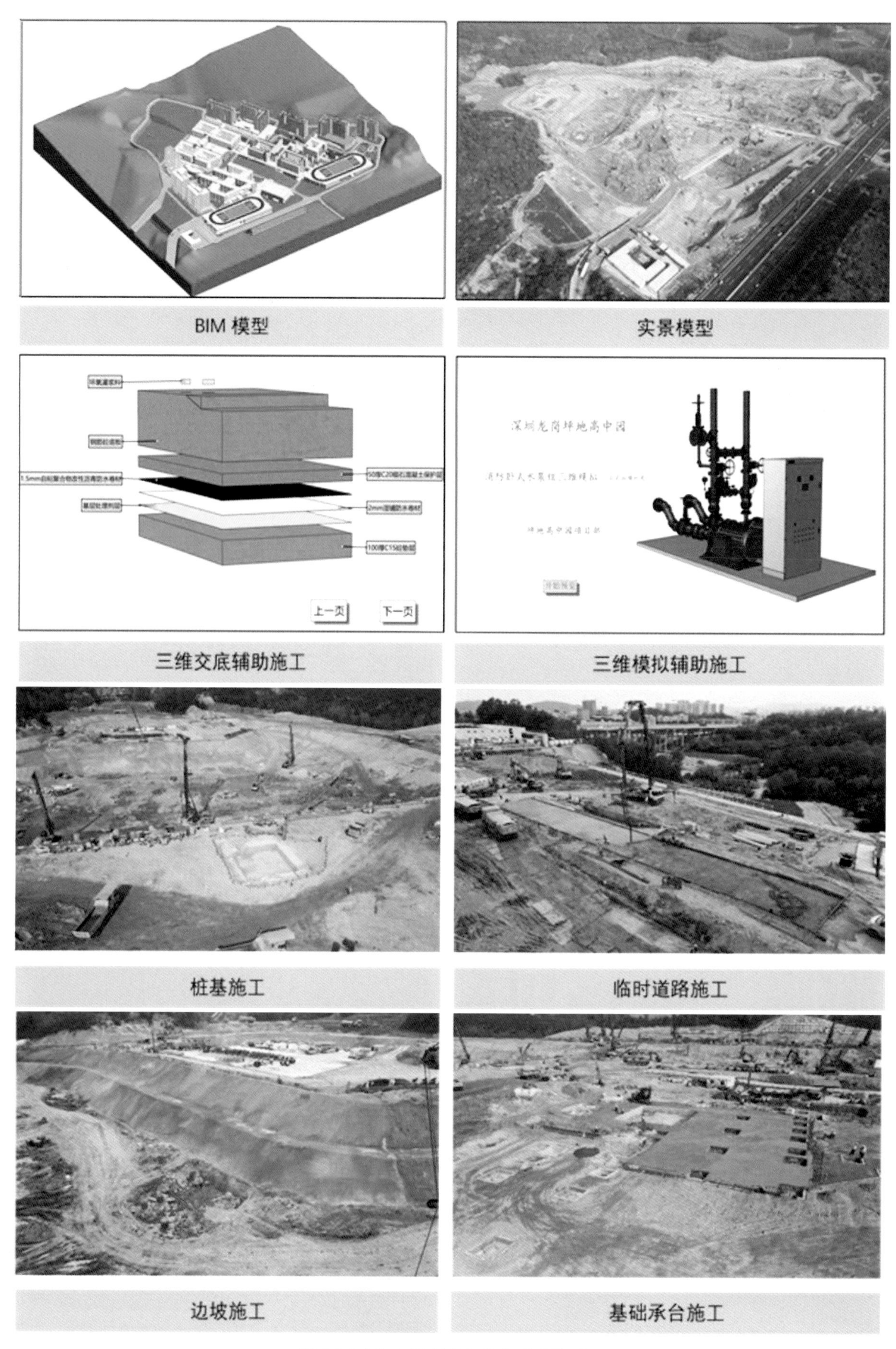

图 14.3-33　BIM 团队助力项目管理

14.4 建筑师负责制下的 EPC 项目的意义

愿景与展望：与国际接轨——注册建筑师终身负责制。

“注册建筑师终身负责制”是国际工程的通用做法，是以建筑师为责任主体，受投资方委托（赋予建筑师权利），在从建筑前期策划到工程竣工与质保的全过程中履行建筑师主体责任的一种工作模式。建筑师最终将符合投资方要求、充分体现设计理念的建筑工程作品完整地交付建设单位。从某种意义上说，就是由建筑师负责的“交钥匙工程”。

注册建筑师负责制在西方国家已经运行得非常成熟。经济全球化的大趋势下，要想真正在国际上打造中国品牌，就要从设计开始与国际接轨。国际市场上许多项目都要求建筑师全面负责。建筑师应了解相关专业、专项、配套以及整个技术平台搭建、管理，同时把控造价、经济、进度等。建筑师不仅要会做设计，还要会做工程管理、设计协调。

设计牵头的 EPC 总承包模式是未来社会及行业发展的重要方向，赋予了建筑师更多职责与权利，同时也迫使建筑师走出原有的局限，从结果出发，从全过程出发，重新对建筑设计进行思考。

采取建筑师负责制管理模式后：

（1）材料、设备等的采购和使用，必须经过建筑师审批，这是建筑师控制质量的手段。

（2）施工阶段，建筑师对施工过程监督管理、确保项目施工符合设计要求。

（3）当阶段性施工工程完成后，建设单位在支付工程款项前，需要施工单位提供建筑师批准签发的工程付款申请，以证明施工单位按建筑师要求完满地完成了施工任务。

（4）建筑师负责项目竣工验收、项目试运行、质保跟踪等后续工作。建筑师按其设计的要求，主持对工程进行分阶段分项目乃至最终的验收。

《国务院办公厅关于促进建筑业持续健康发展的意见》以及住建部《关于征求在民用建筑工程中推进建筑师负责制指导意见（征求意见稿）意见的函》都在指导建筑行业推行国际通行准则：推行工程总承包（EPC）、全过程工程咨询及建筑师负责制组织模式，提倡注册建筑师对民用建筑工程全过程或部分阶段提供全寿命周期设计咨询管理服务，最终将符合业主要求的建筑产品和服务交付给建设单位。

建筑师应该不断学习和补充原有的不足，按照国际通行准则，在未来与世界全面接轨，让中国的建筑师负责制真正落地（图 14.4-1～图 14.4-3）。

图 14.4-1　设计师在施工现场

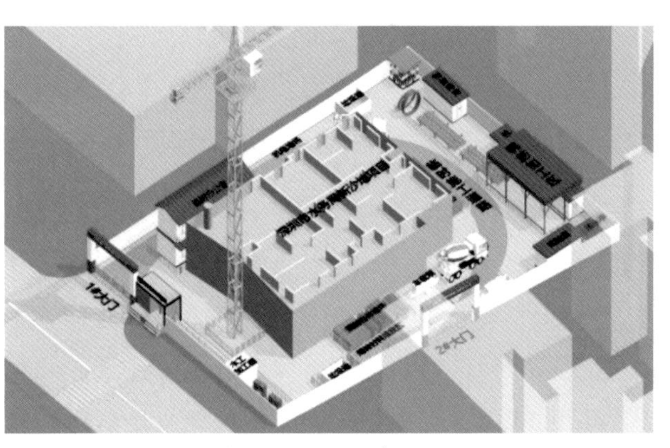

图 14.4-2　桩基施工

图 14.4-3　施工现场进度管控

15　城市中小学校园空间环境后评估

奥意建筑工程设计有限公司　万　力　王岚兮

15.1　校园空间环境后评估的必要性

15.1.1　建筑使用后评估理论概述

1）建筑使用后评估的定义

建筑使用后评估（Post-Occupancy Evaluation，简称“POE”），是指建筑物建成若干时间后，以一种规范化、系统化的程序，收集使用者对环境的评价数据信息，经过科学的分析，了解使用者对目标环境的评价，并将实现效果与原初设计目标作比较，全面鉴定设计在多大程度上满足了使用群体的需求，为以后的同类建筑设计提供参考，以期提高设计的综合效益。

2）建筑使用后评估的研究方法与流程

使用后评估的研究对象包括建筑现状、功能、空间、问题等，最终指向使用群体的行为和感受，包括对建筑物的使用、对环境空间的认知和体验、满意度等。普莱策将使用后评估分为描述式、调查式和诊断式三种类型，它们之间的关系是在评估内容层面深广度和投入度由浅到深，在实施步骤方面，不同的评估内容所应用的方法各不相同。这三种评估系统不是逐一进行，而是针对不同的需求水平而各自独立进行[1]。

（1）描述式使用后评估：一般有四种基本数据收集方法，包括：① 档案和文件记录的评估；② 有关建筑性能问题的问卷；③ 观察式评估；④ 深度访问。

（2）调查式使用后评估：所要评估建筑的性能标准和内容包括物理性能方面的声学、能源、安全性能、照明等，环境心理方面的意向、感观、环境感知、行为模式等。

（3）诊断式使用后评估：由多种方法组成，包括问卷调查、民意调查、深度访谈、介入式观察、物理性能测量、大数据分析等。

建筑使用后评估的流程一般可以展开为“确定评估重点—选择调查方法—制定评估流程—反馈评估重点（空间性能表现、能耗性能表现、用户满意度表现）”等若干步骤。

3）建筑使用后评估的价值

建筑使用后评估研究能够检验建筑功能与效果并诊断问题，是一种基于环境行为学的评价性研究范式（图 15.1-1）。

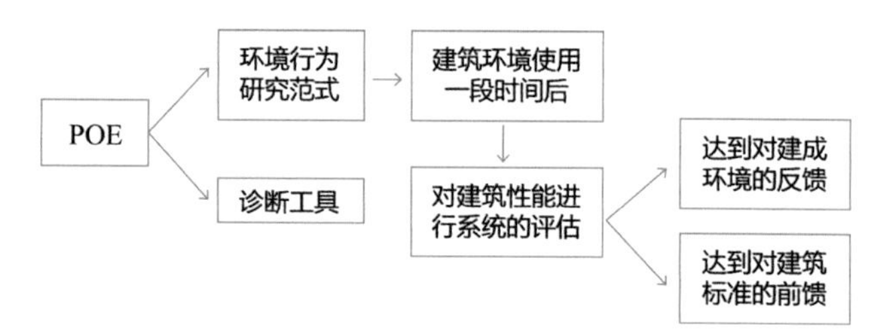

图 15.1-1　使用后评估研究范式

其具体价值体现在短期、中期、长期三个层面（图 15.1-2）。短期价值主要体现在对本建筑的经验反馈和改善方面，包括识别建筑性能存在的问题、反馈物业管理、调查空间利用存在的问题。中期价值集中体现在对同类型建筑的效能评价方面，包括建筑使用的弹性与灵活性，在一定时期内对使用方组织结构变化的配适能力。长期价值体现在标准优化方面，包括但不限于：长期提高和改善同类型建筑建筑性能，更新设计资料库，完善提升设计标准和指导规范等[1]。

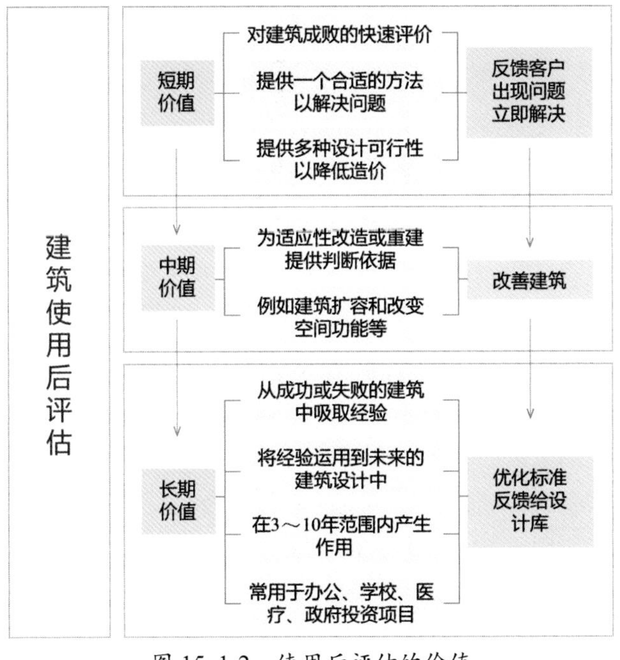

图 15.1-2　使用后评估的价值

15.1.2　国内建筑使用后评估的实践发展

在过去几十年间，我国经历了快速的城市化建设发展过程，政府在公共建筑领域投入了大量的社会资源和经济资源，在取得建设成就的同时，公共建筑工程设计也存在着建成后综合效益不尽如人意、建成环境和使用后状况缺乏合理有效的分析及评估等状况。

2014 年住房和城乡建设部《关于推进建筑业发展和改革的若干意见》中明确提出“探索研究大型公共建筑设计后评估，提升建筑设计水平”的发展目标，强化公共建筑设计管理，建立大型公共建筑工程后评估制度，以此完善公共投资项目的全周期管控，提升项目的使用效益与社会评价[2]。同时，从建筑产品化的角度看来，后评估带来的使用反馈、使用性能与效率评估，是将建筑纳入一个更加客观、更加全面的系统中予以评估的理性研究手段，也是从科学角度促进行业进步发展的必要过程。

2016 年，中国建筑学会建筑师分会建筑策划学组发出《2016 年中国城市建成环境使用后评估倡议书》，指出“建成环境使用后评估是指建筑建造和使用一段时间后，对建筑进行系统的严格评价过程，主要关注建筑使用者的需求，建筑的设计成败和建成后建筑的性能，这些均为将来的建筑设计、运营、维护和管理提供坚实的依据和基础”[3]。

2018 年清华大学庄惟敏教授主持的《大型公共建筑工程后评估试点研究报告》标准模板由住建部批准通过，为国内后评估的实施提供了操作标准（表 15.1-1）。

我国建筑使用后评估实践案例　　表 15.1-1

	建筑类型	侧重内容	方法与技术
案例 1 清华科技大厦	办公	空间绩效、使用者反馈、建筑性能全方位的后评估（诊断式）	问卷调查 深度访谈 步入式观察 Wi-Fi 室内定位技术 IEQ 室内环境检测集成设备 能耗审计
案例 2 北科大体育馆＋清华科研楼	体育建筑、教学办公	空间绩效、使用者反馈、建筑性能全方位的后评估（调查式）	问卷调查 深度访谈 步入式观察 室内环境一次性普查 能耗审计
案例 3 “十二五”课题	政府办公、文化、医疗	能耗表现、环境质量、使用舒适度、环境能源效率	问卷调查 深度访谈 步入式观察 Wi-Fi 室内定位技术 IEQ 小车 软件模拟环境质量 能耗审计

资料来源：建筑使用后评估：基本方法与前沿技术综述[4]

2019 年 3 月，中国建筑学会建筑策划与后评估专业委员会（APPC）成立，对政府、开发商、设计单位等各方建筑策划与后评估参与方进行培训、指导、组织与协调。2019 年 9 月 15 日，国务院办公厅发文（国办函〔2019〕92 号）在完善管理体制中明确“积极发展全过程工程咨询”和“建立建筑前策划、后评估制度”。大型公共建筑工程后评估陆续在各地开展了试点工作，通过后评估的循证反馈和实践检验完善大型公共建筑的立项策划设计等全过程闭环、推动建筑行业更有质量的发展。

15.1.3 城市中小学校园空间环境后评估的必要性和迫切性

作为公共建筑中重要组成部分的城市中小学建设，近些年来在一线城市和部分城市区域呈现出爆发式增长的态势。

一方面，中国城市化率由 1998 年的 30.4% 提高至 2018 年的 59.58%，二十年间增长近一倍。大量人口同向性、聚集性流入部分大城市和都市圈，同时叠加生育政策调整带来的潮汐性效应，导致部分城市的基本公共配套服务压力激增，公共教育资源紧张、义务教育学位不足。如深圳、郑州、厦门等国家重点发展大城市，以及北京市通州区、苏州工业园区、成都市双流国际空港商务区等，常住人口增长迅猛，教育需求跳跃式增长，每年都需要新建和改扩建大批学校。2019 年，合肥市义务教育阶段新增学位 10 万余个，未来三年每年将开建 100 所以上中小学幼儿园项目；2019～2021 年，深圳市多区持续发布学位预警；2020 年北京义务教育阶段学位缺口约 8 万人[5]。

另一方面，重视教育发展的政府民生政策通过大规模公共投入促成了城市中小学的批量集中建设。2020 年 12 月，深圳市表示："计划于 2025 年之前新增公办义务教育学位 74 万个，全市公办义务教育总规模接近翻一倍，教育投入达到四五千亿"[6]。其中仅 2020～2022 年间就计划新改扩建 146 所公办义务教育学校、新增公办义务教育学位 21 万个；厦门市 2019～2022 年将建成中小学、幼儿园项目 228 个，新增 20 余万学位；佛山市 2021～2023 年将有超 24 所小学 / 初中将动工投用。2021 年 9 月，顺德推出教育高质量发展六大行动计划，计划三年内投入 100 亿元，配置 5 万学位，新建超 6 万个学位（表 15.1-2）。

深圳市各区 2021 年政府投资项目计划　表 15.1-2

	教育类投资计划安排 / 万元	2021 年全年投资计划安排 / 万元	教育类投资占比
南山区	76493	940000	8.14%
罗湖区	69116	7021370	9.84%
龙华区	151685	1475789	10.28%
龙华区	34.2（亿元）	193（亿元）	17.72%

数据来源：各区发展和改革局政府信息公开

城市中小学的大量密集建设、严苛的快速建造交付时限，也催生了多地对于学校项目建设管理机制、设计方法、建造模式的全新探索。

始于 2017 年的深圳"福田新校园行动计划"，在设计和管理上大胆创新，在有限的土地以及现行规范的双重压力下，探寻既能满足校园高密度集约型发展的需求，又能实现教育现代化从量到质的转变的解决方案。"走向新校园"行动第一季"8 + 1 建筑联展"以高密度校园和校舍腾挪为重点，为深圳这一移民城市的学位供给问题给出了建筑界的专业思考与实践样本[7]。2021 年 4 月，"走向新校园"行动第二季"新校园新社区五联展"开启，聚焦于高密度校园建设语境下，如何重塑社校边界，实现校园与社区的积极互动和共享实验[8]。2021 年 8 月，"走向新校园"行动第三季"书院营造六联展"启动，致力于延续社区记忆，展拓地方历史，创造具有书院文化特色的校社共享空间[8]。这一系列探索成为国内校园空间设计和管理创新的先驱，为解决深圳"学位之痛"奉献出具有前瞻性、探索性的思考及建设成果。该行动还直接促成了《深圳市中小学校建设试点项目关键技术指引》的制定实施，在场地布置、功能布局、建筑间距等方面提出了新的解决方法与技术措施。2021 年 4 月，成都市天府新区发起公园城市理想校园竞赛，以"理想校园、社区共享"为主题，探讨面向未来的公园城市理想校园设计。2021 年 8 月，"顺德区最美校园行动计划"开启，同步开始首批 7 所中小学校园新建、扩建设计（表 15.1-3）。

在此轮集约精细化的"二次城市化"发展过程中应运而生的新校园，城市用地资源限制和教育理念革新激发了多轮管理和设计创新实验，批量化、高速化的建造要求又催生了装配式、模块化、校舍腾挪等建造技术的探索革新，这些探索与实验的成效，都迫切需要通过使用后评估研究分析科学验证。

2021 年 1 月，深圳市福田区发展和改革局印发了《福田区政府投资项目后评价管理办法》，强调"原则上所有政府投资项目竣工验收并使用或运营一定时间后，都需对其开展后评价工作，以了解项目投资决策、建设管理、项目效益等实际效果"[9]，也从管理层面对后评估提出了具体要求。

各地对城市中小学校建设的全新探索　　表 15.1-3

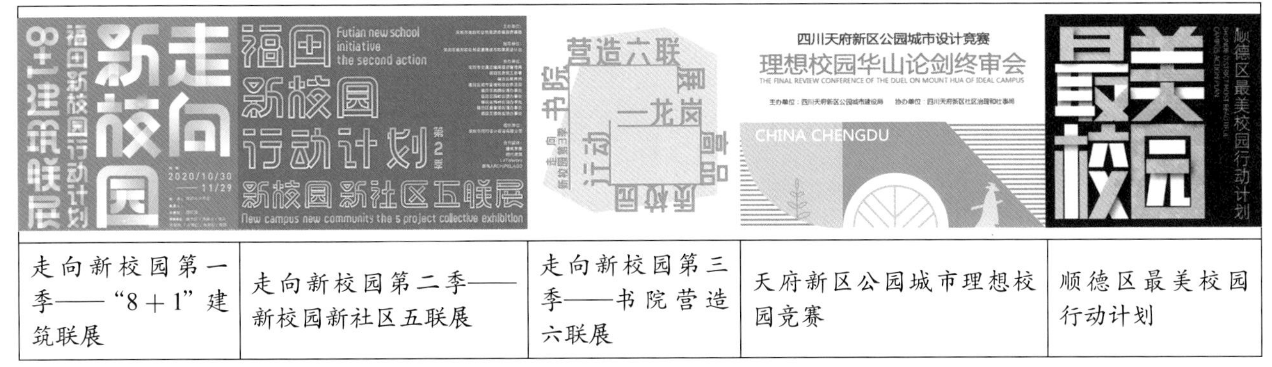

走向新校园第一季——“8＋1”建筑联展	走向新校园第二季——新校园新社区五联展	走向新校园第三季——书院营造六联展	天府新区公园城市理想校园竞赛	顺德区最美校园行动计划

资料来源：图片引自网络，由作者编制

相较于其他公共建筑，城市中小学尤其关乎民生与未来，校园在规划、单体设计及基础设施配置方面是否满足教育需求，校园空间环境是否为使用者提供了人性化关怀，校园的运维能耗是否经济合理，校园能否在较长的生命周期内适应教育发展？一系列规划、管理、设计、建造的创新探索成效如何，这些都是校园空间环境使用后评估关注的重点。

15.2 构建城市中小学校园空间环境后评估的评价指标体系

15.2.1 评价指标体系的构建原则、依据与特征

1）构建原则

科学评价城市中小学涉及层面广泛，内容纷繁复杂。本指标体系的构建基于全面性、层次行、针对性原则，为校园后评估的实际操作提供方法支撑。

全面性

校园建筑后评估是建筑工程实现全生命周期的重要一环。使用后评估不仅要包含规划布局、建筑单体、专项设计等建筑设计层面的考量，也应加入使用方、管理方等不同视角的评价内容。评估指标的制定考虑了建筑使用的空间性和时间性两个维度，指标的涵盖范围全面多元。

层次性

校园建筑后评估体系构建应当由大及小，由宏观到微观。从场地规划、单体设计、基础设施、人性化和经济运维的上层分项，再到各个分项的细化考察评价指标，以具体细分考察要点逐层组合，呈现后评估指标框架的整体构成。

针对性

校园建筑区别于一般类型公共建筑，使用对象相对固定。后评估指标体系应结合该类使用群体的具体特点，考虑评价指标的设置。例如考虑调研对象人群的年龄特征对问卷评价指标进行易读性设计等，针对性展开调研。

2）构建依据

住建部通过的“大型公共建筑工程后评估”[10]评估矩阵为本评价体系构建提供了基本依据。评估矩阵由性能绩效专题和建成环境物理空间维度两方面构建，形成基本评估逻辑体系（表 15.2-1）。

大型公共建筑后评估矩阵　　表 15.2-1

		性能绩效专题		
		空间绩效	使用者反馈	建筑性能
建成环境物理空间维度	A 场地	·	·	
	B 单体	·	·	·
	C 专项	·	·	·

资料来源：引自文献［10］

城市中小学校园空间环境后评估的评价框架由矩阵发展演变而来，专项评估内容增加基础设施、人性化及经济运维三项（表 15.2-2）。同时考虑到

校园空间环境对于不断变革的教育需求的适应程度，评价指标体系还引入了时间维度，对于建筑使用后的过程进行动态评估，形成一套较为合理的、多维度、全过程的评估体系与方法（图 15.2-1）。

城市中小学校园空间环境后评估矩阵

表 15.2-2

		性能绩效专题			
		空间绩效	使用者反馈	建筑性能	其他反馈
建成环境物理空间维度	A 校园规划	•	•		
	B 单体设计	•	•	•	
	C 基础设施	•	•		
	D 人性化		•		•
	E 经济运维			•	•

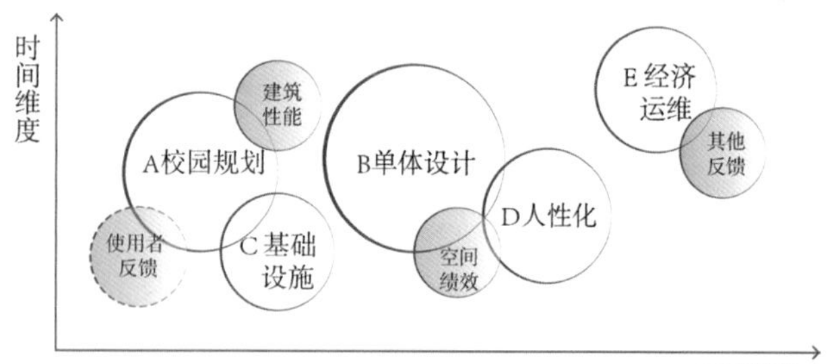

图 15.2-1　城市中小学建筑校园空间环境使用后评估要点的两个维度

3）构建特征

城市中小学校园空间环境后评估是在对一般建筑后评估方法进行适应性修改的基础上形成的，有以下特征：

强调校园文化属性特征

作为教育建筑，城市中小学具有显著的文化性特征，建筑空间环境是承载校园人文精神的重要载体。环境人文风貌、校园文化展示传播应纳入评价体系指标的范畴。

关注生均指标反馈特征

在教育建筑评估中，生均指标是重要的衡量标准之一。国内一线城市的中小学普遍呈现出高密度、低生均用地的特征，例如深圳受限于城市密度，学校生均用地指标又明显低于其他一线城市。学校建设面积要求取上限，规划用地面积取下限，造就了校园设计的高密度化，给校园建筑高度、地下空间设置、疏散及采光通风解决等均带来较大压力。本评估框架也试图将对应生均指标的使用反馈纳入评价指标体系，从定性和定量双层意义上衡量生均指标在实际建设应用中的合理性。

重视人性化评价特征

城市中小学校具有特定的使用对象群体，其中又分为直接使用对象学生、教师、校方管理团队及后勤人员，间接使用对象家长、社区居民（校园部分开放共享设施对社区分时开放）等。针对不同人群的评价指标设置，能有效增加人性化评价的全面性，充分收集使用反馈。

贯彻时效性的动态评价特征

教育理念总是在不断变革发展的，校园管理运维的技术手段也在不断进步，在评价体系中纳入时间维度，就是希望能对于城市中小学投入使用后的过程进行动态评价，探索同类项目设计的前瞻性考量要点。

15.2.2　城市中小学校园空间环境后评估指标体系框架

本框架旨在构建关注满意度的校园空间环境模型及评价指标体系。基于城市中小学校园建筑后评估的目标、原则、现有条件和愿景，提出五个一级评级指标，在评估矩阵的指导下，加入城市中小学个性化特征，初步生成后评估指标体系的二级指标。该体系对校园规划、单体设计、基础设施、人性化和经济运维设置了 20 项指标与评价标准，为后评估操作提供方向参考与实施建议（图 15.2-2～图 15.2-6）。

评估指标体系设置同时预留一定弹性，在后评估的应用过程中注意配适与灵活，根据不同项目具体特征进行适应性调整。

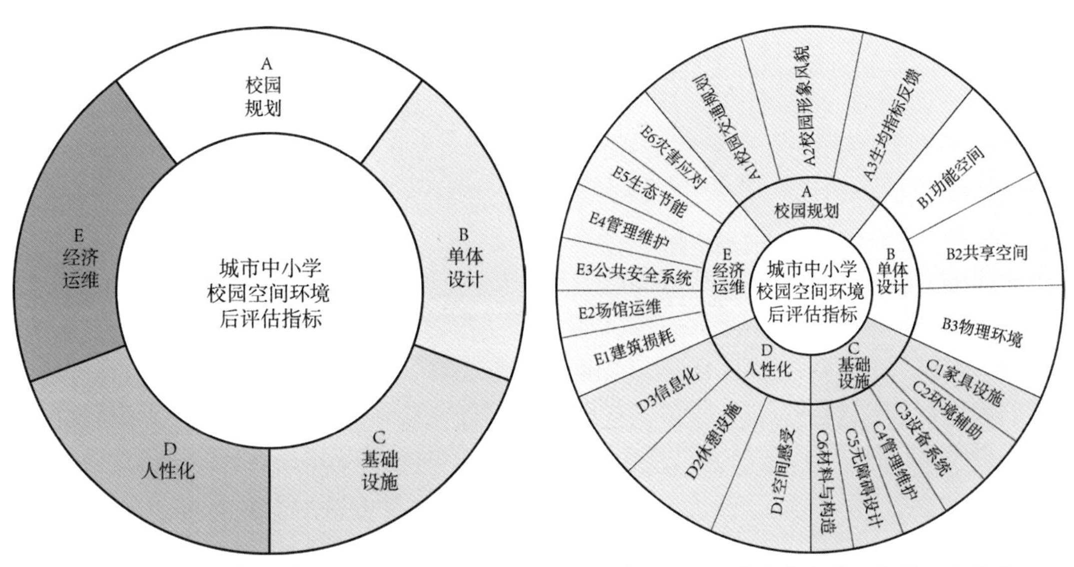

图 15. 2-2　城市中小学后评估一级指标　　　图 15.2-3　城市中小学后评估二级指标

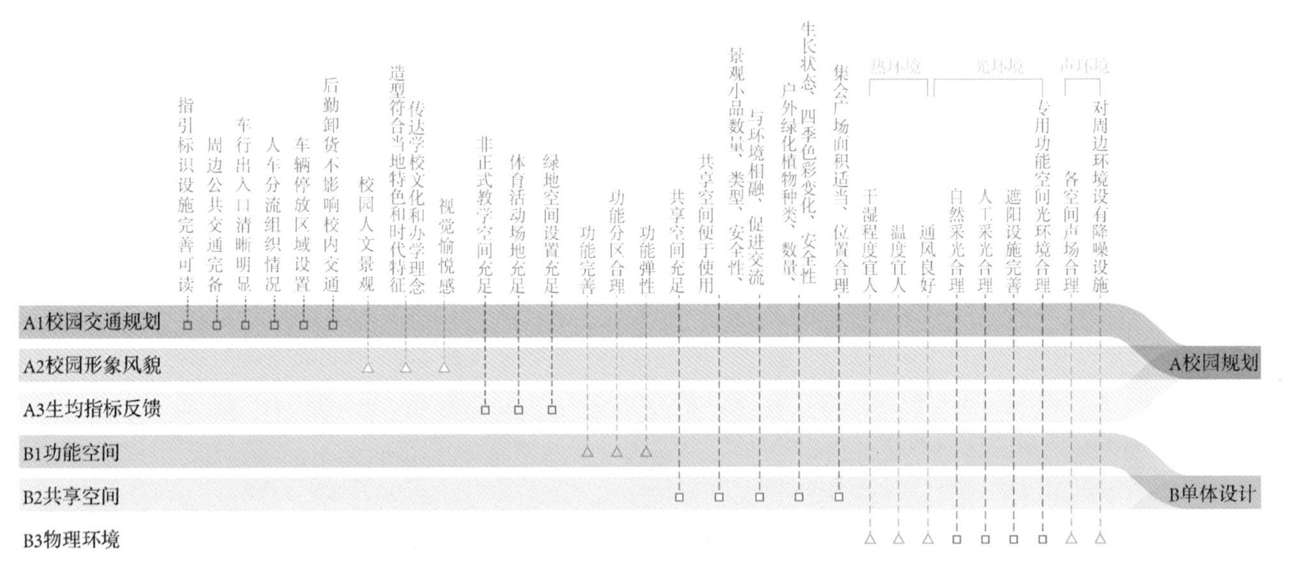

图 15. 2-4　A 校园规划和 B 单体设计评估指标细化

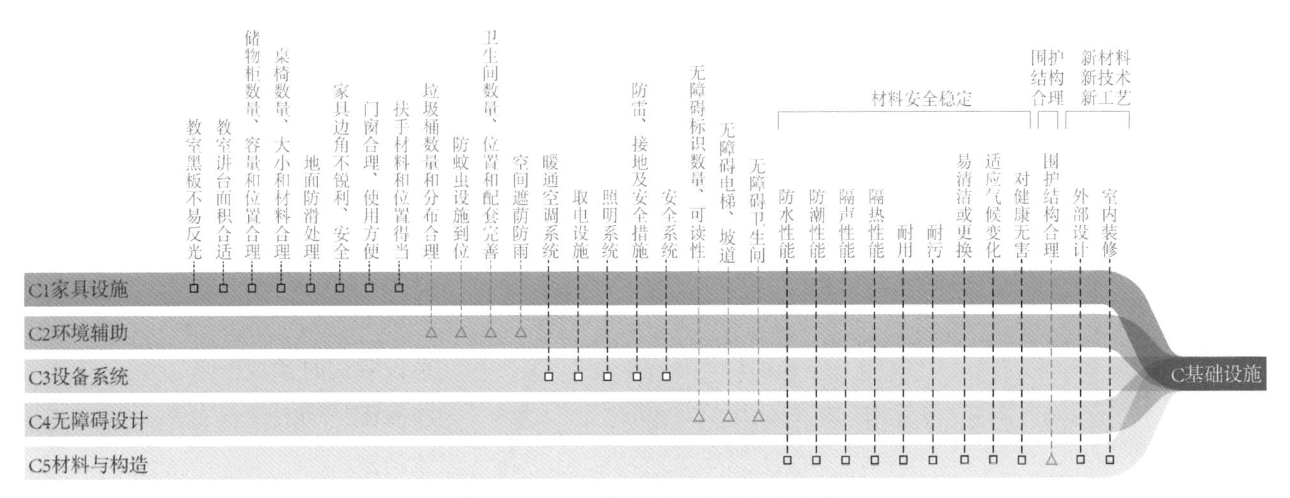

图 15. 2-5　C 基础设施评估指标细化

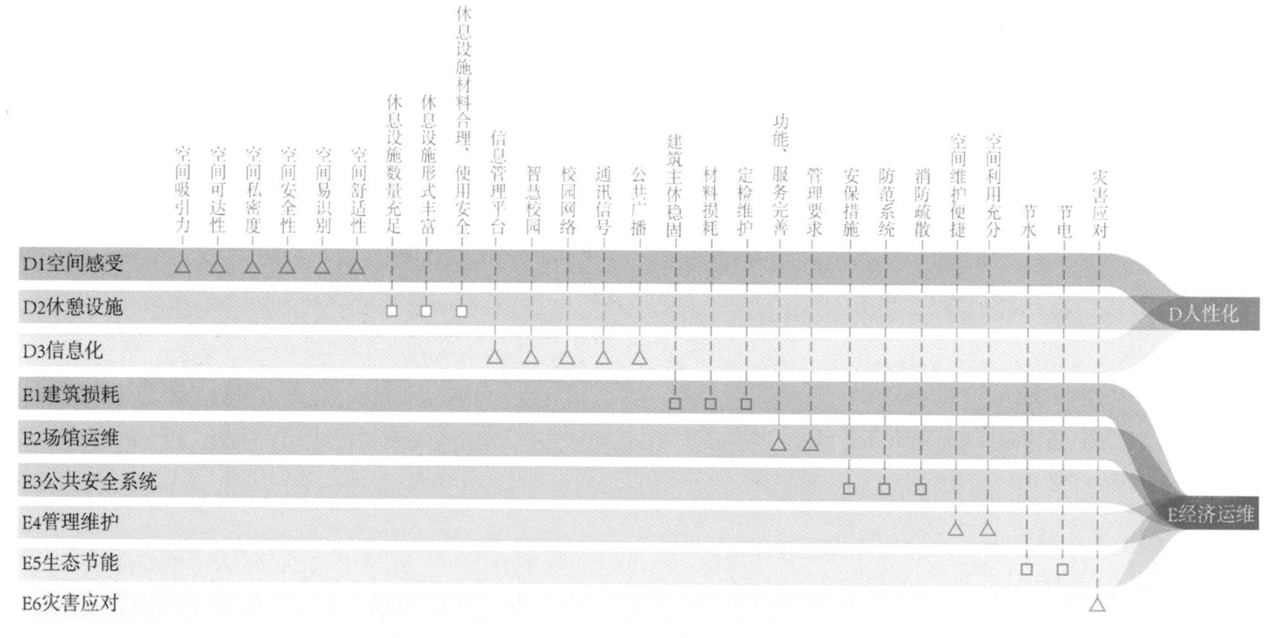

图 15.2-6　D 人性化和 E 经济运维评估指标细化

15.2.3　城市中小学校园空间环境后评估操作流程

城市中小学校园空间环境后评估调研方案具体流程分为五步。首先通过案例分析、文献查阅等确定基本调研对象与方法，对校园空间环境使用满意度的影响因素进行提取和归类；同时搜集调研对象的规模、人数等基础信息。之后通过专家现场考察、相关人员访谈（师生、管理和后勤人员）及满意度问卷（师生、管理、后勤人员、家长）等实地收集反馈数据信息，形成基本证据库。最后对证据进行分析解读，从校园规划、单体设计、基础设施、人性化和经济运维不同层面进行评估反馈，对调研案例进行具体评价并有针对性地提供改进策略。同时，通过调研实操持续性地修正、优化此评估指标体系（图 15.2-7）。

操作流程各步骤具有一定的逻辑独立性，在特定的后评估研究范畴内，也可以选取个别调研步骤单独进行，获取阶段性或局部范畴的调研成果，进行专项评估。

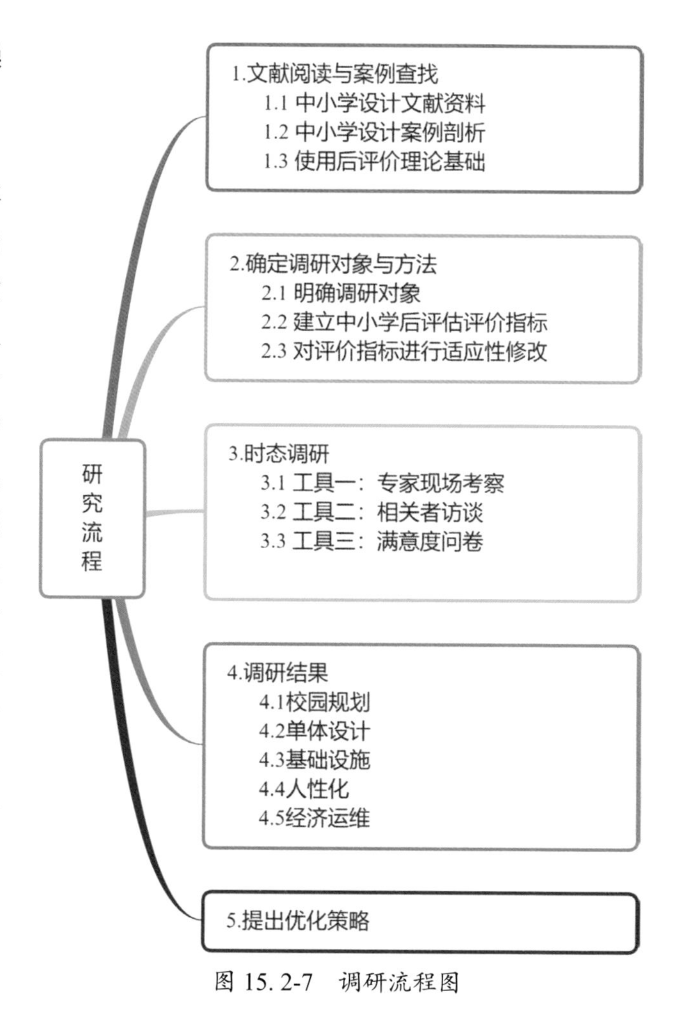

图 15.2-7　调研流程图

15.2.4　城市中小学校园空间环境后评估工具

本框架下的核心后评估工具由三部分组成：专家现场考察表、相关者访谈清单及使用者满意度调查问卷。旨在从不同层面，通过不同方式获取数据反馈，相互比较、互为佐证，形成丰富、科学、有效的校园空间环境后评估数据库。

1）工具一：专家现场考察表

专家现场考察主要是组织建筑、教育领域相关专家对学校进行基于专业角度的考察，目标是收集专家从专业角度对学校设计建设情况的分析与意见，为后续评估使用者满意度指标提供专业支撑（表15.2-3）。

专家现场考察表　　表15.2-3

大类	小类	考察内容
A 校园规划	A1 校园交通规划	1. 人车分流实施情况 2. 交通分流组织实施情况：接送、来访、共享、后勤、内部
	A2 校园形象风貌	1. 校园形象风貌 2. 校园景观环境（人文景观、自然景观）
B 单体设计	B1 功能空间	1. 校园功能完善程度 2. 校内体育场地情况
	B2 共享空间	1. 空间灵活性与多样性 2. 公共活动空间与共享设施空间
C 基础设施	C1 家具设施	家具使用的便捷性
	C3 设备系统	给排水；电气照明；通信网络；空调通风
	C5 无障碍设计	无障碍设计现状与问题
	C6 材料与构造	信息化教学系统
D 人性化	D1 空间感受	1. 空间可达性 2. 空间私密度
	D2 休憩设施	1. 数量充足、形式丰富 2. 材料合理安全
	D3 信息化	空间使用效能
E 经济运维	E1 建筑损耗	绿色建筑措施
	E5 生态节能	节水节电措施

2）工具二：相关者访谈清单

相关者访谈主要是针对学校教师、学生、管理人员、后勤人员进行针对性访谈，对特定问题深入调研，收集无法直接通过观察获取的反馈信息，完善评估指标的定性反馈（表15.2-4）。

相关者访谈清单　　表15.2-4

大类	小类	访谈内容
A 校园规划	A1 校园交通规划	1. 学校周边交通高峰时您上下班感受如何？是否便捷？可以讲述一下交通安全、交通流量等情况。 2. 学校出入口在识别性和清晰度方面给您感觉如何？ 3. 校园内活动时各种指引标识设置合理齐全、指示清晰吗？方便到达目的地吗？是否有特别不便的通行路径？ 4. 学校是否为来访车辆提供的车行路径和停放空间？使用频率如何？有何改进建议？ 5. 学校为教师车辆提供的车行路径和停放空间，您在使用上有什么感受？有何改进建议？ 6. 校园道路附属设施（道闸、减速带等）使用感受如何？ 7. 学校为后勤车辆提供的车行路径和停放空间，您在使用上有什么感受？有何改进建议？ 8. 校园内是否有自行车停放设施配备？使用情况如何？
	A2 校园形象风貌	1. 学校的建筑风格与周边环境给您的感觉如何？ 2. 您在学校建筑上感受到怎样的文化氛围？是否契合本校理念与特色？
B 单体设计	B1 功能空间	1. 您觉得学校教学区、行政区、图书馆、体育馆、食堂、宿舍、运动场地、地下空间等内部功能空间是否完善？是否满足使用需求？有无不足之处？ 2. 您觉得学校各功能分区设置（位置、规模等）是否合理？您在使用这些空间时有无感受到不适或不便？ 3. 您觉得学校空间设计是否能满足集会、展示等非正式教学使用的需要？ 4. 集会广场：学校集会广场在您眼中是怎样的？您认为学校在面积大小、位置布置、标识指引、基础设施、宣传告示处等方面，有哪些您感觉比较好？如有不足，则都在哪些方面呢？ 5. 学校是否有相对独立的工作空间，您的使用感受如何？

续表

大类	小类	访谈内容
B 单体设计	B2 共享空间	学校景观环境感受如何？绿植或小品设置是否提升了校园环境感受？是否对学校生活产生了正面影响？
	B3 物理环境	学校是否尝试提高热环境的舒适度？采用了哪些方式？
C 基础设施	C1 家具设施	走廊、楼梯等交通空间使用感受如何？（安全性、设施完善程度等）
	C3 设备系统	特殊强弱电机房及管井如何设置布局？使用感受如何？
	C5 无障碍设计	学校是否有具有无障碍措施？
	C6 材料与构造	1. 学校各主要空间吊顶、墙面、地面使用维护情况如何？在耐久性、（光照、冷热、风雨、细菌等）耐受能力、耐污能力、清洁难易度如何？ 2. 学校外围护结构使用效果如何？耐久度如何？ 3. 学校是否采用（哪些）新材料、新技术、新工艺？使用情况如何？
D 人性化	D1 空间感受	校园空间是否具有吸引力？空间可达性如何？空间是否具有私密性？空间是否易识别？
	D2 休憩设施	校园是否提供了休憩设施？您使用时感受如何？可以从数量充足、形式丰富度、安全性、维修频率方面说明。
	D3 信息化	校园网络和通信状况如何？公共广播是否清晰？
E 经济运维	E1 建筑损耗	学校的空调供热采用怎样的技术？是否有节能降损的性能？
	E2 场馆运维	1. 学校是否有部分场馆或场地在部分时段对外开放？采取何种管理模式？您的使用感受如何？有何建议？ 2. 目前教室、图书馆、体育馆、食堂、宿舍、公共空间、地下空间的管理制度在实际中是如何进行的？目前的管理制度，您的看法是什么？
	E3 公共安全系统	1. 校园空间有何安全保障设置或措施？您的感受如何？您认为比较重要的安全保障是什么？ 2. 对于电子监控等安全技术防范系统在保障校园安全，您有何看法？ 3. 对于电子监控等安全技术防范系统在保障校园安全方面的表现，您有什么看法？

续表

大类	小类	访谈内容
E 经济运维	E4 管理维护	目前教室、图书馆、体育馆、食堂、宿舍、公共空间、地下空间的使用状况如何？空间利用怎么样？您对于学校的管理维护有什么建议？
	E5 生态节能	学校采取了哪些生态节能措施？使用效果如何？
	E6 灾害应对	学校在应对地震、火灾等突发事件的安全系统，让您觉得学生安全有保障吗？您对于应急系统的评价如何？

3）工具三：使用者满意度调查问卷

满意度问卷的受访对象包含直接使用者的教师、学生、管理和后勤人员，也包含间接使用者的家长、使用开放设施的社区居民等。问卷通过量化的数据收集与分析，获取一手满意度反馈，结合专家考察及访谈共同分析，增加评估客观性和准确性（表 15.2-5）。

满意度问卷　　表 15.2-5

大类	小类	评估标准
A 校园规划	A1 校园交通规划	a 指引标识设施完善可读；b 周边公共交通完备；c 车行出入口位置清晰明显；d 车行道满足需求；e 车辆停放空间充足；f 卸货空间；g 校园内自行车停放设施齐全
	A2 校园形象风貌	a 风格与周围环境一致；b 造型符合当地特色和时代特征，传达学校文化和办学理念；c 视觉愉悦感
	A3 生均指标反馈	a 校园活动不拥挤；b 体育场地充足；c 绿地空间充足
B 单体设计	B1 功能空间	a 空间功能完善、分区合理；b 食堂功能分区合理；c 图书馆功能分区合理
	B2 共享空间	a 校园内人文景观（如校园标牌、雕塑、廊柱等）的布置；b 户外的铺装实用、美观；c 景观小品（如小雕塑、喷泉等）数量、类型、安全性、与环境相容、促进交流；d 户外绿化植物种类、数量，集会广场面积、位置
	B3 物理环境	a 热环境舒适；b 光环境舒适；c 声环境舒适

续表

大类	小类	评估标准
C 基础设施	C1 家具设施	a 教室黑板不易反光；b 教室讲台面积合适；c 储物柜数量、容量和位置合理；d 桌椅数量、大小和材料合理；e 地面防滑处理；f 家具边角不锐利，安全；g 门窗合理、使用方便；h 扶手材料和位置得当
	C2 环境辅助	a 垃圾桶数量和分布合理；b 防蚊虫设施到位；c 卫生间数量、位置和配套完善；d 空间遮阴防雨
	C3 设备系统	a 暖通空调系统；b 取电设施；c 照明系统；d 给排水系统；e 防雷、接地和安全措施；f 安全系统
	C4 管理维护	a 功能空间使用规则合理；b 场馆功能和服务完善；c 安保人力充足有效
	C5 无障碍设计	a 无障碍标识数量、可读性；b 无障碍电梯间；c 无障碍坡道
	C6 材料与构造	a 材料安全稳定；b 围护结构合理；c 新材料、新技术、新工艺
D 人性化	D1 空间感受	a 空间吸引力；b 空间可达性；c 空间私密度；d 空间安全性；e 空间可识别性；f 空间干净整洁；g 空间多样性和灵活性
	D2 休憩设施	a 休息设施数量充足；b 休息设施形式丰富；c 休息设施材料合理，使用安全
	D3 信息化	a 信息管理平台；b 智慧校园；c 网络高速且稳定；d 通信信号良好；e 公共广播清晰
E 经济运维	E1 建筑损耗	a 绿色评价；b 节能评价；c 运维评价
	E2 场馆运维	a 设施共享；b 场地共享；c 共享管理
	E3 公共安全系统	a 安保措施；b 防范系统；c 消防疏散
	E4 管理维护	a 管理维护便捷；b 空间利用充分
	E5 生态节能	节水节电措施
	E6 灾害应对	应急避难场所设置

满意度问卷量表采用 5 点评分方式，按照 −2～2 分进行评估。每个选项可转化为分值，方便计算与分析。−2 分表示很不符合，−1 分表示不太符合，0 分表示一般符合，1 分表示比较符合，2 分表示非常符合。量表总分的高低反映受访者对评价内容的满意程度。

满意度问卷调查和相关者访谈以校方协作为宜，信度与效度最高，时间人力以及资源成本同步较高。大规模问卷及专家现场考察宜先于相关者访谈完成，并获得相应初步研究成果，再根据初步数据分析成果组织有针对性的访谈。

15.3 调研案例——深圳前海实验港湾学校使用后评估

15.3.1 调研对象

深圳前海实验港湾学校位于前海自贸区桂湾片区，是一所 45 班的九年一贯制学校。学校占地面积 2.8 万 m^2，建筑面积约 3.6 万 m^2。学校于 2019 年 9 月投入使用，截至调研时间，办学规模为 32 班，学生人数约 1400 人，教职工数约 100 人。

根据用地单元整体规划，校舍与操场分设于不同标高的两个地块，校园与操场之间通过架空连桥连通（图 15.3-1）。校舍部分采用“E”字型布局，小学与初中分设于南北两侧，便于校方分区管理中小学课室和活动场地，中部布局多功能厅、体育馆、图书馆等共享公共教学区。学校利用建筑体块错落形成阶梯式平台联系校内多个标高的空间及场地，且增加了灰空间及平台活动区（图 15.3-2）。校园还利用不同标高的平台创造多样的绿化环境，结合立面垂直绿化打造亲近自然的校园空间（图 15.3-3）。

学校总体方案

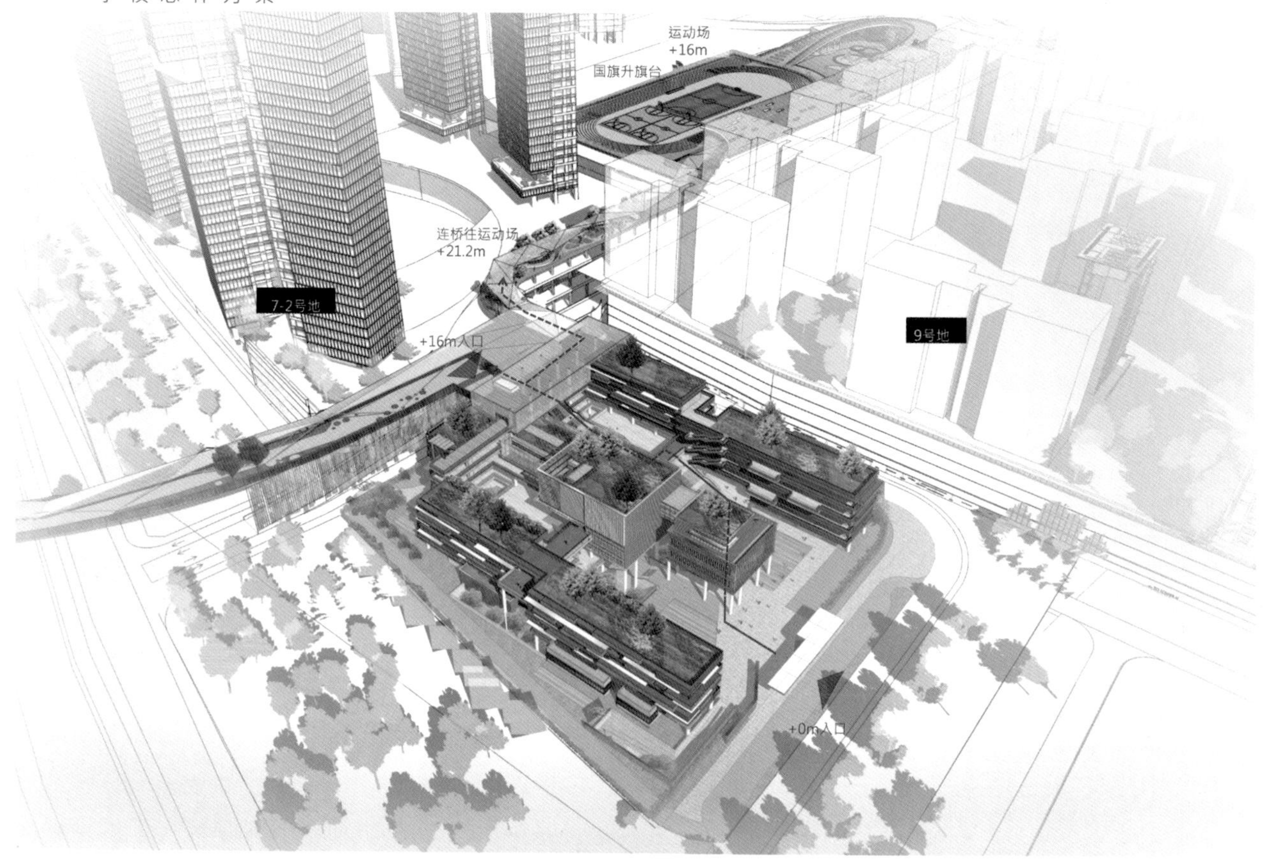

图 15. 3-1　校舍与操场分设于不同标高的两个地块

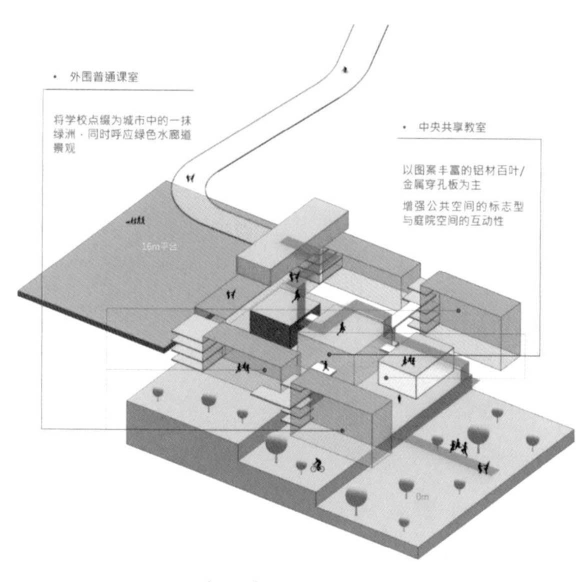

图 15.3-2　多标高活动平台的校园设计

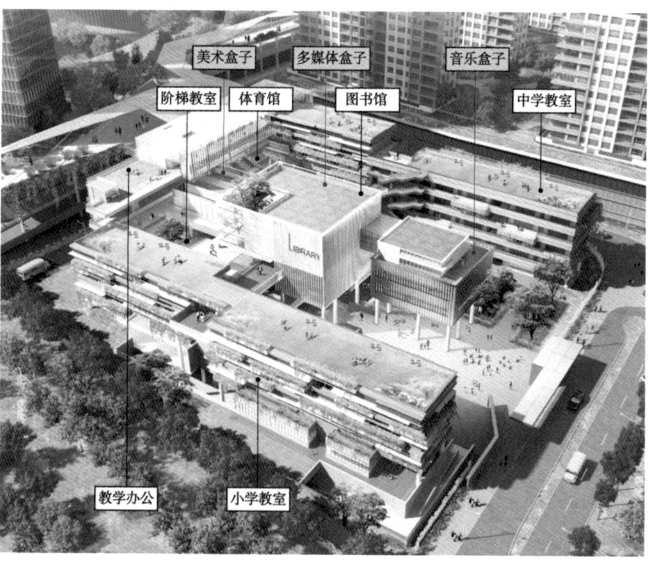

图 15.3-3　亲近自然的绿色校园

15.3.2 调研流程

具体调研流程分为调研前、中、后三个阶段，对应不同阶段步骤采用不同后评估工具（图 15.3-4）。

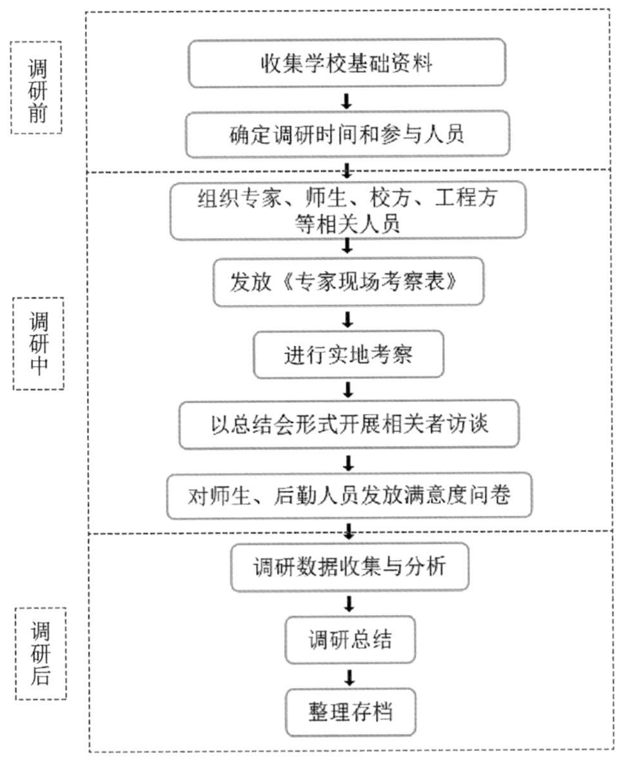

图 15.3-4 调研流程图

15.3.3 调研结果与分析

前海实验港湾学校整体呈现出丰富多元、现代生态的校园风貌，校园中部的共享功能区结合学校课程设置为多媒体、美术、音乐、图书、展示盒子，成为校园的特色教育空间，师生对校园空间环境整体评价较高，但仍提出部分有待改进的问题。

1）专家现场考察记录

专家考察发现，部分设计情况与使用现状存在一定的差异性（表 15.3-1）。例如原有校园在学校首层及多个标高平台预设校园出入口，预期方便周边社区学生从不同出入口入校，分散交通集散压力，但校方受限于管理成本及安全要求，无法全部投入使用；运动场地距离校舍较远，存在课间转换时长的问题；首层报告厅设有直接对外的独立出入口，考虑社区共享，目前未开放；食堂部分校方已做改造使用，午餐采用外包送餐制。校方同时提及希望能在设计阶段给予校方更多“功能定制”的权限，避免后期改造增加成本（图 15.3-5）。

图 15.3-5 专家现场考察

专家现场考察反馈表 表 15.3-1

大类	小类	考察结果
A 校园规划	A1 校园交通规划	1. 利用不同标高平台连接空间 2. 设计提供多标高校园出入口，校方实际未投入使用 3. 运动场地与校舍之间水平距离超过 100m，且存在高差
	A2 校园形象风貌	1. 建筑外墙采用幕墙设计，装饰较多、投入资金较大 2. 学校建筑外观现代、高端
	A3 生均指标反馈	1. 生均建筑面积较高 2. 生均用地面积不低，由于分设于两地块影响感受
B 单体设计	B1 功能空间	底层功能空间采光通风较为受限
	B2 共享空间	活动场地和交流空间丰富，绿化多样
C 基础设施	C1 家具设施	1. 小学生安全防护措施不足 2. 扶梯扶手上的防溜滑措施影响使用体验 3. 通高空间二层侧高窗不便于开关及维修
	C3 设备系统	1. 实验教室废水固定收集 2. 设有中水使用管道 3. 体育馆用风机盘管，舒适度高 4. 多联机的使用方便 5. 多功能厅与图书馆部分区域采用条缝送风，美观大方
	C5 无障碍设计	设置无障碍坡道、电梯及无障碍卫生间
	C6 材料与构造	1. 外挂材料运用较多 2. 多处平台采用透水地面材料，下方疏排水不畅，有渗透 3. 图书馆窗户为平窗，雨天容易出现渗水现象

续表

大类	小类	考察结果
D 人性化	D3 信息化	1. 小学部与初中部铃声存在相互干扰 2. 采用智慧校园部分系统，首个 5G 校园
E 经济运维	E1 建筑损耗	1. 屋顶、走廊、平台位置渗漏水 2. 部分顶棚、地面材料泛碱 3. 教室分体空调室外机安装位置不利于检修
	E5 生态节能	雨水未进行回收处理再利用

2）相关者访谈评估

本次后评估调研的相关者访谈对象集中为学校教师、管理人员和后勤人员。通过访谈了解校园空间环境的使用反馈信息，为专家现场考察和满意度问卷调查提供补充支撑。

相关者访谈卓有成效，例如教师反馈教师办公室在走廊设置透明落地窗，安全性和隐私性不足；教学区教师均为集中办公，未提供教师与家长沟通谈话的私密空间；校方反馈本校没有提供教师宿舍，一定程度影响了教师人才的引进；后勤人员反馈未设置值班保安人员宿舍，管理不便等（表 15.3-2）。

相关者访谈反馈表　　表 15.3-2

大类	小类	访谈反馈
A 校园规划	A1 校园交通规划	1. 运动场地、升旗集会场地较远 2. 校内流线相对复杂，交通指引标识不足 3. 校园出入口太多，没有与消防控制室结合，值班成本高
	A2 校园形象风貌	1. 校园建筑风格现代，整体符合前海定位和校园理念 2. 建筑外立面幕墙资金成本过高，对校方后期维护管理要求高
B 单体设计	B1 功能空间	1. 食堂外包，现改造为活动空间，建议设置为功能房间 2. 教师卫生间设施数量不足 3. 预留教室空间不足 4. 教师缺乏相对独立的办公空间 5. 未提供教师宿舍 6. 缺少家长和学生沟通室 7. 后勤与保安缺乏工作生活空间

续表

大类	小类	访谈反馈
B 单体设计	B2 共享空间	1. 校园生态环境好，户外空间的趣味性有待提升 2. 共享空间为半室外空间，教学拓展利用存在天气限制因素
	B3 物理环境	考虑节能设施及自然手段提高热环境的舒适度
C 基础设施	C1 家具设施	1. 教师办公面向走廊开落地窗，隐私考虑不足 2. 校内门窗、安全防护措施应考虑不同年龄段学生的体型需求
	C3 设备系统	取电装置（插头、插座）等数量设置以及定期检修的情况
	C5 无障碍设计	1. 车行导向无障碍标识不清晰 2. 学生对无障碍设施的需求
	C6 材料与构造	1. 屋顶排水不畅 2. 图书馆窗户出现渗水现象
D 人性化	D3 信息化	应考虑学生使用电话等联系工具的需求
E 经济运维	E1 建筑损耗	1. 教室分体空调室外机检修不便 2. 降板区内管道检修困难，易积水渗漏
	E4 管理维护	植物园利用率低、维护成本较高
	E5 生态节能	雨水未进行回收处理再利用

3）满意度问卷调查分析

本次后评估调研在校方协助下，共收集学生和教师问卷近 200 份，其中学生有效问卷 129 份、教师有效问卷 63 份。整体看来，教师和学生群体对于同一空间的满意度感知存在差异性（图 15.3-6，图 15.3-7）。

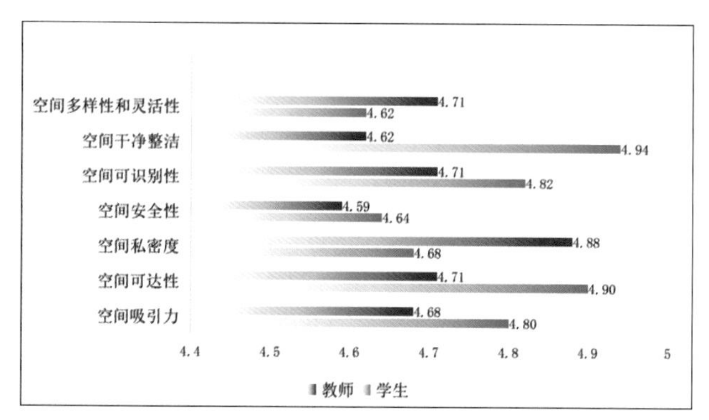

图 15.3-6　师生空间感受满意度

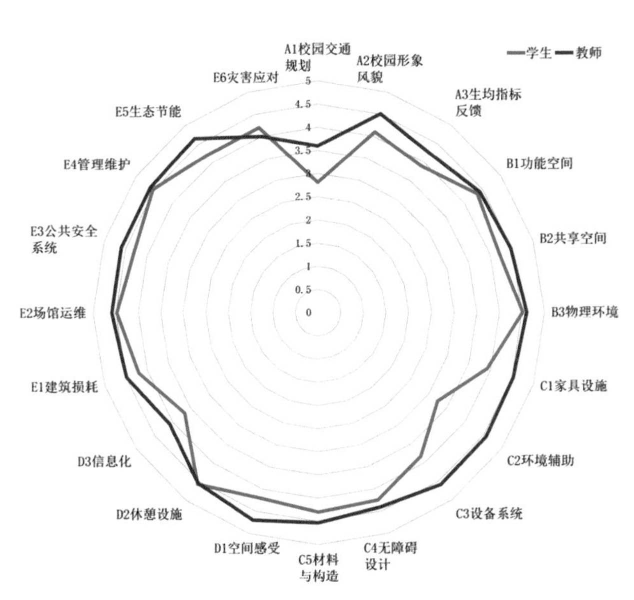

图 15.3-7 师生各项满意度分数

15.3.4 调研小结

1）评估指标体系有效性

本次后评估研究在一定程度验证了城市中小学空间环境评价指标体系和流程的有效性，从规划、单体、设施到人性化和经济运维，该体系建构从校园建设关注要点出发，兼顾使用群体的满意度反馈，同时清单和问卷的设计充分考虑了非专业人士的易读性，能够有效收集使用后的相关反馈数据。

经过此次校园后评估调研，设计方也结合后评估报告和校方意见提供了相应的空间环境优化提升策略和改进纠正措施，调研结果也有助于加强对于校园建设差异化需求以及人性化设计短板的关注，这一结果也为后续其他新建学校提供了参考和借鉴（图 15.3-8）。

2）评估指标体系局限性

另一方面，本次后评估研究也在一定程度上反映出该后评估指标体系的局限性。

上述“城市中小学空间环境评价指标体系”是在住建部通过的“大型公共建筑工程后评估”评估矩阵基础上加入城市中小学建筑特征形成的，更多关注的是校园空间环境的物理性能和使用满意度反馈，而城市中小学建设还涉及地域、城市、民生、人文等广泛层面。校园是学童最长期的陪伴者和守护者，扮演着“空间教师”的角色，历史悠久的校园更是一方城镇的文脉奠基者和文化传播者，关注教育领域和社会层面对于校园的评价视角，从更宽广的范畴探讨校园使用后评估的关注要点，能更全面地促进校园设计建设的提升。

图 15.3-8 前海港湾实验小学校园优化提升策略

15.4 后评估展望：探索城市中小学全生命周期评价体系

校园建筑是一个复杂、开放的人工系统，融合了特定时间背景和社会背景下的人与自然、文化、教育、社会、经济技术等因素，但其使用特点又要求校园不仅要考虑当下的现实因素，还要兼顾城市、社会、教育、技术等方面的动态变化因素。伴随城市进化、教育变革、社会发展、技术革新等，对“未来校园”的评估需要拉长时间轴，在校园从规划、设计、建造、使用到最终改造或拆除的全生命周期内，对建筑性能、设施、适用度与产生价值进行系统科学的评估，诊断校园建筑问题，作为项目优化提升的指导工具，总结校园建设经验，作为同类项目策划提升的参考模板。与该过程对应的即是探索“城市中小学全生命周期评价体系”。

15.4.1 关于城市中小学全生命周期评价体系的构想

伴随城市分化发展，各地对于教育也不断提出新的定位和要求。以深圳为例，2019 年中央确立了深圳中国特色社会主义先行示范区的发展目标，随之明确一系列高标准教育配置要求：提高学位配置规划标准；创新高密度城市教育用地保障制度；实施学生综合素质提升、创新教育、未来教育、智慧教育建设工程，深化体教融合，增强学生体育素养，加强艺术、劳动和心理健康教育，高标准建设云端学校和“未来学校”等[11]。同时教育系统自身的发展变革也对校园空间提出了新要求。在这个“以创新为核心的知识经济时代”，教育要求校园建筑能更好地支持优质均衡的教育发展新模式，促进学生能力多元发展，满足教学实施的情景性、过程性、开放性与灵活性。教育评价更加看重动态性、生成性与发展性，2020 年 10 月，中共中央、国务院印发《深化新时代教育评价改革总体方案》，强调构建价值观指标、能力性指标、过程性指标和结果性指标四位一体的教育质量评价指标体系。中小学校课程的多样化、特色化发展已然成为学校教育改革的重要内容。而校园建筑作为师生接触的“首位空间环境教材”，是教育理想和目标的物质体现。校园空间环境能否匹配教育发展要求、能否支持教育过程评价的各项需求，也应是校园全生命周期评价体系需纳入考虑的评价影响因素。

而作为社会联结中的一环，校园建筑与城市、社区密不可分。城市中小学校是城市公共配套服务的重要组成部分，因此在校园建设中追求更为深厚的文化内涵、更高品质的城市空间，也是社会对于校园的一致期待。例如深圳“新校园行动计划”的一系列破局创新：新沙小学“红线零退距”建设，在地面层为外部社区贡献骑楼式廊道作为公共通行使用；石厦小学用地局促，在规划协调下与社区“绿地共享”，借公共绿地建设运动场地，同时作为回报，学校承诺与社区共享该田径场。学校的文体设施与社区分时共享，校园的人文气息向社区传递，校园与社区共育、共生，实现学校、家庭、社区三位一体的教育共同体目标。在校园全生命周期评价体系中纳入社会层面的评价因素，能更加全面、客观地评估校园建设在社会动态发展过程中的能效和价值（图 15.4-1）。

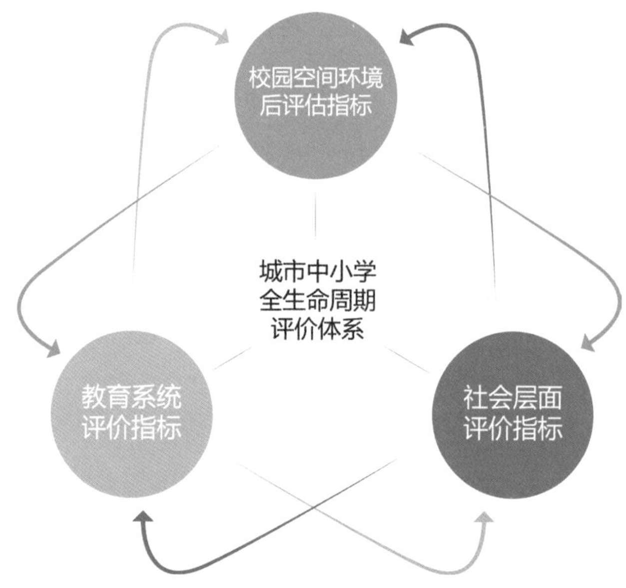

图 15.4-1　城市中小学校全生命周期评价体系

在关于校园全生命周期评价体系的构想中，教育评价指标关注创新性、文化性和示范性几个层面，主要由跨学科专业团队联合参与评定；社会评价指标则主要关注共享和生态层面的评价，参与评价的群体可以进一步扩大至公众参与范围，收集更为广泛的反馈信息（图 15.4-2）。

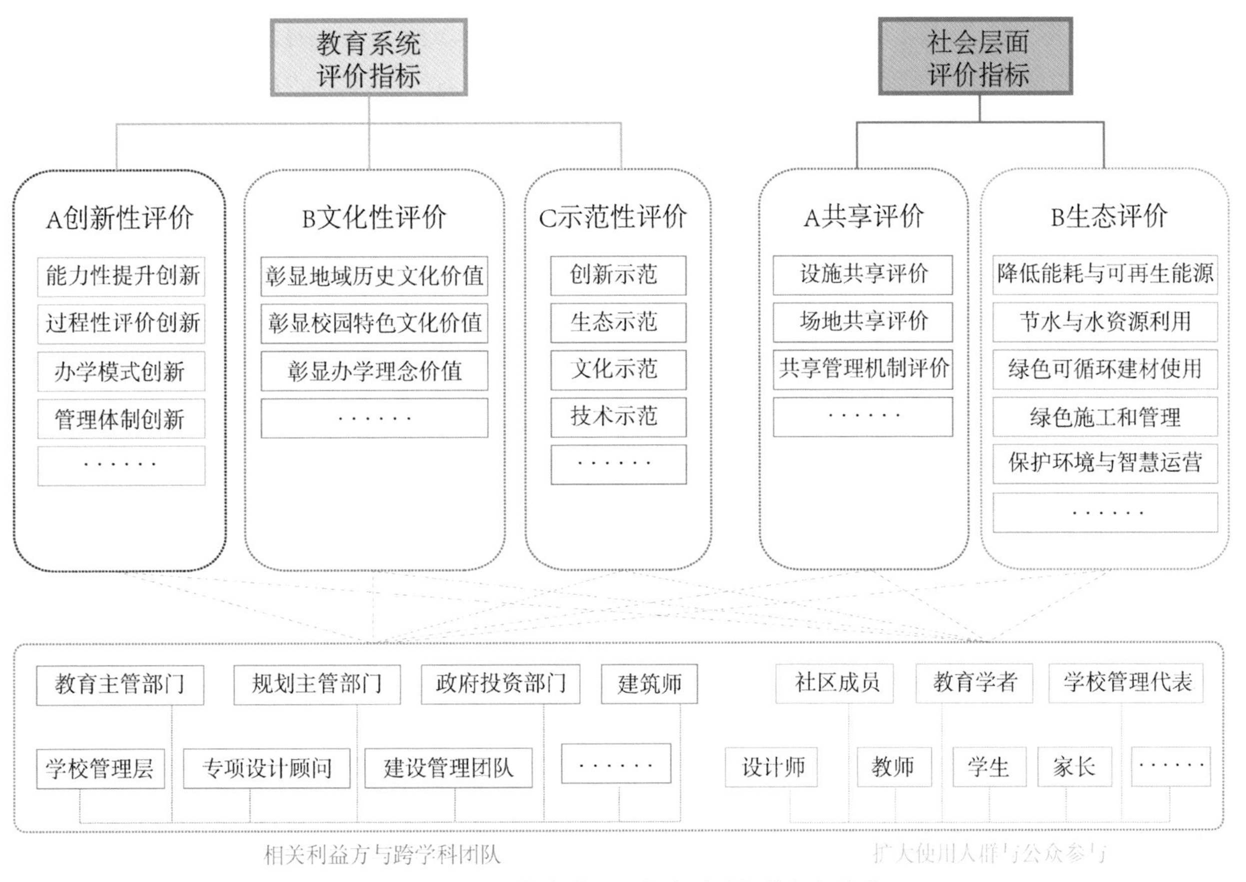

图 15. 4-2　教育系统及社会层面评价指标体系

15. 4. 2　智慧校园技术、跨学科团队及公众参与机制，共同推动校园全生命周期评价体系科学发展

空间使用及评价是人与环境相互作用影响的过程，"环境行为学"中空间认知研究一般采用现场观察、访谈、认知地图、实验等方法，收集相关数据并研究人对空间的感知和行为规律，这也是建筑后评估研究的基础方法。此类方式受限于项目条件和调研工作量，往往使得数据收集偏于短时和局部，在校园空间环境后评估案例中也同样出现了此类问题。

伴随大数据时代来临，人员在空间中的大量时空位置和行为数据、各种设施系统运行运转数据、能源监控数据等，都以各种不同数字化形式被记录下来，为空间使用评价提供了更为详实准确的信息来源，且此类信息数据在空间范围、时间跨度和人群覆盖面上都有了量和质的大幅提升。作为"智慧城市"的一部分，智慧校园各项技术的应用，也将逐步为校园使用后评估研究的数据收集、分析与共享提供基础（图 15.4-3）。

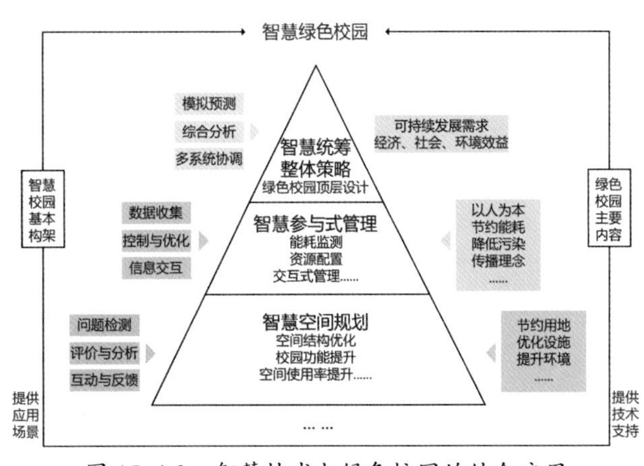

图 15. 4-3　智慧技术与绿色校园的结合应用

深圳红岭教育集团张健校长曾说："课程是育人的核心和载体，课程是一个学校的灵魂所在。建筑师一定要了解课程，只有把空间融合到课程中，让空间与课程浑然一体，才能真正发挥育人的综合效用。"这从一个侧面体现出校园建设对于团队组织的多维度要求，这在校园全生命周期评价过程中同样重要。构建跨学科团队，通过公众参与，充分吸纳校园相关利益方的反馈与意见，才能更专业、更科学、更客观地评估校园使用。

技术的进步、观念的迭新，将共同推动校园全生命周期评价体系的科学发展，通过后评估，发现问题并提供解决提升策略，进而以此为基础对校园策划、设计形成前馈，持续地促进城市中小学项目建设品质提升，是校园后评估研究不变的初衷。

图片来源：

图 1.1-1.2 引自文献［1］并改绘

图 1.3-1.7 引自 https：//image.baidu.com/，并改绘

图 3.1-3.3 引自深圳市建筑工务署教育类项目使用需求公众参与调研报告

图 4.3 引自文献［12］并改绘，其余图片均由作者绘制。

参考文献：

［1］庄惟敏，张维，梁思思．建筑策划与后评估［M］. 北京：中国建筑工业出版社，2018.

［2］中华人民共和国住房和城乡建设部．关于推进建筑业发展和改革的若干意见［EB/OL］.（2014-10-10）［2021-09-29］．http：//www.mohurd.gov.cn/wjfb/201407/t20140707_218403.html.

［3］中国建筑协会建筑师分会．2016 年中国城市建成环境使用后评估倡议书．

［4］庄惟敏，韩默．建筑使用后评估：基本方法与前沿技术综述［J］．时代建筑，2019（4）.

［5］张家勇，王烽，姜雨婷．多地学位缺口预警需妥善应对［J］. 民生周刊，2021（2）.

［6］新华社．深圳未来 5 年将新增 74 万个公办义务教育学位［EB/OL］.［2021-09-29］.https://baijiahao.baidu.com/s?id=1685049208033286347&wfr=spider&for=pc.

［7］深圳新闻网．高密度校园的"福田样本"来了！深圳"8＋1 建筑联展"开展将持续至 11 月 29 日［EB/OL］.［2021-09-30］.http://www.sznews.com/news/content/2020-10/31/content_23679789_0.htm.

［8］景观中国．"走向新校园"第 3 季"书院营造六联展"｜龙岗新校园行动计划［EB/OL］.［2021-09-30］. http://www.landscape.cn/event/2356.html.

［9］深圳市福田区发展和改革局．福田区政府投资项目后评价管理办法［EB/OL］.［2021-09-29］. http://www.szft.gov.cn/ftqfzhggj/gkmlpt/content/8/8397/post_8397181.html#8351.

［10］黄也桐，庄惟敏．历史街区建筑更新改造使用后评估——以北京什刹海银锭桥胡同 7 号院为例［J］. 新建筑，2021（2）：93-97.

［11］深圳市人民政府．深圳市国民经济和社会发展第十四个五年规划和二〇三五年远景目标纲要［EB/OL］.［2021-09-29］. http://www.sz.gov.cn/cn/xxgk/zfxxgj/tzgg/content/post_8852769.html.

［12］杜娅薇，张守仁，王碧玥，叶青．智慧绿色校园的研究进展及实践应用分析［J］. 新建筑，2021（2）.